智能制造领域高素质技术技能型人才培养方案精品教材
高职高专院校机械设计制造类专业“十四五”系列教材

金工实习

JINGONG SHIXI

主　编◎章　彬　熊良平　李宏炼
副主编◎陈　云　毕亚东　张　群
　　　　江海昕　华　巍　边述华
主　审◎胡玮炜

华中科技大学出版社
http://press.hust.edu.cn
中国·武汉

图书在版编目(CIP)数据

金工实习/章彬，熊良平，李宏炼主编. —武汉：华中科技大学出版社，2022.12
ISBN 978-7-5680-9006-3

Ⅰ. ①金… Ⅱ. ①章… ②熊… ③李… Ⅲ. ①金属加工-实习-教材 Ⅳ. ①TG-45

中国版本图书馆 CIP 数据核字(2022)第 238943 号

金工实习
Jingong Shixi

章　彬　熊良平　李宏炼　主编

策划编辑：张　毅
责任编辑：刘　静
封面设计：孢　子
责任监印：朱　玢
出版发行：华中科技大学出版社(中国·武汉)　　电话：(027)81321913
武汉市东湖新技术开发区华工科技园　　邮编：430223
录　　排：华中科技大学惠友文印中心
印　　刷：武汉科源印刷设计有限公司
开　　本：787mm×1092mm　1/16
印　　张：24
字　　数：596 千字
版　　次：2022 年 12 月第 1 版第 1 次印刷
定　　价：69.00 元

前言 QIANYAN

金工实习是普通高等职业院校机械类或近机械类各专业的重要实践教学环节，是培养学生实际工作和动手能力的课程，对培养学生的实践能力和学习后续课程起着重要作用。本课程的学习，能使学生了解金工实习的一般过程、典型零件的常用加工方法及所用主要设备的工作原理，了解现代制造技术在机械制造中的应用，对简单零件具有初步选择加工方法和进行工艺分析的能力，在主要工种上具有独立完成简单零件加工制造的动手能力。

金工实习的目的是培养学生加工常用机械的基本动手能力，使学生养成严谨务实的工作作风，初步获得良好的分析、解决机械加工工程实际问题的能力，形成较强的工程意识、安全意识、交流沟通意识、创新意识和团队协作意识，培养工匠精神。

本书在编写过程中，总结了多年来金工实习教学实践，参照《国家职业标准》相关工种等级认证的要求，坚持按岗位培训需要编写的原则，融入课程思政元素及1+X，扩充新工艺、新材料、新技术的发展和应用；与安徽东风机电科技股份有限公司、安徽博微长安电子有限公司深度交流，从岗位工作实际需求着手，以真实的加工案例突出解决实际问题的能力，体现工学结合。

全书共11章，主要内容包括钳工加工、车削加工、铣削加工、磨削加工、热处理、铸造成型、焊接加工、数控加工、电火花加工、3D打印及智能制造等。另外，单独编写了金工实习任务工单，以实践教学为基础，以实际应用为主线，体现各种工种的特点。

本书由安徽国防科技职业学院章彬编写第3章和第11章，江海昕编写第1章，边述华编写第2章，熊良平编写第4章和第9章，陈云编写第7章和第10章，毕亚东编写第8章；由安徽东风机电科技股份有限公司李宏炼技能大师编写第5章；由安徽博微长安电子有限公司张群工程师编写第6章，华巍工程师编写任务工单。全书由章彬、熊良平统稿，由六安市产品质量监督检验所胡玮炜工程师主审。

本书可作为普通高等职业院校机械类专业的金工实习指导用书，也可供有关工程技术人员、中等专科学校师生和技术工人等学习选用或参考。

通过本课程的学习，主要实现以下教学目标：

(1) 引导学生了解企业的状况，使学生具有一定的感性认识和实践经验；

(2) 培养学生吃苦耐劳、爱岗的敬业精神；

(3) 突出强化实践技能的培养，提高学生的动手能力和实践技能；

(4) 培养学生的综合应用能力和分析能力，引导学生通过自学掌握一些简单技能，学会应用所学理论知识对实习中的一些实际问题和工艺过程进行分析；

(5) 强化学生的安全意识、质量意识、效益意识和环境保护意识，培养和造就素质高、知识面宽的应用型人才。

本书在编写过程中，参考了大量国内外院校和专家的有关文献和资料，在此一并表示衷心的感谢。由于编者水平有限，书中难免有疏漏之处，敬请广大读者批评指正。

编　者

目录 MULU

第 1 章 钳工实习

1.1 概　　述

钳工以手工操作为主，使用各种工具来完成零件加工、装配和修理等工作。与机械加工相比，钳工劳动强度大、生产效率低，但可以完成机械加工不便加工或难以完成的工作，同时设备简单，故在机械制造和修配工作中，仍是不可缺少的重要工种。

钳工的工作范围有划线、錾削、锯削、锉削、刮削、研磨、钻孔、扩孔、铰孔、锪孔、攻螺纹、套螺纹、装配和修理等。

1.1.1 钳工的特点及分类

1. 钳工的特点

钳工有三大优点（加工灵活、可加工形状复杂和高精度的零件、投资小）、两大缺点（生产效率低和劳动强度大、加工质量不稳定）。

(1) 加工灵活。在不适于机械加工的场合，尤其是在机械设备的维修工作中，钳工加工可获得满意的效果。

(2) 可加工形状复杂和高精度的零件。技术熟练的钳工可加工出比现代化机床加工的零件还要精密和光洁的零件，可以加工出连现代化机床也无法加工的形状非常复杂的零件，如高精度量具、样板、开头复杂的模具等。

(3) 投资小。钳工加工所用工具和设备价格低廉，有些携带方便。

(4) 生产效率低，劳动强度大。

(5) 加工质量不稳定。加工质量的高低受工人技术熟练程度的影响。

2. 钳工的专业分工

钳工的工作范围很广、工作种类繁多，随着生产的发展，钳工工种已有了明显的专业分工。钳工按专业分为装配钳工、修理钳工、模具钳工、划线钳工、工具钳工等。

钳工的主要工作范围如下。

(1) 用钳工工具进行修配及小批量零件的加工。

(2) 精度较高的样板及模具的制作。

(3) 整机产品的装配和调试。

(4) 机器设备（或产品）使用中的调试和维修。

1.1.2 职业资格等级划分与鉴定

钳工共设五个等级，分别为初级（国家职业资格五级）、中级（国家职业资格四级）、高级（国家职业资格三级）、技师（国家职业资格二级）、高级技师（国家职业资格一级）。

鉴定方式分理论知识考试和技能操作考核。理论知识考试采用闭卷笔试方式，技能操作考核采用现场实际操作方式。理论知识考试和技能操作考核均实行百分制，成绩皆达60分以上者为合格。技师、高级技师鉴定还须进行综合评审。

1.1.3 钳工常用的设备

钳工常用的设备有钳工工作台、台虎钳、砂轮机、钻床、手电钻等，常用的工具有划线盘、錾子、手锯、锉刀、刮刀、扳手、螺钉旋具、锤子等。

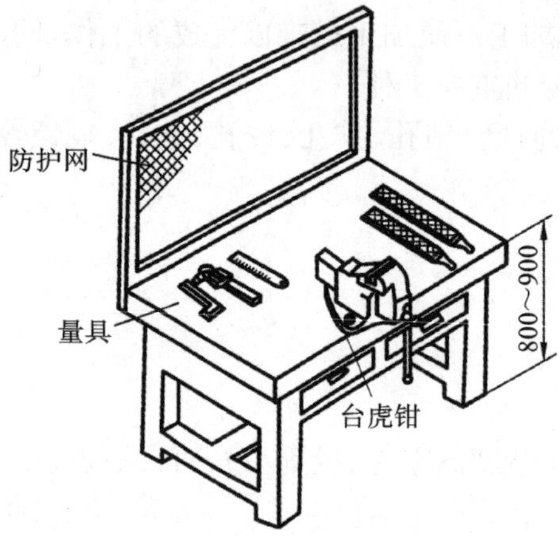

图 1-1 钳工工作台

1. 钳工工作台

钳工工作台简称钳台，如图1-1所示，用于安装台虎钳，进行钳工操作。它分为单人使用和多人使用两种，多由铸铁和坚实的木材制成，要求平稳牢固，台面高度为800～900 mm，台前装有防护板或防护网，工具、量具与工件必须分类放置。

2. 台虎钳

台虎钳是夹持工件的主要工具，如图1-2所示。它的规格以钳口宽度表示，常用的有100 mm、127 mm、150 mm三种规格。钳工常用的台虎钳有固定式和回转式两种，工件应尽量夹在钳口中部，以使钳口受力均匀；夹持工件的光滑表面时，应垫铜皮或铝皮以保护工件表面。

回转式台虎钳固定部分由转盘锁紧螺钉固定在转盘座上，转盘座内装有夹紧盘，放松转盘锁紧手柄，固定部分就可以在转盘座上转动，以变更台虎钳的方向。转盘座用螺钉固定在钳台上。连接手柄的螺杆穿过活动部分旋入固定部分上的螺母内。扳动手柄使螺杆从螺母中旋出或旋进，从而带动活动部分移动，使钳口张开或合拢，以放松或夹紧零件。

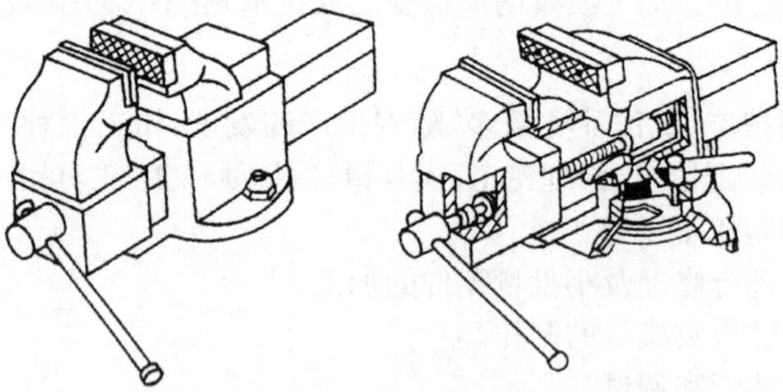
(a) 固定式台虎钳　　(b) 回转式台虎钳

图 1-2 台虎钳

1.1.4 钳工实习安全操作技术规范

(1) 学生进行钳工实习前必须学习安全操作制度。

(2) 进入车间实习必须穿戴好学校规定的劳保服装、工作鞋、工作帽等,长发学生必须将头发戴进工作帽中,不准穿拖鞋、高跟鞋、短裤或裙子进入车间。

(3) 不准在车间内追逐、打闹、喧哗、听音乐、吃零食和接打电话。

(4) 操作时必须思想集中,不准与别人闲谈。

(5) 学生除在指定的设备上进行操作外,其他一切设备、工具未经同意不准擅自动用。

(6) 设备使用前要检查,发现损坏或其他故障时应停止使用并报告指导教师。

(7) 所用工具必须齐备、完好、可靠,才能开始工作。禁止使用有裂纹、带毛刺、手柄松动等不符合安全要求的工具,并严格遵守常用工具安全操作规程。

(8) 要用刷子清理铁屑,不准用手直接清除,更不准用嘴吹,以免划伤手指和屑沫飞入眼睛。

(9) 工作中注意周围人员及自身安全,防止因挥动工具、工具脱落、工件及铁屑飞溅造成伤害。

(10) 使用台钻作业时,只能一人独立操作,严禁戴手套,工件应压紧,不得用手拿工件进行钻、铰、扩孔。

(11) 文明实习,工作场地要保持整洁,使用的工具、工件毛坯和原材料应堆放整齐。下班时应收拾清理好工具、设备,打扫工作场地,保持工作环境整洁卫生。

1.2 划　　线

根据图样的尺寸要求,用划线工具在毛坯或半成品上划出待加工部位的轮廓线、加工界限或作为基准的点、线称为划线。只在工件的一个表面上划线称为平面划线,同时在工件的几个不同表面上划线称为立体划线,如图 1-3 所示。划线多数用于单件、小批生产,新产品试制和工、夹、模具制造。划线的精度较低,用划针划线的精度为 0.25～0.5 mm,用游标高度卡尺划线的精度约为 0.1 mm。

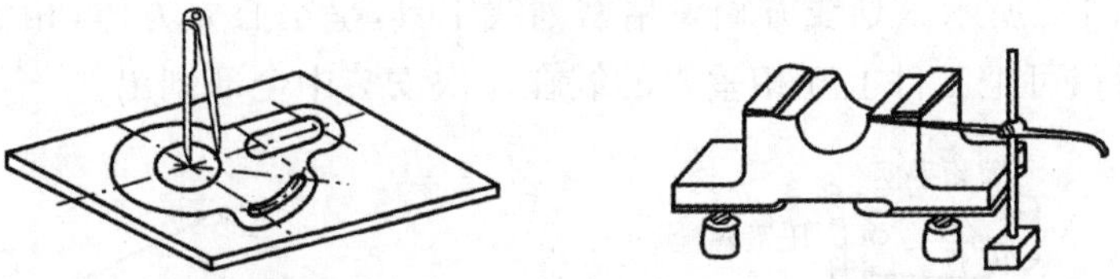

(a) 平面划线　　(b) 立体划线

图 1-3　划线

1.2.1　划线的作用

(1) 明确地表示出加工余量、加工位置或划出加工位置的找正线,作为加工工件或装夹工件的依据。

(2) 借划线来检查毛坯的形状和尺寸是否合乎要求,避免不合格的毛坯投入机械加工而造成浪费。

(3) 通过划线合理分配加工余量(即划线“借料”的方法),保证加工合格率。

1.2.2 划线的要求

钳工划线的要求是：尺寸准确、位置正确、线条清晰、冲眼均匀。应该指出，由于划出的线条有一定的宽度，因此在加工过程中，不能以划线作为最终尺寸依据，仍需用量具来测量工件的尺寸精度。

1.2.3 划线工具及其用途

常用的划线工具有划线平板、划线方箱、千斤顶、V 形块、90°角尺、划针与划线盘、划规与划卡、游标高度卡尺、样冲等。

1. 划线平板

划线平板是放置工件和划线工具的，并且划线的过程须在其工作面上完成，是用以检验或划线的平面基准器具，如图 1-4 所示。划线平板是经过精细加工的铸铁件，它的上平面经过精刨或刮削，是划线的基准平面，要求基准平面平直、光滑、结构牢固。

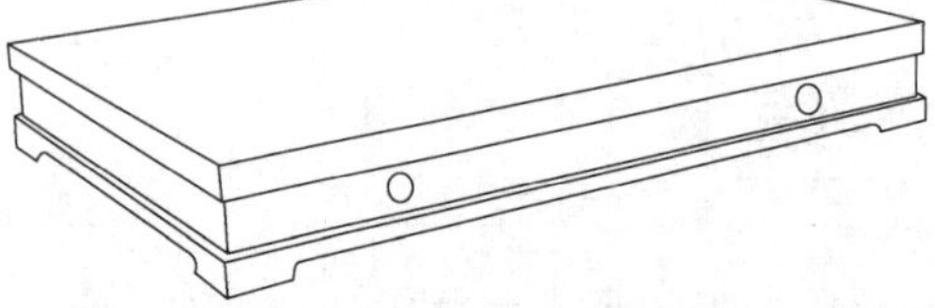

图 1-4 划线平板

使用时，要安放平稳牢固，上平面应保持水平；工作部分要均匀使用，以免局部磨损过量；划线平板不准碰撞和用锤敲击，以免使其精度降低。划线平板长期不用时，应涂油防锈，并加盖保护罩。

2. 划线方箱

划线方箱用来夹持较小的工件，通过在划线平板上翻转方箱，可在工件表面上划出相互垂直的线条，如图 1-5 所示。划线方箱属精密划线工具，呈空心立方体，相邻表面彼此垂直，相对表面彼此平行，可把工件上互相垂直的线在一次安装中全部划出。

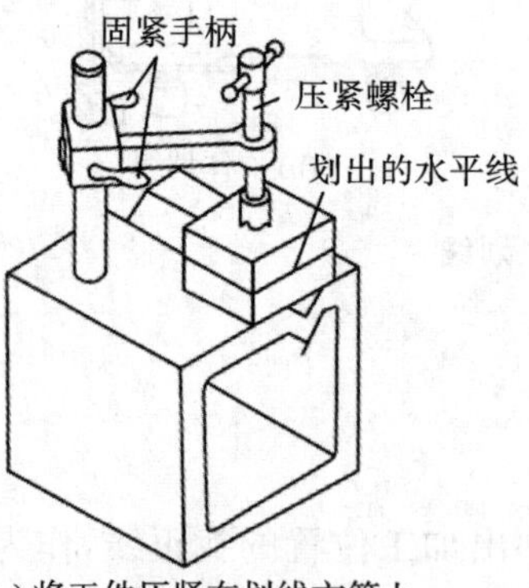

(a) 将工件压紧在划线方箱上，划出水平线

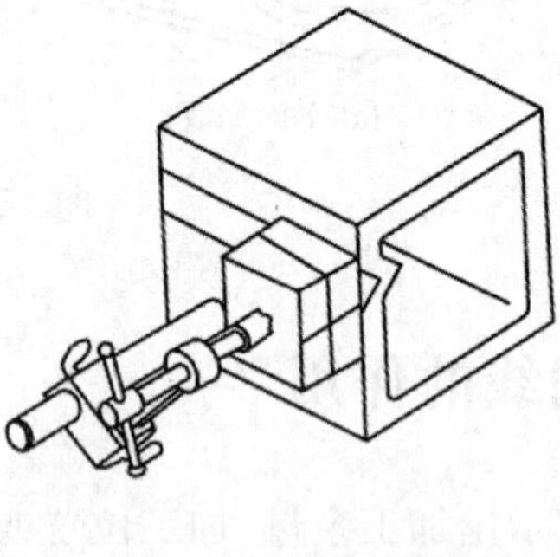

(b) 划线方箱翻转90°，划出垂直线

图 1-5 划线方箱

3. 千斤顶和 V 形块

千斤顶是用来支承毛坯或不规则工件进行划线的工具，通常为三个一组，其高度可以调整，以便找正工件。工件的平面用千斤顶支承如图 1-6 所示。

工件的圆柱面用 V 形块支承，使其轴线与平板平行，一般配合平板、高度尺、划线盘等，常成对使用，如图 1-7 所示。

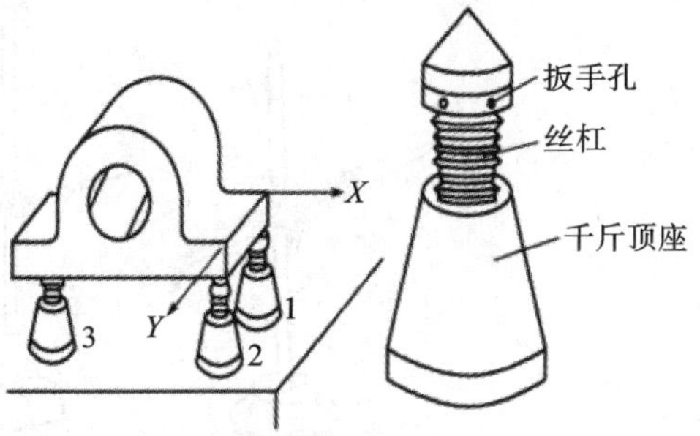

图 1-6 千斤顶

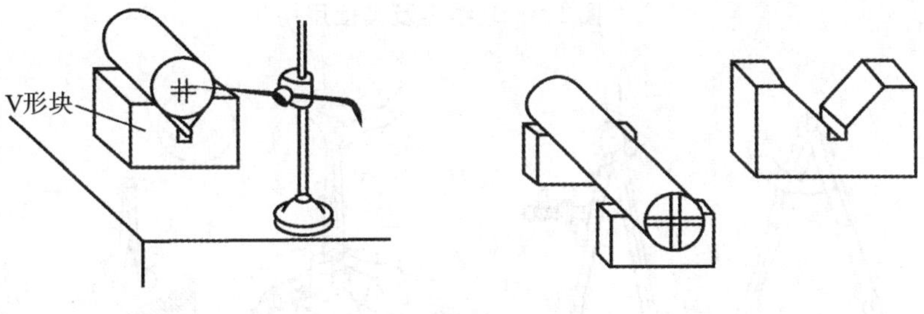

图 1-7 V 形块

4. 划针与划线盘

划针是在零件平面上划线的工具，由工具钢淬硬后将尖端磨锐成 15°～20°或焊上硬质合金尖头制成。使用时划针须紧靠导向工具（钢直尺或样板）的边缘，上部向外倾斜 15°～20°，向划线方向倾斜 45°～75°，如图 1-8 所示。划线时用力要均匀，尽量做到一次划成，保证线条清晰、准确。弯头划针可用于直线划针划不到的地方和找正工件。

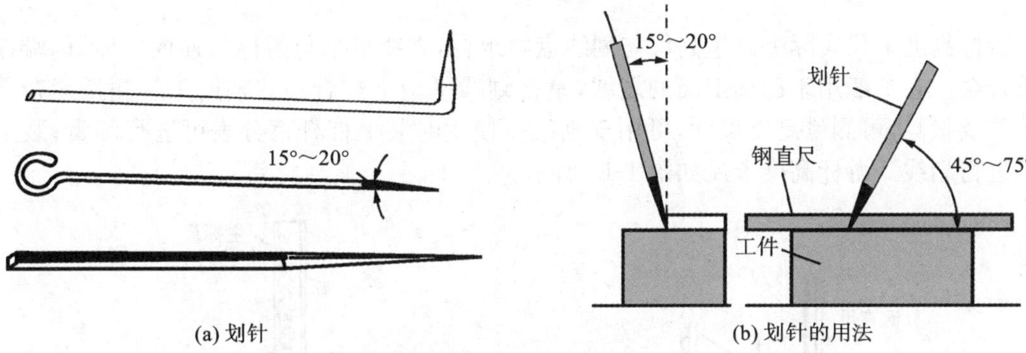

图 1-8 划针及其用法

划线盘是带有划针的可调划线工具，多用于立体划线和校正工件位置，如图 1-9 所示。它的直针尖端焊上硬质合金，用来划与划线盘平行的直线；另一端弯头针尖用来找正工件。用划线盘的划针划线时，划针要装夹牢固，伸出长度要短，底座要始终保持与划线平板紧贴，不要晃动，划针与划线表面保持 30°～60°，以便划线减小阻力和使划线清晰。

5. 划规与划卡

划规适合用于在毛坯或半成品上划圆、等分线段、等分角度、量取尺寸，如图 1-10 所示。

划卡是用来确定轴及孔的中心位置、划平行线的工具，如图 1-11 所示。

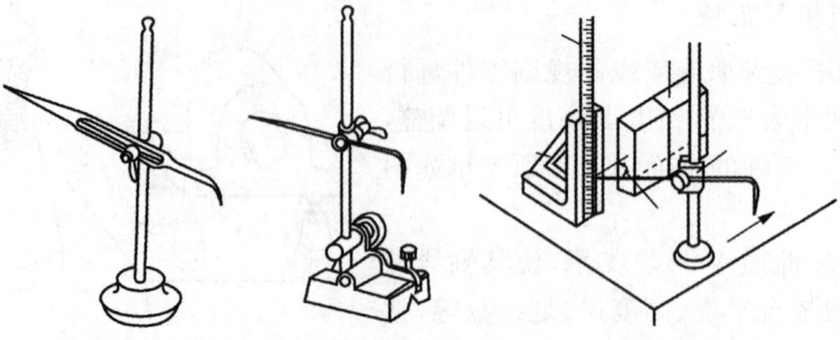
(a) 普通划线盘 (b) 可调划线盘 (c) 用划线盘划水平线

图 1-9 划线盘及其使用

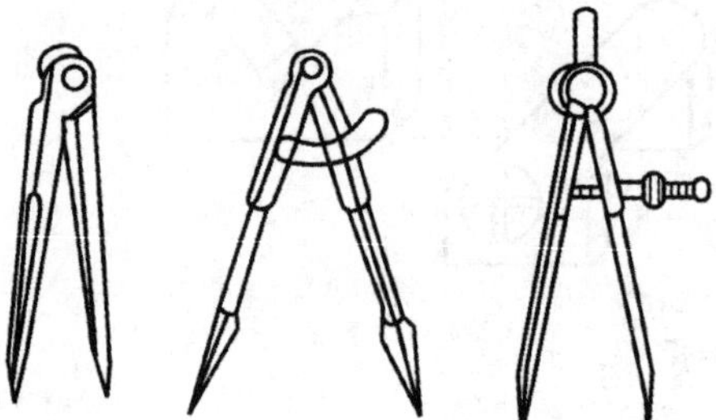
(a) 普通划规 (b) 扇形划规 (c) 弹簧划规

图 1-10 划规

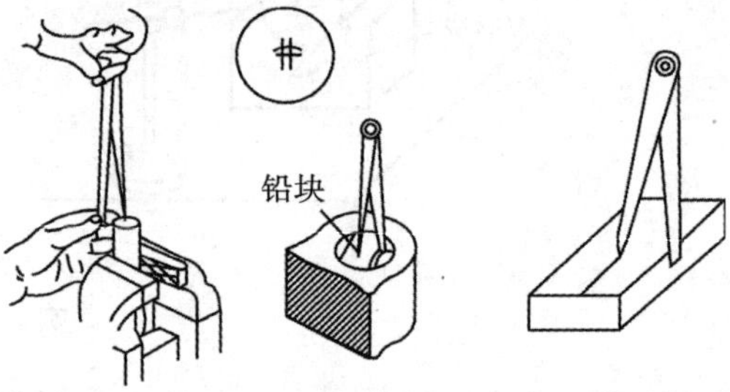

(a) 定轴线 (b) 定孔中线 (c) 划直线

图 1-11 划卡及其用法

6. 量高尺、游标高度卡尺

量高尺是用来校核划线盘划针高度的量具，其上的钢直尺零线紧贴平台，如图 1-12 所示。

游标高度卡尺实际上是量高尺与划线盘的组合，划线量爪与游标尺连成一体，前端镶有硬质合金。它一般用于已加工面的划线，是在划线平板上配合一些辅助工装测量复杂零部件的重要量具，可测量高度尺寸，可用于划线。使用时装上杠杆百分表可进行测量；装上刀头可进行划线。游标高度卡尺如图 1-13 所示。

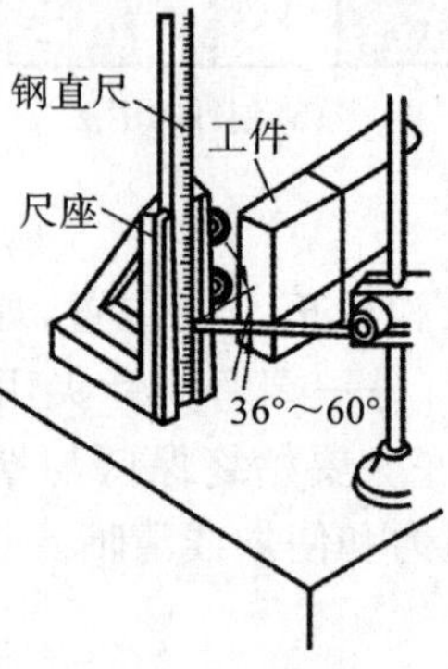

图 1-12 量高尺

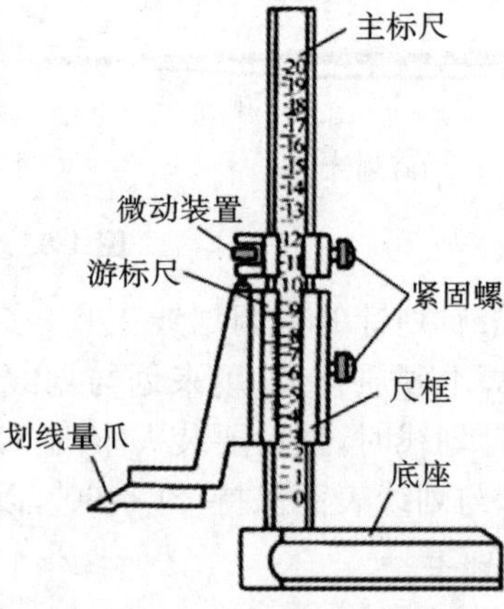

图 1-13 游标高度卡尺图

7. 直角尺与角度规

直角尺是检验直角用的非刻度线量尺，可以用于划垂直线。直角尺的两个工作面经精磨或研磨后呈精确的直角。它有平直角尺和宽座直角尺两种。前者用于平面划线中，用它在没有基准面的工件上划垂直线，如图 1-14(a)所示；后者用于立体划线中，用它靠住工件基准面划垂直线，如图 1-14(b)所示，或用它找正工件的垂直线或垂直面。

角度规是主要用于划角度线的工具，如图 1-15 所示。

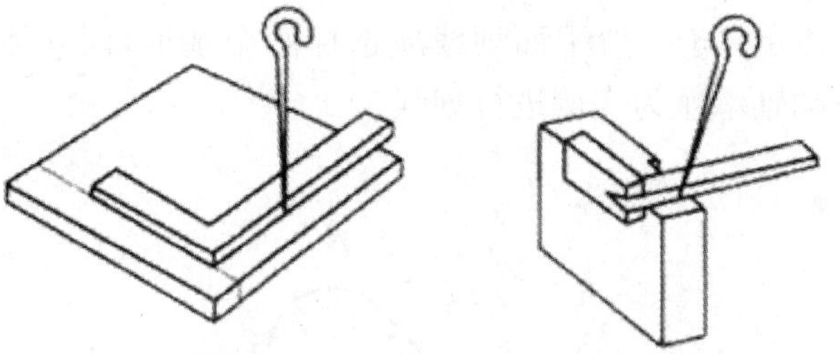

图 1-14 直角尺

图 1-15 角度规

8. 样冲

样冲是用于在工件划线点上打出样冲眼的工具，如图 1-16 所示，以备所划线模糊后仍能找到原划线的位置。在划圆和钻孔前应在其中心打样冲眼，以便定心，如图 1-17 所示。样冲常用工具钢制成，尖端要淬火。

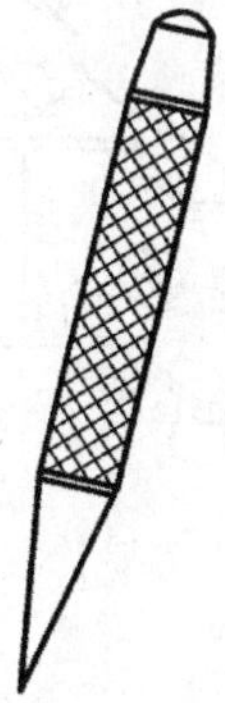

图 1-16 样冲

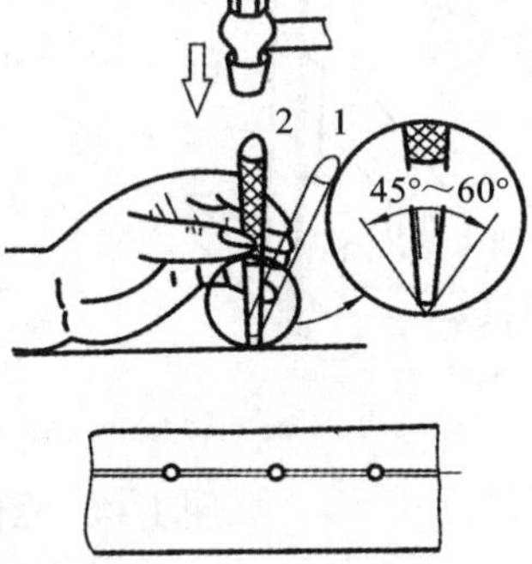

图 1-17 样冲的用法

1.2.4 划线的方法与步骤

1. 平面划线方法与步骤

平面划线的实质是平面几何作图问题，平面划线是用划线工具将图样按实物大小划到工件上去的。

①根据图样要求，选定划线基准。

②对工件进行划线前的准备(清理、检查、涂色，在工件孔中装中心塞块等)，清理工件

表面。

③在工件上划线部位涂上一层薄而均匀的涂料(即涂色),使划出的线条清晰可见。一般在铸、锻毛坯件上涂石灰水,小的毛坯件也可以用粉笔涂等。

④划出加工界限(直线、圆及连接圆弧)。

⑤在划出的线上打样冲眼。

2. 立体划线方法与步骤

立体划线是平面划线的复合运用,与平面划线有许多相同之处,如划线基准一经确定,其后的划线步骤大致相同。它们的不同之处在于一般平面划线应选择两个基准,而立体划线要选择三个基准。图 1-18 所示为以滑动轴承座为实例进行划线。

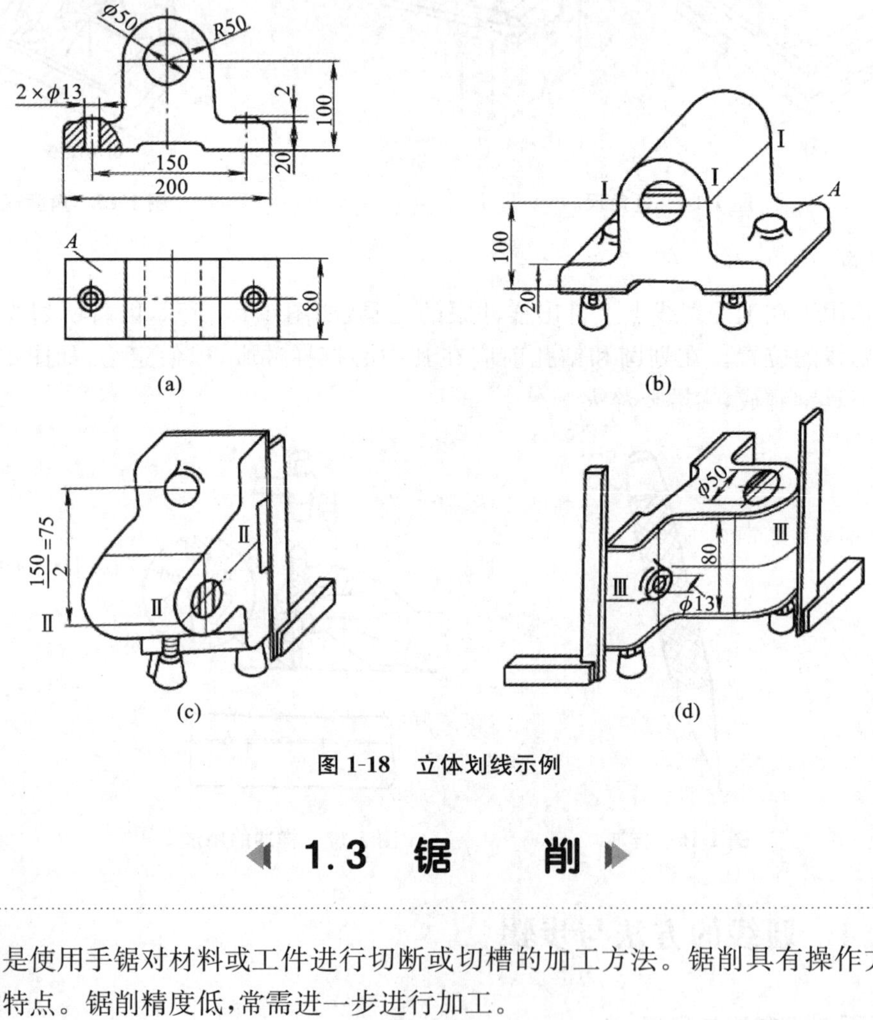

图 1-18　立体划线示例

1.3　锯　　削

锯削是使用手锯对材料或工件进行切断或切槽的加工方法。锯削具有操作方便、简单和灵活的特点。锯削精度低,常需进一步进行加工。

1.3.1　手锯

手锯由锯弓和锯条两部分组成。

1. 锯弓

锯弓是用来夹持和拉紧锯条的，有固定式和可调式两种，如图 1-19 所示。

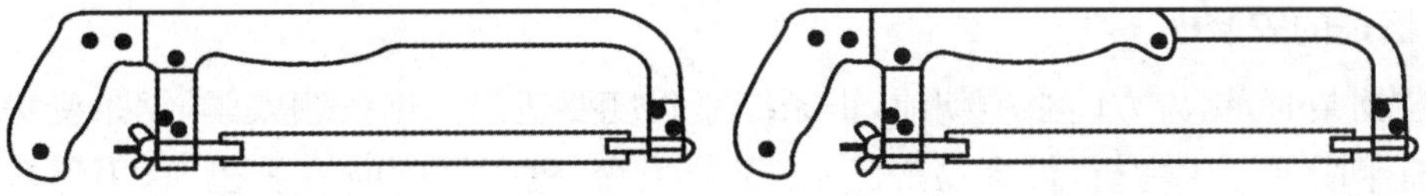

(a) 固定式　　(b) 调节式

图 1-19 锯弓的结构

2. 锯条

锯条一般用工具钢或合金钢制成，并经淬火和低温回火处理。锯条规格用锯条两端安装孔之间的距离表示（长度为 150～400 mm），常用的锯条长 300 mm、宽 12 mm、厚 0.8 mm。锯条的切削部分由许多锯齿组成，每个锯齿相当于一把錾子起切割作用。锯条按锯齿齿距分为粗齿、中齿、细齿三种。粗齿锯条适用于锯削软材料和截面较大的零件，细齿锯条适用于锯削硬材料和薄壁零件。锯齿在制造时按一定的规律左右错开，排列成一定的形状，称为锯路。锯路有交叉、波浪等不同排列形状，如图 1-20 所示。锯路的作用是使锯缝宽度大于锯条背部的厚度，防止锯割时锯条卡在锯缝中，并减少锯条与锯缝的摩擦阻力，使排屑顺利、锯割省力。

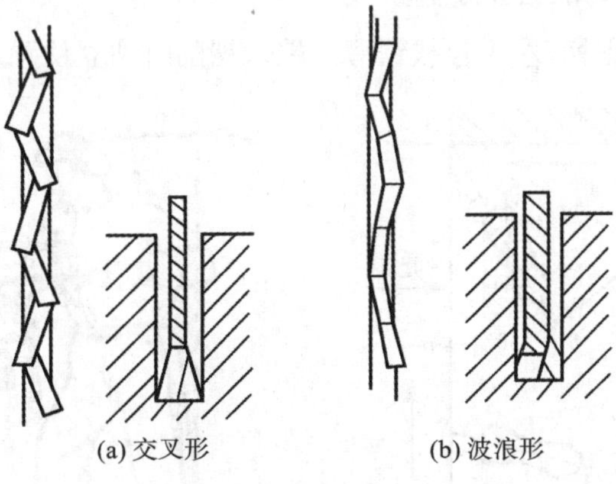

(a) 交叉形　　(b) 波浪形

图 1-20 锯路的形式

3. 锯条的选择

锯条的粗细应根据加工材料的硬度、厚薄来选择。锯割软的材料（如铜、铝合金等）或厚材料时，应选用粗齿锯条，因为锯屑较多，要求有较大的容屑空间。锯割硬材料（如合金钢等）或薄板、薄管时，应选用细齿锯条，因为：材料硬，锯齿不易切入，锯屑量少，不需要大的容屑空间；锯薄材料时，锯齿易被工件勾住而崩断，需要同时工作的齿数多，使锯齿承受的力量减少。锯割中等硬度材料（如普通钢、铸铁等）和中等硬度的工件时，一般选用中齿锯条。

1.3.2 锯削操作要领

1. 锯条的安装

安装锯条时，锯齿方向必须朝前，锯条绷紧程度要适当。锯条绷太紧，锯条受力过大，锯削时稍有卡阻便产生弯折，很容易崩断；锯条装太松，锯条锯削时容易扭曲，不但容易折断，而且锯缝容易歪斜。锯条的安装如图 1-21 所示。

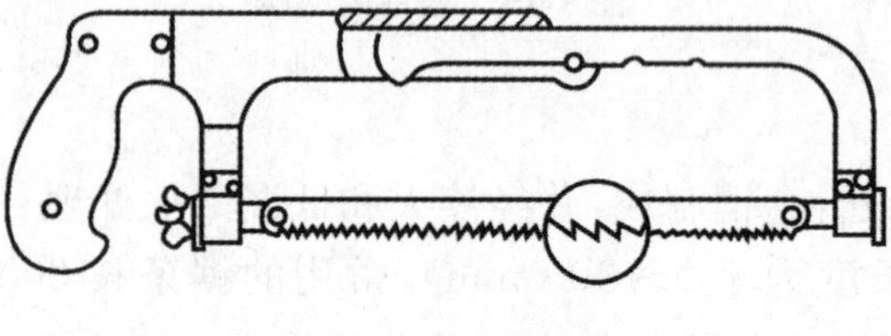

图 1-21 锯条的安装

2. 工件的装夹

锯削时工件一般装夹在台虎钳的左面，工件伸出钳口不应过长，应使锯缝离钳口 10～20 mm，锯缝线要与钳口侧面保持平行，夹紧要牢靠，但应注意避免将工件夹得变形和夹伤工件表面。

3. 握锯方法及锯削时的站立姿势

握锯方法是右手握锯柄，左手轻扶锯弓前端。锯削时站立位置及姿势如图 1-22 所示。

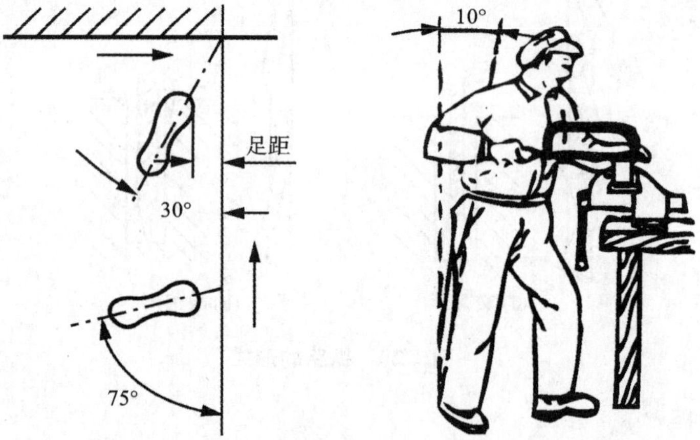

(a) 站立位置 (b) 锯削姿势

图 1-22 锯削时站立位置及姿势

4. 起锯和锯削

为了使起锯的位置准确和平稳，可用左手大拇指挡住锯条来定位。起锯时压力要小，往返行程要短，速度要慢，这样可使起锯平稳。起锯分远起锯和近起锯，起锯角 α 不大于 15°为宜，如图 1-23 所示。

锯削时推力和压力由右手控制，左手压力不要过大，主要配合右手扶正锯弓，锯弓向前

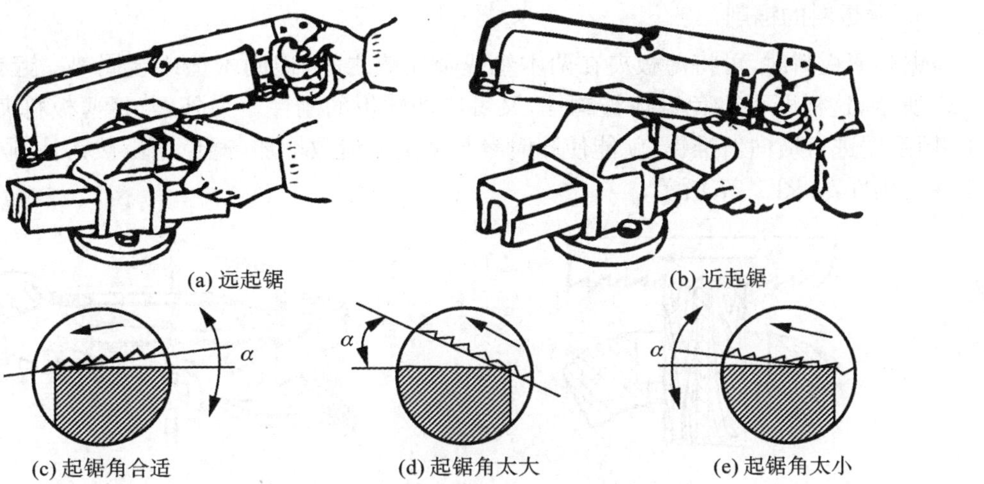

图 1-23 起锯姿势及起锯角大小

推出时加压力，回程时不加压力，在零件上轻轻滑过。锯削往复运动速度应控制在 40 次/min 左右。锯削时最好使锯条全部长度参加切削，一般锯弓的往返长度不应小于锯条长度的 2/3。

1.3.3 各种材料的锯削方法

1. 棒料的锯削

锯削棒料时，如果要求锯出的断面比较平整，则应从一个方向起锯直到结束，称为一次起锯；若对断面的要求不高，为减小切削阻力和摩擦力，可以在锯入一定深度后再将棒料转过一定角度重新起锯，如此反复几次从不同方向锯削，最后锯断，称为多次起锯。显然多次起锯较省力。

2. 管子的锯削

若锯薄管子，应使用两块木制 V 形或弧形槽垫块夹持，以防夹扁管子或夹坏表面，如图 1-24 所示。锯削时不能仅从一个方向锯起，否则管壁易钩住锯齿而使锯条折断。正确的锯法是每个方向只锯到管子的内壁处，然后把管子转过一定角度再起锯，且仍锯到内壁处，如此逐次进行，直至锯断。在转动管子时，应使已锯部分向推锯方向转动，否则锯齿也会被管壁钩住。管子锯削如图 1-25 所示。

图 1-24 管子的装夹

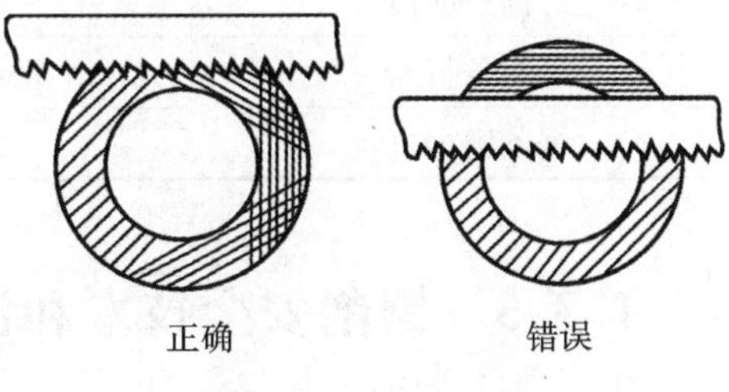

图 1-25 管子锯削

3. 薄板料的锯削

锯削薄板料时，可将薄板夹在两木垫或金属垫之间，连同木垫或金属垫一起锯削，如图1-26所示，这样既可避免锯齿被钩住，又可增加薄板的刚性。另外，若将薄板料夹在台虎钳上，用手锯进行横向斜推锯，就能使同时参与锯削的齿数增加，避免锯齿被钩住，同时能增加工件的刚性，如图1-27所示。

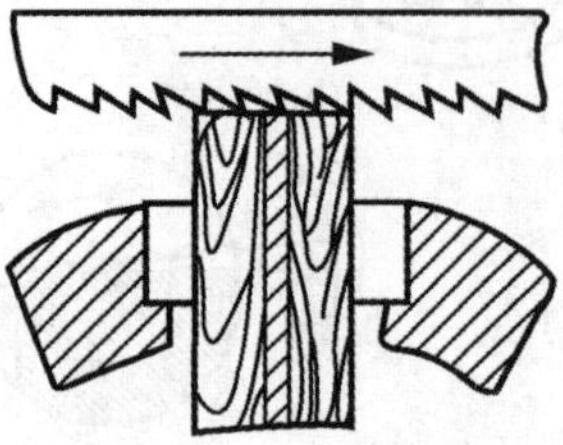

图1-26 用木垫夹紧锯削

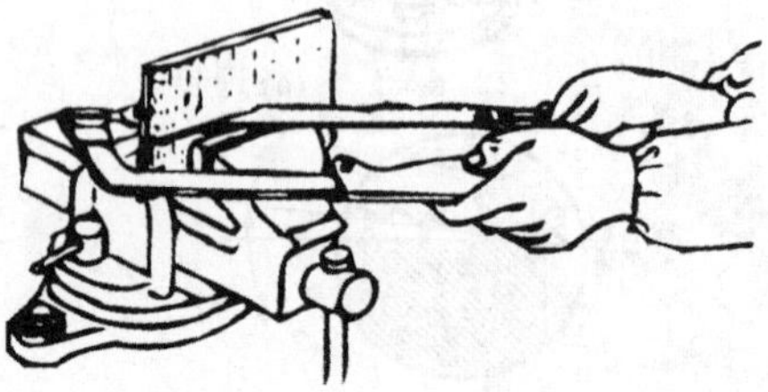

图1-27 横向斜推锯削

4. 深缝的锯削

深度超过锯弓高度的锯缝称为深缝。在锯弓快要碰到工件时，应将锯条拆出并转过90°重新安装，或把锯条的锯齿朝着锯弓背进行锯削，使锯弓背不与工件相碰，如图1-28所示。

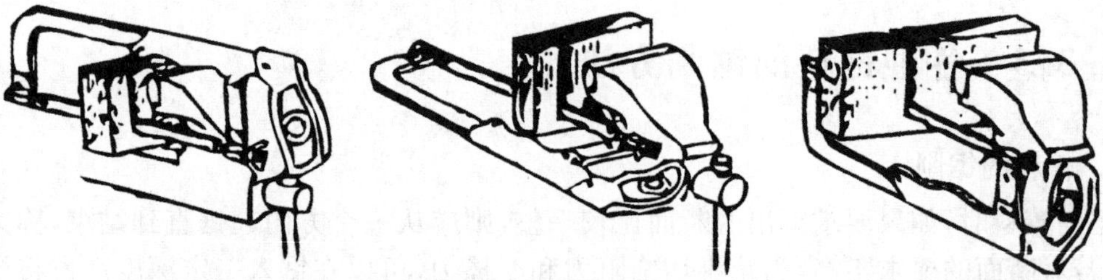

(a) 正常锯削　(b) 转90°安装锯条　(c) 转180°安装锯条

图1-28 锯削深缝工件

1.3.4 锯条损坏的形式及导致原因

锯削时锯条损坏的形式有锯条崩齿、锯条折断和锯条磨损过快等几种，如表1-1所示。

表1-1 锯条损坏的形式及导致原因

锯条损坏形式	导致原因
锯条崩齿	起锯角过大，运弓歪扭
锯条折断	锯条装夹过紧或过松，工件未夹紧，强行纠正被锯歪的缝
锯条磨损过快	锯割速度过快

1.3.5 锯削安全技术和注意事项

(1) 锯条不可安装得过松或过紧。

(2) 工件快要锯断时应减小压力，必须用手扶住被锯下部分，防止工件落下砸脚。

(3) 重量较大的工件可原地加工,不必用台虎钳,若欲使用台虎钳,必须辅助支承,保证安全。

(4) 锯削时要控制好用力,防止因锯条突然折断、失控而使人受伤。

【课程思政】

春秋战国时期,我国有一位创造发明家叫鲁班。两千多年来,他的名字和有关他的故事,一直在人民当中流传着,后代木工匠都尊称他为祖师。

鲁班大约生于公元前 507 年,本名公输般,因为"般"与"班"同音,是春秋战国时代鲁国人,所以称之为鲁班。鲁班在实践中留心观察,模仿生物形态,发明了许多木工工具,如锯子、刨子等。鲁班是怎样发明锯子的呢?

相传有一次他进深山砍树木时,一不小心,脚下一滑,手被一种野草的叶子划破了,渗出血来。他摘下叶片轻轻一摸,原来叶片两边长着锋利的齿。他用这些密密的小齿在手背上轻轻一划,居然割开了一道口子。他的手就是被这些小齿划破的。他还看到在一棵野草上有条大蝗虫,两个大板牙上也排列着许多小齿,所以能很快地磨碎叶片。鲁班就从这两件事上得到了启发。他想,要是制作出这样齿状的工具,不是也能很快地锯断树木了吗!于是,他经过多次试验,终于发明了锋利的锯子,大大提高了工效。

鲁班给这种新发明的工具起了一个名字,叫作"锯"。这就是锯子的由来,也是鲁班发明锯子的故事。

1.4 锉 削

锉削是利用锉刀从零件表面锉掉多余的金属,使零件达到图样要求的尺寸、形状和表面粗糙度的操作。它的应用范围很广,可锉工件的外表面、内孔、角度面、曲面、沟槽和各种形状复杂的表面。锉削的最高精度可达 IT7~IT8 级(0.01 mm),表面粗糙度尺寸可达 Ra 1.6~0.8 μm。

1.4.1 锉刀

锉刀由锉身和锉刀柄两部分组成。锉身用高碳钢(T12、T13 或 T12A、T13A)制成,并经热处理淬硬至 62~67 HRC。锉刀的构造及各部分名称如图 1-29 所示。

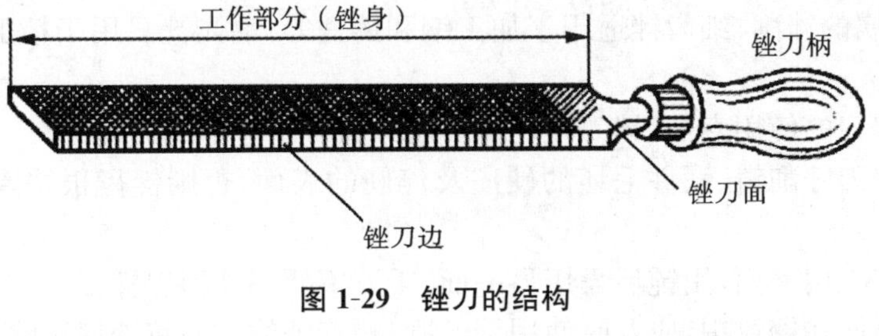

图 1-29 锉刀的结构

1. 锉刀的分类

①锉刀按锉齿的大小分为粗齿锉、中齿锉、细齿锉和油光锉等。

②锉刀按齿纹分为单齿纹锉刀和双齿纹锉刀。

③锉刀按用途不同又可分为以下几类。

a. 普通锉(或称钳工锉):使用最多,按断面形状分为平锉、方锉、三角锉、半圆锉、圆锉,如图 1-30 所示。平锉用于锉平面、外圆面和凸圆弧面;方锉用于锉平面和方孔;三角锉用于锉平面、方孔及 60°以上的锐角;半圆锉用于锉平面、内弧面和大的圆孔;圆锉用于锉圆和内弧面。

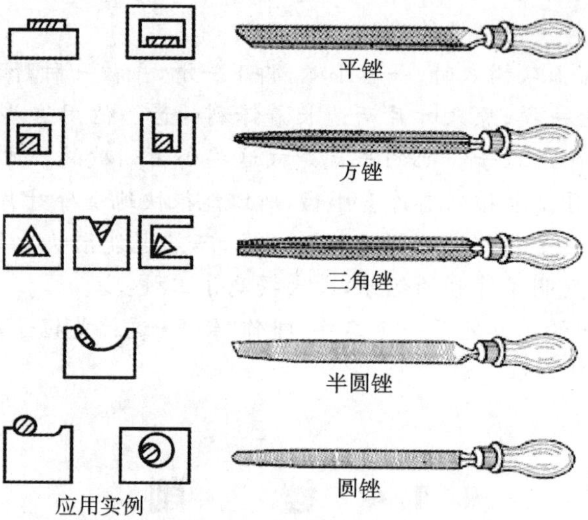

图 1-30 普通锉的种类

b. 异形锉:用来锉削工件特殊表面,有刀口锉、菱形锉、扁三角锉、椭圆锉、圆肚锉等。

c. 整形锉(或称什锦锉):用于修整细小部分的表面,通常以 5 把、6 把、8 把、10 把或 12 把为一组。

④锉刀按工作部分长度分为 100 mm、150 mm、200 mm、250 mm、300 mm、350 mm 及 400 mm 等七种。

2. 锉刀的选择与保养

一般根据工件形状和加工面的大小选择锉刀的形状和规格,根据加工材料软硬、加工余量、精度和表面粗糙度的要求选择锉刀的粗细。

粗齿锉齿距大,不易堵塞,适用于粗加工(即加工余量大、精度等级和表面质量要求低)及铜、铝等软金属的锉削;细齿锉适用于加工钢和铸铁等;油光锉只用于精加工,即最后表面的修光。

为了延长锉刀的使用寿命,锉刀使用保养必须遵守下列原则:

①不可用锉刀锉削铸、锻件毛坯的硬皮及淬硬的表面,否则锉齿很快磨损,从而丧失锉削能力。

②新锉刀应先用一面,用钝后再用另一面,千万不要用锉刀锉锉刀。

③若有锉屑嵌在锉纹中,应及时使用钢丝刷,顺着锉纹方向将锉屑清除。

④锉刀严禁沾水、沾油。锉削时不要用手摸锉刀面,防止锉削时打滑及加快对锉刀的

锈蚀。

⑤锉刀不能重叠堆放，不能与其他硬物碰撞，以免锉齿损坏。

⑥不可用锉刀代替其他工具敲击或撬动工件。使用整形锉用力不可过猛，以防锉刀折断。

1.4.2 锉削操作要领

1. 锉刀的握法

①较大平锉握法。右手掌心顶住锉刀柄，大拇指按在锉刀柄上部，其余手指满握锉刀柄，左手掌压在锉刀尖端（也可压稍后一点），手指略收，左手肘与锉刀轴线约呈 45°角。

②中型锉刀握法。右手与握大锉刀相同，左手几个手指捏住锉刀尖端。

③小锉刀握法。右手可与握大、中型锉刀相同，左手用几个手指压住锉刀面。

④圆锉、方锉握法。右手与握小锉刀相同，也可将食指放在锉刀柄上面，左手几个手指捏刀尖。

锉刀的握法如图 1-31 所示。

注意：所有握法都要自然放松，肘不要抬得过高。

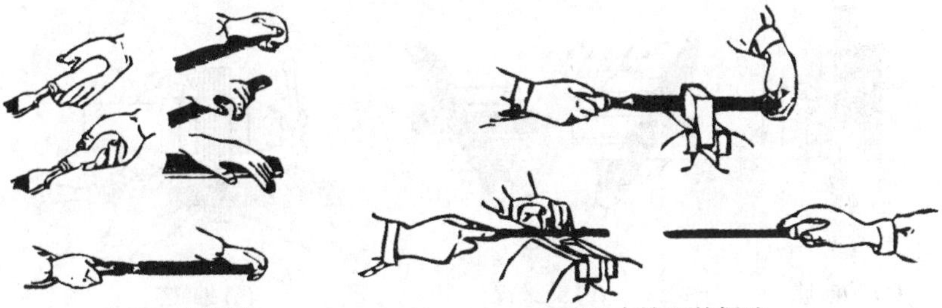

(a) 大锉刀的握法　　(b) 小锉刀的握法

图 1-31　锉刀的握法

2. 锉削姿势

锉削时人的站立位置与锯削相似，如图 1-32 所示，身体重量放在左脚，右膝要伸直，双脚始终站稳不移动，靠左膝的屈伸而作往复运动。开始时，身体向前倾斜 10°左右，右肘尽可能向后收缩。最初三分之一行程，身体逐渐前倾至 15°左右，左膝稍弯曲。中间三分之一行

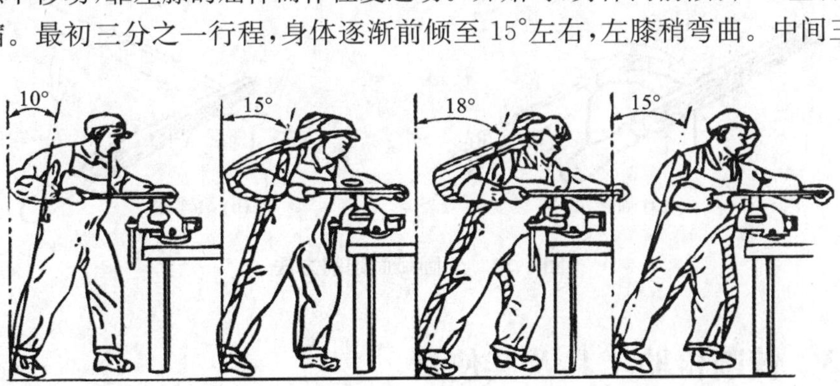

图 1-32　锉削姿势

程，右肘向前推进，同时身体也逐渐前倾到18°左右。最后三分之一行程，用右手腕将锉刀推进，身体随锉刀向前推的同时自然后退到15°左右的位置上。锉削行程结束后，把锉刀略提起一些，身体姿势恢复到起始位置。锉削过程中，两手用力也时刻在变化。开始时，左手压力大推力小，右手压力小推力大。随着推锉过程，左手压力逐渐减小，右手压力逐渐增大。锉刀回程时不加压力，以减少锉齿的磨损。锉刀往复运动速度一般为30～40次/min，推出时慢，回程时可快些。

3. 锉削方法

1）平面锉削

锉削平面的方法有顺向锉、交叉锉、推锉三种。

顺向锉是顺着同一方向对工件进行锉削的方法，如图1-33(a)所示。顺向锉可得到正直的锉痕，即锉痕比较整齐美观，适用于锉削不大的平面和最后的锉光。

交叉锉是锉削时锉刀从两个交叉的方向对工件表面进行锉削的方法，如图1-33(b)所示。交叉锉时锉刀与工件的接触面增大，锉刀容易掌握平衡。交叉锉法只适用于粗锉，精加工时要改用顺向锉法。

推锉是用两手对称地横握锉刀，用两大拇指推动锉刀顺着工件长度方向进行锉削的一种方法，如图1-33(c)所示。推锉法切削效率不高，常在加工余量较小和修正尺寸时采用。

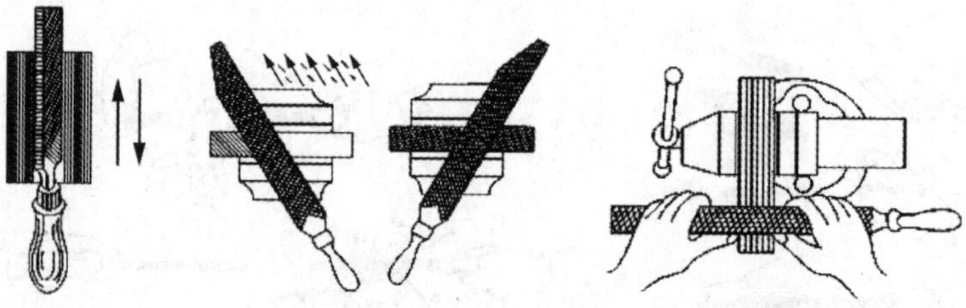

(a) 顺向锉　(b) 交叉锉　(c) 推锉

图1-33　平面锉削方法

2）弧面锉削

外圆弧面一般可采用平锉进行锉削，常用的锉削方法有顺锉法和滚锉法两种，如图1-34所示。

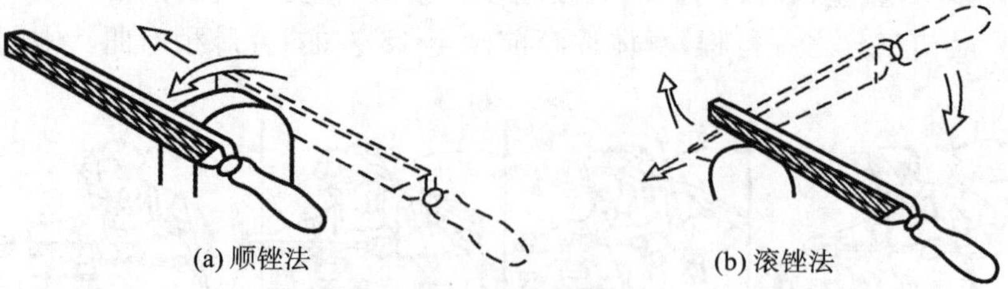

(a) 顺锉法　(b) 滚锉法

图1-34　外圆弧面锉削方法

1.4.3　锉削检验工具及其使用

锉削检验工具有刀口形直尺、直角尺、游标万能角度尺等。刀口形直尺、直角尺可检验零件的直线度、平面度及垂直度。下面介绍用刀口形直尺检验零件平面度的方法。

将刀口形直尺垂直紧靠在零件表面,并在纵向、横向和对角线方向逐次检验。检验时,如果刀口形直尺与零件平面透光微弱而均匀,则该零件的平面度合格;如果刀口形直尺与零件平面透光强弱不一,则说明该零件平面凹凸不平,可在刀口形直尺与零件紧靠处用塞尺插入,根据塞尺的厚度确定平面度的误差,如图 1-35 所示。

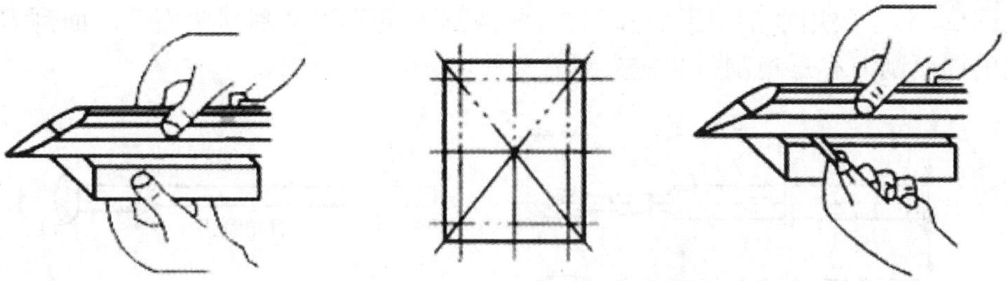

图 1-35 用刀口形直尺检验零件平面度图

1.4.4 锉削注意事项

(1) 不使用无柄或柄已裂开的锉刀,防止刺伤手腕。

(2) 不能用嘴吹铁屑,防止铁屑飞进眼睛。

(3) 锉削过程中不要用手抚摸锉刀面,以防锉时打滑。

(4) 锉刀面堵塞后,用铜锉刷顺着齿纹方向刷去铁屑。

(5) 锉刀放置时不应伸出钳台以外,以免碰落砸伤脚。

1.5 刮削和研磨

1.5.1 刮削

刮削是指用刮刀刮除工件表面薄层的加工方法。

1. 刮削的作用和余量

1) 刮削的作用

刮削加工属于精加工,通过刮削加工后的工件表面,由于多次反复地受到刮刀的推挤和压光作用,组织变得比原来紧密,并得到较细的表面粗糙度。同时,刮削后的工件表面形成比较均匀的微浅凹坑,给存油润滑创造了良好的条件。刮削常用于加工机床导轨等滑行面、转动的轴和轴承之间的接触面、工具和量具的接触面以及密封表面等。因此,在机械制造以及工具、量具制造或维修中,刮削是一种重要的加工方法。

2) 刮削的余量

刮削时,每次的切削量很少,一般为 0.05～0.4 mm,具体数值根据工件刮削面积大小而定。刮削面积大,加工误差就大,所留余量应大些;反之,所留余量小些。

2. 刮削工具和显示剂

1）刮刀

刮刀是刮削工作中的刀具，要求刀头部分具有较高的硬度，并能把刃口刃磨得很锋利。刮刀一般采用碳素工具钢 T10A、T12A 或弹性较好的滚动轴承钢 GCr15 锻制而成，并经热处理淬火和回火，使刀头硬度达到 60 HRC 以上。刮刀分曲面刮刀和平面刮刀两种。平面刮刀（见图 1-36）主要用来刮削平面和刮花，曲面刮刀主要用来刮削曲面。曲面刮刀形状较多，常用的曲面刮刀有三角刮刀和蛇头刮刀两种，如图 1-37 所示。

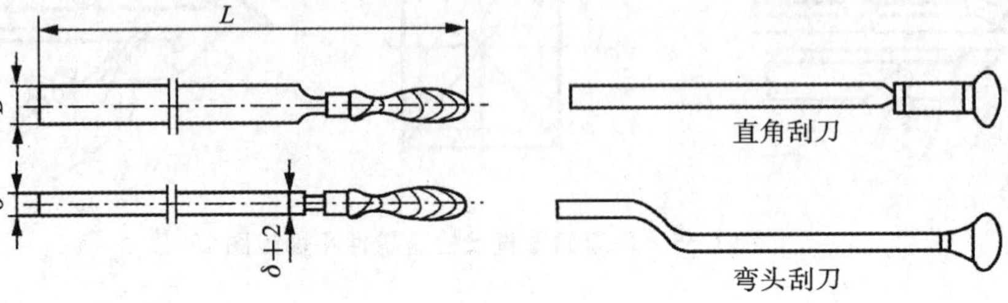

图 1-36　平面刮刀的形状

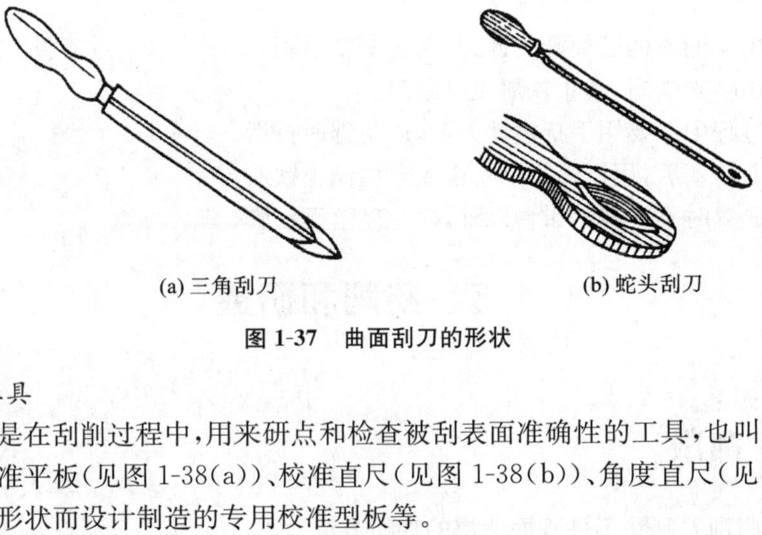

(a) 三角刮刀　(b) 蛇头刮刀

图 1-37　曲面刮刀的形状

2）校准工具

校准工具是在刮削过程中，用来研点和检查被刮表面准确性的工具，也叫研具。常用的校准工具有标准平板（见图 1-38(a)）、校准直尺（见图 1-38(b)）、角度直尺（见图 1-38(c)）以及根据被刮面形状而设计制造的专用校准型板等。

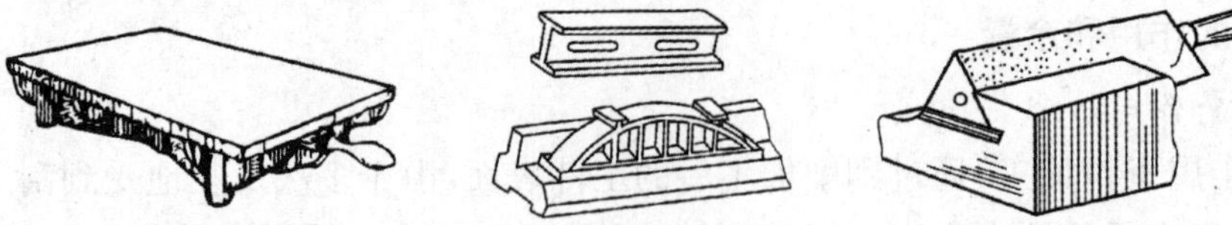

(a) 标准平板　(b) 校准直尺　(c) 角度直尺

图 1-38　标准工具

3）显示剂

为了显示工件表面的误差情况，工件与校准工具对研时，在工件或校准工具表面上所涂的有颜色的涂料，称为显示剂。常用的显示剂有红丹粉和蓝油两种。显示剂可以涂在工件表面上，也可以涂在校准工具的表面上。前者在工件表面上显示的结果是红底黑点，没有反光，容易看清，适用于精刮。后者只在工件表面的高处着色，研点暗淡，不易看清，但切屑不易黏附在刮刀的刀刃上，刮削方便，适用于粗刮。

3. 刮削操作

1）平面刮削的方法

平面刮削的方法有挺刮法和手刮法两种。

挺刮法是将刮刀柄顶在小腹右下侧，双手握刀杆离刃口 70～80 mm 处，左手在前，右手在后，刮削时，左手下压，落刀要轻，利用腿和臂部力量使刮刀向前推挤，双手引导刮刀前进，在推挤后的瞬间，用双手将刮刀提起，工件表面被刮去一层薄金属并留下刀痕。挺刮法刮削姿势如图 1-39(a)所示。

手刮法是右手握刀柄，左手四指向下蜷曲握住刮刀进刀头 50 mm 处，刮刀和刮面呈 25°～30°角，刮削时，右臂利用上身摆动刮刀向前推进，同时左手下压，引导刮刀前进，推进到所需的距离后，左手立即抬起，这样就完成了一次刮削动作。手刮法刮削姿势如图 1-39(b)所示。与挺刮法相比，手刮法动作灵活，但要求臂力大且加工余量不能过大。

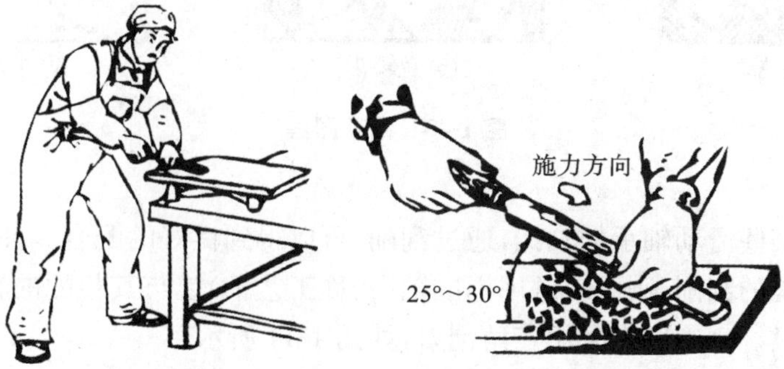

(a) 挺刮法　　(b) 手刮法

图 1-39　刮削姿势

2）平面刮削的刮削步骤

①粗刮。粗刮是用粗刮刀在刮削面上均匀地铲去一层较厚的金属，目的是很快地去除刀痕、锈斑或过多的余量。粗刮采用连续推铲的方法，刀迹要连成长片，不重复，如图 1-40 所示。当粗刮达到每 25×25 mm² 的面积内有 2～5 个研点，且分布均匀时，即可转入细刮。粗刮次数一般为 1～2 遍。研点和精度检查情形分别如图 1-41 和图 1-42 所示。

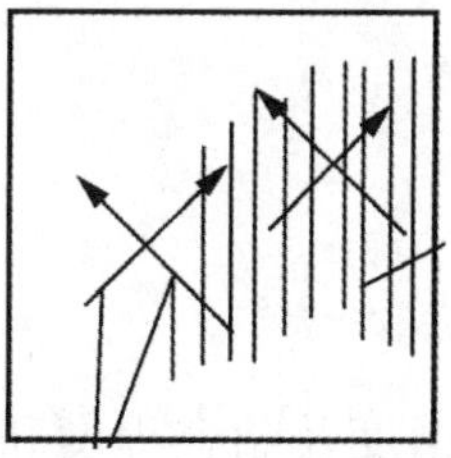

图 1-40　粗刮方向

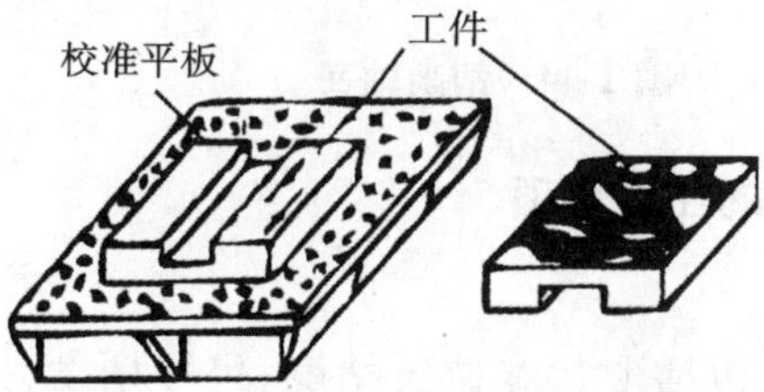

图 1-41　研点

图 1-42　平面刮削精度检查

②细刮。细刮是用细刮刀在刮削面上刮去稀疏的大块研点，目的是进一步改善不平现象，增加研点数。细刮采用短刮法，刀痕宽而短。加工到显示出的研点软硬均匀，平面每 25×25 mm² 的面积内有 10～15 个研点时，细刮结束。

③精刮。精刮是在细刮的基础上用精刮刀更仔细地刮削研点，目的是进一步增加研点数，改善表面质量，使刮削面符合精度要求。精刮采用点刮法。当研点逐渐增加到每 25×25 mm^2 面积内有 20 个以上时，可将研点分为三类，分别对待。最大最亮的研点全部刮去，中等研点只刮去顶部一小部分，小研点留着不刮。精刮常用于检验工具、精密导轨面、精密工具接触面的加工。

④刮花。刮花是在刮削面或机器外观表面上用刮刀刮出装饰性花纹。刮花不但能使刮削表面美观，而且能使滑动表面之间形成良好的润滑条件，还可以根据花纹的消失情况来判断滑动表面的磨损程度。常见的花纹有斜花纹、鱼鳞花和半月花，如图 1-43 所示。

(a) 斜花纹　(b) 鱼鳞花　(c) 半月花

图 1-43　刮花图案

3）曲面刮削

要求较高的某些滑动轴承的轴瓦，通过刮削，可以得到良好的配合。曲面刮削中最典型的实例是滑动轴承的刮削，刮研时常用标准轴（又称工艺轴）或与其相配的轴，作为内曲面研点显示的校准工具。刮削轴瓦时用三角刮刀，如图 1-44 所示。

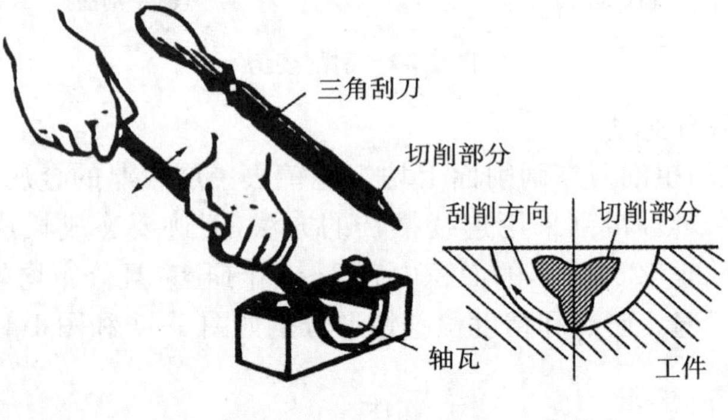

图 1-44　刮削轴瓦

4. 刮削精度检查和刮削操作的注意事项

1）刮削精度检查

对刮削表面的质量要求，一般包括形状和位置精度、尺寸精度、接触精度及贴合程度和表面粗糙度等。最常用的检查方法是根据接触点的数目来判断，即将刮削表面与校准工具对研后，用 25×25 mm^2 面积内的研点数多少来确定刮削精度的高低。

2）刮削操作的注意事项

①工件的安放要安全，高度要适当，一般与腰部平齐。

②刮削时用力要均匀，刮刀的角度、位置要准确，刮削方向要常调换，多次刮削，避免产生振痕。

③刮削工件边缘时，刮削方向不能与工件边缘垂直。

④涂抹显示剂要均匀而薄，显示剂薄厚不均会影响工件表面显示研点的正确性。

1.5.2 研磨

用研磨工具(研具)和研磨剂从工件表面磨掉一层极薄的金属，使工件获得精确的尺寸、形状和极小的表面粗糙度值的加工方法，称为研磨。

1. 研磨的基本原理和作用

1）研磨的基本原理

研磨是以物理和化学综合作用去除零件表层金属的一种加工方法。

①物理作用：研磨时要求研具材料比被研的工件软。涂在研具表面上的研磨剂中的磨料，在受到压力后，有一部分会嵌入研具表面形成无数切削刃。由于研具和工件的相对运动，半固定或浮动的磨料颗粒在工件和研具之间作运动轨迹不重复的滑动和滚动，因而对工件产生微量的切削作用，均匀地从工件表面切去一层极薄的金属。研磨借助于研具精确的型面，而使工件逐渐地得到准确的尺寸精度和形位精度及极细的表面粗糙度。

②化学作用：有的研磨剂能使工件起化学反应，如氧化铬、硬脂酸等化学研剂。在研磨时，工件表面与空气接触，很快形成一层极薄的氧化膜，而氧化膜又很容易被磨料颗粒磨掉，这就是研磨的化学作用。

在研磨过程中，氧化膜迅速形成(化学作用)，又不断地被磨掉(物理作用)。经过这样的多次反复，工件表面很快地达到预定要求。由此可见，研磨加工体现了物理和化学的综合作用。

2）研磨的作用

①减小工件表面粗糙度值。

②提高工件尺寸精度和形位精度。

2. 研磨余量

由于研磨是微量切削，每研磨一次所能磨去的金属层不超过 0.002 mm，因此，一般研磨余量在 0.005～0.03 mm 之间比较适宜。

3. 研具材料和类型

1）研具材料

研具是保证研磨工件几何形状正确的几何工具。研具材料要求组织细致均匀，有较高的稳定性和耐磨性，具有较好的嵌存磨料的性能，工作面的硬度低于工件表面的硬度。常用的研具材料有灰铸铁、球墨铸铁、软钢、铜等。

2）研具类型

常用的研具类型有研磨平板、研磨环和研磨棒，如图 1-45 所示。

(a) 研磨平板　　(b) 研磨环　　(c) 研磨棒

图 1-45　研具

4. 研磨剂

研磨剂是由磨料和研磨液调和而成的混合剂。

1）磨料

磨料在研磨中起切削作用，研磨工作的效率、精度和表面粗糙度都与磨料有密切的关系。常用的磨料有以下三种：

①刚玉类磨料：主要用于合金工具钢、高速钢和铸铁工件的研磨。

②碳化物磨料：多用于研磨硬质合金、陶瓷、硬铬之类的高硬度工件。

③金刚石磨料：具有优越的研削能力，尤其适用于硬质合金、宝石、硬铬等高硬度工件的超精研磨加工。

2）研磨液

研磨液在研磨加工中起到调和磨料、冷却和润滑作用。研磨液一般具有一定的黏度和稀释能力，具有良好的冷却和润滑作用，对人体健康无害，对工件无腐蚀作用，且易于清洗。常用的研磨液有煤油、汽油、工业用甘油、20 号机油等。此外，还可以根据需要在研磨液中加入适量的石蜡、油酸、脂肪酸等，这样效果更好。

5. 研磨方法

1）一般平面研磨

把工件需研磨的表面贴合在上过料的研具上，沿研具的全部表面，用 8 字形或仿 8 字形以及螺旋形的运动轨迹进行研磨，如图 1-46 所示。一般平面研磨时，压力大小要适中，使工件受力均匀，速度也不应过快。手工研磨时，粗磨往复速度为 40～60 次/分，精磨往复速度为 20～40 次/分。

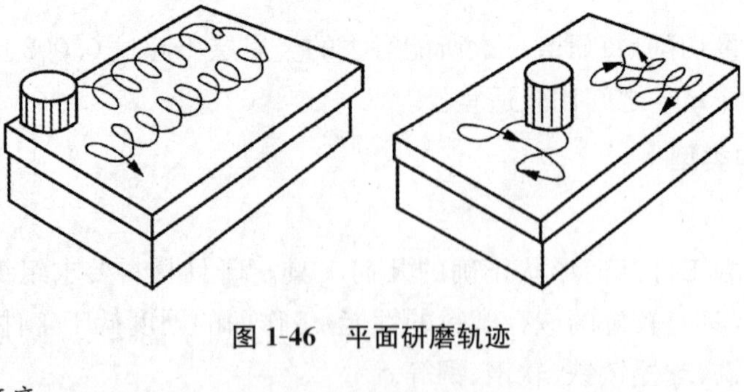

图 1-46　平面研磨轨迹

2）狭窄平面研磨

狭窄平面研磨时，为防止研磨平面产生倾斜和圆角，用金属块作为导靠，如图 1-47(a)所示，并采用直线形研磨轨迹。工件数量较多时，可采用螺栓或 C 型夹头将几个工件夹在一起进行研磨，如图 1-47(b)所示，这样既可以提高效率，又可使加工后的工件尺寸保持一致。

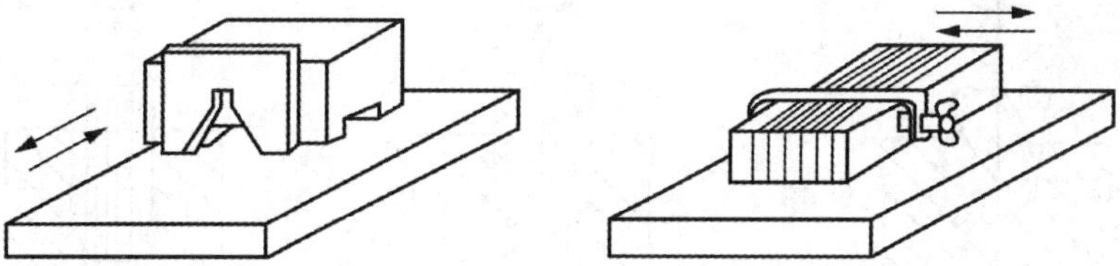

(a) 导靠的应用　　(b) C型夹头的应用

图 1-47　狭窄平面研磨方法

3）圆柱面研磨

圆柱面一般采用手工与机器配合的方法进行研磨。一般工件的转速，在直径小于 80 mm 时为 100 r/min，在直径大于 100 mm 时为 50 r/min。研磨环的往复运动速度，可根据工件在研磨时表面上出现的网纹来控制。当出现 45°交叉网纹时，说明研磨环的往复运动速度适宜，如图 1-48 所示。研磨圆柱孔时，研磨棒直径比工件小 0.01～0.02 mm，长度比工件长 2～3 倍。圆锥面的研磨方法与圆柱面相同，但要用与工件尺寸相同的研磨棒或研磨环进行研磨。

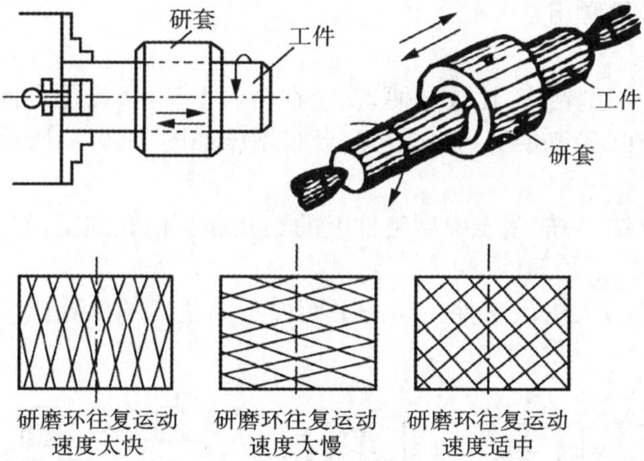

图 1-48　研磨外圆柱面

1.6　钻孔、扩孔和铰孔

用钻头在实体材料上进行孔加工的方法称为钻孔。零件上孔的加工，除去一部分由车床、冲床、铣床和磨床等完成外，很大一部分是由钳工利用各种钻床和钻孔工具完成的。钳工加工孔的方法一般指钻孔、扩孔和铰孔。

一般情况下，孔加工刀具应同时完成两个运动。钻头装在钻床（或其他机械）上，依靠钻头与工件之间的相对运动来完成切削加工，钻头的旋转运动为主运动，钻头的直线移动为进给运动。扩孔是对工件上已有的孔再进行扩大，常作为孔的半精加工，也普遍用作铰孔前的预加工。铰孔是用铰刀对已钻出的孔进行精加工的方法。钳工的钻孔、扩孔、铰孔多在钻床上进行。钻孔、扩孔、铰孔加工方法如图 1-49 所示。

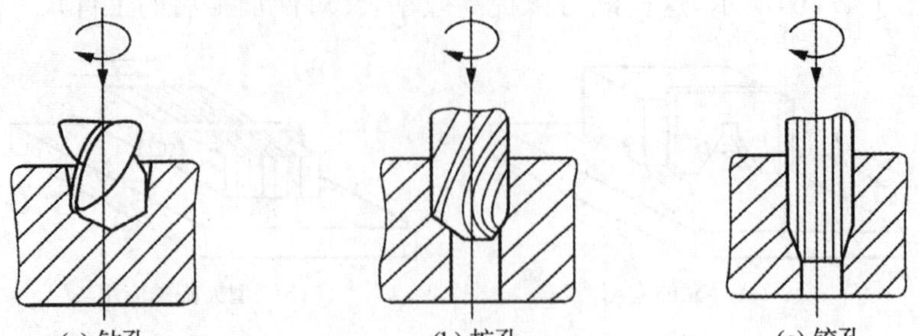

图 1-49　孔的加工方法

1.6.1　钻削设备和工具

1. 钻床

钻床是用于孔加工的一种机械设备，可以完成钻孔、扩孔和铰孔等加工。钻床的规格用可加工孔的最大直径表示。钻床品种、规格较多，有台式钻床、立式钻床和摇臂钻床等，其中台式钻床（简称台钻）最常用。

1）台式钻床

台式钻床是一种小型钻床，比较轻便，安装在台面上使用，操作方便且转速高，适于加工中、小型零件上直径在 13 mm 以下的小孔。台式钻床如图 1-50(a)所示。

2）立式钻床

立式钻床又称立钻，一般用于中型工件上的钻孔和其他孔加工，如图 1-50(b)所示。

3）摇臂钻床

摇臂钻床适用于对大中型工件在同一平面内不同位置的单孔或多孔的加工，如图 1-50(c)所示。

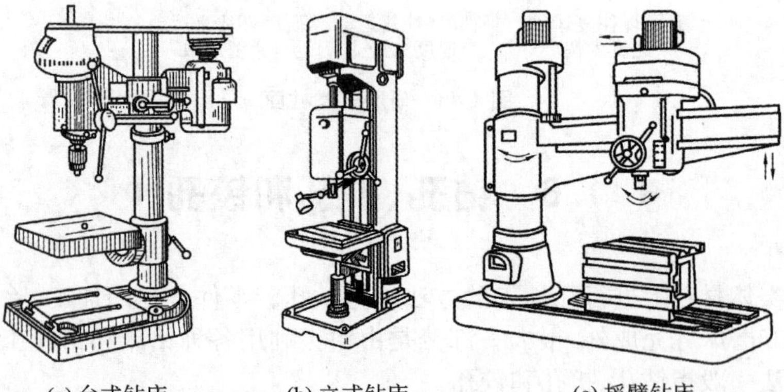

图 1-50　钻床的种类

2. 钻头

钻头是钻孔的主要刃具，常用高速工具钢制造。常用的钻头有麻花钻、扁钻、深孔钻和中心钻等，其中麻花钻应用最广。

1）钻头的组成

麻花钻由柄部、颈部及工作部分组成，如图 1-51 所示，工作部分经热处理淬硬至 62～65 HRC。

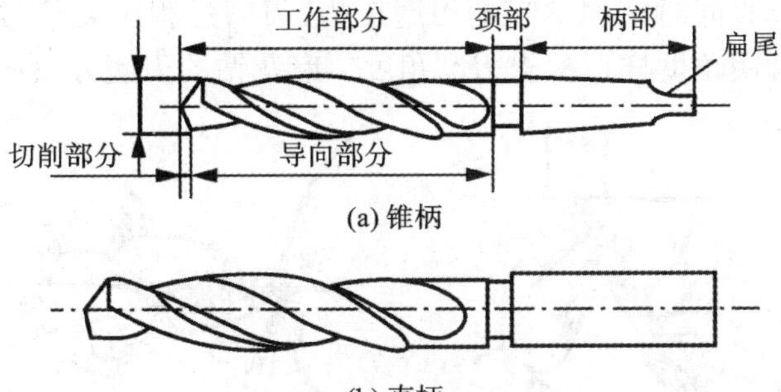

图 1-51 麻花钻的组成

①柄部供装夹用，并传递机械动力。柄部有锥柄和直柄（又称柱柄）两种。一般直径大于 13 mm 的钻头做成锥柄，直径在 13 mm 以下的钻头做成直柄。

②颈部是制造钻头时供砂轮磨削用的退刀槽，其上一般刻印商标、规格等内容。

③工作部分由导向部分和切削部分组成。导向部分是指切削部分与颈部之间的部分，钻孔时起引导钻头方向、排除切屑和输送切削液的作用。切削部分主要担负切削作用。

麻花钻有两个前刀面、两个后刀面、两个副切削刃、一个横刃，几何角度主要有前角、后角、顶角等。其中，顶角是两个主切削刃之间的夹角，一般取 116°～118°。麻花钻的切削部分如图 1-52 所示。标准麻花钻的切削角度如图 1-53 所示。

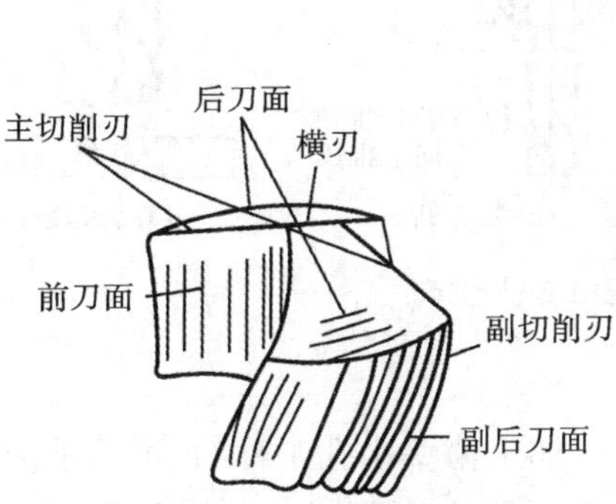

图 1-52 麻花钻的切削部分

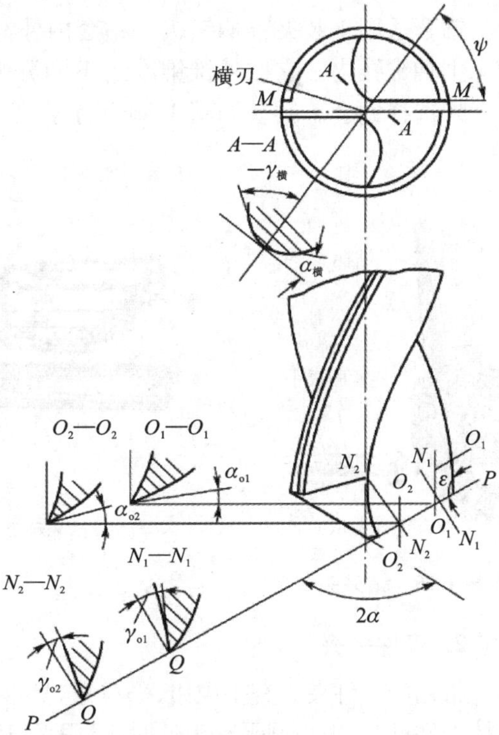

图 1-53 标准麻花钻的切削角度

2）麻花钻的刃磨

麻花钻的刃磨要求两条主切削刃要等长，否则在进行孔加工时，孔就会被扩大或歪斜，同时也会加剧钻头的磨损。麻花钻的刃磨方法是用两手握住钻头，右手缓慢地使钻头绕自身的轴线向下向上转动，同时施加适当的刃磨压力，刃磨过程中要经常蘸水冷却，以防止过热降低硬度。同时，可用角度样板检查刃磨角度。麻花钻的刃磨方法如图 1-54 所示。

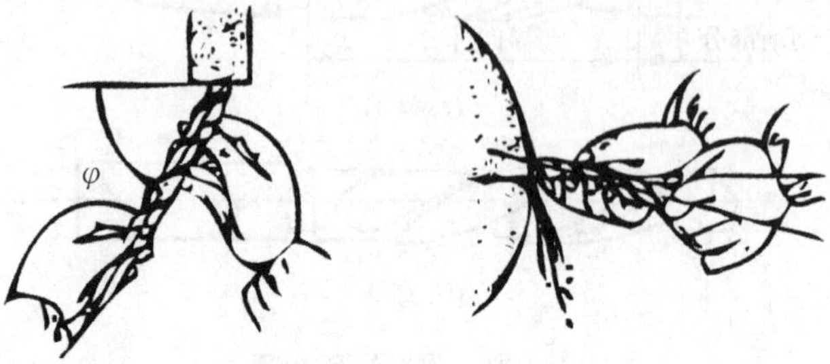

图 1-54　麻花钻的刃磨方法

1.6.2　钻削操作要领

1. 钻头装夹

钻头常用的夹具有钻夹头和钻套。钻夹头主要用于装夹直径不大于 13 mm 的直柄钻头。它的柄部为圆锥面，可与钻床主轴锥孔配合安装；头部有三个夹爪，可同时张开和合拢，便于钻头的装夹和卸下，如图 1-55 所示。

钻套适用于装夹锥柄钻头。钻套内外都有锥度，内锥孔用来装夹钻头锥柄，外锥面装在钻床主轴锥孔内。它按外锥锥度的不同分为 5 个号，使用时根据钻头锥柄和钻床主轴锥孔锥度来选择钻套。钻套如图 1-56 所示。

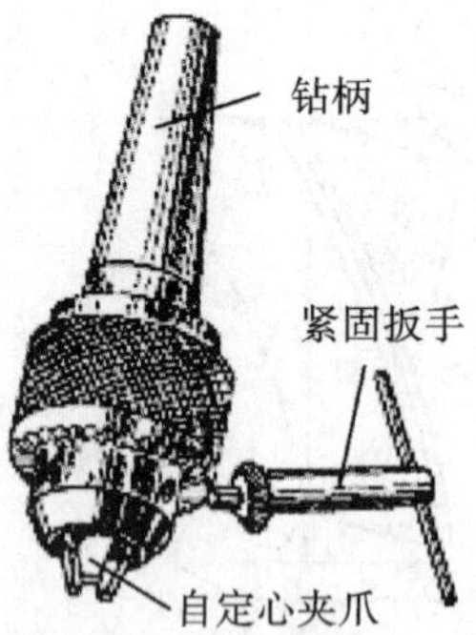

图 1-55　钻夹头

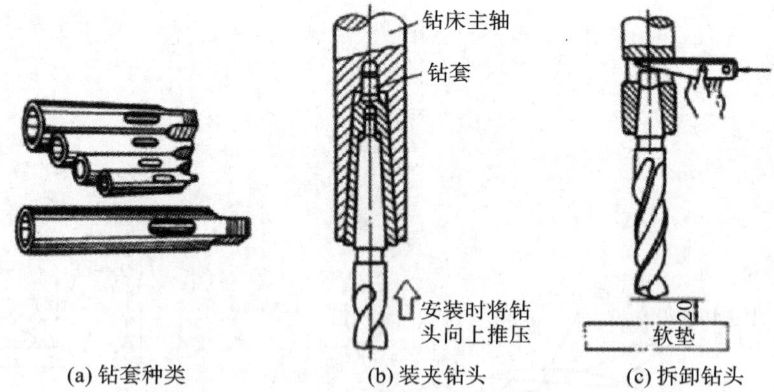

图 1-56　钻套

2. 工件装夹

常用的工件夹具有手虎钳、平口钳、V 形架和压板等。加工薄壁小孔工件时，可用手虎钳夹持工件；加工中小型平整工件时，可用平口钳夹持工件；加工圆柱形工件时，可用 V 形架夹持工件；加工较大型工件时，可用压板和螺栓将工件直接夹持在钻床工作台上，如图 1-57 所示。

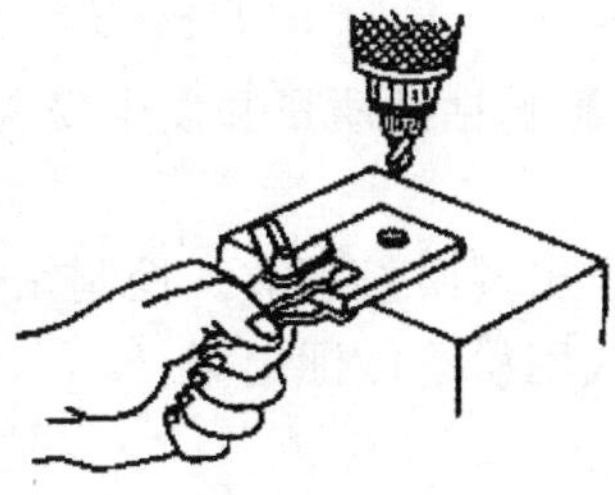

(a) 手虎钳夹持

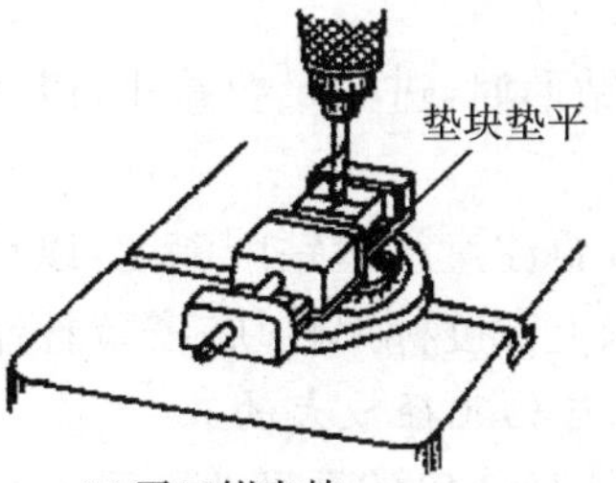

(b) 平口钳夹持

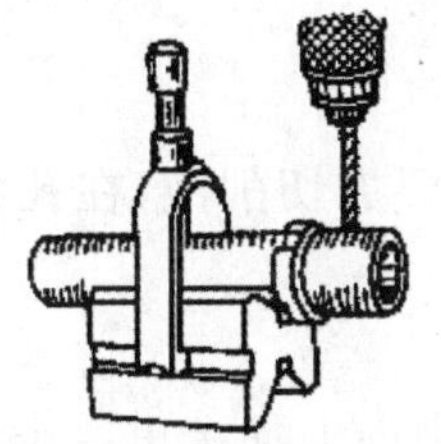

(c) V形架夹持

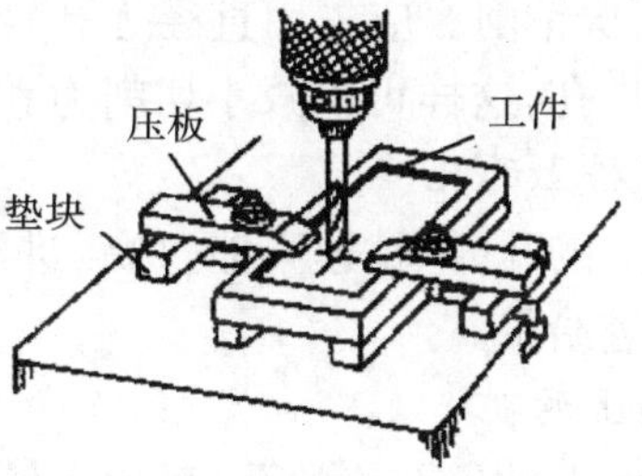

(d) 压板、螺栓夹持

图 1-57　工件的夹持方法

3. 钻削用量的选择

钻孔钻削用量包括钻头的钻削速度(m/min)或转速(r/min)和进给量(钻头每转一周沿轴向移动的距离)。钻削用量受钻床功率、钻头强度、钻头寿命和零件精度等许多因素的限制。因此,能否合理选择钻削用量直接关系到钻孔生产率、钻孔质量和钻头的寿命。选择钻削用量可以用查表方法,也可以考虑零件材料的软硬、孔径大小及精度要求,凭经验选定一个进给量。

4. 钻孔的方法

1) 按划线位置钻孔

钻孔工件上的孔径圆需打上样冲眼作为加工界线,应在定中心的位置打上较大的样冲眼,如图 1-58 所示。钻孔时应进行试钻,用钻头尖在孔的中心钻一浅孔(占孔径的 1/4 左右),检查孔的中心是否正确。如发现偏心要及时纠正,偏离较小时,可以采用样冲将中心冲大矫正;偏离较大时,可用窄錾沿偏斜相反方向那一边錾低一些,便可逐渐将偏斜部分矫正过来,如图 1-59 所示。

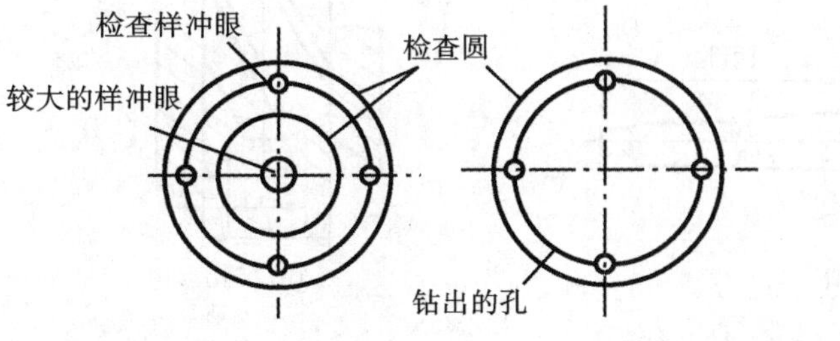

图 1-58　钻孔划线定中心

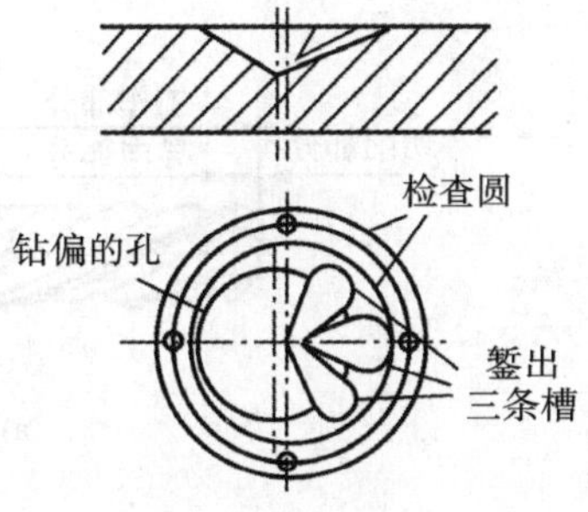

图 1-59　钻孔钻偏时的纠正方法

2）钻通孔

在孔将被钻通时，进给量要减小，以防钻头摆动，影响钻孔质量和发生安全事故。

3）钻盲孔

钻盲孔时，要注意掌握钻削深度，以免将孔钻深了出现质量事故。控制钻孔深度的方法有：调整好钻床上深度标尺挡块；安置控制长度量具或用粉笔做标记等。

4）钻深孔与钻孔径较大的孔

深度大于孔径 3 倍的孔即为深孔。钻深孔时要注意经常退出钻头及时排屑和冷却，否则容易造成切屑堵塞或使钻头过度磨损甚至折断，影响孔的加工质量。孔径较大的孔（大于 30 mm）应分两次钻削。应先用直径为孔径的 0.5～0.7 的钻头钻一小孔，然后再用直径等于孔径的钻头扩孔，这样可以减小切削力和提高钻孔质量。

5）钻硬材料上的孔

钻硬材料上的孔时，钻速不能过高，进给量要均匀，要加切削液，在孔将要钻通时，应注意降低速度和进给量。

6）钻斜面上的孔

为了在斜面上钻出合格的孔，可用立铣刀或錾子在斜面上加工出一个小平面，然后先用中心钻或小直径钻头在小平面上钻出一个锥坑或浅坑，再用合适直径的钻头钻出符合要求的孔。

7）钻削时冷却、润滑液的使用

钻削时，钢件多用乳化液或机油进行冷却润滑，铝合金工件多用乳化液和煤油进行冷却润滑，铸铁工件用煤油进行冷却润滑。

1.6.3 扩孔

用扩孔钻或钻头扩大零件上原有的孔称为扩孔。一般用麻花钻作扩孔钻扩孔。在扩孔精度要求较高或生产批量较大时，采用专用的扩孔钻扩孔。扩孔钻的结构和麻花钻有所不同，它有 3～4 条切削刃，如图 1-60 所示。扩孔钻钻心粗实，导向性能好，切削平稳，可提高孔的加工质量，加工精度为 IT10～IT9 级，表面粗糙度 Ra 6.3～3.2 μm。扩孔也可以作为铰孔的预加工。

由于扩孔的工作条件比钻孔时好得多，因此在相同直径情况下扩孔的进给量可比钻孔大 1.5～2 倍。扩孔钻削用量可查表获得，也可按经验选取。

扩孔钻及其使用如图 1-60 所示。

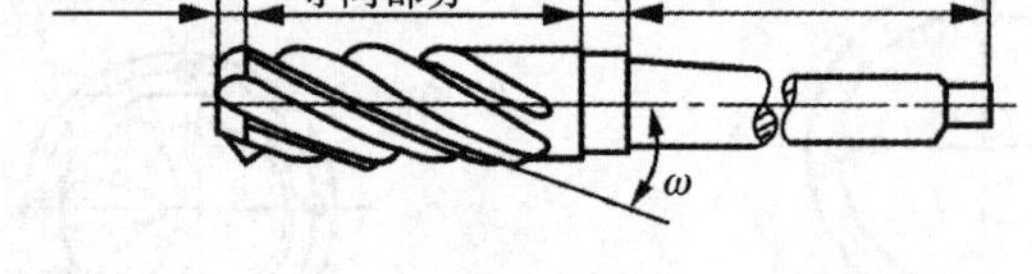

(a) 扩孔钻

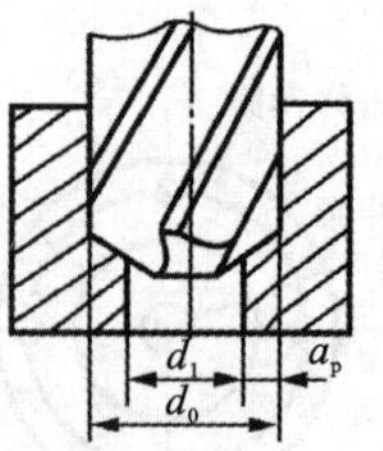

(b) 扩孔

图 1-60　扩孔钻和扩孔

1.6.4 铰孔

用铰刀从工件孔壁上切除一层极薄的金属，以提高孔的尺寸精度和表面质量的加工方法，称为铰孔。铰孔的加工余量较小，粗铰为 0.15～0.5 mm，精铰为 0.05～0.25 mm。一般铰孔精度可达 IT9～IT7 级，表面粗糙度值可达 Ra 3.2～0.8 μm。

1. 铰刀

铰刀是尺寸精度较高的多刃刀具，有 4～12 条切削刃，由柄部、颈部和工作部分组成。铰刀按使用方法可分为手用铰刀和机用铰刀，如图 1-61 所示；按形状可分为圆柱铰刀和圆锥铰刀；按结构可分为整体式铰刀和可调节式铰刀；按切削部分的材料可分为高速钢铰刀和硬质合金铰刀等。

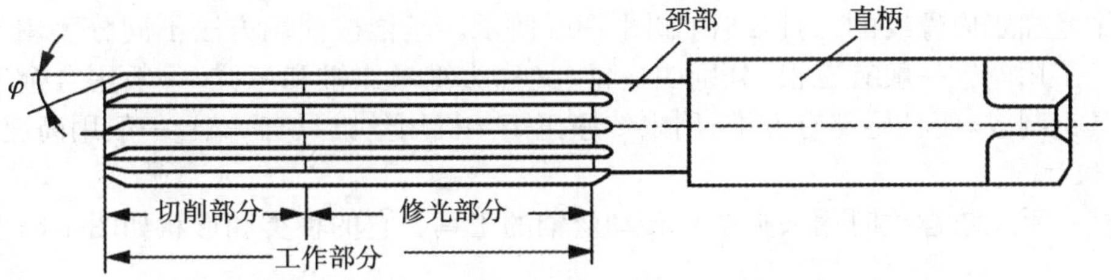

(a) 手用铰刀

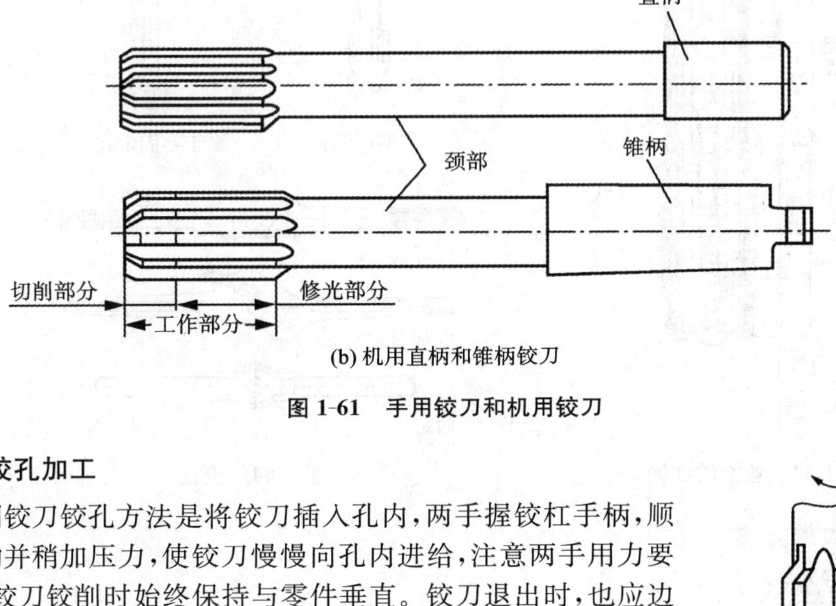

(b) 机用直柄和锥柄铰刀

图 1-61 手用铰刀和机用铰刀

2. 铰孔加工

手用铰刀铰孔方法是将铰刀插入孔内，两手握铰杠手柄，顺时针转动并稍加压力，使铰刀慢慢向孔内进给，注意两手用力要平衡，使铰刀铰削时始终保持与零件垂直。铰刀退出时，也应边顺时针转动边向外拔出。

铰孔示意图如图 1-62 所示。

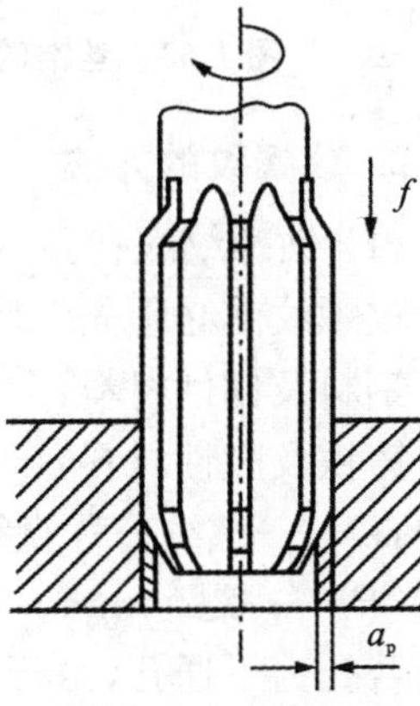

图 1-62 铰孔示意图

铰削加工时，铰刀不能倒转，以免划伤孔壁或使刀刃崩裂。铰孔时要冷却润滑，铰铸铁孔用煤油，铰钢件和铜件孔用乳化液，这样会使孔壁更加光洁。

钻孔、扩孔、铰孔时，要根据工作性质、零件材料选用适当的切削液，以降低切削温度，提高加工质量。

1.7 攻螺纹和套螺纹

常用的管螺纹零件，除采用机械加工外，还可以用钳工攻螺纹和套螺纹的方法。攻螺纹也叫攻丝，是指用丝锥在孔中切削出内螺纹；套螺纹也叫套丝，是指用板牙在圆杆上切削出外螺纹。

1.7.1 攻螺纹

1. 丝锥与铰杠

1）丝锥

丝锥是加工内螺纹的刀具，结构如图 1-63 所示。丝锥按使用方法不同分手用丝锥和机用丝锥。手用丝锥一般有三根，分别叫一锥（又称头锥）、二锥和三锥，一般用合金工具钢或碳素工具钢制成，而且尾部有方榫，用来传递扭矩。机用丝锥只有一根，一般用高速钢制成。

2）铰杠

铰杠是手工攻螺纹时用来夹持和转动丝锥的工具。它的种类和形状如图 1-64 所示。

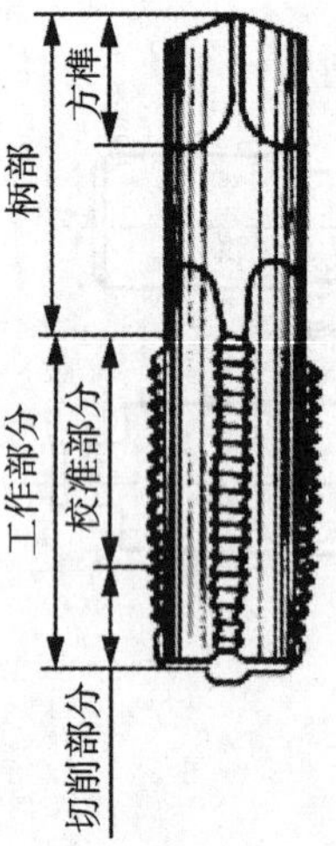

图 1-63 丝锥的结构

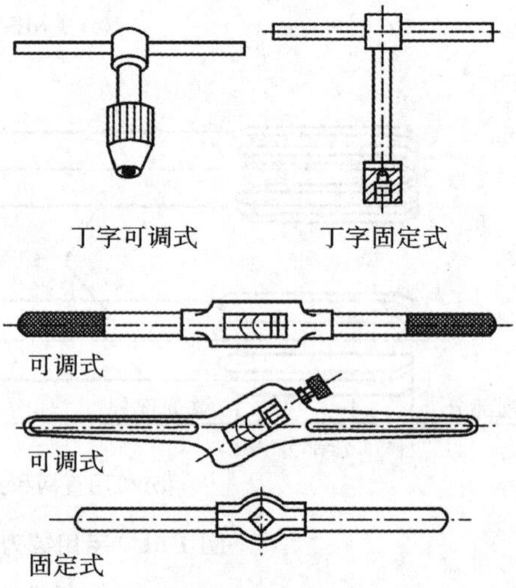

图 1-64 铰杠

2. 攻螺纹的方法

(1) 钻螺纹底孔。

攻螺纹前必须先钻底孔，底孔直径 d_0 常用查表法确定或用下列经验公式计算：

钢料及韧性材料： $d_0=D-P$

铸铁及脆性材料： $d_0=D-(1.05\sim1.1)P$

式中：D——螺纹公称直径，mm；

P——螺距，mm。

若孔为不通孔，由于丝锥不能攻到底，因此钻孔深度要大于螺纹长度，计算公式为：

$$钻孔深度=螺纹长度+0.7D$$

(2) 用稍大于底孔直径的钻头或锪钻将孔口两端面倒角。

(3) 用一锥攻螺纹。

开始攻时,要将丝锥垂直放在孔内,然后对丝锥轻压,双手转动铰杠,并轴向加压力,顺时针转动铰杠攻入 1~2 圈,用直角尺检查丝锥垂直度,如丝锥歪斜,要纠正后再往下攻,如图 1-65 所示。形成几圈螺纹后,只要均匀转动丝锥铰杠,不施压,就能顺利攻入。两手均匀用力,为避免切屑堵塞,每转动 1~2 圈后要倒转 1/4 圈,以利断屑和排屑。

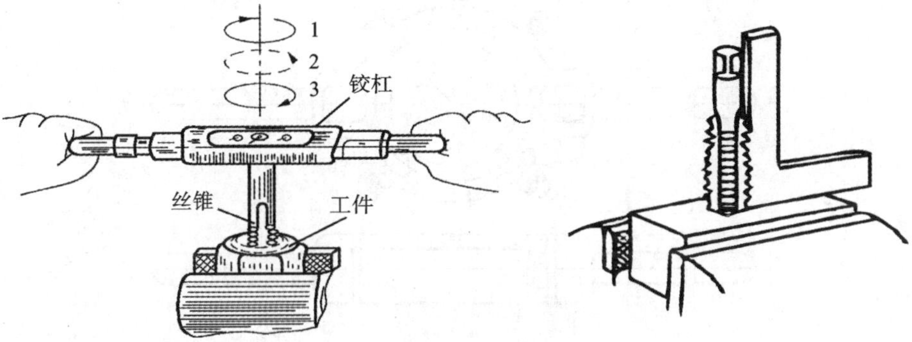

图 1-65　攻螺纹与检查垂直度

(4) 二锥、三锥加工。

一锥攻完后反向退出,再继续依次使用二锥、三锥加工。使用二锥和三锥时,要先用手将丝锥旋入 2~3 圈定位扶正,再用铰杠转动攻入,不需加压。

(5) 润滑。

攻螺纹时要加润滑油,这样会使螺纹光洁。钢件材料攻螺纹时,应加机油或乳化液润滑,铸铁材料攻螺纹时可用煤油润滑。

1.7.2　套螺纹

1. 板牙和板牙架

1) 板牙

板牙是加工外螺纹的刀具,用合金工具钢或高速钢制成。常用的板牙是固定式圆板牙,结构如图 1-66 所示。还有一种圆板牙可配合使用者切削条件不同而加以调整使用,称为可

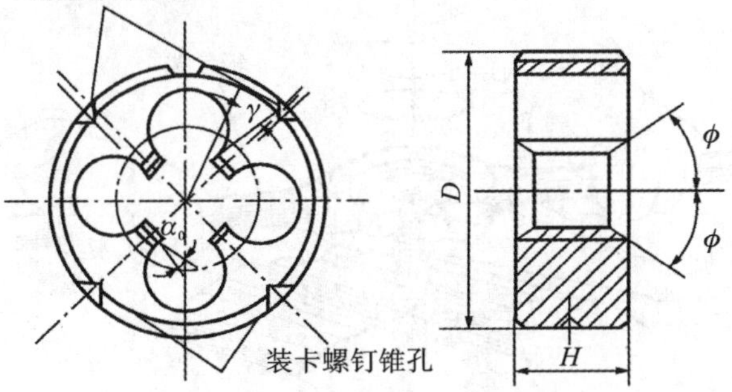

图 1-66　固定式圆板牙的结构

调式圆板牙。圆板牙两端的锥角部分是切削部分；圆板牙的中间一段是校准部分，也是套螺纹时的导向部分。

2）板牙架

板牙架是用来夹持板牙、传递转矩的工具，如图 1-67 所示。板牙架外圆旋有四只紧定螺钉和一只调松螺钉。使用时，紧定螺钉将板牙紧固在板牙架中，并传递套螺纹的转矩。

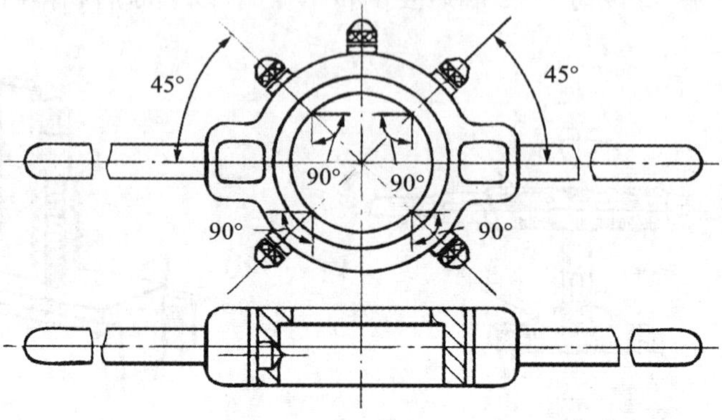

图 1-67 板牙架

2. 套螺纹的方法

1）确定圆杆直径

套螺纹首先要确定圆杆直径。圆杆直径太大难以套入，太小形成不了完整螺纹，可按公式计算。

$$圆杆直径 = d-(0.13\sim0.2)P$$

式中：d——螺纹外径，mm；

P——螺距，mm。

2）圆杆倒角

正式套螺纹前，要事先倒角，角度宜为 15°～20°，以便于板牙顺利套入。

3）套螺纹加工

套螺纹与攻螺纹相似，如图 1-68 所示。套螺纹时，板牙端面要与圆杆中心保持垂直，以防偏斜；开始转动板牙时，要稍加压力均匀转动；转入几圈后，可只转动不加压。加工过程中，要经常反转，以便断屑。

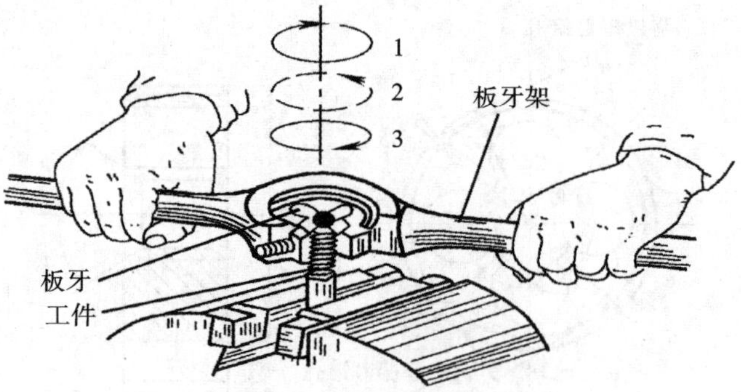

图 1-68 套螺纹

4）润滑

根据材料不同情况，选择冷却润滑液，以提高螺纹的加工质量和板牙的使用寿命；在钢制圆杆上套螺纹时，要加机油润滑。

1.8 弯曲、矫正和铆接

1.8.1 弯曲

将各种原来平直的板料或型材弯曲成所需形状的操作方法称为弯曲。弯曲是材料塑性变形的过程，因此，只有塑性好的材料才能进行弯曲。钢板弯曲前后情况如图 1-69 所示。可见，弯曲后，钢板的外层材料因受拉力伸长（图中 e—e 和 d—d），内层材料缩短（图中 a—a 和 b—b），中间有一层材料（图中 c—c）在变形前后长度不变，称为中性层。材料弯曲部分虽然发生了拉伸和压缩，外层减薄而内层加厚，但截面积保持不变。

1. 弯曲前毛坯长度的计算

金属材料在弯曲前后中性层的长度保持不变，所以把中性层作为毛坯长度的计算依据，而中性层的实际位置与材料的弯曲半径 r 和材料厚度 δ 有关。圆弧弯形参数如图 1-70 所示。当材料厚度不变时，弯曲半径越大，变形越小，中性层越接近材料厚度的中间。如果弯曲半径不变，材料厚度越小，变形越小，中性层也越接近材料厚度的中间。

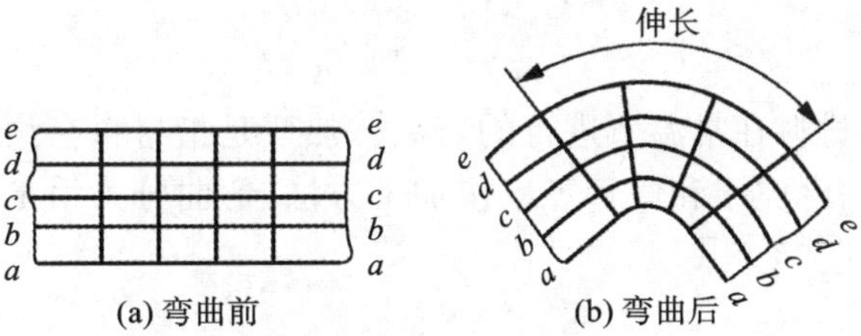

(a) 弯曲前　　(b) 弯曲后

图 1-69　钢板弯曲前后情况

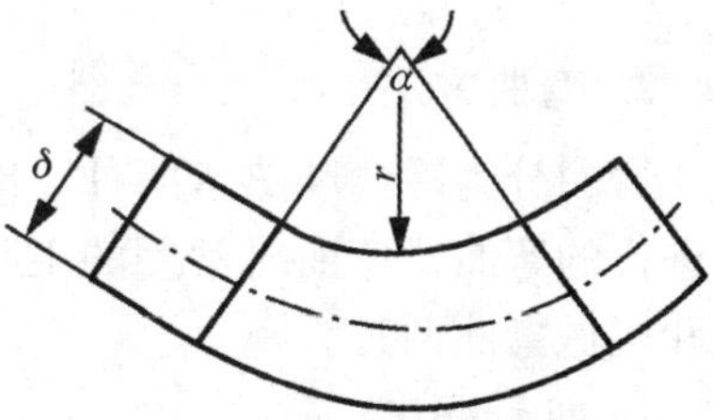

图 1-70　圆弧弯形参数

圆弧部分中性层长度可按下列公式计算：

$$A=\pi(r+x_0\delta)\frac{\alpha}{180^\circ}$$

式中：A ——圆弧部分中性层长度，mm；

r ——弯曲半径，mm；

δ ——材料厚度，mm；

α ——弯曲中心角（也叫弯曲角）；

x_0 ——中性层位置系数（见表 1-2）。

表 1-2　中性层位置系数 x_0

r/δ	0.25	0.5	0.8	1	2	3	4	5
x_0	0.2	0.25	0.3	0.35	0.37	0.4	0.41	0.43
r/δ	6	7	8	10	12	14	16	
x_0	0.44	0.45	0.46	0.47	0.48	0.49	0.5	

【例 1-1】 已知图 1-71(a)所示工件的弯曲中心角 $\alpha=120°$，弯曲半径 $r=15$ mm，材料厚度 $\delta=3$ mm，边长 $l_1=40$ mm，$l_2=90$ mm，求毛坯总长度 L。

解：

$$L=l_1+l_2+A$$

$$=l_1+l_2+\pi(r+x_0\delta)\frac{\alpha}{180°}$$

$r/\delta=15/3=5$，查表 6-2，$x_0=0.43$。

$$L=40\ \text{mm}+90\ \text{mm}+3.14\times(15\ \text{mm}+0.43\times3\ \text{mm})\times120°/180°=164.1\ \text{mm}$$

【例 1-2】 工件如图 1-71(b)所示，它的内边是不带圆弧的直角，已知 $l_1=60$ mm，$l_2=80$ mm，$\delta=4$ mm，求毛坯长度 L。

解：

$$L=l_1+l_2+A$$

$$A=0.5\delta$$

$$L=60\ \text{mm}+80\ \text{mm}+0.5\times4\ \text{mm}=142\ \text{mm}$$

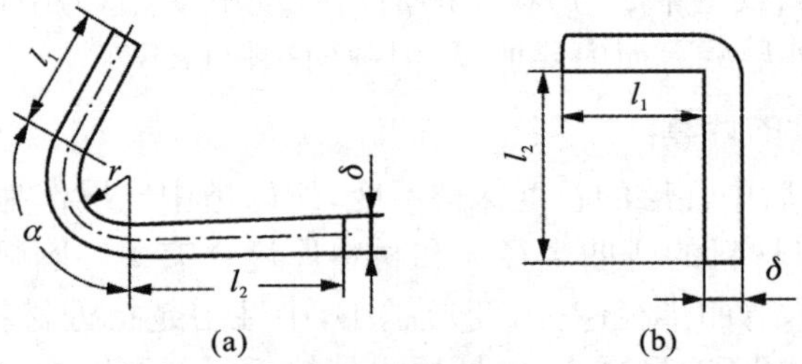

图 1-71 零件示意图

2. 弯曲方法

弯曲分为冷弯和热弯两种。冷弯是指材料在常温下进行的弯曲。热弯是指材料在预热后进行的弯曲。弯曲时常用的工具有手锤、台虎钳和弯管等。按加工方法，弯曲分为手工弯曲和机械弯曲两种。

1）板料弯曲

当板料厚度大于 5 mm 时需采用热弯的方法，当板料厚度小于 5 mm 时可用冷弯方法进行。板料弯曲主要有弯直角形工件、弯圆弧形件、咬口等。

2）管子的弯曲

管子直径在 12 mm 以下一般用冷弯方法进行，直径为 12 mm 及以上的管子则用热弯方法。管子弯曲时，管子的最小半径必须大于管子直径的 4 倍。管子直径大于 10 mm 时，为了防止管子弯瘪，可在管内灌干沙。弯曲有焊缝的管子，焊缝必须放在中性层的位置上，以防焊缝裂开。管子进行冷弯时，要利用弯管工具进行。

1.8.2 矫正

通过外力的作用，消除金属材料或工件的不直、不平、扭曲或翘曲等缺陷的加工方法称为矫正。矫正的实质就是使金属材料产生新的塑性变形，来消除原有的不应存在的塑性变形。所以，只有塑性好的工件材料，才能进行矫正。

1. 矫正工具

矫正一般分为手工矫正和机械矫正。手工矫正主要利用手锤在平台或台虎钳上进行，它通过扭转、弯曲、延伸和伸张等方法，使工件恢复到原来的形状。

①硬、软手锤。矫正一般材料，通常使用钳工手锤。矫正已加工过的表面、薄钢件或有色金属制件，应使用软手锤(如铜锤、橡皮锤等)。

②平板和铁砧。平板用作矫正较大面积板料或工件的基座。铁砧用作敲打条料或角钢时的砧座。

③抽条和拍板。抽条用于抽打矫正较大面积的薄板料。拍板用于敲打或推压板料。

④台虎钳和 V 形铁。台虎钳是钳工操作中用来夹持工件的常用设备。V 形铁用于支承轴类零件。

⑤螺旋压力机。螺旋压力机用于矫正较长轴类零件或棒料。

⑥检验工具。检验工具包括平板、角尺、直尺、百分表等。

2. 矫正方法

1）扭转法

扭转法用来矫正条形工件或条形材料的扭曲变形，一般是把工件一端夹持牢固，以扭曲变形的反方向扭转另一端，使工件恢复平直，如图 1-72 所示。

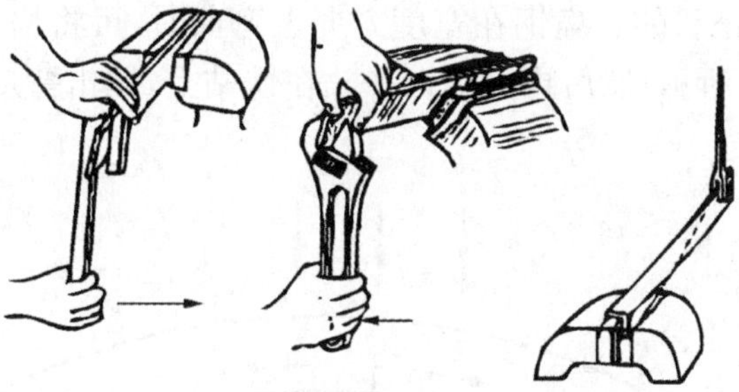

图 1-72 用扭转法矫正扁钢和角钢

2）弯曲法

弯曲法用来矫正棒料、轴类零件和条形工件的弯曲变形。它是设法使工件产生反向弯曲，消除原来的弯曲。扁钢在厚度方向上弯曲时，在靠近弯曲处将扁钢夹入台虎钳，然后在扁钢的末端用扳手朝相反方向扳动，使扁钢弯曲处初步扳直，如图 1-73(a)所示。或者，将扁钢的弯曲处放在台虎钳钳口内，利用台虎钳把它初步压直，如图 1-73(b)所示。消除显著的弯曲现象后，再放到平板上用锤子锤打，矫正到平直为止。

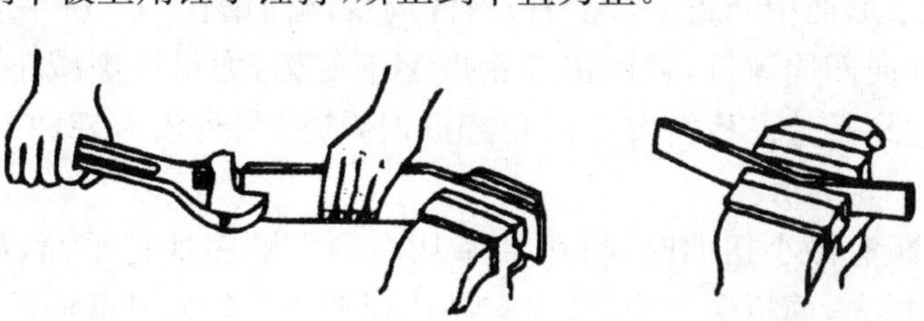

(a) (b)

图 1-73 扁钢弯曲的矫正

弯曲的棒料一般采用锤击法进行矫直。在矫直前，应先检查棒料的弯曲程度和弯曲部位，并用粉笔做好记号，然后把棒料的凸起部位向上放在平板上，用手锤连续锤击棒料凸起的部位，使凸起部位逐渐消除，一步步矫直，如图 1-74 所示。

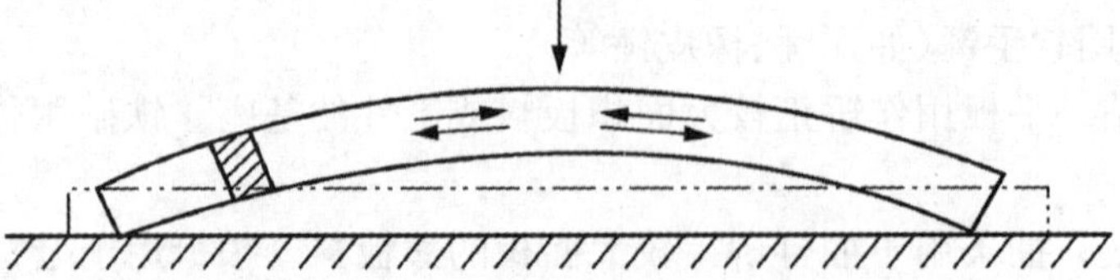

图 1-74　用锤击法矫直棒料

轴类零件的矫直一般都在螺旋压力机上进行。矫直前把轴装在两顶尖上或架在 V 形铁上，将轴转动，用粉笔划出弯曲处。矫直时，使凸部向上，让压力机压块压在轴的凸起部位上，慢慢压直，并用百分表检查，边矫正，边检查，直到符合要求为止。

槽钢弯曲变形有立弯、旁弯。在矫正前，将槽钢用两根圆钢垫在平台上，使凸起部分向上，然后用大锤锤击，慢慢矫平。

3）延展法

延展法用来矫正各种型钢和板料的翘曲等变形。操作的方法是，用手锤敲击材料，使它延展、伸长，从而达到矫正目的。扁钢在宽度方向上弯曲时，可将扁钢的凸面向上放在铁砧上，锤击凸面，如图 1-75 所示，然后再将扁钢平放在铁砧上，锤击弯形里面，经击打后使这一边材料伸长而变直。

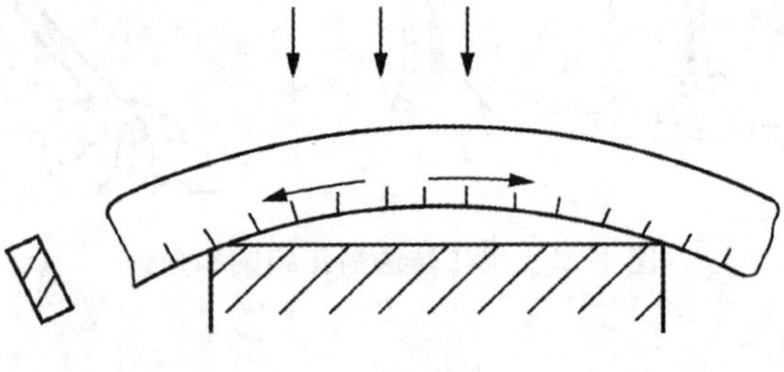

图 1-75　伸长法矫正扁钢——锤击凸面

板料中部凸起，是由变形后中间材料变薄引起的。矫正时，可锤击板料边缘，使边缘材料延展变薄，厚度与凸起部位的厚度越趋近则越平整。锤击时应按如图 1-76 中箭头所示方向，由外向里，锤击力度逐渐由重到轻，锤击点由密到稀。

板料边缘呈波浪形而中间较平，说明板料四周变薄而增长了。矫平时应按图 1-77 中箭头所示方向，从中间向四周锤打，且锤击点密度逐渐变稀，力量逐渐减小。经过多次反复锤击，可使板料逐渐达到平整。板料发生对角翘曲时，应沿另外没有翘曲的对角线锤击，使其延展而矫平，如图 1-78 所示。

厚度不大的薄板有微小扭曲时，可用抽条从左到右顺序抽打平面，如图 1-79 所示。因抽条与薄板接触面积大，薄板受力均匀，故容易达到平整。如果是薄而软的铜箔或铝箔等产生变形，可将箔片放在平板上，一手按住箔片，一手用平木块沿变形处挤压，如图 1-80 所示。也可用木槌或橡皮锤锤击，使其延展而达到平整。

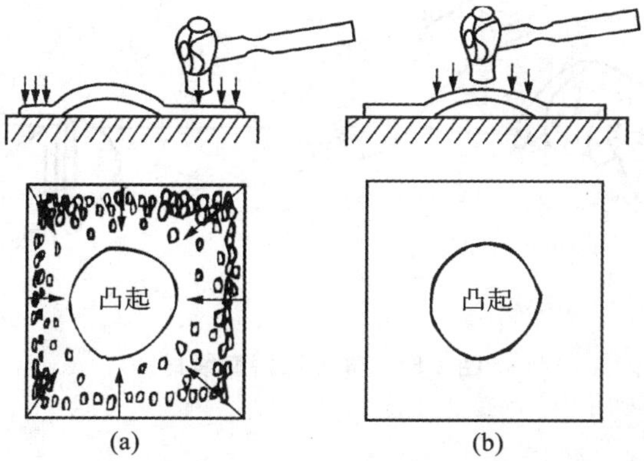

图 1-76　中部凸起板料的矫平

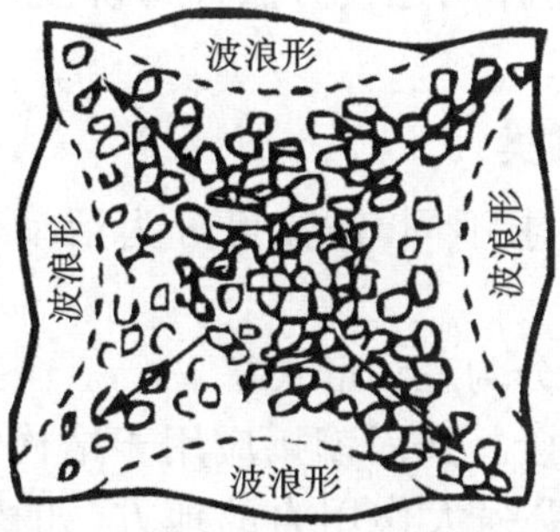

图 1-77　边缘呈波浪形板料的矫平

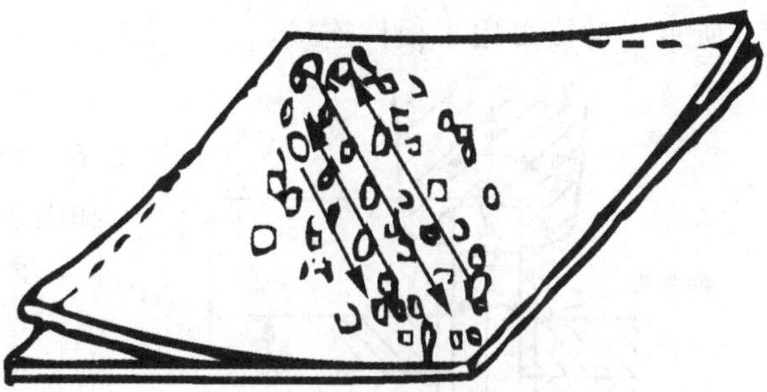

图 1-78　对角翘曲板料的矫平

图 1-79　用抽条抽平薄板

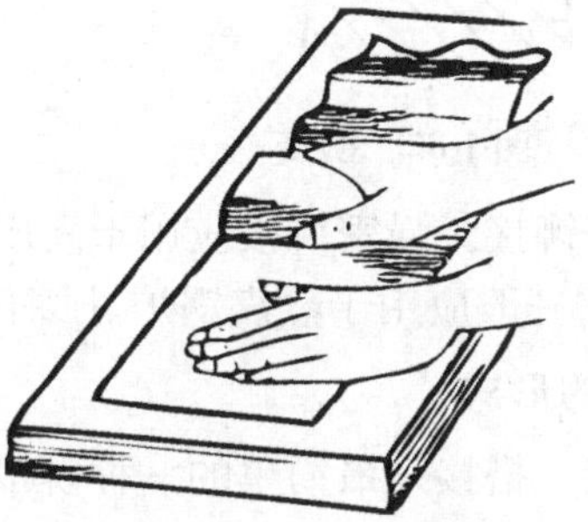

图 1-80　用平木块压推矫平

厚板料的刚性较好，矫正时可以直接用锤锤击凸起部分，使金属材料压缩变形而达到平整。

4）伸张法

这种方法用于矫正细长的线材。矫正时，将弯曲线材一头固定，使线材在拉力作用下伸张，从而得以矫直。对于细长卷曲的线材（如钢丝）的矫直，可将线材的一头夹持在台虎钳上，从钳口处把线材在圆木上绕一圈，握住圆木向后拉，使线材伸张而矫直，如图 1-81 所示。

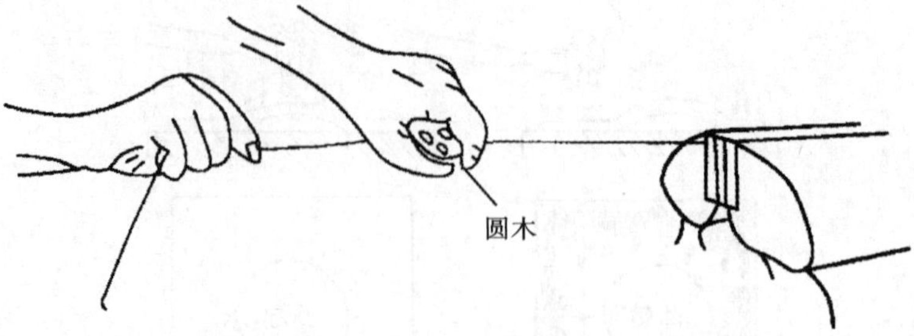

图 1-81　伸张法矫直线材

1.8.3　铆接

利用铆钉把两个或两个以上的零件或构件连接为一个整体的连接方法称为铆接，如图1-82 所示。铆接多用于板件连接。

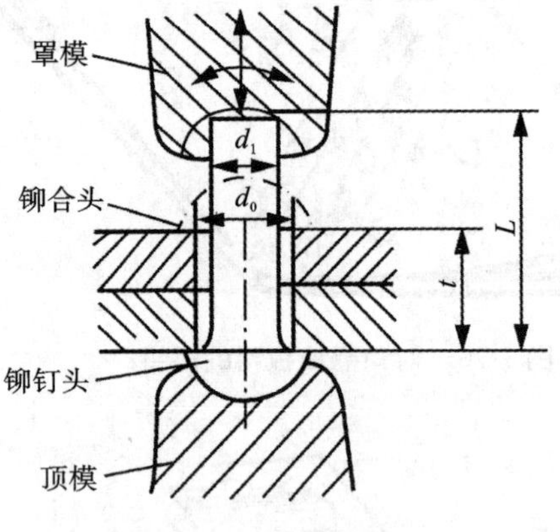

图 1-82　铆接

1. 铆接的种类

按使用的要求不同，铆接可分为活动铆接和固定铆接。

固定铆接可分为三种形式：

(1) 强固铆接。强固铆接应用于结构需要有足够强度，承受强大作用力的地方，如桥梁、车辆和起重机等。

(2) 紧密铆接。紧密铆接应用于低压容器装置，如气包、水箱、油罐等。这种铆接只能承受很小的均匀压力，但对接缝处的密封性要求比较高，以防止渗漏。

(3) 强密铆接。强密铆接应用于高压容器装置，即使在很大压力下，液体或气体也能保持不渗漏。它一般应用于蒸汽锅炉、压缩空气罐及其他高压容器的铆接。

2. 铆接的形式

(1) 搭接。搭接是最简单的一种铆接，可分为两块平板搭接和一块板折弯后搭接两种。

(2) 对接。对接分为单盖板式对接和双盖板式对接两种。

(3) 角接。角接分为单角钢式角接和双角钢式角接两种。

(4) 相互铆接。相互铆接是指两件或两件以上形状相同或类似形状的零件，相互重叠或结合在一起的铆接。

3. 铆接工具

(1) 手锤。常用的手锤为圆头手锤和方头手锤。

(2) 压紧冲头。铆钉插入孔内后，用它使被铆接的板料相互压紧。

(3) 罩模和顶模。罩模和顶模如图 1-83 所示。罩模用于铆接铆钉的半圆头，它们的工作部分都有半圆形的凹球面，是按半圆头铆钉的标准尺寸，用中碳钢或 T8 等碳素工具钢，经淬火硬化和抛光制成的。铆钉圆杆经镦粗后，用罩模做成铆合头。顶模一般装在铁砧上，当

(a) 压紧冲头　　(b) 罩模　　(c) 顶模

图 1-83　铆接工具

圆杆镦粗或作铆合头时，它在下部顶住铆钉的半圆头。

4. 铆钉的种类

（1）铆钉按形状分有半圆头铆钉、沉头铆钉、平圆沉头铆钉、平圆头铆钉、皮带铆钉和管状铆钉等。

（2）铆钉按用途分有锅炉铆钉、钢结构铆钉和皮带铆钉等。

（3）铆钉按材料分有钢质铆钉、铜质铆钉和铝质铆钉等。

5. 铆钉直径和长度及铆钉孔直径的确定

（1）铆接时铆钉直径的大小和被连接板的最小厚度有关。铆钉的直径一般等于板厚的1.8倍。标准铆钉的直径可按表 1-3 选择。

表 1-3　铆钉直径的选择(GB/T 152.1—1988)

铆钉公称直径 d/mm		2	2.5	3	3.5	4	5	6	8	10	12
铆钉孔直径 d_0/mm	精装配	2.1	2.6	3.1	3.6	4.1	5.2	6.2	8.2	10.3	12.4
	粗装配							6.5	8.5	11	13
铆钉公称直径 d/mm		14	16	18	20	22	24	27	30	36	
铆钉孔直径 d_0/mm	精装配	14.5	16.5								
	粗装配	15	17	19	21.5	23.5	25.5	28.5	32	38	

（2）铆钉长度的确定。铆接时所用铆钉的长度要适当。若铆钉过长，则锤击时铆钉容易弯曲。若铆钉过短，则不能形成饱满的铆合头而影响铆接强度。铆接时铆钉长度除了铆接件的厚度外，还应保留铆合头的部分。半圆头铆钉伸出部分的长度，应为铆钉直径的1.25～1.5倍。沉头铆钉伸出部分的长度，应为铆钉直径的 0.8～1.2 倍。

6. 铆接方法

铆接方法有手工铆接和机械铆接两种。每种铆接方法又分为热铆和冷铆。

1）热铆

热铆是先将铆钉加热到一定温度，再进行铆合。一般铆钉直径大于 10 mm 时，均采用热铆。热铆的优点是铆接时所需要的压力小，铆合头容易成形。但是，由于冷缩现象，铆钉杆不易将铆钉孔填满。

2）冷铆

铆钉直径小于 10 mm 时，多采用冷铆。冷铆时，铆钉不必加热，直接铆接。冷铆的优点是节省人力和燃料；缺点是铆钉的材质和装配质量要求较高，铆钉容易脆裂，铆接时需要加较大的压力。

3）半圆头铆钉的铆接

半圆头铆钉的铆接步骤如图 1-84 所示。

①铆钉插入配钻好的铆钉孔后，将顶模夹紧或置于垂直而稳固的状态，使铆钉半圆头与

顶模凹圆相接。用压紧冲头把被铆接件压紧贴实,如图 1-84(a)所示。

②用锤子垂直锤打铆钉伸出部分,将其镦粗,如图 1-84(b)所示。

③用锤子斜着均匀锤打周边,初步形成铆钉头,如图 1-84(c)所示。

④用罩模铆打,并不时地转动罩模,垂直锤打,形成半圆头,如图 1-84(d)所示。

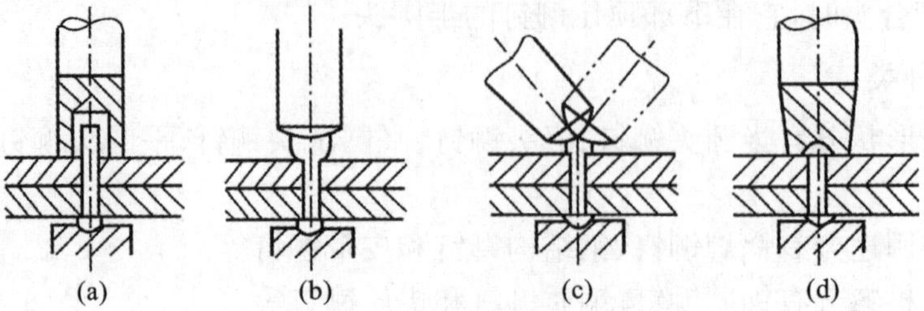

图 1-84 半圆头铆钉的铆接步骤

4) 沉头铆钉的铆接

沉头铆钉的铆接如图 1-85 所示。

①铆钉插入铆钉孔后,在被铆接件下面支承好淬火平垫铁,在正中镦粗面 1、2。

②铆合面 2。

③铆合面 1。

④用平头冲子修整。

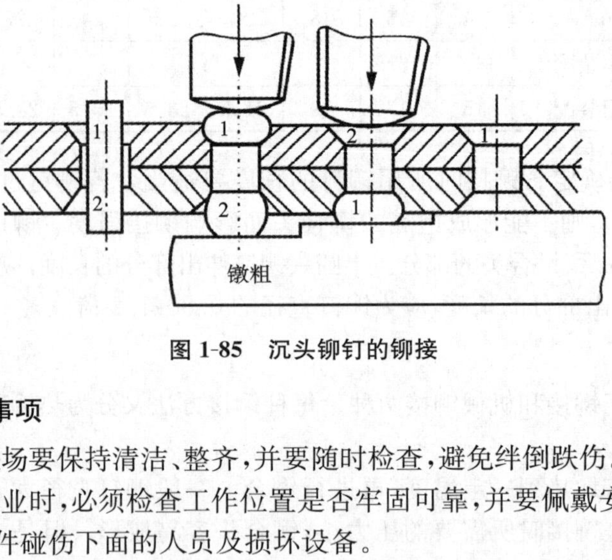

图 1-85 沉头铆钉的铆接

7. 铆接的注意事项

(1) 铆接工作现场要保持清洁、整齐,并要随时检查,避免绊倒跌伤。

(2) 登高铆接作业时,必须检查工作位置是否牢固可靠,并要佩戴安全带。下部要有防护装置,以防掉下物件碰伤下面的人员及损坏设备。

(3) 工作前必须检查铆接所用的工具是否完整无缺,如大锤、手锤安装得是否牢固,罩模、顶模有无缺口或裂缝等,以防破裂飞出伤人。

(4) 钻铆钉孔时,必须严格遵守钻孔安全操作规程。

(5) 在二人或多人共同工作时,要统一指挥、密切配合。特别是把持模具人员与锤打人员之间,更要配合好。

(6) 铆接件夹持要牢靠,大件放置要平稳。用錾削法拆卸铆钉头时,应设防护网,并注意周围环境,以防发生事故。

1.9 机器的装配与拆卸

1.9.1 机器的装配

实践中经常出现这样的事:组成产品的零件加工质量很好,但整机却不合格。导致这一问题的原因就是装配工艺不合理或装配操作不正确。在整个产品制造中,装配工作占的比重很大:在大批量生产中,装配工时约占机械加工工时的20%;而在单件小批量生产中,装配工时占机械加工工时的40%以上。

装配是将合格的零件按装配工艺组装起来,并经调试成为合格产品的过程。它是产品制造的最后环节。

1. 装配类型

装配分为组件装配、部件装配和总装配。

(1) 组件装配:将若干个零件及分组件安装在一个基础零件上而构成一个组件的过程,如减速器的轴和齿轮的装配。

(2) 部件装配:将若干个零件、组件安装在另一个基础零件上而构成一个部件的过程。部件是装配工作中相对独立的部分,如车床的主轴箱。

(3) 总装配:将若干个零件、组件、部件安装在产品的基础零件上而构成产品的过程,如车床各部件安装在床身上构成车床的装配。

2. 装配过程

机器的装配过程一般由四个阶段组成,一是装配前的准备阶段,二是装配阶段(部件装配和总装配),三是调整、检验和试车阶段,四是涂油、装箱入库阶段。装配过程一般是先下后上,先内后外,先难后易,先装配保证机器精度的部分,后装配一般部分。

1) 装配前的准备工作

产品质量的好坏,不仅取决于零件的加工质量,而且还取决于装配质量。装配质量差的产品,精度低、性能差、寿命短,因此,装配前必须认真做好以下几点准备工作:

①研究和熟悉产品图样,了解产品结构以及零件作用和相互连接关系,掌握其技术要求。

②确定装配方法、程序和所需的工具。

③备齐零件,进行清洗、涂防护润滑油。

2) 调试及精度检验

产品装配完毕后,首先对零件或机构的相互位置、配合间隙、结合松紧度进行调整,然后进行全面的精度检验,最后进行试车,检验运转的灵活性、工作时的升温、密封性、转速、功率等各项性能。

3. 装配工作要点

(1) 装配前应检查零件与装配有关的形状和尺寸精度是否合格、有无变形和损坏等,并注意零件上的标记,防止错装。

(2) 装配一般应从里到外、由下向上地进行。

(3) 装配高速旋转的零件(或部件),要进行平衡试验,以防止高速旋转产生离心作用而导致振动。旋转的机构外面不得有凸出的螺钉或销钉头等。

(4) 固定连接零、部件,不允许有间隙,活动的零件能在正常间隙下灵活均匀地按规定方向运动。

(5) 各类运动部件的接触表面必须保证有足够的润滑。各种管道和密封部件装配后不得有渗油、漏气现象。

(6) 试车前,应检查各部件的可靠性和运动的灵活性。试车时,应从低速到高速逐步进行,根据试车的情况逐步调整,使机器达到正常的运动要求。

4. 装配方法

为了使装配产品符合技术要求,对不同精度的零件进行装配,采用不同的装配方法。

1) 完全互换法

在同类零件中,任取一件不需经过其他加工,就可以装配成符合规定要求的部件或机器,零件的这种性能称互换性。具有互换性的零件,可以用完全互换法进行装配,如自行车的装配方法。完全互换法操作简单、易于掌握、生产效率高、便于组织流水作业、零件更换方便,但对零件的加工精度要求比较高(一般都需要用专用工具、夹具、模具加以保证),适用于大批量生产。

2) 选配法(分组装配法)

对那些互换性不好的零件,装配前,可按零件的实际尺寸分成若干组,然后将对应的组配合进行装配,以达配合要求,如柱塞泵的柱塞和柱塞孔的配合、车床尾座与套筒的配合。选配法可提高零件的装配精度,而且不增加零件的加工费用。这种方法适用于成批生产中某些精密配合。

3) 修配法

在装配过程中,修去某配合件上的预留量,以消除其累积误差,使配合零件达到规定的装配精度。例如,车床的前后顶尖中心不等高,装配时可精磨或修刮尾座底座来达到精度要求。修配法可使零件的加工精度降低,从而降低生产成本,但装配难度增加、时间加长,适用于小批量生产或单件生产。

4) 调整法

装配中还经常调整一个或几个零件的位置,以消除相关零件的累积误差来达到装配要求,如用楔铁调整机床导轨间隙。采用调整法装配的零件不需要进行任何修配加工,同样可以达到较高的装配精度,同时还可以进行定期的再调整。这种方法适用于小批量生产或单件生产。

5. 常用连接方法

组成机器的零、部件连接的形式很多,基本上可归纳成两类:固定连接和活动连接。每一类连接按照零件接合后能否拆卸又分为可拆连接和不可拆连接,见表 1-4。

表 1-4 机器零、部件连接的形式

固定连接		活动连接	
可拆	不可拆	可拆	不可拆
螺纹、键、销等	铆接、焊接、压合、粘接等	轴与轴承、丝杠与螺母、柱塞与套筒等	活动连接的接合头

6. 典型的装配工作

1）轴、键、传动轮的装配

轴与传动轮（齿轮、带轮等）多采用键连接，其中又以普通平键连接（见图 1-86）最为常用。键的两个侧面是工作面，用来传递扭矩。键与轴槽、轴与轮孔多采用过渡配合，键与轮槽则采用间隙配合。

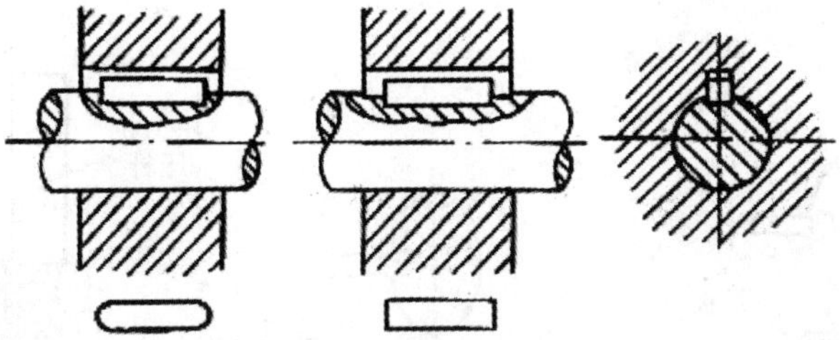

图 1-86 普通平键连接

轴、键、传动轮的装配要点（单件小批生产）如下：

①清除键与键槽上的毛刺。

②用键端与键槽试配，使键能较紧地嵌入键槽。若装不进或过紧，则修配键的两侧面，但须保证两侧面平行，且与底面垂直。

③锉配键槽并倒角，使键长比槽长短 0.1 mm 左右。

④在键的配合面上涂机油，用铜棒将键轻轻打入槽中，并使键与槽底紧密贴合。

⑤试配并安装齿轮。试配时除须保证键与轮槽底部留有 0.3～0.4 mm 间隙外，还应做接触精度和齿侧间隙检验。

2）滚动轴承的装配

滚动轴承工作时，多数情况是轴承内圈随轴转动，外圈在孔内固定不动。因此，轴承内圈与轴的配合要紧一些。滚动轴承装配大多采用过盈量较小的过渡配合。

滚动轴承的种类很多，不同的滚动轴承装配也有所不同。下面以深沟球轴承为例，叙述滚动轴承装配要点：

①装配前将轴颈和轴承孔涂机油，把轴承标有规格牌号的端面朝外，以便更换时识别。

②为使轴承圈受力均匀，要借助垫套用锤子或压力机压装。图 1-87 所示分别为用不同垫套压装轴承内圈、外圈和内外圈同时压装的情况。

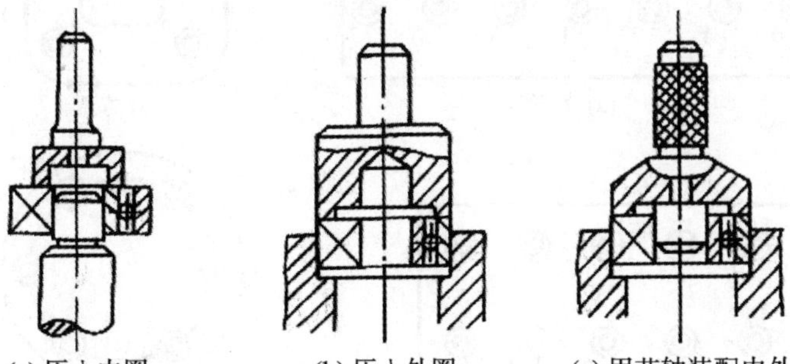

(a) 压入内圈　(b) 压入外圈　(c) 用芯轴装配内外圈

图 1-87 滚动轴承装配

③若轴承内圈与轴的过盈量较大，可将轴承放在 80～90 ℃的机油中加热后趁热压装。

3）滑动轴承的装配

滑动轴承分整体式（轴套）和对开式区（轴瓦）两种结构，这里介绍整体式滑动轴承的装配。图 1-88(a)所示为直接压入，图 1-88(b)所示为用导向套压入，图 1-88(c)所示为用芯轴导向压入。后两种均可保证轴套压入时不歪斜。轴套过盈量大于 0.1 mm 时，可用加热轴承座或冷却轴套的方法装配。

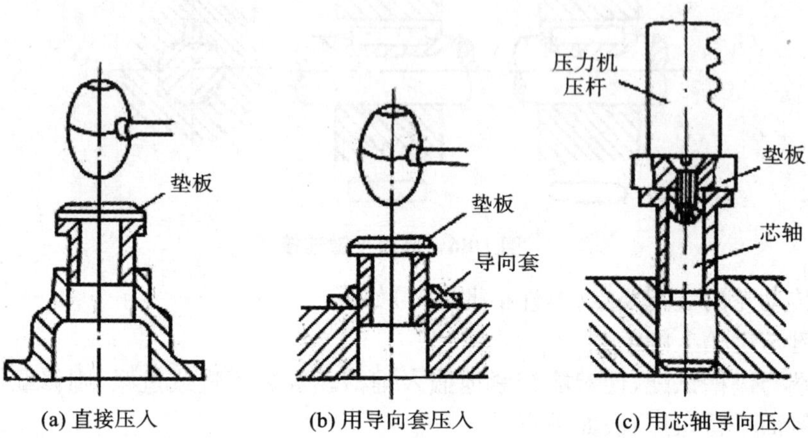

图 1-88　滑动轴承装配

4）螺钉（螺栓）、螺母的装配

螺纹连接是一种可拆卸的固定连接，具有装拆方便、可多次拆装等优点，应用很广。螺钉（螺栓）、螺母装配要点如下：

①螺纹配合应能用手自由旋入，过紧会咬坏螺纹，过松则受力后螺纹会折断。

②螺母与零件的贴合面应光洁平整，否则易松动。为此，应加垫圈以提高贴合质量。

③装配时最好使用机油润滑，以便日后拆卸与更换。

④装配一组螺钉（螺栓）、螺母时，为使零件贴合面受力均匀和贴合紧密，应按一定顺序拧紧，并不可一次拧紧，而应按顺序分两次或三次逐步拧紧。螺母拧紧顺序如图 1-89 所示。

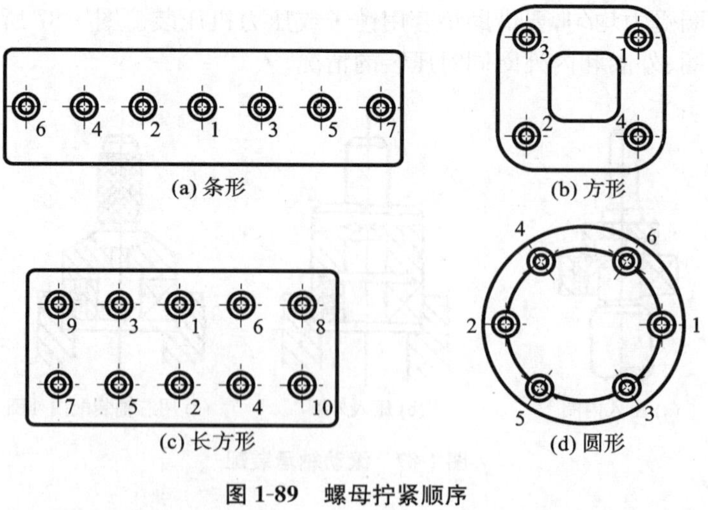

图 1-89　螺母拧紧顺序

⑤为防止螺纹连接在使用过程中松动，多数情况下要加防松措施。常用的防松措施有双螺母、弹簧垫圈、开口销、止动垫圈等。

5）销钉的装配

销钉分圆柱销和圆锥销两类，在装配中的作用是定位和连接，如图 1-90 所示。圆柱销与销孔的配合为过盈配合，因此对销孔的尺寸精度、形状精度和表面粗糙度均有较高要求。被定位或连接的两零件的销孔必须一起钻、铰，且表面粗糙度值 Ra 不得大于 1.6 μm。装配时，销钉圆柱面涂机油，用铜棒轻轻击入。圆柱销不宜多次拆装，否则会降低定位精度或连接的可靠性。

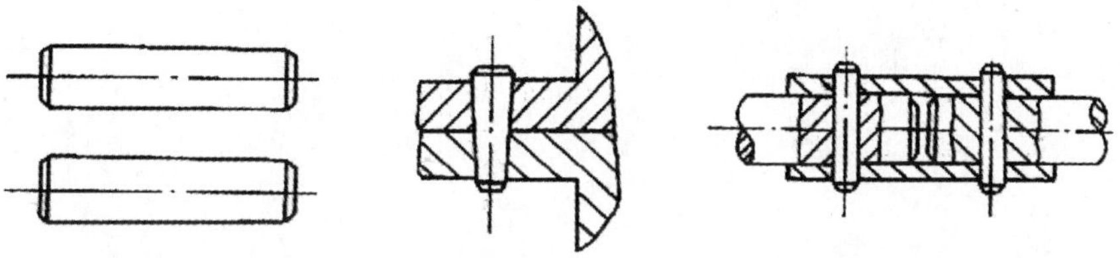

(a) 圆柱销与圆锥销　　(b) 定位作用　　(c) 连接作用

图 1-90　销钉及其作用

圆锥销装配时，两零件上的销孔也必须一起钻、铰。钻头直径按圆锥销小头直径选取；铰刀选用 1∶50 锥度铰刀。铰孔时，用试装法控制销孔直径，以圆锥销能自由插入 80%～85%孔深为宜，然后用锤子击入。销钉大头应稍微露出或与零件上表面齐平。

1.9.2　机器的拆卸

机器工作一段时间后，需对机器进行检查和维修，这时就必须对机器进行拆卸。拆卸是采用正确的方法解除零件、部件相互间的约束和连接，将它们无损伤地逐一分解出来。

拆卸应按如下要求进行：

(1) 机器拆卸前，要拟定好操作程序。初次拆卸还应熟悉装配图，尤其要搞清楚零、部件之间的连接方式、配合性质以及零、部件的结构特点，并据此有针对性地拟好拆卸方法和拆卸程序。盲目拆卸会使零件受损。

(2) 拆卸顺序一般与装配顺序相反，后装的先拆，依次进行。

(3) 有些零、部件拆卸时要做好标记(如成套加工件或不能互换的配合件等)，以便维修后再次装配。有些零件拆下后要按次序摆放整齐或按原来结构套(装)在一起(如轴上的零件可按原次序装到轴上，或用钢丝串起来)。对于销钉、止动螺钉、键等小件，拆下后按原位置临时装好，以免丢失。对丝杠、长轴等件用布包好，并用绳索垂直吊起，防止弯曲变形或碰伤。

(4) 对于不同的连接方式和配合性质，采用不同的拆卸方法(击卸、拉卸或压卸)，并且要使用与之配套的专用工具(铜棒、木槌、拉出器、拔销器等)，以免损伤零、部件。

(5) 紧固件上的防松装置(开口销等)，拆卸后一般要更换，避免再次使用时断裂造成事故。

钳工实习工作页

任务单	
学习情境	手锤加工
任务布置	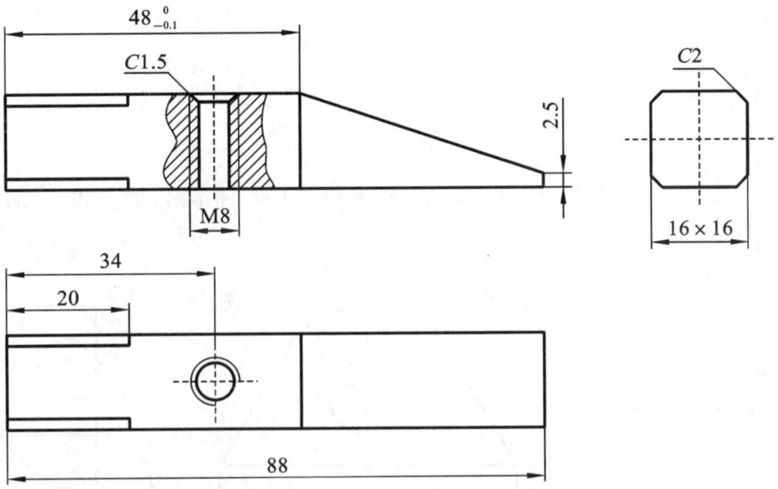 对图纸进行分析，选择合适的毛坯和钳工工艺完成手锤制作，对工件进行测量，使达到该图纸的要求。
学习目标	1. 熟练使用平面划线工具； 2. 合理分配划线余量； 3. 掌握平面划线方法； 4. 会锉削加工平面工件； 5. 会使用角度样板； 6. 会使用台钻钻孔； 7. 学会钻孔加工方法； 8. 学会扩孔加工方法； 9. 学会内外螺纹的加工方法； 10. 学会使用量具； 11. 能够进行尺寸误差及加工技术要求的简要分析。
实习要求	1. 遵守钳工安全操作规程； 2. 加工时必须做到安全文明生产； 3. 要相互协作，以小组的形式进行学习、讨论、操作、总结； 4. 遵守实训基地各项管理规章制度，不迟到、不早退，不允许在车间内打闹； 5. 正确使用台钻对孔进行加工； 6. 掌握扩孔加工技巧； 7. 学会工件的测量及误差分析； 8. 本学习情境完成后需要上交手锤（或拓展训练）零件一个； 9. 对自己的零件能够进行独立分析，完成简单的口试作答。

咨询单	
咨询方式	查阅书籍、观察实物、利用多媒体资源学习。
咨询问题	1. 什么叫立体划线？立体划线时三个划线位置是按什么原则决定先后顺序的？ 2. 写出下图所示工件的划线步骤和使用工具，并指出划线基准（已加工面）。 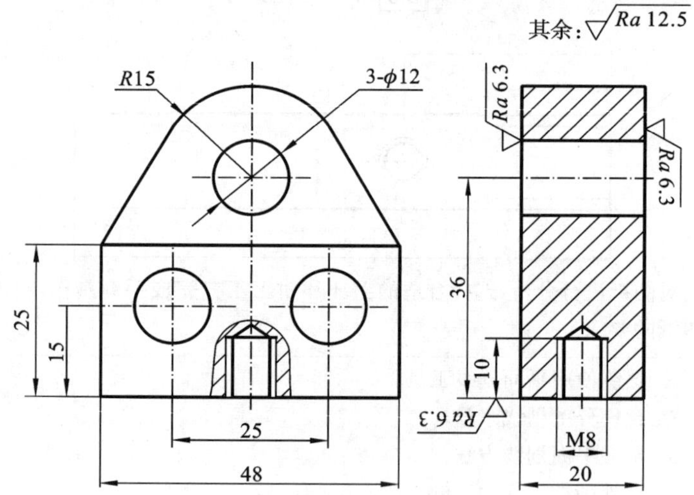 3. 如何选择锯条？起锯和锯削时操作要领是什么？

续表

<table>
<tr><td rowspan="1">咨询问题</td><td>4. 在下图中标注出台钻的各个组成部分。
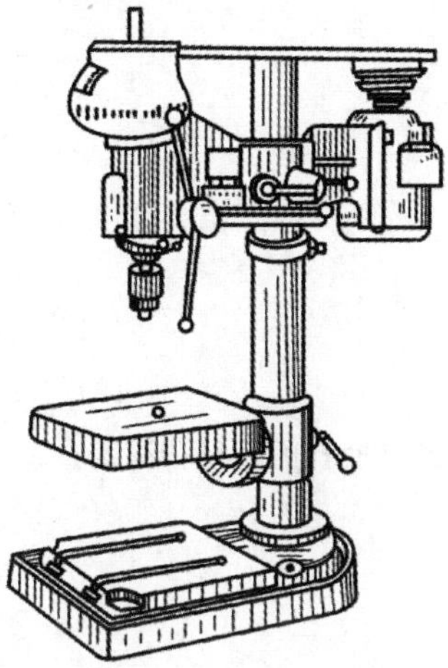
5. 为什么孔将钻穿时容易产生钻头轧住不转或折断现象？

6. 试钻后发现浅孔中心偏离准确位置，应如何纠正？

7. 麻花钻的柄部分为直柄和锥柄，二者在使用上有何区别？</td></tr>
</table>

续表

<table>
<tr><td rowspan="4">咨询问题</td><td>8. 如何选择粗细锉刀？平面锉削有哪几种方法？各适用于什么场合？</td></tr>
<tr><td>9. 如何确定攻螺纹前底孔的直径和深度？</td></tr>
<tr><td>10. 按攻螺纹时的操作过程指出工作中的各种要点。</td></tr>
<tr><td>11. 机器拆装工作应注意哪些事项？</td></tr>
</table>

<table>
<tr><td colspan="4">决策单</td></tr>
<tr><td>决策方式</td><td colspan="3">由小组讨论制定完成本小组的加工方案及实施计划。</td></tr>
<tr><td>加工方案</td><td colspan="3"></td></tr>
<tr><td>实施计划</td><td colspan="3"></td></tr>
<tr><td>小组成员
（签字）</td><td></td><td>小组长
（签字）</td><td></td></tr>
</table>

工具清单						
项目	序号	名称	作用	数量	规格	备注
设备清单						
刀具清单	序号	名称	作用	数量	规格	备注
工具清单	序号	名称	作用	数量	规格	备注
量具清单	序号	名称	作用	数量	规格	备注

<table>
<tr><td colspan="6">实施单(工序单)</td></tr>
<tr><td>实施方式</td><td colspan="5">按小组讨论的加工方案和实施计划,小组成员单独实施,填写此单。</td></tr>
<tr><td>序号</td><td colspan="2">实施步骤</td><td colspan="2">使用资源</td><td>完成时间</td></tr>
<tr><td>1</td><td colspan="2"></td><td colspan="2"></td><td></td></tr>
<tr><td>2</td><td colspan="2"></td><td colspan="2"></td><td></td></tr>
<tr><td>3</td><td colspan="2"></td><td colspan="2"></td><td></td></tr>
<tr><td>4</td><td colspan="2"></td><td colspan="2"></td><td></td></tr>
<tr><td>5</td><td colspan="2"></td><td colspan="2"></td><td></td></tr>
<tr><td>6</td><td colspan="2"></td><td colspan="2"></td><td></td></tr>
<tr><td>7</td><td colspan="2"></td><td colspan="2"></td><td></td></tr>
<tr><td>8</td><td colspan="2"></td><td colspan="2"></td><td></td></tr>
<tr><td>实施说明</td><td colspan="5"></td></tr>
<tr><td rowspan="2">学生自评</td><td>得分</td><td>学生签名</td><td rowspan="2">小组互评</td><td>得分</td><td>组长签名</td></tr>
<tr><td></td><td></td><td></td><td></td></tr>
</table>

实施过程记录	
原图照片	
加工过程照片 重要步骤	
完成效果照片	

检查单				
检查项目	序号	检查内容	学生自检	备注
符合图纸性检测				
工具、设备的使用与维护	1	正确、规范使用工具、量具、刃具，合理保养与维护工具、量具、刃具		
	2	正确、规范使用设备，合理保养与维护设备		
	3	操作姿势正确，动作规范		
安全及其他	1	安全文明生产，按国家颁布的有关法规或企业自定的有关规定执行		
	2	操作方法及工艺规程正确		

实习报告
写一篇800字左右的实习报告(内容含:分析问题和解决问题以及创新的能力,对钳工实习安排的要求和对老师的教学方法建议,钳工实习的心得体会等)

评价单					
评价类别	项目	内容	个人评价	小组互评	教师评价
专业能力（70%）	咨询（5%）	搜集信息（3%）			
		引导问题回答（2%）			
	计划（5%）	计划可执行度（3%）			
		材料工具安排（2%）			
	实施（50%）	工作步骤执行（5%）			
		功能实现（10%）			
		使用工具规范性（10%）			
		操作过程规范性（10%）			
		文明生产（6%）			
		安全保护（6%）			
		环境保护（3%）			
	检查（10%）	全面性、准确性（3%）			
		异常情况排除（2%）			
		结果质量（5%）			
社会能力（20%）	组织能力（6%）	组织协调表现（6%）			
	团结协作（6%）	合作配合状况（6%）			
	敬业精神（8%）	持之以恒、吃苦耐劳（8%）			
方法能力（5%）	计划决策（5%）	/			
实训报告（5%）	/	/			
评价评语	最终成绩（平均分）	得分			
		签字栏			
	教师评语： ____年____月____日				

拓展训练(1)

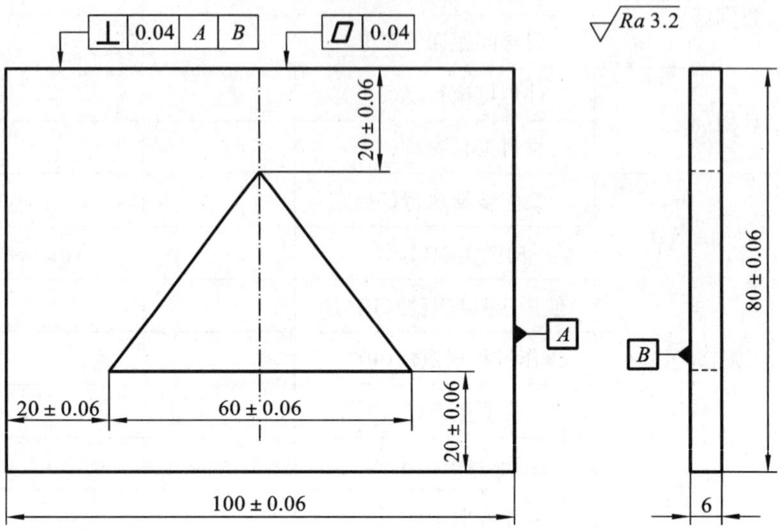

⊥ 0.04 A B
▱ 0.04
Ra 3.2
20 ± 0.06
20 ± 0.06
60 ± 0.06
20 ± 0.06
100 ± 0.06
80 ± 0.06
6
A
B

拓展训练(2)

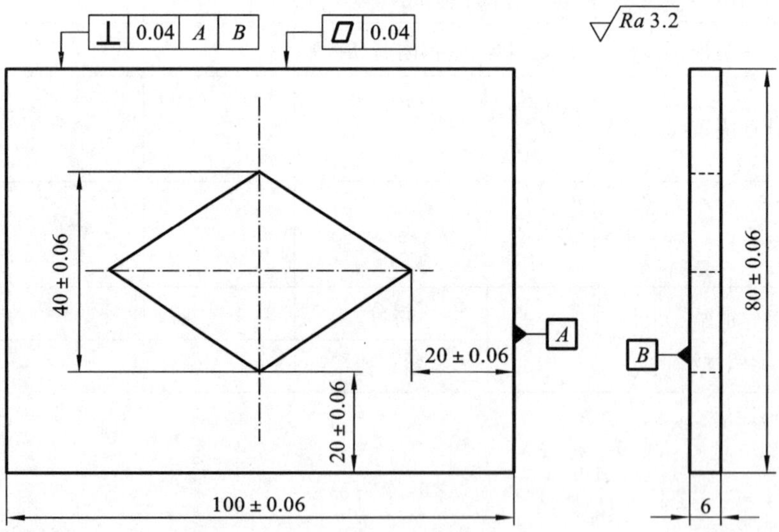

⊥ 0.04 A B
▱ 0.04
Ra 3.2
40 ± 0.06
20 ± 0.06
20 ± 0.06
100 ± 0.06
80 ± 0.06
6
A
B

续表

拓展训练(3)

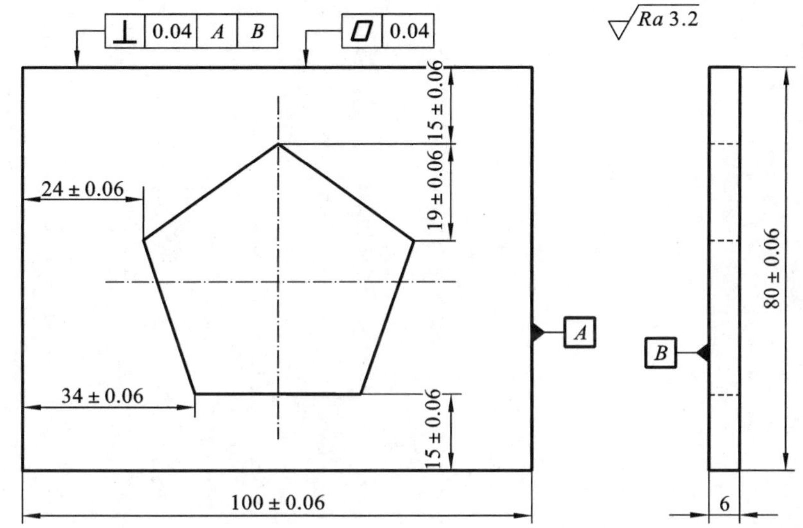

拓展训练(4)

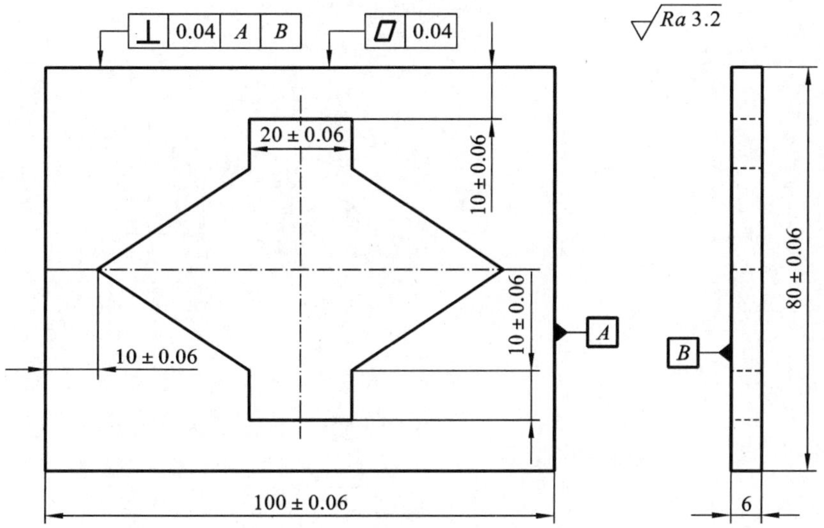

第 2 章

车削与镗削实习

2.1 车削加工概述

2.1.1 车削加工范围

车削加工是指在车床上应用刀具与工件作相对切削运动，改变工件的尺寸和形状等，将其加工成所需零件的一种切削加工方式。其中，工件的旋转运动为主运动，刀具相对工件的横向或纵向移动为进给运动。车削在切削加工中是最常用的一种加工方法，在机械加工中具有重要的地位和作用。

车削适合加工回转零件，切削过程连续平稳，可以加工各种内外回转体表面及端平面；可以完成上述表面的粗加工、半精加工甚至精加工；可以加工各种金属材料(很硬的材料除外)和尼龙、橡胶、塑料、石墨等非金属材料；所用刀具主要是车刀，也可用钻头、铰刀、丝锥、滚花刀等。车削加工尺寸公差等级较宽，一般尺寸精度可达 IT7 级，表面粗糙度 Ra 可达1.6 μm。表 2-1 所示为车床的运动及车削加工范围。

表 2-1　车床的运动及车削加工范围

加工类型	加工示意图	加工类型	加工示意图
车外圆	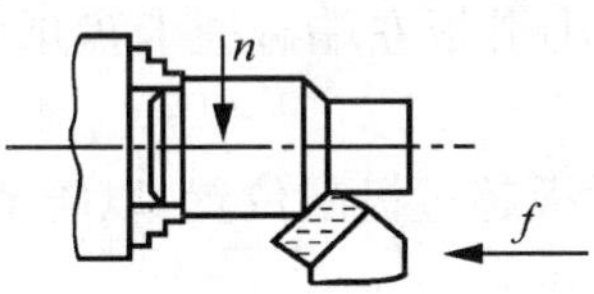	车端面圆	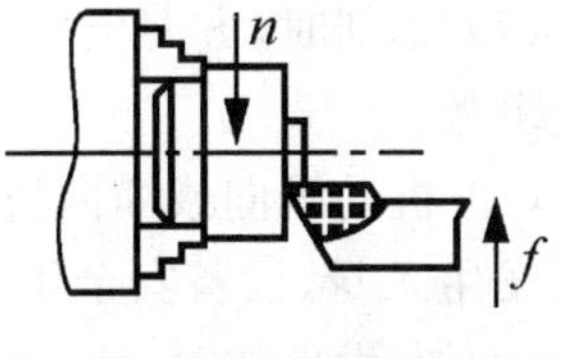
车锥体	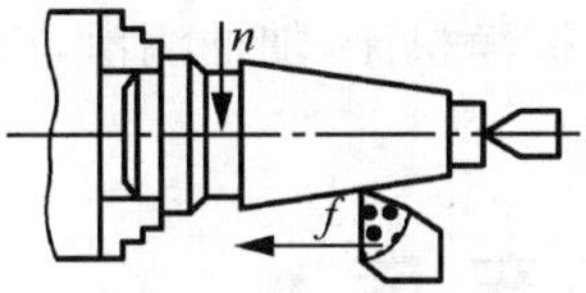	车特形面	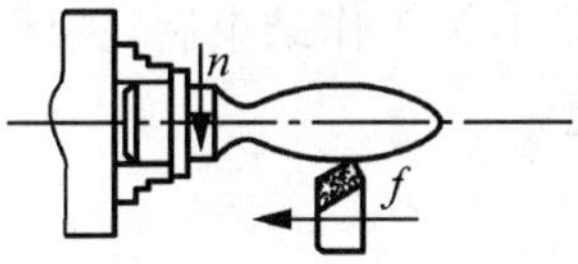
钻中心孔	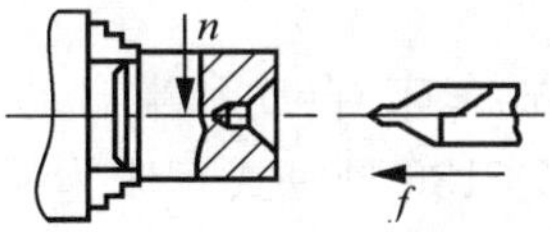	用成形车刀 车特形面	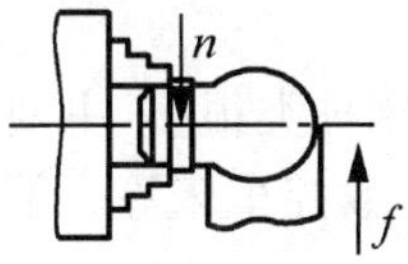
钻孔	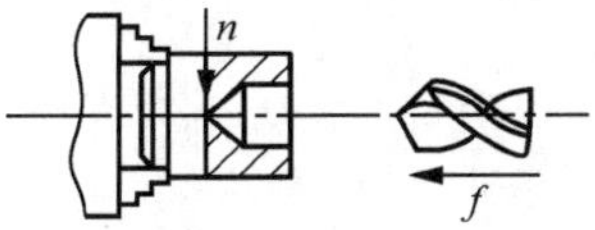	车螺纹	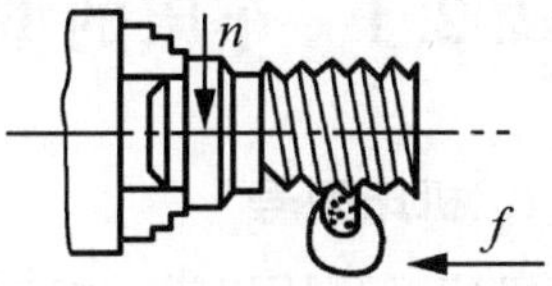

续表

加工类型	加工示意图	加工类型	加工示意图
车孔	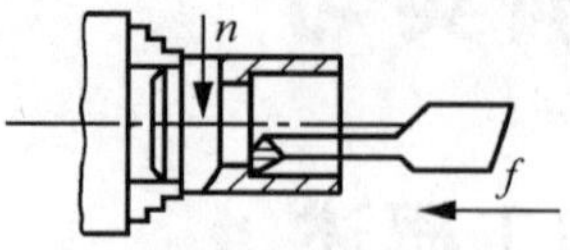	滚花	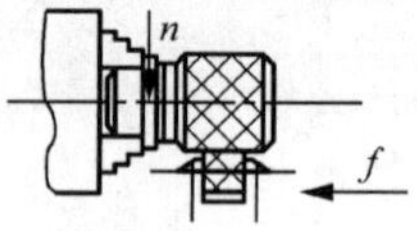
铰孔	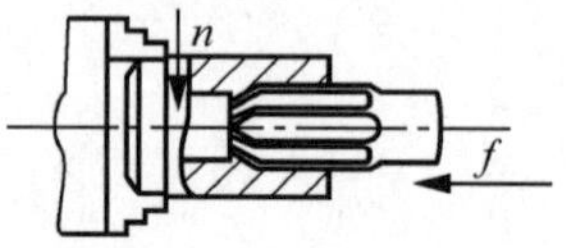	切断	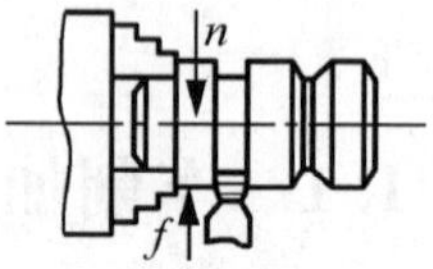

2.1.2 车削安全操作与注意事项

(1) 操作人员必须穿工作服、戴安全帽。长头发须压入帽内,不能戴手套操作,以防发生人身事故。

(2) 两人共用一台车床时,只能一人操作并注意他人安全。

(3) 卡盘扳手使用完毕后,必须及时取下,否则不能启动车床。

(4) 开车前,检查各手柄的位置是否到位,确认正常后才准许开车。

(5) 开车后,人不能靠近正在旋转的工件。主轴完全停止转动前不能用手触摸工件的表面,也不能用量具测量工件的尺寸,以防发生人身安全事故。

(6) 严禁开车时变换车床主轴转速,以防损坏车床而发生设备安全事故。

(7) 车削时,方刀架应调整到合适位置,以防小滑板左端碰撞卡盘爪而发生人身、设备安全事故。

(8) 机动纵向或横向进给时,严禁床鞍及横滑板超过极限位置,以防滑板脱落或碰撞卡盘而发生人身、设备安全事故。

(9) 发生事故时,要立即关闭车床电源。

(10) 工作结束后,关闭电源,清除切屑,认真擦净机床,加油润滑,以保持良好的工作环境。

2.2 卧式车床

车床种类很多,主要有卧式车床、转塔车床、立式车床、自动和半自动车床、仪表车床、仿形车床、数控车床等。下面主要以实习中常用的 CQ6136 型卧式车床为例进行介绍。

2.2.1 车床的型号与组成

1. 机床型号

机床型号用以表示机床的类型、通用特性及主要技术参数等。我国现行的机床型号按国家标准《金属切削机床　型号编制方法》(GB/T 15375—2008)编制，由汉语拼音字母和阿拉伯数字按一定的规律组合而成。

1) 机床的类代号

机床的类代号见表 2-2。

表 2-2　机床的类代号

类别	车床	钻床	镗床	磨床			齿轮加工机床	螺纹加工机床	铣床	刨插床	拉床	锯床	其他机床
代号	C	Z	T	M	2M	3M	Y	S	X	B	L	G	Q
读音	车	钻	镗	磨	二磨	三磨	牙	丝	铣	刨	拉	割	其

2) 机床的通用特性代号

机床的通用特性代号见表 2-3。

表 2-3　机床的通用特性代号

通用特性	高精度	精密	自动	半自动	数控	加工中心(自动换刀)	仿形	轻型	加重型	柔性加工单元	数显	高速
代号	G	M	Z	B	K	H	F	Q	C	R	X	G
读音	高	密	自	半	控	换	仿	轻	重	柔	显	速

3) 车床的组、系代号

车床的组、系代号(部分)见表 2-4。

表 2-4　车床的组、系代号(部分)

组别	系别			
	1	2	3	4
3	滑鞍转塔车床	棒料滑枕转塔车床	滑枕转塔车床	组合式转塔车床
4	曲轴车床	曲轴主轴颈车床	曲轴连杆轴颈车床	
5	单柱立式车床	双柱立式车床	单柱移动立式车床	双柱移动立式车床
6	卧式车床	马鞍车床	轴车床	卡盘车床

4) 车床的主参数

车床的主参数一般为床身上最大工件回转直径或最大车削直径。车床主参数的折算系数有 1、1/10、1/100 三种。

5) 机床的重大改进顺序号

机床的重大改进顺序号用汉语拼音字母 A、B、C 表示。

【例 2-1】　说明型号 CQ6136 的含义。

CQ6136 表示床身上最大工件回转直径为 360 mm 的轻型卧式车床。

2. 车床的组成部件

CQ6136 型卧式车床组成部件如图 2-1 所示。

主要组成部件的功用如下。

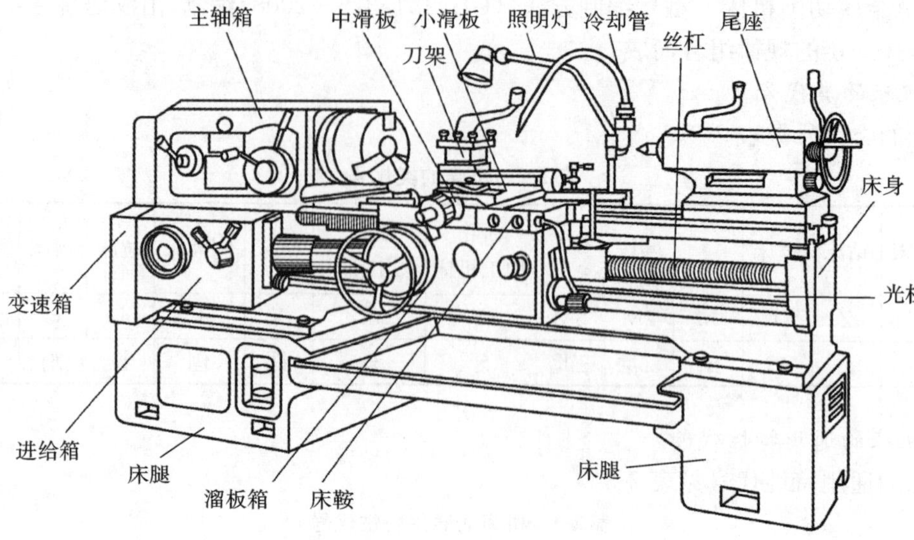

图 2-1　CQ6136 型卧式车床组成部件

1）床身

床身是车床精度要求很高的带有导轨的大型基础部件，用来支承和连接各主要部件并保证各部件之间有严格、正确的相对位置。床身上有一组精密的导轨，起床鞍移动的导向作用。外侧的一组导轨用于大滑板的运动导向和定位，内侧的一组导轨用于尾座的移动导向和定位。床身的左右两端分别支承在左右床腿上，床腿固定在地基上。

2）主轴箱

主轴箱内安装主轴及变速机构等，保证主轴连同卡盘转动。变换主轴箱外的变速手柄位置，可使主轴得到各种不同的转速。主轴为空心台阶轴，前端内部为莫式锥孔，用于安装顶尖或刀具、夹具；前端外部为标准短锥，用于安装卡盘等夹具。

3）变速箱

电动机的运动通过变速箱内的变速齿轮，可变化成六种不同的转速从变速箱输出，并传递至主轴箱。车床主轴的变速主要在这里进行。这样的传动方式称为分离传动，目的在于减小机械传动中产生的振动及热量对主轴的不良影响，提高切削加工质量。

4）进给箱

进给箱内为齿轮及变速机构等，并与光杠、丝杠连接，改变进给手柄位置，使光杠或丝杠得到不同的转速，以实现各种纵、横向进给量或螺纹螺距。

5）溜板箱

溜板箱内为齿轮及操纵机构等，用于把光杠或丝杠的运动传递给床鞍或中滑板。变换操纵手柄位置，通过光杠的传动，可实现床鞍（连同刀架）的纵向进给或中滑板（连同刀架）的横向进给运动。通过丝杠的传动，经开合螺母可实现床鞍（连同刀架）的纵向精确进给，用于车螺纹。

6）光杠和丝杠

光杠和丝杠将进给箱的运动传给溜板箱。车外圆、车端面等自动进给时，用光杠传动；车螺纹时，用丝杠传动。丝杠的传动精度比光杠高。光杠和丝杠不能同时使用。

7) 刀架

刀架是用来装夹刀具的，能够带动刀具作多个方向的进给运动。为此，刀架做成多层结构，如图2-2所示，从下往上分别是床鞍、中滑板、转盘、小滑板和方刀架。方刀架装在小滑板之上，小滑板可在水平面内相对中滑板扳转角度，用于手动进给车较短的内外圆锥。

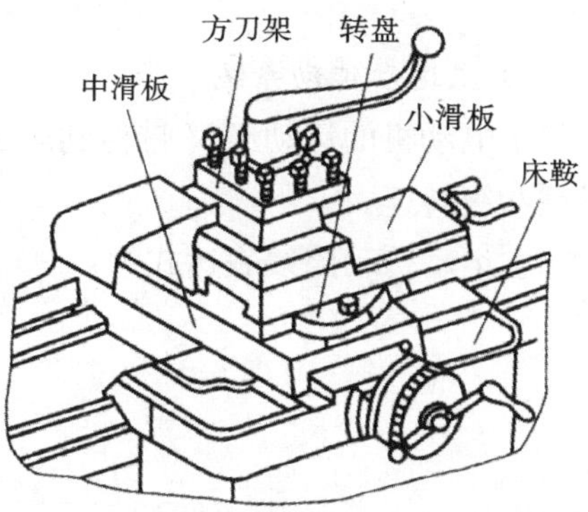

图 2-2　CQ6136 型卧式车床刀架结构

8) 尾座

尾座可沿床身导轨纵向移动，用于安装顶尖支承较长的工件；也可安装钻夹头、钻头、铰刀、丝锥等，进行孔、螺纹等加工。

2.2.2　车床的传动系统

车床的传动系统由两部分组成：主运动传动系统和进给运动传动系统。CQ6136 型卧式车床传动系统如图 2-3 所示。

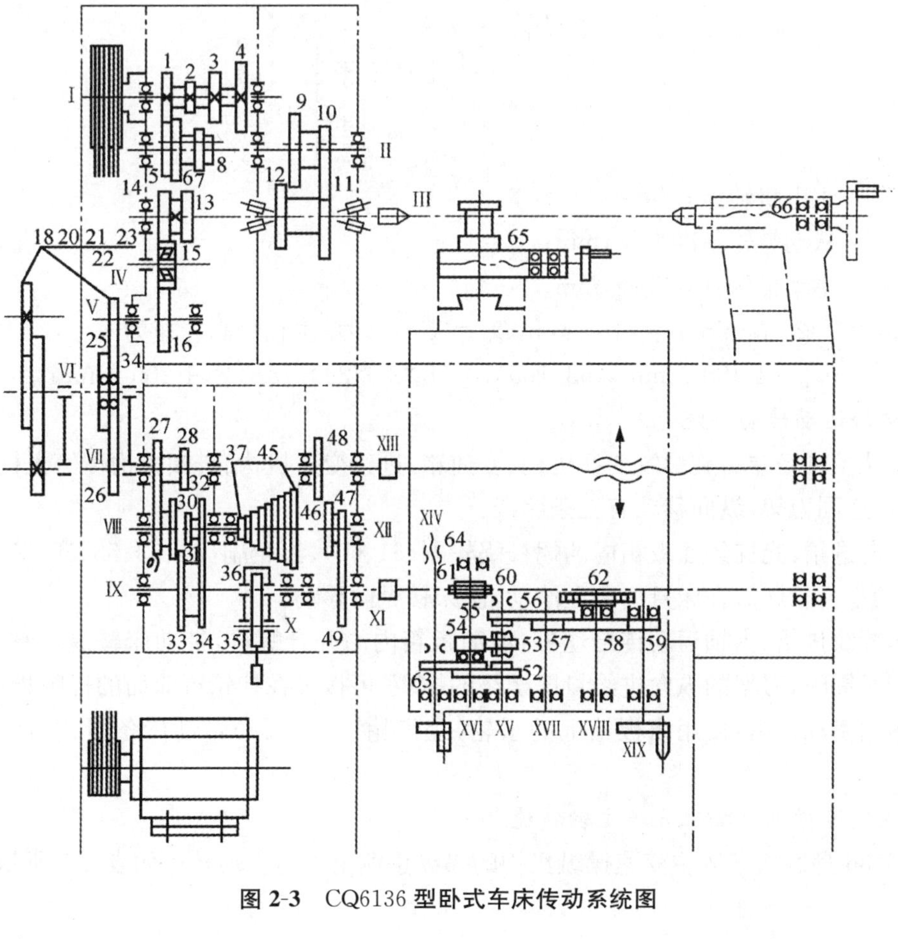

图 2-3　CQ6136 型卧式车床传动系统图

1）主运动传动系统

主电动机的运动经V带传到床头箱Ⅰ轴，操纵手柄滑移Ⅱ轴上的两组滑移齿轮，使主轴得到八级转速。

主运动传动路线表达式为：

$$n_{电}-\frac{D_1}{D_2}-\mathrm{I}-\begin{Bmatrix}\frac{29}{29}\\ \frac{20}{39}\\ \frac{23}{36}\\ \frac{36}{23}\end{Bmatrix}-\mathrm{II}-\begin{Bmatrix}\frac{48}{36}\\ \frac{19}{64}\end{Bmatrix}-\mathrm{III}（主轴） \tag{2-1}$$

主轴各级转速根据上面的表达式，按下式计算：

$$n_{\mathrm{III}}=n_{电}\times\frac{D_1}{D_2}\times 0.98\times\begin{Bmatrix}\frac{29}{29}\\ \frac{20}{39}\\ \frac{23}{36}\\ \frac{36}{23}\end{Bmatrix}\times\begin{Bmatrix}\frac{48}{36}\\ \frac{19}{64}\end{Bmatrix} \tag{2-2}$$

式中：$n_{电}$——主电机转速，r/min；

D_2——从动带轮基准直径，mm；

D_1——主动带轮基准直径，mm。

当 $n_{电}=1\ 420$ r/min，$D_2=165$ mm，$D_1=63$ mm 时，主轴最高转速为

$$n_{max}=1\ 420\ \text{r/min}\times 63/165\times 0.98\times 36/23\times 48/36\approx 1\ 200\ \text{r/min}$$

2）进给运动传动系统

运动从主轴经左右旋螺纹变换机构、变速箱、进给变速机构、诺顿机构传给光杠或丝杠。

床鞍（连同刀架）纵向移动有三条路线：

①纵向进给：光杠经溜板箱内的蜗杆蜗轮副（61、60）、齿轮副（54、53、55、56；57、58）带动XⅧ轴上的小齿轮（62）在床身齿条上滚动，使床鞍纵向移动。

②车螺纹进给：主轴运动传给丝杠，经溜板箱内的开合螺母，带动床鞍纵向移动。机床主轴旋转一周时，刀架的纵向进给量即螺纹的螺距，可按设在挂轮罩前面的标牌指示调整。

③纵向手动进给：使用溜板箱上的手轮，经齿轮（59）、（58）带动齿条机构，使床鞍纵向进给。

3）主变速操纵手柄位置与主轴转速

CQ6136型卧式车床主变速操纵机构的操纵手柄位置与主轴转速如表2-5所示。

表 2-5　操纵手柄位置与主轴转速

操纵手柄位置	 2 4 3 1				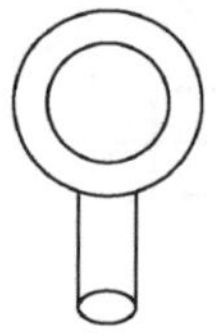 B　A			
	A				B			
	1	2	3	4	1	2	3	4
主轴转速/(r/min)	1 200	750	480	380	250	160	105	80

2.2.3　车床附件及工件的安装

车床主要用于加工回转表面。装夹工件时，应使要加工表面回转中心和车床主轴的中心线重合，把工件夹紧，以承受工件重力、切削力、离心惯性力等，并考虑装夹方便，以保证加工质量和生产效率。车床上常用的装卡附件有三爪自定心卡盘、四爪单动卡盘、顶尖、中心架、跟刀架、芯轴、花盘等。

1. 三爪自定心卡盘及工件的安装

三爪自定心卡盘是车床上最常用的附件，通过法兰盘安装在主轴上。它的构造如图 2-4 所示。三卡爪同时移动，可自动定心，且对中精度为 0.05～0.15 mm，主要用于夹持截面为圆形、正六边形的中小型轴类、盘套类工件。三爪自定心卡盘有外卡和内卡两种装夹方式。当工件直径较大用正爪不便装夹时，可换上反爪进行装夹。

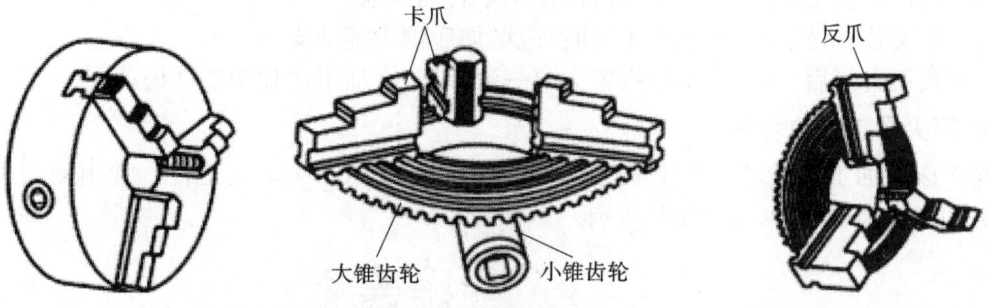

图 2-4　三爪自定心卡盘的构造

工件用三爪自定心卡盘装夹时必须装正夹牢，夹持长度一般不小于 10 mm。在车床开动时，工件不能有明显的摇摆、跳动，否则要重新装夹或找正。图 2-5 所示为工件装夹的几种形式。

2. 四爪单动卡盘及工件的安装

四爪单动卡盘的四个卡爪可独立移动，分别装在卡盘体的四个径向滑槽内。四爪单动卡盘比三爪自定心卡盘夹紧力大，装夹工件时，需分别调整四个卡爪，所以安装调整困难，但调整好后精度高于三爪自定心卡盘装夹。四爪单动卡盘适合装夹方形、椭圆形及形状不规则的较大工件。用四爪单动卡盘安装工件时需仔细找正。四爪单动卡盘常用的找正方法有

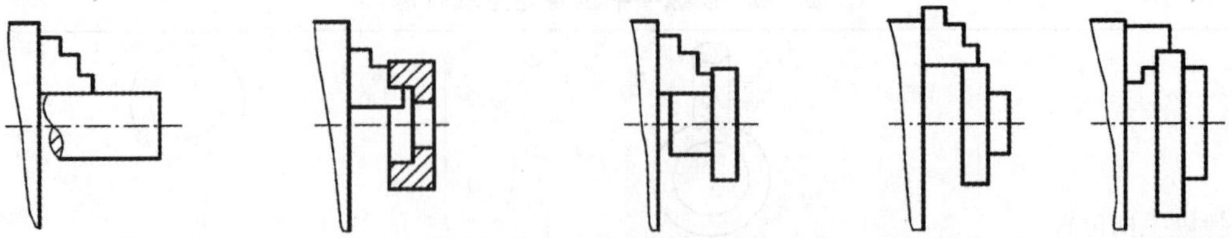

(a) 正爪装夹　(b) 正爪装夹，轴向定位　(c) 正爪装夹，轴向定位　(d) 正爪装夹　(e) 正爪装夹

图 2-5　用三爪自定心卡盘装夹工件的几种形式

划线盘找正和百分表找正两种。当使用百分表找正时，定位精度可达 0.01 mm。

四爪单动卡盘及其找正如图 2-6 所示。

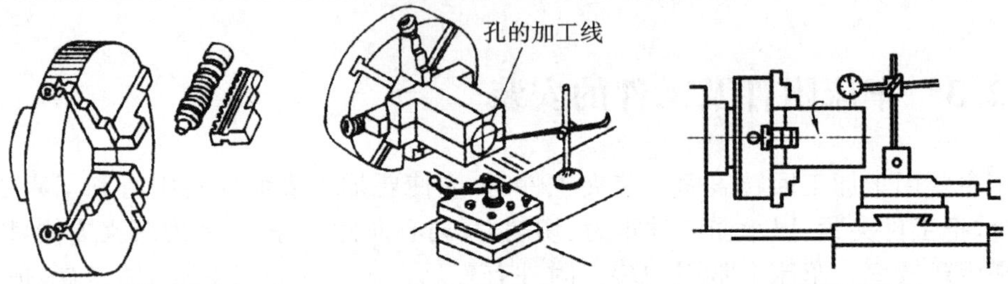

(a) 四爪单动卡盘　(b) 划线找正　(c) 百分表找正

图 2-6　四爪单动卡盘及其找正

在四爪单动卡盘上进行找正时应注意以下事项。

(1) 工件夹持部分不宜过长，通常为 20～30 mm。

(2) 装夹已加工表面时应包上一层薄铜皮，防止夹伤已加工表面。

(3) 找正时应在床面导轨上垫一块木板，防止工件掉下砸伤导轨。

(4) 找正时主轴应拨至空挡位置，以便用手转动卡盘。

(5) 装夹较重、较大或较长的工件时，应增加后顶尖辅助支承。

(6) 找正夹紧后，四个卡爪的夹紧力要一致，以防在加工过程中工件松动。

3. 顶尖及工件的装夹

在车床上加工较长或工序较多的轴类工件时，常使用顶尖装夹工件。常用的顶尖有固定顶尖和回转顶尖两种，如图 2-7 所示。

(a) 固定顶尖　(b) 回转顶尖

图 2-7　顶尖

加工较长或工序较多的轴类工件时，为了保证工件的同轴度要求，常采用两顶尖的装夹方法，工件靠主轴箱的一端应装上拨盘，也可用自定心卡盘代替拨盘，此时前顶尖用一段钢棒车成，并夹在自定心卡盘上，卡盘的卡爪通过鸡心夹头带动工件旋转。顶尖与工件配合的松紧度应当适度，过松会导致定心不准，甚至使工件飞出；太紧会增加与后顶尖的摩擦，并可

能将细长工件顶弯。当加工温度升高时，应将后顶尖稍许松开一些。用前、后顶尖装夹工件如图 2-8 所示。

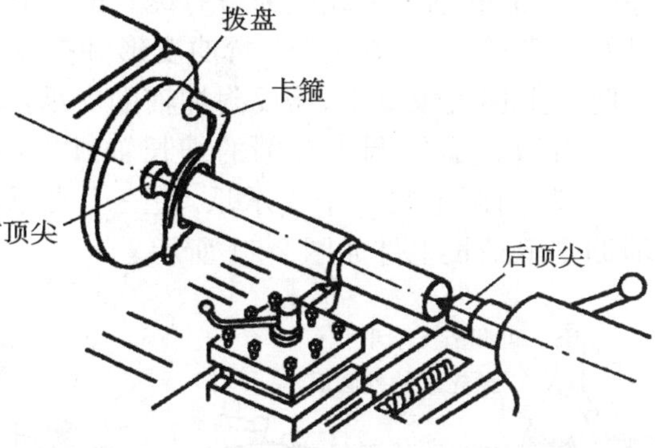

图 2-8　用前、后顶尖装夹工件

4. 工件安装的其他方法

1）工件在芯轴上的安装

精加工盘套类零件，且孔与外圆的同轴度、孔与端面的垂直度要求较高时，工件需在芯轴上装夹，如图 2-9 所示。这时应先加工孔，然后以孔定位将工件安装在芯轴上，再将工件和芯轴一起安装在两顶尖间进行外圆和端面的加工。

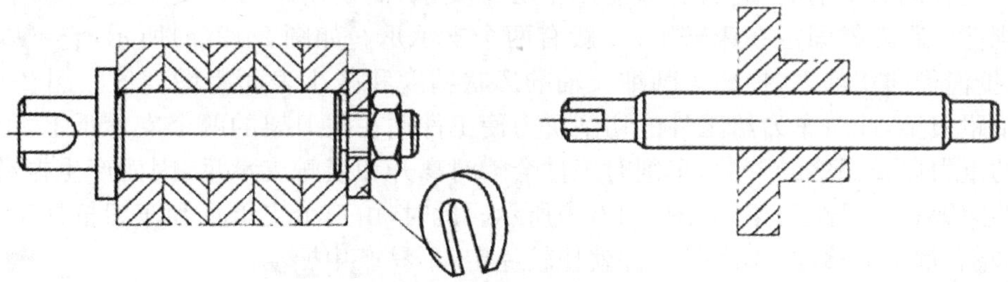

图 2-9　工件在芯轴上的安装

2）工件在花盘上的安装

在车削形状不规则或形状复杂的工件时，自定心卡盘、单动卡盘或顶尖都无法进行装夹，必须用花盘进行装夹，如图 2-10 所示。花盘工作面上有许多长短不等的径向导槽，使用时配以角铁、压块、螺栓、螺母、垫块和平衡铁等，可直接将工件装夹在盘面上。安装时，按工

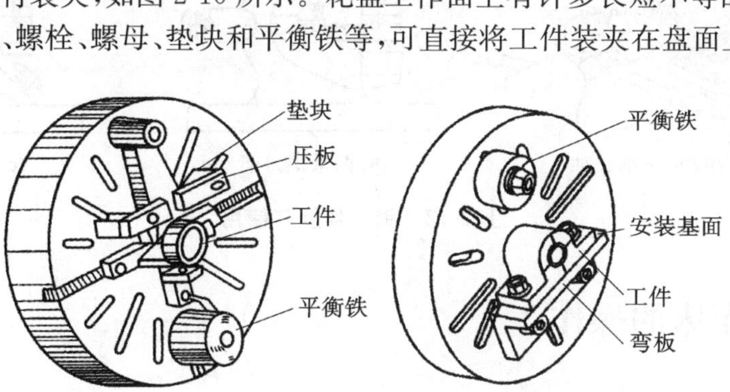

图 2-10　用花盘装夹工件

件的划线痕进行找正，同时要注意重心的平衡，以防止旋转时产生振动。

3）细长工件的辅助支承(中心架)

当车削长度为直径20倍以上的细长轴或端面带有深孔的细长工件时，由于工件本身的刚性很差，在切削力的作用下，工件往往容易产生弯曲变形和振动，从而容易把工件车成两头细中间粗的腰鼓形。为防止上述现象发生，需要附加辅助支承，即中心架或跟刀架。

中心架主要用于加工有台阶或需要调头车削的细长轴，以及端面和内孔(钻中心孔)。中心架固定在床身导轨上，车削前调整其三个支承爪，使三个支承爪均与工件轻轻接触，并加上润滑油。用中心架辅助支承细长工件如图2-11所示。

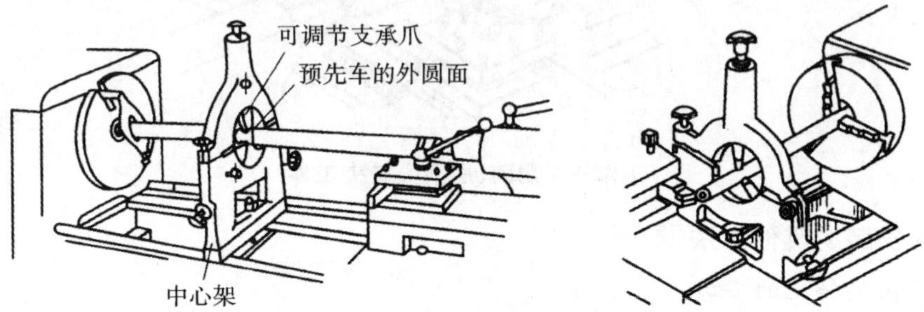

图2-11　用中心架辅助支承细长工件

4）细长工件的辅助支承(跟刀架)

对不适宜调头车削的细长轴，不能用中心架支承，而要用跟刀架支承进行车削，以增加工件的刚性。跟刀架固定在床鞍上，一般有两个支承爪。如图2-12(a)所示，它可以跟随车刀移动，抵消径向切削力，提高车削细长轴的形状精度和减小表面粗糙度值。图2-12(b)所示为两爪跟刀架，此时车刀给工件的切削抗力使工件贴在跟刀架的两个支承爪上，但由于工件本身的重力以及偶然的弯曲，车削时工件会瞬时离开和接触支承爪，因而产生振动。比较理想的跟刀架是三爪跟刀架，如图2-12(c)所示。此时，由三个支承爪和车刀抵住工件，使工件上下、左右都不能移动，车削时工件就比较稳定，不易产生振动。

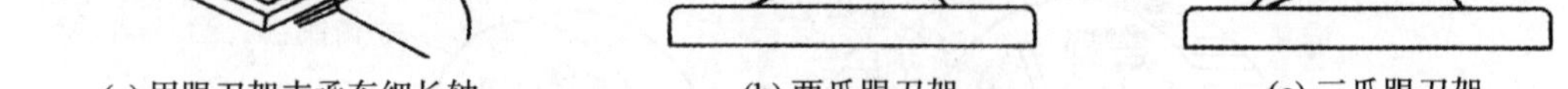

(a) 用跟刀架支承车细长轴　　(b) 两爪跟刀架　　(c) 三爪跟刀架

图2-12　跟刀架及其使用

2.2.4　车床的操作

1. CQ6136型卧式车床操作部件的位置及名称

CQ6136型卧式车床各操作部件的位置及名称见图2-13和表2-6。

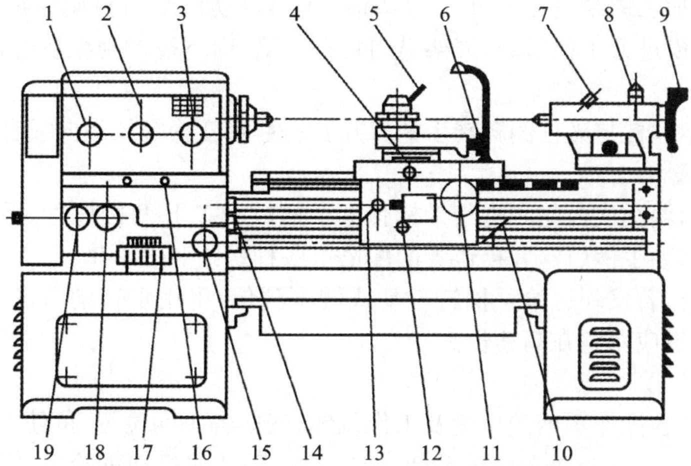

图 2-13 CQ6136 型卧式车床操作部件位置图

表 2-6 CQ6136 型卧式车床各操作部件名称

编号	操作部件名称	编号	操作部件名称
1	丝杠与光杠倒顺转手柄	11	床鞍纵向移动手轮
2	主轴变速手柄	12	控制纵横进刀手柄
3	主轴变速手柄	13	开合螺母离合手柄
4	中滑板手柄	14	光杠、丝杠更换使用的离合器
5	固定方刀架手柄	15	接通光杠或丝杠传动置换手柄
6	小滑板手柄	16	停车按钮
7	固定顶尖套筒手柄	17	诺顿机构移动手柄
8	固定尾座手柄	18	二联齿轮移动手柄
9	移动顶尖套筒手轮	19	二联齿轮移动手柄
10	主轴正转、反转、停止手柄		

2. CQ6136 型卧式车床手动操作

1）操作前的准备

切断车床的电源，以防止因动作失误而造成事故；调整好中、小滑板塞铁间隙；擦净车床外表面及各手柄。

2）变换主轴转速

根据转速标牌，改变手柄位置可得到 8 种不同的转速。

变速时，如发现手柄转不动或不到位，可用手转动卡盘，待主轴上齿轮转到啮合位置时，手柄即能扳动。车床启动后，禁止变换主轴转速；停车变速时，须待车床完全停止后方可进行。

3）变换进给类型和方向

根据标牌所示接通光杠或丝杠传动置换手柄（15）的位置，决定接通光杠或丝杠的传动，实现自动走刀或加工螺纹。在接通丝杠的情况下，开合螺母离合手柄（13）向下合上开合螺母，接通丝杠传动，使床鞍纵向移动加工螺纹；开合螺母离合手柄（13）向上提起，开合螺母张开，床鞍纵向移动加工螺纹进给停止。刀架纵、横向自动进给由控制纵横进刀手柄(12)控制，向上提控制纵横进刀手柄(12)，刀架纵向自动进给；向下按控制纵横进刀手柄(12)，刀架横向自动进给。

变换标牌所示丝杠与光杠倒顺转手柄(1)的位置，可变换螺纹旋向或自动走刀方向。

4) 变换进给量

通过变换进给箱交换齿轮和进给量标牌上手柄(18)A、B两挡位置，手柄(19)C、D两挡位置及诺顿机构移动手柄(17)九挡位置的配搭可各种螺距和进给量。

变换进给量时，若发现进给手柄转不动或转不到位，可用手转动卡盘。扳转卡盘时，为转动轻便，主轴速度应调整在高速位。

5) 溜板箱操作

根据溜板箱外各操作手柄的用途及工作位置，变换各手柄位置，可使刀架作纵向或横向运动。车螺纹时，应将开合螺母离合手柄(13)按下；手动或机动进给时，应将开合螺母离合手柄(13)提起。

6) 纵、横向进给和进、退刀动作

①纵向手动进给。摇动床鞍纵向移动手轮(11)，可使床鞍纵向移动(向主轴箱方向移动为纵向正进给)。操作时，操作者应站在床鞍纵向移动手轮(11)的右侧，双手交替摇动手轮(11)，进给速度应慢而均匀连续。

②横向手动进给。摇动中滑板手柄(4)，可使中滑板横向进给。从中滑板刻度盘上转过的刻度可知中滑板沿垂直于主轴轴线方向移动的距离，向前为正向进给。操作时，操作者应双手交替摇动手柄，如图2-14所示。

③小滑板手动进给。摇动小滑板手柄(6)，可使小滑板沿着导轨前后移动，移动距离可由刻度盘上转过的刻线算出，每格表示移动0.05 mm。小滑板导轨下有转盘，松开转盘的紧定螺钉，转盘可在水平面内转动角度。

④进、退刀操作。操作方法是：左手摇床鞍纵向移动手轮(11)，右手摇中滑板手柄(4)，双手不断地均匀移动。进、退刀动作必须十分熟练，否则，车削过程中一旦失误，会造成工件报废或事故。

⑤尾座的移动与锁紧。尾座通过底压板与床身导轨锁紧，松开锁紧螺母(或松开尾座锁紧手柄)就可使尾座沿导轨移动。车床尾座如图2-15所示。

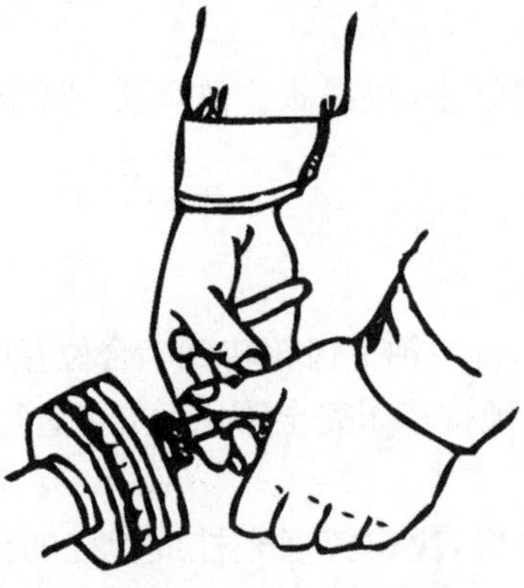

图2-14　中滑板的操作

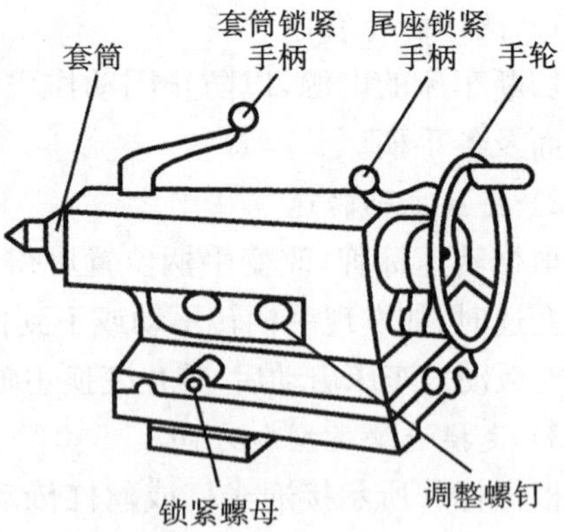

图2-15　车床尾座

⑥尾座套筒的操作。松开套筒锁紧手柄，摇动手轮，可使套筒前后移动；扳紧套筒锁紧手柄，即可锁紧套筒。尾座套筒不宜伸出过长，以防止套筒内啮合的丝杠螺母脱开。

3. CQ6136 型卧式车床机动操纵

1）操作前的准备

①将主轴转速调整为 250 r/mm。

②调整进给箱手柄位置，使进给量 f 为 0.29 mm/r 左右。

③摇动床鞍到床身中间的位置。

④用手扳动卡盘一周，检查机床有无碰撞之处，并检查各手柄是否在正常位置。

2）车床的启动、停止

①接通电源，使车床电源开关置于合的位置。

②按启动按钮，启动电动机。此时，由于操纵杆在中间的空挡位置，因此主轴尚未转动。向上提起操纵杆，主轴正转；置操纵杆于中间位置，主轴停止转动；操纵杆向下，主轴倒转。除车螺纹外，一般主轴不倒转。在车削过程中，因测量工件需做短暂停止时应利用操纵杆停车。这时，为防止停车时操纵杆失灵导致主轴转动，可将主轴变速手柄置于空挡位置。变换主轴转速，一定要先停车后变速。

3）纵向机动进给

①将床鞍摇到床身中间位置后，启动机床。

②将机动进给手柄调整至“纵向”位置，操纵进给手柄向主轴箱方向为自动进给。如需方向相反，要停机后才能变换换向手柄位置。

注意进给过程中的极限位置，确保床鞍不与卡盘相碰撞。

4）横向机动进给

①摇动中滑板手柄，使刀架靠近车床主轴内侧的平面，离卡盘中心约 100 mm。

②启动机床。

③将进给手柄调到“横向”位置，操纵机动进给手柄，使中滑板向卡盘中心方向进给。

注意：中滑板向前正向进给时，刀架前侧平面不能超过主轴中心线，防止中滑板丝杠与螺母脱开；向后反向进给时，刀架不能与刻度盘等凸台相碰。进给箱各手柄只允许在停车时拨动，以免损坏齿轮。

2.3 车刀及安装

2.3.1 常用车刀的介绍

1. 车刀的种类

常用的车刀如图 2-16 所示。

2. 车刀的组成

外圆车刀由刀头（切削部分）与刀柄（装夹部分）两部分组成。车刀刀头部分的几何形状如图 2-17 所示。它由以下几个部分组成。

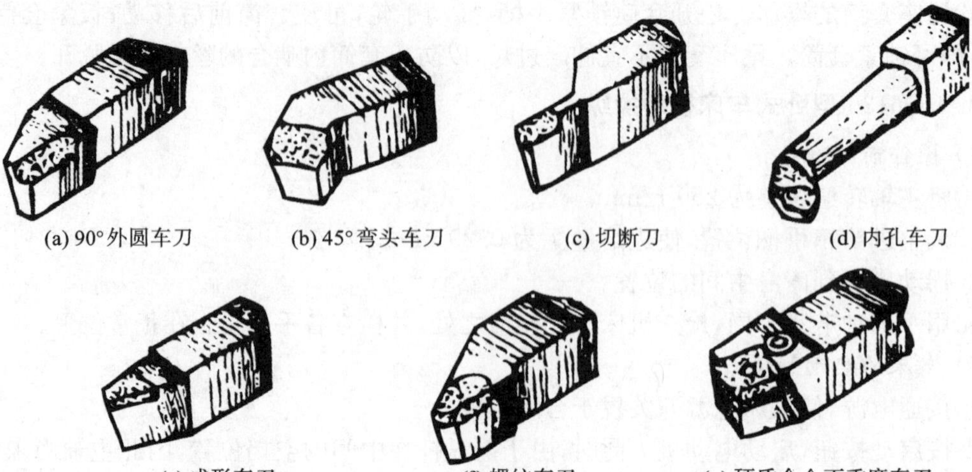

(a) 90°外圆车刀　(b) 45°弯头车刀　(c) 切断刀　(d) 内孔车刀

(e) 成形车刀　(f) 螺纹车刀　(g) 硬质合金不重磨车刀

图 2-16　常用的车刀

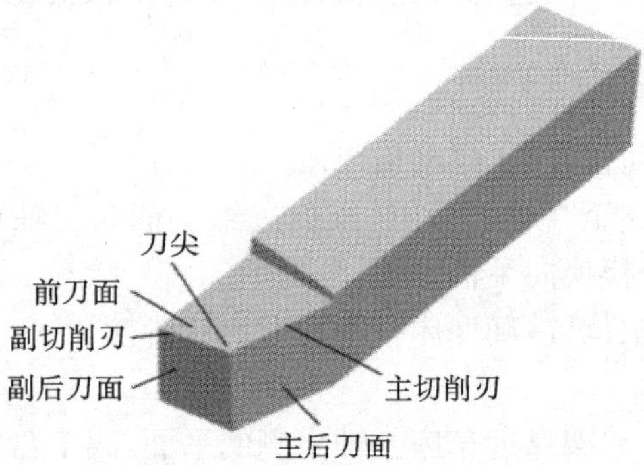

图 2-17　车刀的几何形状

①前刀面 A_{γ}：切屑流出经过的刀面，简称前面。

②主后刀面 A_{α}：与工件上过渡表面相对的刀面，也称主后面。

③副后刀面 A'_{α}：与工件上已加工表面相对的刀面，也称副后面。

④主切削刃 S：前刀面与主后刀面相交形成的切削刃，承担主要的切削工作。

⑤副切削刃 S'：前刀面与副后刀面相交形成的切削刃，起微量切削作用。

⑥刀尖：主切削刃与副切削刃的连接处相当少的一部分切削刃，可以是直线，也可以是圆弧，俗称过渡刃。

车刀常用结构有四种基本形式：将硬质合金刀片直接焊接在刀体上，称为焊接式车刀；用高速钢做成整体式，称为整体式车刀；将具有若干个切削刃的刀片紧固在刀体上，称为机械夹固（机夹）式车刀；刀片可快速转位，称为可转位式车刀。它们的特点和用途如表 2-7 所示。

表 2-7　车刀的特点和用途

名称	特点	适用场合
焊接式车刀	结构紧凑，使用灵活	各类车刀，特别是小刀具
整体式车刀	刃口刃磨得比较锋利	小型车床，可加工非金属材料

续表

名称	特点	适用场合
机械夹固（机夹）式车刀	避免了焊接所产生的应力、裂纹等缺陷；刀杆利用率较高；刀片可集中刃磨获得所需参数；使用灵活方便	外圆车刀、端面车刀、镗孔车刀、切断刀、螺纹车刀
可转位式车刀	避免了焊接式车刀的缺点，刀片可快速转位；生产率高，断屑稳定，可使用涂层刀片	大中型车床外圆车刀、端面车刀、镗孔车刀，特别适用于自动线切割机床、数控机床

2.3.2 常用车刀的主要角度

1. 辅助平面

辅助平面用于定义刀具在设计、制造、刃磨和测量时的基准坐标平面，如图 2-18 所示。

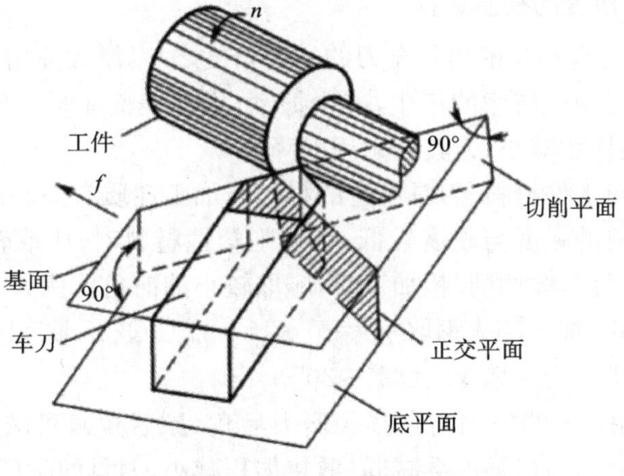

图 2-18 车刀的辅助平面

①基面 P_r：过切削刃的选定点而又垂直于该点切削速度的平面，一般为平行于车刀底面的平面。

②切削平面 P_s：通过切削刃的选定点，与切削刃相切并垂直于基面的平面。

③正交平面 P_o：通过切削刃的选定点，并同时垂直于基面和切削平面的平面，又称主剖面。

2. 车刀的几何角度

以外圆车刀为例，它的切削部分有六个基本角度，如图 2-19 所示。

①前角 γ_o：前刀面与基面间的夹角，在正交平面内测量。

②后角 α_o：主后刀面与切削平面间的夹角，在正交平面内测量。

③副后角 α_o'：副后刀面与副切削平面间的夹角，在正交平面内测量。

④主偏角 κ_r：主切削刃与进给速度间的夹角，在基面内测量。

⑤副偏角 κ_r'：副切削刃与进给速度反方向间的夹角，在基面内测量。

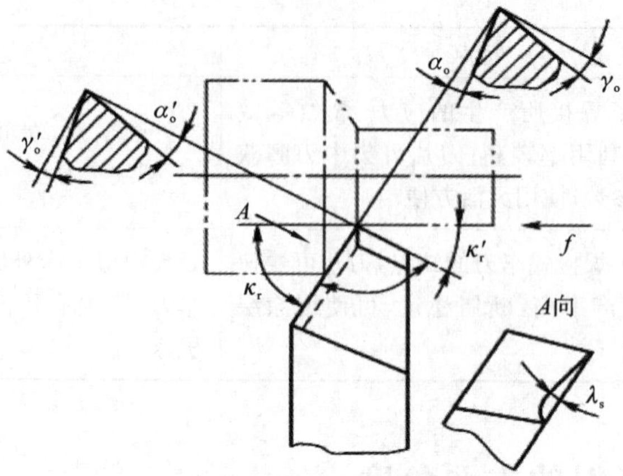

图 2-19　车刀的几何角度

⑥刃倾角 λ_s：主切削刃与基面间的夹角，在主切削平面内测量。当刀尖在主切削刃上处于最高位置时，刃倾角为正；反之，刃倾角为负。

3. 车刀主要几何角度的初步选择

①前角 γ_o 的作用与选择。前角是车刀的主要角度之一，增大前角可使车刀刃口锋利，切削轻快，减小切削力，抑制积屑瘤的产生，减少振动，提高表面质量。但前角太大，会使刃口和刀头强度减弱，散热体积减小，刀具的耐用度降低。

通常前角的大小与工件材料、刀具本身的材料与加工性质有关。选择原则是刃口锋利，兼顾强度。当工件材料的强度与硬度较低，且切削塑性材料时，应取较大的前角；当工件材料的硬度与强度较高，且断续切削、粗加工时，应取较小的前角。例如，用硬质合金刀具加工正火钢取 $\gamma_o=15°\sim20°$，加工淬火钢取 $\gamma_o=5°\sim15°$，加工 Q235 取 $\gamma_o=20°\sim25°$，加工灰铸铁取 $\gamma_o=5°\sim15°$，加工铝合金取 $\gamma_o=25°\sim30°$。

②后角 α_o（副后角 α'_o）的作用与选择。增大后角（副后角），可减少刀具与工件间的摩擦；但后角（副后角）过大，刃口强度会减弱，散热体积减小，刀具的耐用度减小。

粗加工时，取 $\alpha_o=\alpha'_o=6°\sim8°$；精加工时，取 $\alpha_o=\alpha'_o=8°\sim12°$。

③主偏角 κ_r 的作用与选择。主偏角增大，径向切削力减小，但参加切削的刀刃长度减小，工件表面的粗糙度数值变大（表面质量下降）。主偏角减小，刀具强度增强，径向切削力增大，易产生振动。

主偏角的选择首先受到工件形状的限制，如台阶轴应选 $\kappa_r=90°\sim93°$；其次应考虑工艺系统条件，如车高强度、高硬度材料取 $\kappa_r=15°\sim30°$，车细长轴取 $\kappa_r=75°\sim90°$。

④副偏角 κ'_r 的作用与选择。减小副偏角，可降低工件表面的粗糙度数值（表面质量提高）；但副偏角过大，刀尖强度会减小。

一般取 $\kappa'_r=5°\sim15°$，车高硬材料、断续切削或粗加工时取较大值，精加工时取较小值。

⑤刃倾角 λ_s 的作用与选择。刃倾角为正，切屑流向待加工表面；刃倾角为负，切屑流向已加工表面；刃倾角为零，切屑垂直于切削刃方向流出，如图 2-20 所示。刃倾角为正时，刀尖强度差，不耐冲击。

一般取 $\lambda_s=-5°\sim5°$，粗车时取较小值，精车时取较大值。

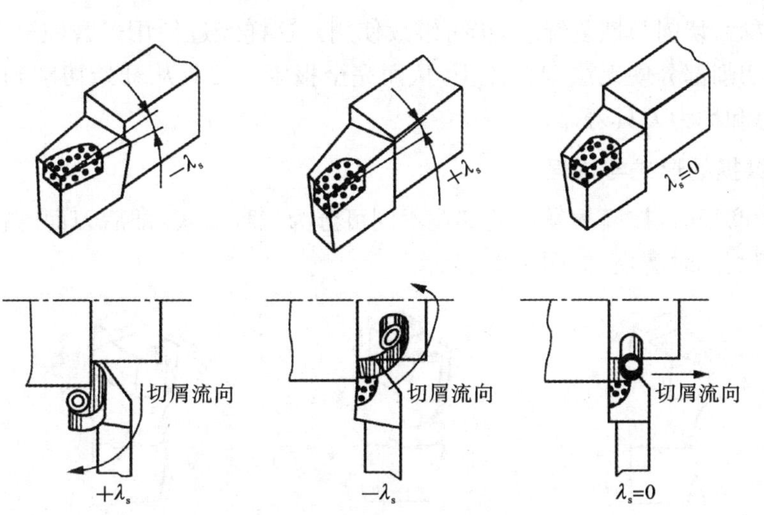

图 2-20 车刀的刃倾角及其对切屑流向的影响

2.3.3 车刀的安装

1. 安装前的准备

转正刀架位置，锁紧刀架手柄。擦净刀架安装面及刀具表面。准备好合适的垫片。

2. 安装方法与要领

安装车刀时应注意下列几点：

①车刀刀尖必须对准工件的旋转中心。车刀不能装得太高或太低，否则工作角度与实际角度将发生变化。为了使车刀对准工件轴线，可按车床尾座顶尖的高低进行调整。

车刀刀尖对中心的方法有目测法、顶尖对准法、测量刀尖高度法。车刀的伸出长度应适宜，通常为刀柄厚度的 1.5～2 倍。夹紧车刀，不得使用加力管，以免损坏刀架与车刀锁紧螺钉。装夹车刀，应确保车刀的刃磨角度不发生变化。

②车刀不能伸出太长。车刀伸得太长，切削起来容易发生振动，使车出来的工件表面粗糙，甚至会把车刀折断。车刀也不宜伸出太短，车刀伸出太短会使车削不方便，容易导致刀架与卡盘碰撞。车刀伸出长度一般不超过刀杆高度的 1.5 倍。

③每把车刀安装在刀架上时，不可能刚好对准工件轴线，一般会低于工件轴线，因此可用厚薄不同的垫片来调整车刀的高低位置。垫片必须平整，且宽度应与刀杆宽度相同，长度应与刀杆被夹持部分相同，同时应尽可能用少数厚垫片来代替多数薄垫片，将车刀的高低位置调整合适。垫片用得过多会造成车刀在车削时接触刚度变差，从而影响加工质量。

④车刀位置装正后，应交替拧紧刀架螺钉。

⑤车刀刀杆应与车床主轴轴线垂直。

2.3.4 刀具磨损和刀具耐用度

一把刀具使用一段时间以后，它的切削刃变钝，以致无法再使用。对于可重磨刀具，经过重新刃磨以后，切削刃恢复锋利，仍可继续使用。这样经过使用—磨钝—刃磨若干个循环以后，刀具的切削部分便无法继续使用，从而完全报废。刀具从开始切削到完全报废，实际切削时间的总和称为刀具寿命。

1. 刀具磨损的形式与过程

刀具正常磨损时，按磨损发生的部位不同可分为三种形式，即后刀面磨损、前刀面磨损、前刀面与后刀面同时磨损，如图 2-21 所示。

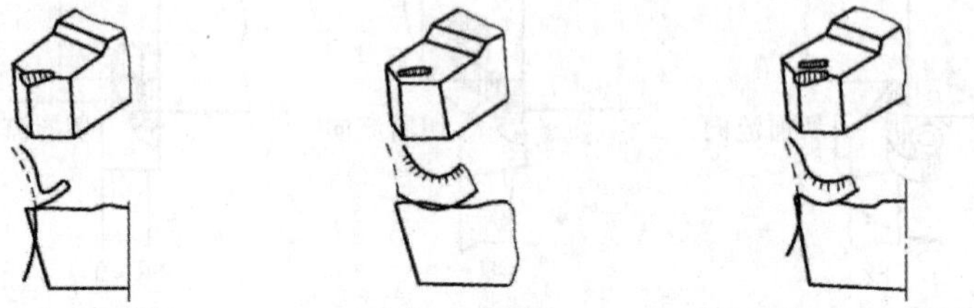

(a) 后刀面磨损　(b) 前刀面磨损　(c) 前刀面与后刀面同时磨损

图 2-21　刀具的磨损形式

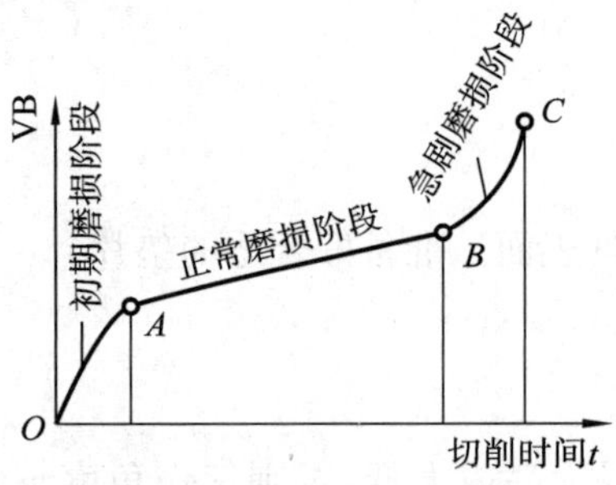

图 2-22　刀具的磨损曲线

随着切削时间的延长，刀具的磨损量不断增加。但在不同的时间阶段，刀具的磨损速度与实际的磨损量是不同的。图 2-22 反映了刀具的磨损和切削时间的关系。图中 VB 表示后刀面磨损尺寸。刀具的磨损过程分为三个阶段，第一阶段（OA 段）称为初期磨损阶段，第二阶段（AB 段）称为正常磨损阶段，第三阶段（BC 段）称为急剧磨损阶段。

经验表明，在刀具正常磨损阶段的后期、急剧磨损阶段之前，换刀重磨为最好。这样既可保证加工质量，又能充分利用刀具材料。

增大切削用量，切削温度随之增高，将加速刀具磨损。在切削用量中，切削速度对刀具磨损的影响最大。此外，刀具材料、刀具几何形状、工件材料以及是否使用切削液等，也都会影响刀具的磨损。适当加大刀具前角，由于减小了切削力，可减少刀具的磨损。

2. 刀具耐用度

刀具的磨损限度，通常用后刀面的磨损程度作为标准。但是，生产中不可能用经常测量后刀面磨损尺寸的方法来判断刀具是否已经达到容许的磨损限度，常规是按刀具进行切削的时间来判断。刃磨后的刀具自开始切削直到磨损量达到磨钝标准所经历的实际切削时间称为刀具耐用度，以 T 表示。

粗加工时，多以切削时间(min)表示刀具耐用度。例如，目前硬质合金焊接式车刀的耐用度大致为 60 min，高速钢钻头的耐用度为 80～120 min，硬质合金端面铣刀的耐用度为 120～180 min，齿轮刀具的耐用度为 200～300 min。

精加工时，常以走刀次数或加工零件的个数表示刀具耐用度。

2.3.5 砂轮的选用和使用砂轮的安全知识

1. 砂轮的选用

一般情况下，磨高速钢车刀用白色氧化铝砂轮，氧化铝砂轮砂粒的韧性好，比较锋利，但硬度较低，粒度号宜选为 46＃～60＃；磨硬质合金车刀用绿色碳化硅砂轮，碳化硅砂轮砂粒的硬度高、切削性能好，但比较脆，粒度号宜选为 60＃～80＃。

2. 使用砂轮的安全知识

①新安装的砂轮必须严格检查，经过试运行后方可使用。

②刃磨车刀前，应检查砂轮有无裂纹，砂轮轴螺母是否拧紧，以免砂轮碎裂或飞出伤人。

③砂轮支架与砂轮的间隙不得大于 3 mm，若发现此间隙过大，应适当调整。

④刃磨车刀时，应尽可能地使用砂轮的圆周面，并使车刀左右均匀移动，以使砂轮磨损均匀，而不产生沟槽。

⑤应避免在砂轮的两侧面用力粗磨车刀，以致使砂轮受力偏摆、跳动，甚至破碎。

⑥刃磨车刀时，两手要稳握刀杆，但不能用力过大，防止打滑接触砂轮面而发生工伤事故。

⑦必须根据车刀材料来选择砂轮的种类，否则将达不到良好的刃磨效果。一般不允许在砂轮上磨有色金属和非金属材料，以免堵塞砂轮。

⑧砂轮出现堵塞或有沟槽时，应及时用金刚笔修磨砂轮，否则，刃磨车刀将很困难。

⑨刃磨时，要戴好防护镜且不要正对砂轮的旋转方向，以免砂轮碎裂使操作者受伤。

⑩不要戴手套或用棉布包住车刀刃磨，以免手套或棉布被砂轮机卷入而发生事故。

2.3.6 刃磨车刀的姿势及方法

1. 刃磨车刀的姿势

①人站立在砂轮机的侧面，以确保安全。

②两手握车刀要有一定的距离，一般前面为支点，后面控制方向和角度大小。

③两肘要夹紧腰部，以减小磨刀时的抖动。

④磨刀时，刀具一般位于砂轮的水平中心，且刀尖略上翘 5°左右。

⑤车刀在接触砂轮时，应从下至上逐渐刃磨至刀刃；车刀在退出砂轮时，应从下至上逐渐退离砂轮，以免磨好的刃口被碰伤。

⑥磨后刀面时，刀杆尾部应向左偏过一个主偏角的角度；磨副后刀面时，刀杆尾部应向右偏过一个副偏角的角度。

⑦修磨刀尖圆弧时，应以左手为支点，右手转动车刀尾部。

2. 刃磨车刀的方法

车刀的刃磨方法有机械刃磨和手工刃磨两种。手工刃磨车刀方法步骤如下。

①在氧化铝砂轮上将刀面上的焊渣或多余的材料磨掉。

②在氧化铝砂轮上粗磨出刀杆材料的主后刀面和副后刀面，角度大于主后角和副后角 2°左右。

③磨主后刀面,同时磨出主偏角及主后角,如图 2-23(a)所示。

④磨副后刀面,同时磨出副偏角及副后角,如图 2-23(b)所示。

⑤磨前刀面,同时磨出前角,如图 2-23(c)所示。

⑥修磨各刀面及刀尖,如图 2-23(d)所示。

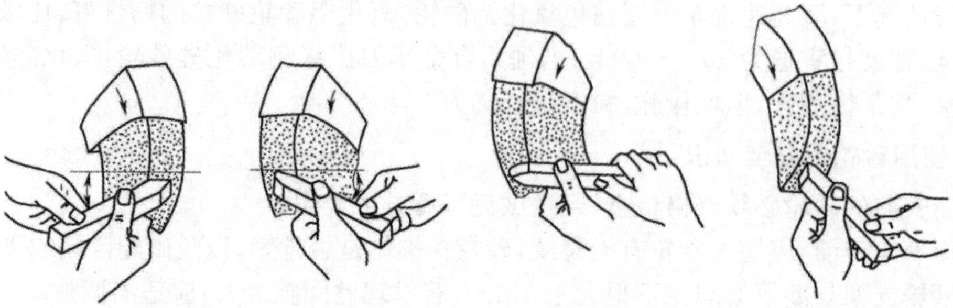

(a) 磨主后刀面　(b) 磨副后刀面　(c) 磨前刀面　(d) 磨刀尖圆弧

图 2-23　外圆车刀的刃磨步骤

2.4　车削加工

2.4.1　车外圆

车外圆是车工最基本的工作内容之一。

车削轴类零件一般分粗车和精车两个阶段。粗车时,要留一定的精车余量,且要尽快地将毛坯多余的金属去除,以提高切削效率。精车时,因余量少,必须保证工件达到图样所要求的尺寸精度和表面质量。

1. 外圆车刀的选用和安装

1) 外圆车刀的选用

①粗、精车刀的选用。粗车的特点切削深、进给快,因此对粗车刀的要求是:有足够的强度,能在一次进给中车去较多的余量。

选择粗车刀几何参数的一般原则是:

a. 为了增强刀头的强度,前角 γ_o 和后角 α_o 应取小些。

b. 选用−3°～3°的刃倾角,以增加刀头的强度。

c. 主偏角 κ_r 不宜太小,太小容易引起振动。当工件形状许可时,κ_r 最好选用 75°左右,因为这时的刀尖角 ε_r 较大,不仅能承受较大的切削力,而且还有利于刀尖散热。

d. 粗车塑性金属材料时,为保证切削能顺利进行和自行断屑,应在前刀面上磨有断屑槽。常见的断屑槽类型有直线形、圆弧形和直线圆弧形三种。

精车的特点是工件必须达到规定的尺寸精度和表面粗糙度,因此要求车刀必须锋利,切削刃要平直光洁,刀尖处应磨有修光刃,且使切屑排向工件的待加工表面。

选择精车刀几何参数的一般原则是:

a. 为使车刀锋利,切削轻快,前角 γ_o 一般应取大些。

b. 为了减小车刀和工件之间的摩擦，后角 α_o 应取大些。

c. 为使切屑排向工件的待加工表面，应取正值的刃倾角。

d. 为了减小工件的表面粗糙度，应取较小的副偏角 κ_r'。

e. 精车塑性金属材料时，为了断屑，车刀前刀面应磨较窄的断屑槽。

②刀具类型的选择。偏刀车刀又称偏刀，按进给方向不同分为右偏刀和左偏刀两种，如图 2-24 所示。

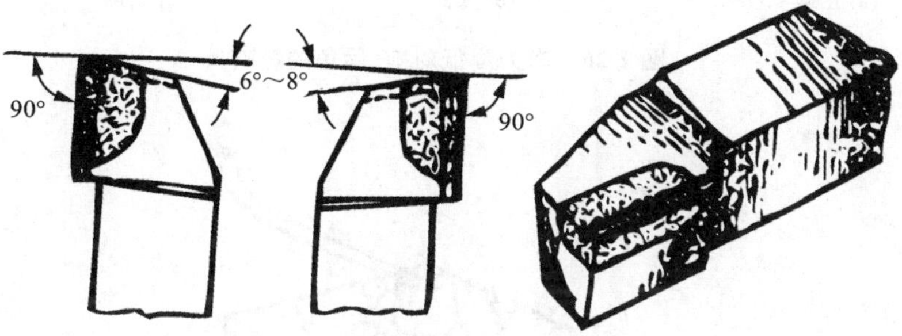

(a) 右偏刀　(b) 左偏刀　(c) 右偏刀外形

图 2-24　偏刀

右偏刀用于正向进给，一般用来车削工件的外圆、端面和右向台阶，如图 2-25(a)所示。车外圆时，因它的主偏角较大，故作用于工件的径向力较小。

左偏刀用于反向进给，一般用来车削左向台阶和工件的外圆，如图 2-25(b)所示。

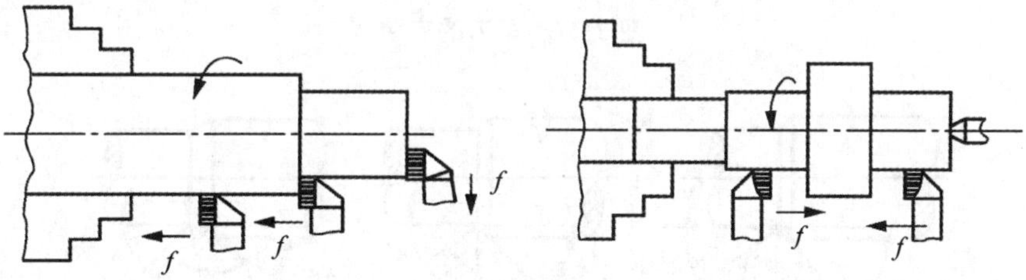

(a) 右偏刀的使用　(b) 左偏刀的使用

图 2-25　偏刀的使用

75°车刀主偏角 κ_r 为 75°，刀尖角 ε_r 大于 90°，刀头强度好，因此适用于粗车轴类零件的外圆等。

2）外圆车刀的安装

车刀安装得正确与否，将直接影响切削能否顺利进行和工件的加工质量。因此，安装车刀时，应注意以下问题：

①车刀安装在刀架上，一般伸出量为刀杆高度的 1～1.5 倍。车刀伸出过长，切削时易产生振动，影响工件的表面质量。

②车刀刀尖一般应与工件轴线等高，否则会使刀具的前、后角数值发生变化，如图 2-26 所示。

③车刀的垫片要平整，数量要少，垫片应与刀架对齐，如图 2-27 所示。

④车刀刀杆中心线应与进给方向垂直，否则会使刀具主偏角和副偏角的数值发生变化，如图 2-28 所示。

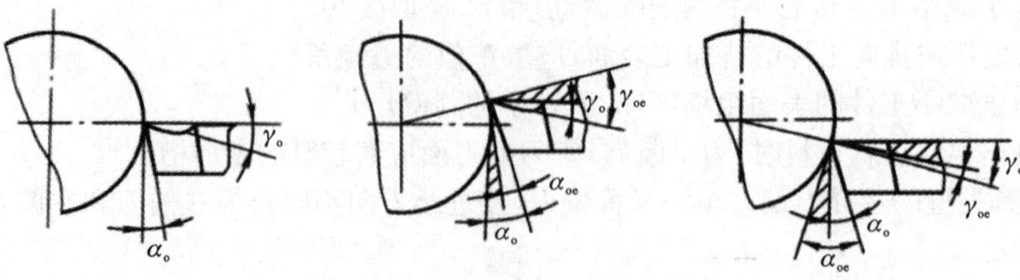

图 2-26 车刀高低对前、后角的影响

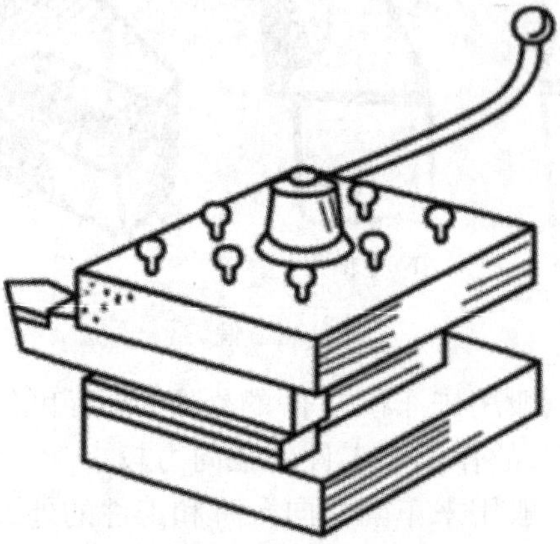

图 2-27 车刀的安装

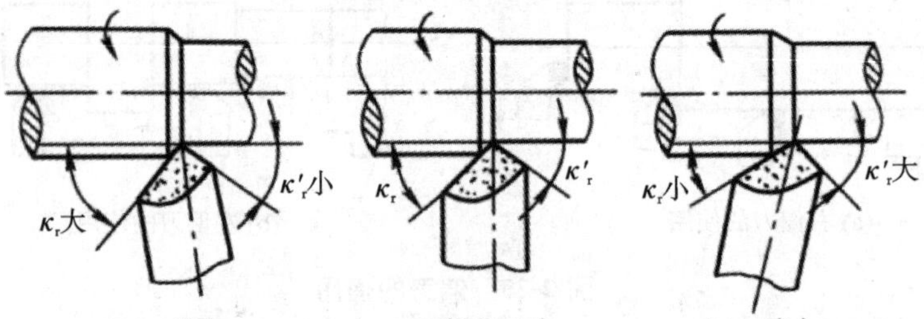

图 2-28 车刀装偏对主、副偏角的影响

⑤调整中心高时，至少要用两个螺钉交替将车刀拧紧。

2. 工件的装夹与校正

1）工件的装夹

为确保安全，应将主轴置于空挡位置，工件安装步骤如下：

①张开卡爪，张开量略大于工件直径，右手持稳工件，将工件平行地放入卡爪内，并稍稍转动，使工件在卡爪内的位置基本合适。

②左手转动卡盘扳手，待工件轻轻夹紧后，右手方可松开工件；双手转动卡盘扳手，将工件夹紧。

③在满足加工需要的情况下，尽量减少工件的伸出长度，以提高工艺系统的刚性。

2）工件的校正

三爪自定心卡盘是自动定心夹具，装夹工件一般不需校正。但当工件夹持长度较短而伸出长度较长时，必须校正后方可车削，否则，可能导致加工余量不足，或者因跳动过大产生断续切削而使得刀具磨损过快甚至打刀。

毛坯余量较大可用划针找正，余量较小的精加工可用百分表找正。工件的校正方法是：将划针尖靠近轴端外圆，左手转动卡盘，右手轻轻敲动划针，使针尖与外圆的最高点正好未接触到，然后目测针尖与外圆之间的间隙变化，当出现最大间隙时，用锤子将工件轻轻向针尖方向敲动，使间隙缩小约一半，然后将工件再夹紧些。重复上述检查和调整，直到跳动量小于加工余量即可。工件校正后，应用力夹紧。

3. 车削用量的选择

车削时，应根据加工要求和切削条件，合理选择切削深度、进给量和切削速度。

（1）切削深度 a_p 的选择。切削深度由工件的加工余量和工艺系统（机床、刀具、夹具、工件等）的刚度决定。粗车时，应尽可能选用较大的切削深度，以减少进刀次数；只有当车削余量很大，一次进刀车削会引起振动，造成刀具、车床等损坏时，才考虑分几次车削，但前几次，特别是第一次车削时，切削深度应选大一些，以使刀尖部分避开工件表面的冷硬层，提高生产率。半精车和精车的车削余量一般分别为 1～3 mm、0.1～0.5 mm，通常一次车削完成。

（2）进给量 f 的选择。粗车时，在工艺系统刚度许可的条件下，进给量应选大些，以缩短进给时间，一般取 f=0.3～0.8 mm/r；精车时，为保证工件粗糙度的要求，进给量应选小些，一般取 f=0.08～0.3 mm/r。

（3）切削速度 v_c 的选择。在切削深度与进给量确定之后，切削速度应根据车刀的材料及几何角度、工件材料、加工要求与冷却润滑等情况确定。

4. 车外圆的操作步骤

1）检查毛坯尺寸，选用车削用量

根据加工余量确定进刀次数、切削深度和进给量。

2）确定车削长度

首先用钢直尺或样板量取加工长度，如图 2-29 所示，然后用划针或卡钳在工件表面划出加工线，如图 2-30 所示。有时也可用大滑板手柄刻度来控制车削长度。

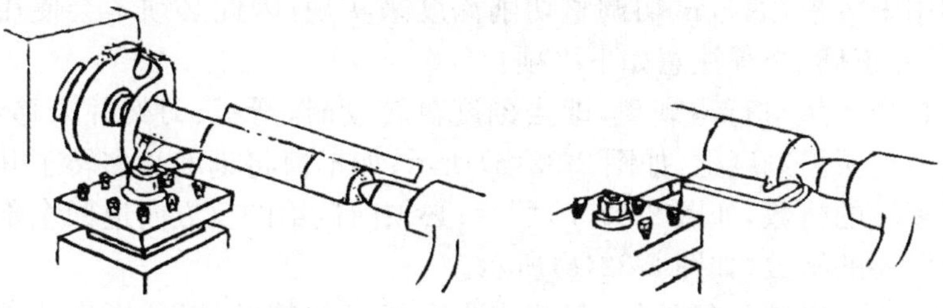

(a) 用钢直尺测量　　(b) 用样板测量

图 2-29　车削长度控制方法

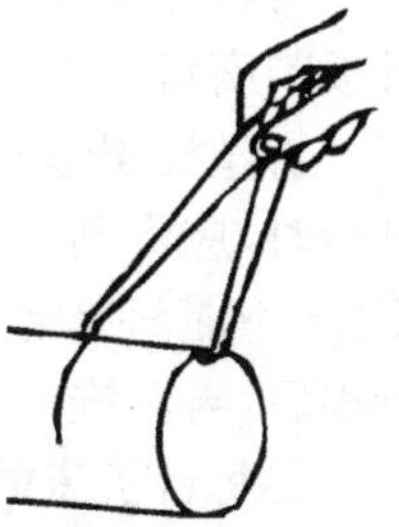

图 2-30　用卡钳划线

3）启动前准备

启动机床前，用手转动卡盘，检查有无碰撞处，并调整车床主轴转速。

4）试切

为了控制车削尺寸，通常都要试切。试切步骤如图 2-31 所示。

①启动车床，移动床鞍与中滑板，使车刀刀尖与工件表面轻微接触，如图 2-31(a)所示，并记下中滑板刻度。

②中滑板丝杠手柄不动，移动床鞍，退出车刀，使车刀与工件端面相距 2～5 mm，如图 2-31(b)所示。

③按选定的切削深度摇动中滑板丝杠手柄，根据中滑板刻度作横向进给，如图 2-31(c)所示。

④纵向走刀，试切长度 1～3 mm，如图 2-31(d)所示。

⑤中滑板丝杠手柄不动，向右退出车刀，停车，测量工件尺寸，如图 2-31(e)所示。

⑥根据测量结果，调整切削深度，如图 2-31(f)所示。如果尺寸合格，即可手动或自动进刀车削（中滑板丝杠手柄不动）；如果尺寸不符合要求，则应根据中滑板刻度调整切削深度，再进刀车削。

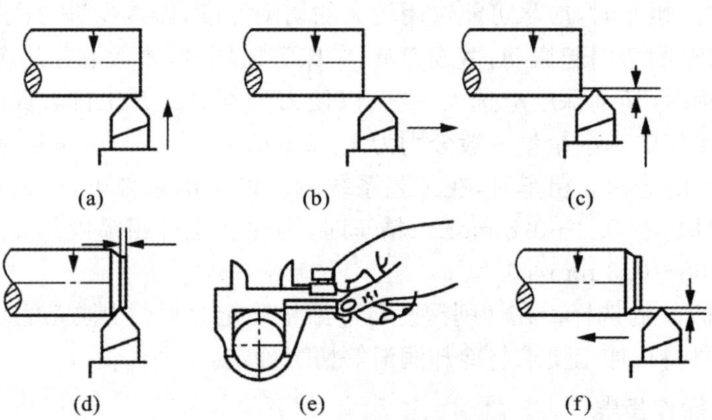

图 2-31　外圆试切步骤

⑦当手动或自动进刀车削到达外圆长度刻度处时，应停止进给，摇动中滑板丝杠手柄，退出车刀，并将床鞍退回原位，最后停车。

⑧检测外圆直径尺寸用游标卡尺或千分尺，检测长度尺寸一般用钢直尺或游标深度尺。

5）直径尺寸的控制

对直径尺寸的控制，利用中滑板，通过试切调整切削深度来实现，因此必须学会使用中滑板刻度盘。为保证进给尺寸正确，必须注意如下事项：

①丝杠螺母间存在间隙，会产生空行程现象，即当刻度盘转动时，滑板、刀架并未移动。进给时，应将刻度盘慢慢地转到所需刻度上，如图 2-32(a)所示；如不慎将刻度盘多转了几格刻度，不能简单地直接退回多转的格数，如图 2-32(b)所示；必须向进给的反方向退回全部空行程后，再向进给方向转过所要的格数，如图 2-32(c)所示。

②每台机床的间隙都不一样，必须反复地练习，找出本台机床的特点，以便更好地控制尺寸。

③使用中滑板刻度盘时，车刀横向进给的切削深度正好为工件直径变化量的二分之一，使用时，应特别注意刻度值与直径尺寸之间的关系。

④外圆车完后，应在外圆与平面的交角处用车刀倒角，倒角的大小由图样决定，如果图样未标注，也须将锐边倒钝 0.2～0.3 mm，以防锐边伤人。

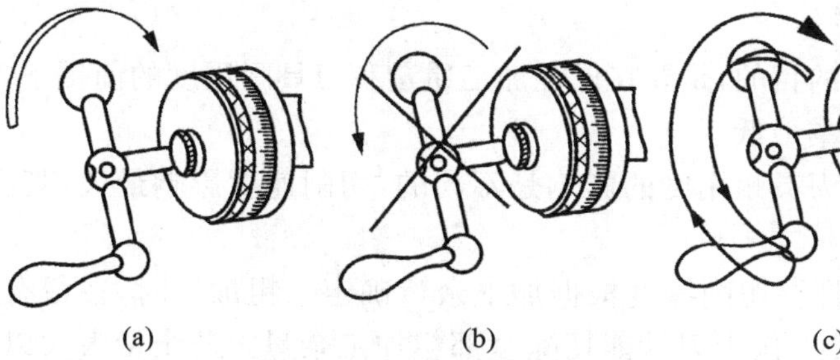

图 2-32 刻度盘的使用

2.4.2 车端面和台阶

对工件端面进行车削称为车端面。

1. 工件的装夹

车端面时，用三爪自定心卡盘夹紧工件，工件的伸出长度不宜过长，以防止工件跳动过大，而发生打刀或其他事故。一般悬伸长度不超过工件总长的 1/3。另外，应同时校正外圆与端面的跳动。

2. 端面车刀的选择及安装

常用的端面车刀有 45°车刀、90°车刀等。

(1) 45°车刀。45°车刀如图 2-33 所示，刀头强度和散热条件比 90°车刀好，适用于工件直径较大、余量较多的端面车削。45°车刀的使用如图 2-34(a)所示。

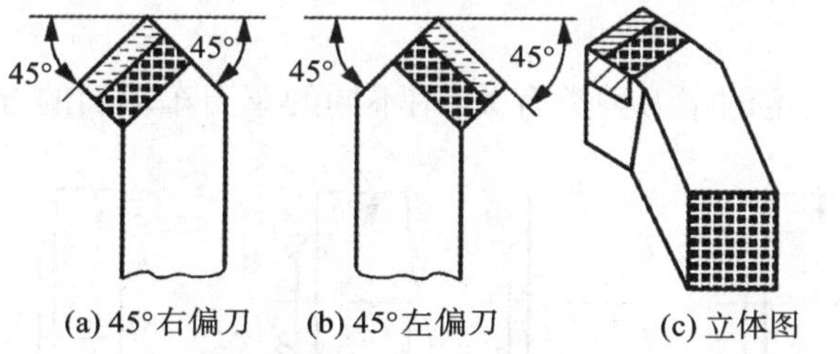

图 2-33 45°车刀

(2) 90°车刀。对于直径较小且切削余量较少的工件，采用 90°车刀车削端面，且安装进给方式如图 2-34(b)所示。

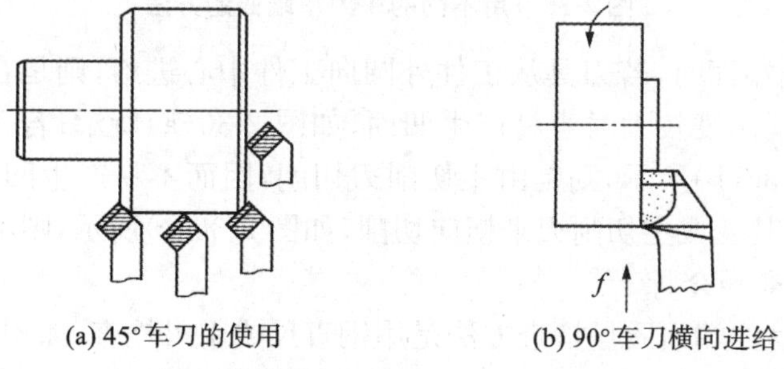

图 2-34 端面车刀的使用

3. 车削用量的选择

合理选择切削用量的目的，是要在保证加工质量和刀具耐用度的前提下，使切削时间最短、劳动生产率最高、成本最低。

切削用量三要素对刀具耐用度的影响是不同的，切削速度影响最大，其次是进给量，切削深度的影响最小。

(1) 切削深度的选择。切削深度根据加工余量确定。粗加工时，在留有精加工及半精加工的余量后，应尽量使一次走刀就能切除全部粗加工余量。若余量太大以致无法一次切除，则每次的被吃刀量(切削深度)一般取 2～5 mm，给半精车和精车留 0.3～0.5 mm 的余量。

(2) 进给量 f 的选择。切削深度确定后，进给量的选择受机床和刀具的刚度和强度、工件精度和表面质量及工件的断屑情况等条件限制。

粗车时，在条件许可的情况下应选大的进给量，以提高生产率，通常选 f 为 0.2 mm/r 左右。精车时，选小的进给量，以提高工件的加工精度和表面质量，一般选取 f 为 0.1 mm/r 左右。

(3) 切削速度的选择。在生产实际中，先根据工件直径和初选的切削速度，粗估算出主轴转速，后按照车床的转速表选最接近的一挡转速。

4. 车端面的操作方法与检查

1) 操作

首先安装好工件和刀具，开动机床使主轴转动；然后将刀架快速移到适当的位置，使车刀的刀尖接近工件的外圆和端面约 5 mm；接着手动进给，使刀尖轻轻接触工件端面，以中滑板退刀，以小滑板进给控制切削余量；最后横向走刀。

2) 加工方法

车端面的方法与选定的车刀种类有关，用不同的车刀车端面的方法如图 2-35 所示。

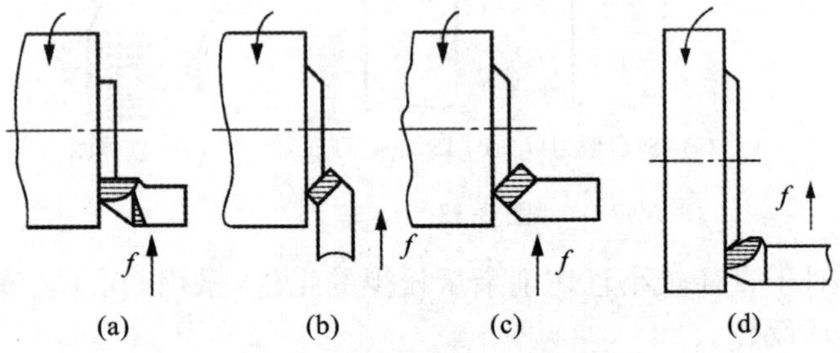

图 2-35 用不同的车刀车端面的方法

当用 90°车刀车端面时，若刀具从工件外圆向工件中心进给，则是在用刀具副切削刃切削，切削不顺利，切削深度较大时容易产生凹面，如图 2-36(a)所示；若刀具从工件中心向工件外圆进刀，如图 2-36(b)所示，则是由主切削刃切削，因而不易产生凹面；若在车刀的副切削刃上磨出前角，使其变成主切削刃来横向切削，如图 2-36(c)所示，则不会产生凹凸面。

3) 端面质量检查和分析

比较常见且简易的端面质量检查方法是用钢直尺或平尺检查，如图 2-37 所示。

产生端面不平、凹凸或工件中心留有小凸台等现象的原因是：

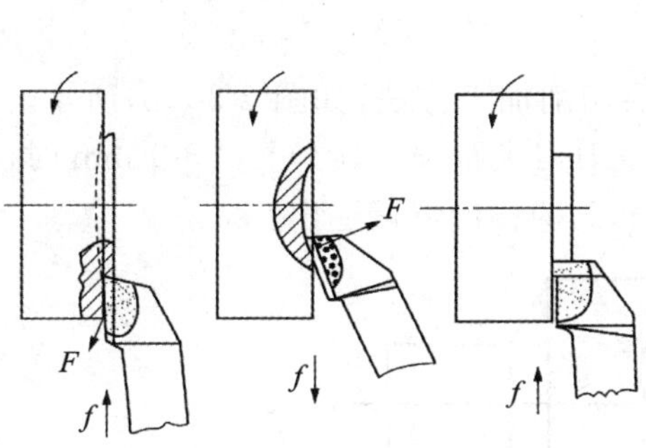

(a)　(b)　(c)

图 2-36　偏刀车端面示意图

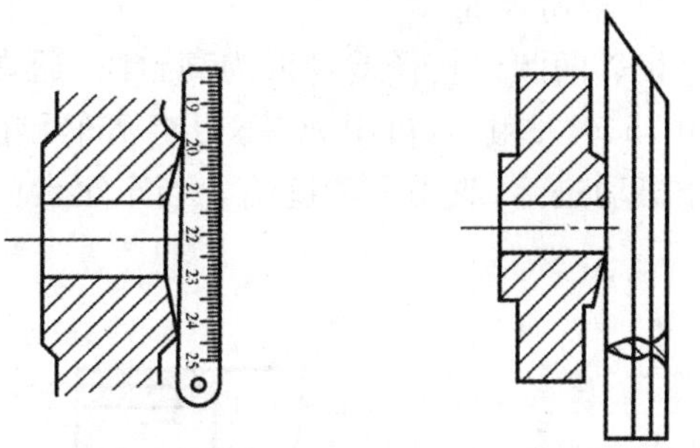

(a) 用钢直尺检查　(b) 用平尺检查

图 2-37　检查端面质量

①车刀安装不正确，刀尖与工件中心不等高；

②车刀不锋利，切削深度过大且车床滑板间隙过大。

端面表面粗糙度差的原因是：

①车刀不锋利；

②手动进给不均匀或机动进给量选择不合理。

4）车端面时的注意事项

①车悬伸较长的工件端面时，应选用较低的转速。

②确定端面的车削余量时，应注意车削前先测量毛坯长度，确定端面的车削余量；工件两端面均需车削时，一般先车的一端应尽可能少车，将大部分车削余量留在另一端。

③车端面时，要求车刀刀尖严格对准工件中心，高于或低于工件中心都会使工件端面中心处留有凸台，并易损坏刀尖。

④粗车铸、锻件端面前，应先倒角，以防止表面硬皮损坏刀尖，且一般第一刀切削深度要超过工件硬皮层，否则即使已倒角，车削时刀尖也仍在硬皮层，极易磨损。

⑤当刀尖接近工件中心时，要用手动进给，且进给量应减小。

5. 车台阶

1）车刀的选用

台阶外圆用 90°车刀车成。90°车刀的主偏角应略大于 90°，通常为 91°～93°。

2）台阶长度的控制

常用的台阶长度控制方法有以下两种：

①刻线痕法：以已加工端面为基准面，用钢直尺量出台阶长度尺寸，用刀尖对准钢直尺的刻度处，开车，再用刀尖轻轻刻出线痕。

②床鞍刻度控制法：启动车床，先移动床鞍与中滑板，使刀尖靠近工件端面，再移动小滑板，使刀尖与工件端面（基准面）轻轻接触，后横向退出车刀，将床鞍刻度盘调整至零位。当精度要求不高时，可用床鞍上大滑板的刻度盘控制长度；当精度要求较高时，可先将床鞍上的大滑板移动到接近所要求的长度处后再用小滑板来精确定位，控制长度。

3）车低台阶

相邻两圆柱直径差较小为低台阶，可用 90°车刀直接车削，如图 2-38(a)所示，但最后一次进刀时，车刀在纵向进刀结束后，须转动中滑板丝杠手柄均匀退出车刀，以确保台阶面与外圆表面垂直。

4）车高台阶

相邻两圆柱直径差较大为高台阶，通常采用分层切削加工方法，如图 2-38(b)所示。可先用 75°车刀粗车，再用 90°车刀半精车和精车。当车刀刀尖距离台阶位置 1～2 mm 时，应停止机动进给，改用手动进给。当车至台阶位置时，车刀应横向慢慢退出。

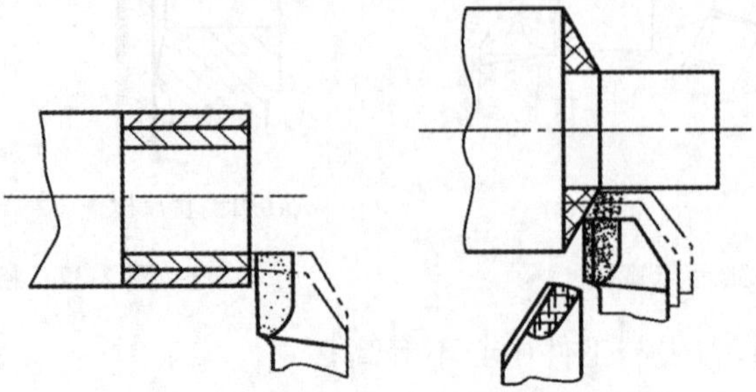

(a) 车低台阶　　(b) 车高台阶

图 2-38　车台阶

5）台阶的测量

台阶的长度通常用钢直尺或用游标卡尺上的深度尺来测量，也可用样板检测。

在台阶与外圆交角处，应倒钝锐边或根据要求倒角。

2.4.3　切断与车槽

把车削完成后的工件从原材料上切割下来，称为切断。

在外圆或轴肩部位车削沟槽，称为车槽。车槽一般用于加工螺纹时的退刀槽或磨削时砂轮的越程槽等的加工。

1. 切断刀的选用和安装

切断刀以横向进给为主，前端的刀刃为主切削刀，两侧刀刃为副切削刃。切断刀的主切削刃较窄，刀头较长，所以强度较差，易被折断，在选用刀头的几何参数和切削用量时应特别注意。

1）切断刀的种类与选用

常用的切断刀有高速钢切断刀、硬质合金切断刀等。切断较小直径的工件时，通常采用高速钢切断刀；切断较大直径的工件或较硬的材料时，通常采用硬质合金切断刀。

①高速钢切断刀及其几何角度如图 2-39 所示。

前角 γ_o：切断中碳钢时一般取 20°～30°，切断铸铁时取 0°～10°。

后角 α_o：切断塑性材料时取大些，切断脆性材料时取小些，一般取 6°～8°。

副后角 α_o'：切断刀有两个对称的副后角，一般取 1°～2°。

注意，在切断时，工件端面上往往会留有一个小凸台，如图 2-40(a)所示；解决的方法是把主切削刃略磨斜些，如图 2-40(b)所示。

②硬质合金切断刀与高速钢切断刀的几何角度有相似的要求，如图 2-41 所示。

2）切断刀的安装

①刀具不要伸出过长，且刀具中心线要垂直于工件中心线，保证两个副偏角对称相等。

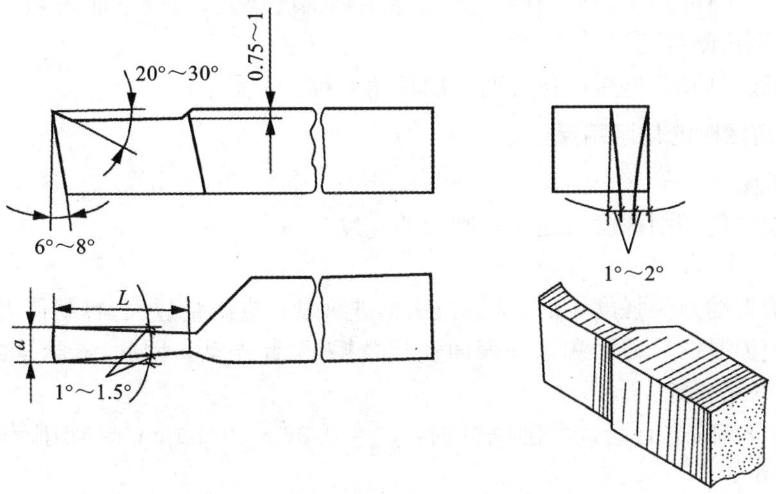

图 2-39　高速钢切断刀及其几何角度

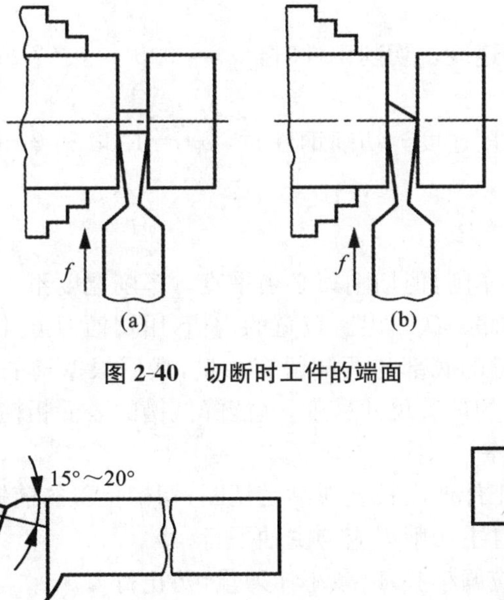

图 2-40　切断时工件的端面

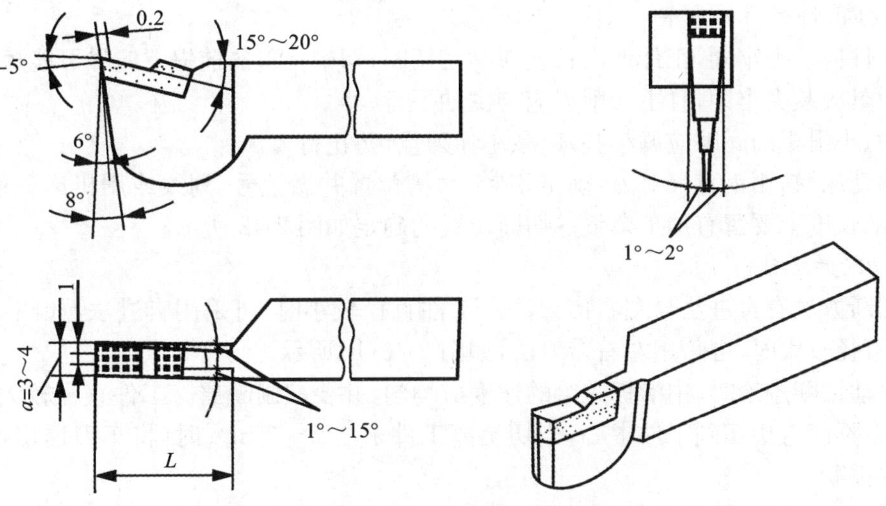

图 2-41　硬质合金切断刀及其几何角度

②在切实心工件时，主切削刃的刀尖要与主轴轴线等高，否则不能切到工件的中心，而且容易蹦刃甚至折断打刀。

③刀具的底平面应平整，以保证两个副后角对称。

2. 切断、切槽时的切削用量

1）切削深度

切断、切槽时的切削深度就是主切削刃的宽度。

2）进给量

切断、切槽刀的刀头强度较低，应适当减小进给量。进给量过大，容易使刀头折断；进给量过小，又会使刀具的后刀面和工件表面强烈摩擦，引起振动。因此，进给量的大小应根据工件和刀具材料来决定。

①高速钢刀具的进给量。切削钢件时，$f = 0.05 \sim 0.1$ mm/r；切削铸铁件时，$f = 0.1 \sim 0.15$ mm/r。

②硬质合金刀具的进给量。切削钢件时，$f = 0.1 \sim 0.15$ mm/r；切削铸铁件时，$f = 0.15 \sim 0.2$ mm/r。

3）切削速度

①高速钢刀具的切削速度。切削钢件时，$v_c = 0.5 \sim 0.67$ m/s；切削铸铁件时，$v_c = 0.25 \sim 0.42$ m/s。

②硬质合金刀具的切削速度。切削钢件时，$v_c = 1.33 \sim 2$ m/s；切削铸铁件时，$v_c = 1.0 \sim 1.67$ m/s。

3. 切断、切槽的车削方法

直角沟槽可用切断刀车削，但切削刃必须平直。车削宽度不大的沟槽，可用刀头宽度等于槽宽的切断刀采用直进法一次车出。较宽的沟槽，用切槽刀分几次纵向进给，先把槽的大部分余量车去，但必须在槽的底部与两侧留有余量，最后根据槽的位置、宽度和深度进行精车。这样既有利于提高槽的位置尺寸精度，又能降低槽的表面粗糙度数值。

1）切断、切槽前的准备

①工件应装夹牢固，工件伸出长度在满足切断、切槽位置的前提下应尽可能短。

②刀具应装夹牢固，且主切削刃应与主轴平行。

③中、小滑板的间隙应调小些，以减小让刀量，防止打刀。

④移动床鞍，用钢直尺对刀，确定切断、切槽位置并做记号（划线或用机床刻度盘）。注意，工件的长度上要留有加工余量。切断位置的确定如图 2-42 所示。

2）切断的方法

①切断方法有直进法与左右借刀法。工件直径较小时，可采用直进法，如图 2-43(a)所示；工件直径较大时，可采用左右借刀法，如图 2-43(b)所示。

②手动切断进给时，中滑板进给的速度应均匀，并要控制断屑。工件直径较大或长度较长时，一般不能直接切到工件中心，当切至离工件中心 2～3 mm 时，将车刀退出，停车后用手将工件扳断。

3）切槽、切断时的注意事项

①工件的毛坯表面不圆时，应先车外圆。刚开始切入工件时，进给速度应慢些且进给均匀，以防“扎刀”。

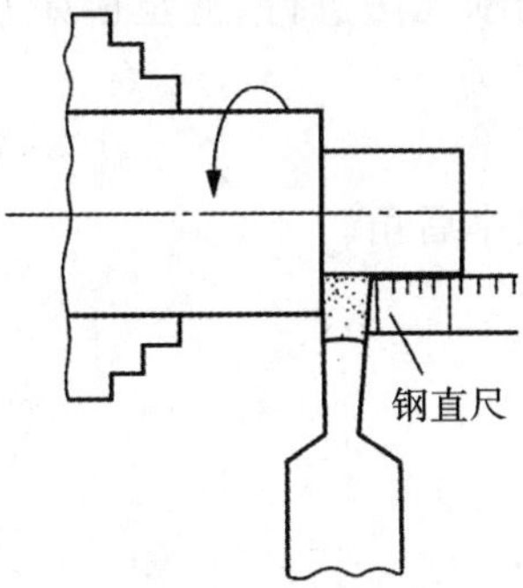

图 2-42 切断位置的确定

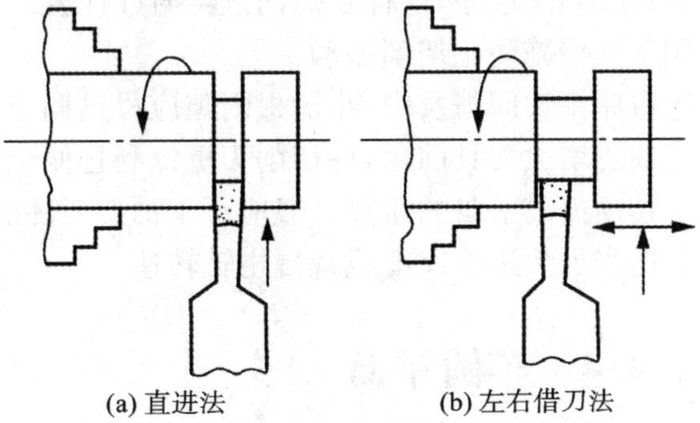

图 2-43 切断的方法

②当用一夹一顶装夹工件时，不要把工件全部切断，以防工件折断后飞出。

③发现切断面上凹凸不平或有明显扎刀痕迹时，应及时修磨切断刀。

④发现车刀切不进时，应立即退刀，检查车刀是否对准工件中心或是否锋利等。

⑤如果切削中途需要停车，必须先退刀后停车，以避免刀头折断。

⑥切断接近中心时，用手动进给，且降低进给量。

4）外沟槽的测量

外沟槽的直径可用钢直尺、卡钳或游标卡尺测量，宽度可用游标卡尺、塞规或卡规来检测。外沟槽的测量如图 2-44 所示。

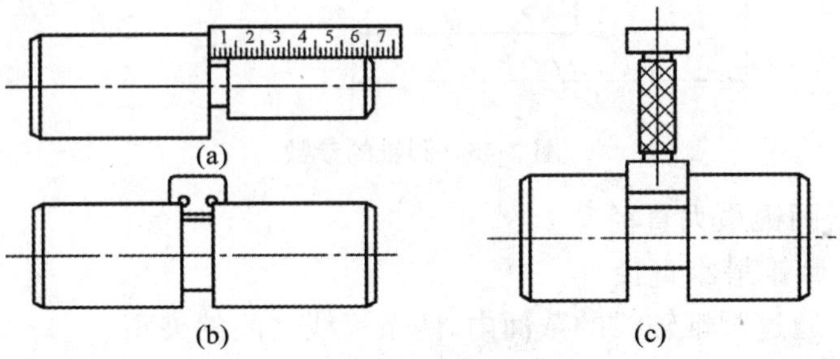

图 2-44 外沟槽的测量

4. 切断刀折断的原因和防止切削振动的措施

1）切断刀折断的原因

在切断过程中，刀头进入工件越深，排屑越困难，同时被切割的直径越小，切削速度变化越大，前角太小或断屑槽选择不合理易造成切屑堵塞，使刀头承受的压力剧增，引起切断刀折断。

切断刀折断的原因有以下几个：

①切断刀的几何形状刃磨不正确，副后角、副偏角太大，主切削刃太窄，刀头过长，削弱了刀头的强度；切削刃前角过大，造成扎刀。另外，刀头歪斜，切削刃两边受力不均，也易使切断刀折断。

②切断刀安装不正确，两副偏角安装不对，或刀尖没有对准工件中心。

③进给量太大或断续切削。

2）防止切削振动的措施

切断刀刀头部分狭长，支承刚性和强度比较差，且切断时刀刃是沿着径向进给的，而车床恰恰是径向刚性差，这样在径向进给时往往会产生振动，使切削无法进行，甚至损坏刀具。可采用下列措施防止切削振动：

①机床主轴间隙及中、小滑板间隙应尽量调小。

②适当增大刀具前角，使切削刃更锋利且便于排屑，适当减小后角。

③切断刀离卡盘的距离一般应小于被切工件的直径。

④适当加快进给速度或减慢主轴转速。

2.4.4 车圆锥面

1. 圆锥的参数及其计算

1）圆锥的参数

圆锥的参数如图 2-45 所示。

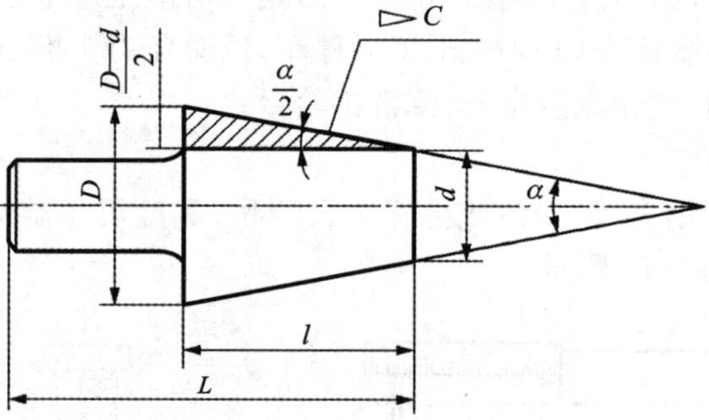

图 2-45 圆锥的参数

①大端直径 D：圆锥最大直径。

②小端直径 d：圆锥最小直径。

③圆锥角 α：在通过圆锥轴线的截面内，两条素线之间的夹角。

④圆锥半角 $\alpha/2$：圆锥角的一半，也就是圆锥母线和圆锥轴线之间的夹角。

⑤圆锥长度 l：圆锥大端和小端之间的垂直距离。

⑥锥度 C：圆锥大端直径与小端直径之差和圆锥长度之比。

⑦斜度 $C/2$：圆锥大、小端直径之差和圆锥长度之比的一半。

2）圆锥参数计算

一个圆锥的基本参数有四个，即 $\alpha/2$（或 C）、D、d、l，只要知道其中的任意三个，即可计算出另外的一个参数。

各参数的关系式为：

$$\tan\frac{\alpha}{2}=\frac{D-d}{2l} \tag{2-3}$$

$$D=d+2l\tan\frac{\alpha}{2} \tag{2-4}$$

$$d=D-2l\tan\frac{\alpha}{2} \tag{2-5}$$

$$l=\frac{D-d}{2\tan\frac{\alpha}{2}} \tag{2-6}$$

2. 转动小滑板角度法车削圆锥

车削长度较短、锥度较大的圆锥体，通常采用转动小滑板的方法，即将小滑板按零件的要求转一定的角度，使车刀的运动轨迹和圆锥体母线平行，然后手动进给，车削圆锥体。这种方法可以车削正反锥体、内外锥体，但受小滑板行程限制，不能车削较长的锥体。又由于是手动进给，表面粗糙度较难控制，需多练习。

1）车削前的准备

①装夹车刀。无论采用何种方法车圆锥，车刀刀尖均须严格对准工件中心，否则，会使车出的圆锥体母线不直。

②确定小滑板的扳转角度。根据图样给定的尺寸或工艺要求，计算出圆锥半角 $\alpha/2$，即为小滑板应扳转的角度；小滑板的扳转方向根据圆锥的形状确定，如图 2-46 所示。

③调整小滑板的间隙。调整小滑板塞铁间隙时，应边调整边转动小滑板丝杠的手柄，以手感合适为宜。

2）车削步骤与操作要领

①车圆锥步骤。一般先按锥体的大端直径和锥体长度车成圆柱体，再车成圆锥体，如图 2-47 所示。

②转动小滑板的角度。应先根据圆锥的形状确定小滑板的转动方向，松开小滑板转盘固定螺母，按要求转动转盘至所需的刻度后，再扳紧固定螺母。

③确定小滑板行程。先将小滑板移至锥长处，轻刻一条线，如图 2-47 所示，然后将小滑板退至行程起始位置，检查工作行程是否足够，确定行程后再固定床鞍位置。

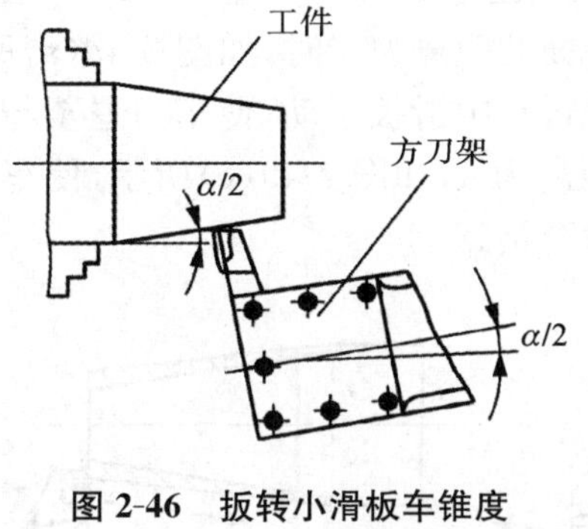

图 2-46 扳转小滑板车锥度

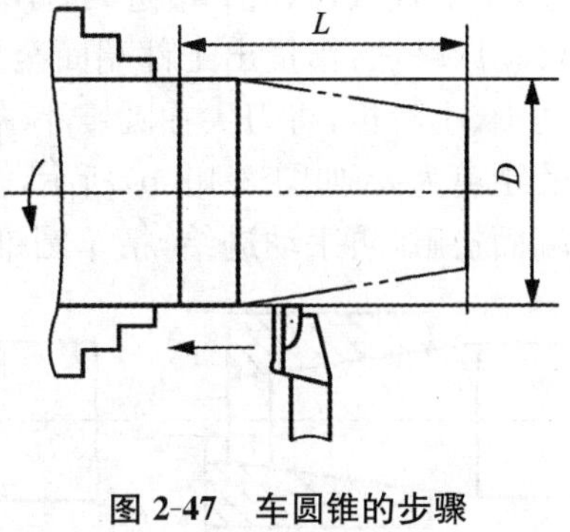

图 2-47 车圆锥的步骤

④粗车。先通过中滑板进刀，第一次的切削深度不能太大，以免由于转动角度误差导致工件报废。然后双手交替摇动小滑板进刀手柄，手摇速度要均匀不间断，随车削长度增大，切削深度随之减小。车完圆锥体后，通过中滑板退出车刀，小滑板随即复位到起始位置。注意，记下未退刀时中滑板的刻度值，床鞍不动。

⑤停车测量，调整圆锥角度。可用游标卡尺测量圆锥小端尺寸与圆锥长度。若圆锥角偏大，应松开小滑板固定螺母。轻轻敲动小滑板，使其转角向顺时针方向略调小一些。也可用万能角尺直接测量工件角度后再调整小滑板角度。

⑥圆锥角初调整后，在中滑板原刻度上(不能多进或少进一圈)，再次进刀车锥体，车完

后退出车刀，小滑板随即复位，最后停车。

⑦精车。圆锥角度找正后，应车削圆锥尺寸至工艺要求。

3）锥体尺寸的控制和检测

①锥体尺寸的控制。在车削圆锥的过程中，锥度已经调准确，而大小端尺寸还未达到要求时，必须再进刀切削，且切削深度可以用下面的方法计算。

计算法：用钢直尺或游标卡尺量出工件小端面至锥度套规两界限面中间之间的数值 a（轴线方向），然后确定切削深度 a_p，如图 2-48 所示。切削深度 a_p 的值可用下式计算：

$$a_p = a \times \tan\frac{\alpha}{2} \tag{2-7}$$

或

$$a_p = a \times \frac{C}{2} \tag{2-8}$$

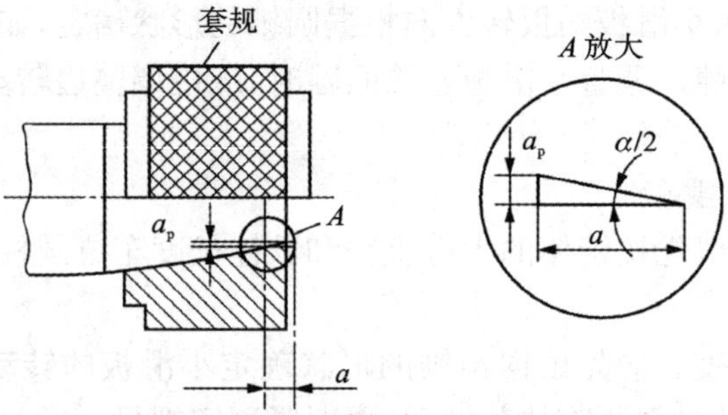

图 2-48 外锥尺寸控制方法

切削深度确定后，移动中、小滑板，使刀尖在圆锥的小端处，轻轻接触后记下刻度，退出小滑板，中滑板按计算值 a_p 进刀，小滑板手动进给精车圆锥至尺寸。

移动床鞍法：当量出工件端面至界限套规台阶中心面的距离为 a 时，如图 2-49(a)所示，可移动中、小滑板，将刀尖在圆锥小端处对刀后退出小滑板，中滑板不动，使车刀退至与工件端面的距离为 a，如图 2-49(b)所示，再向左移动床鞍距离为 a，如图 2-49(c)所示，使车刀与工件端面接触，再手动进给，精车圆锥，可保证圆锥尺寸合格。

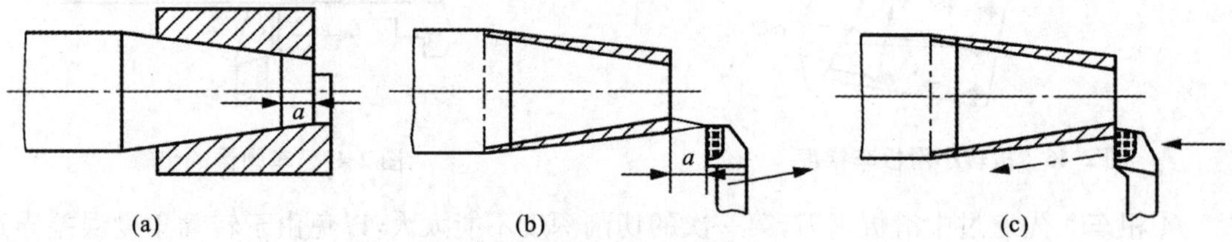

图 2-49 移动床鞍控制外锥尺寸

②检验圆锥角度。粗车时，务必找正圆锥角度，通常用锥度套规采用间隙法检验圆锥角度(见图 2-50)：把锥度套规套在工件上，并在套规与工件接触的大端或小端作上下摇动，若发现大端有间隙，则说明工件圆锥角度太小，如图 2-50(b)所示；若发现小端有间隙，则说明工件的圆锥角度太大，如图 2-50(c)所示；若大、小端都无间隙，则说明圆锥角度基本正确，如图 2-50(a)所示。发现角度不对时，应继续调整小滑板的扳转角度，并再次进刀试车，直至圆

锥角度基本合格。

另外,也可用涂色法精确检验圆锥接触面积来测定圆锥角度。具体的方法是:用显示剂(红丹粉或印油)在工件表面顺着圆锥素线均匀地涂上 2～3 根线,要求薄而匀,如图 2-51 所示。检验时,将标准套规套在工件圆锥上,轻轻加轴向推力,并将标准套规转动约半周,然后取下标准套规,观察显示剂被擦去的情况,如果三条显示剂在工件全长上均匀被擦去,则说明接触良好,圆锥角度正确;如果显示剂只有部分被擦去,则说明圆锥角度不正确或圆锥素线不直。

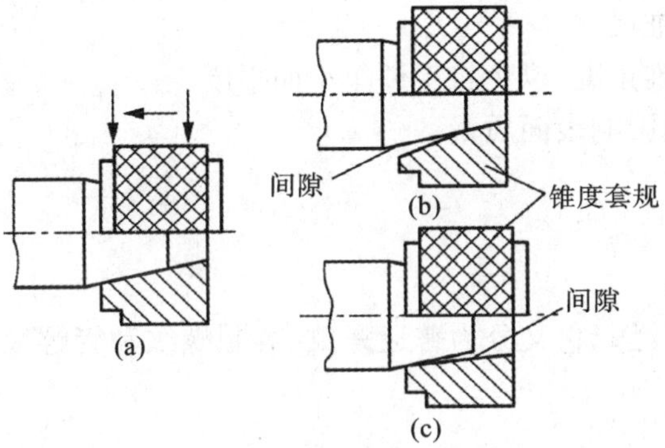

图 2-50　锥度套规检测圆锥角度的方法

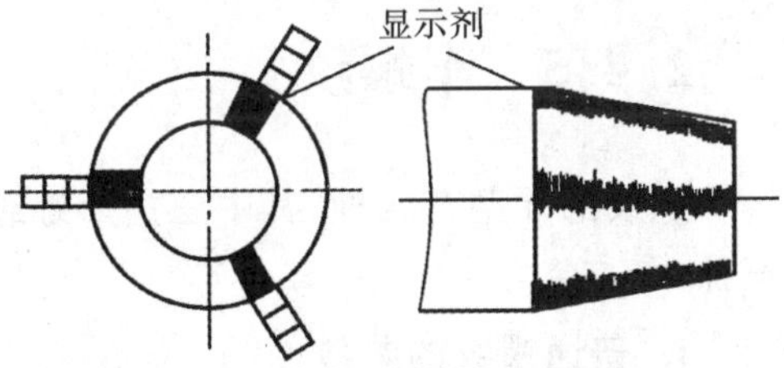

图 2-51　涂色法检测圆锥角度的方法

3. 其他车外圆锥方法简介

1) 偏移尾座法车圆锥

对于锥体较长而锥度较小的圆锥形工件,可采用偏移尾座法进行车削。此方法可以自动走刀。车削时,工件装夹于两顶尖之间,把尾座横向移动一段距离 S,使工件回转轴线与车床主轴轴线成一个斜角,尾座的偏向取决于工件的大小。

偏移尾座法车圆锥如图 2-52 所示。这种方法不能用于车削内圆锥。

2) 宽刃车刀车圆锥

用宽刃车刀车圆锥,属于成形车削,主要适用于车削短锥体。宽刃车刀的刀刃必须平直,装刀时刀刃与主轴的夹角等于圆锥斜角 $\alpha/2$ 。车削时,切削用量应小些,且要求车床具有较好的刚性,否则易引起振动。工件圆锥长度短于切削刃时,可采用直进法直接车出,如图 2-53(a)所示;工件圆锥长度长于切削刃时,可以采用多次接刀法加工,但接刀处必须平整,如图 2-53(b)所示。

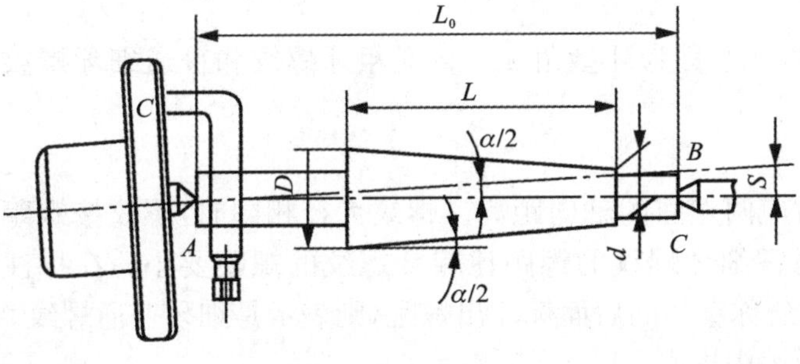

图 2-52　偏移尾座法车圆锥

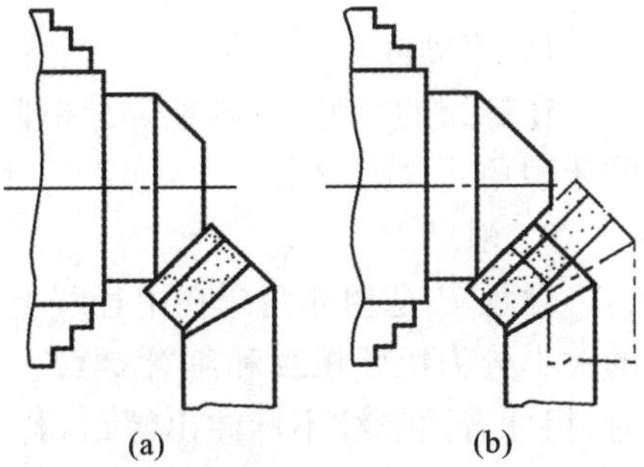

图 2-53　宽刃车刀车圆锥

3）靠模法车圆锥

靠模板装置是车床加工圆锥面的附件，用于加工较长且批量生产的圆锥体。

4. 车圆锥时的注意事项

①刀尖必须严格对准工件中心。

②调整小滑板塞铁，使小滑板移动松紧均匀。

③用标准套规检查时，内锥表面必须擦干净，外锥表面涂色应薄而均匀，转动量一般为1/3～1/2圈，否则易造成误判。

④有半精车过程，以便检测、调整和控制圆锥尺寸。

⑤精车时，切削深度不宜过大，应先校准圆锥角度，以免将工件车小而报废。

⑥精车时，手动进给均匀，不能有停顿，否则影响表面质量。

2.4.5 车螺纹

螺纹的牙型有四种，其中三角形螺纹应用广泛。它又分为普通螺纹、英制螺纹和管螺纹三种。

1. 普通螺纹的参数

普通螺纹的参数如图2-54所示。

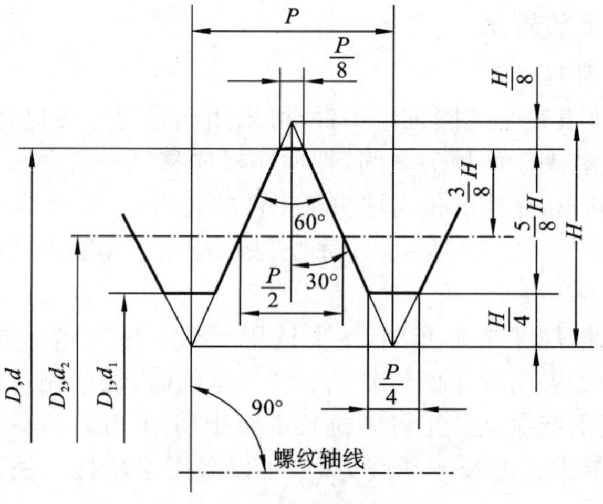

图2-54 普通螺纹的参数

1）牙型角 α

在螺纹的牙型上，两相邻牙侧间的夹角称为牙型角 α。普通粗牙螺纹和普通细牙螺纹的牙型角 α 均为60°。

2）螺距 P

螺距 P 是相邻两牙在中径线上对应两点间的轴向距离。螺纹大径相同时，螺纹按螺距的大小分为粗牙螺纹和细牙螺纹。通常细牙螺纹的螺距比粗牙螺纹的螺距要小。在标注时，粗牙普通螺纹不标注出螺距，若在公称直径的后面标注出螺距，则表示是细牙普通螺纹。

粗牙普通螺纹的螺距 P 可从螺距表中查出。

3）螺纹大径 d、D

螺纹的最大直径称为大径，即螺纹的公称直径。外螺纹大径用 d 表示，内螺纹大径用 D 表示。

4）螺纹小径 d_1、D_1

螺纹的最小直径称为小径。外螺纹小径用 d_1 表示，内螺纹小径用 D_1 表示。

5）螺纹中径 d_2、D_2

螺纹中径是指一个螺纹上牙槽宽与牙宽相等地方的直径。它是一个假想圆柱体的直径。外螺纹中径用 d_2 表示，内螺纹中径用 D_2 表示。

6）牙型高度 h_1

牙型高度 h_1 指在垂直于螺纹轴线方向上测出的螺纹牙顶至牙底间的距离。

2. 普通螺纹基本尺寸计算

1）牙型高度 h_1 的计算

$$h_1 = \frac{5}{8}(0.866P) = 0.541\,25P \approx 0.541\,3P$$

2）螺纹中径（d_2、D_2）的计算

$$d_2 = D_2 = d - 2 \times \frac{3}{8}H = d - 0.649\,5P$$

3）螺纹小径（d_1、D_1）的计算

$$d_1 = D_1 = d - 2 \times \frac{5}{8}H = d - 1.082\,5P$$

3. 螺纹车刀及其装夹

常用的螺纹刀具的材料有高速钢和硬质合金两类。

高速钢螺纹车刀刃磨方便，容易得到锋利的切削刃，而且韧性好，刀尖不宜崩裂，车出后的螺纹表面质量高，但刃磨容易退火，且不能用于高速切削。

硬质合金螺纹车刀硬度高，耐热性好，韧性差，刃磨容易崩刃，加工后的螺纹表面质量不高，但适用于高速切削。

螺纹车刀是一种成形刀具，螺纹截形精度取决于螺纹车刀刃磨后的形状及螺纹车刀在车床上安装位置是否正确。

（1）普通三角形螺纹车刀的几何角度如图 2-55 所示。

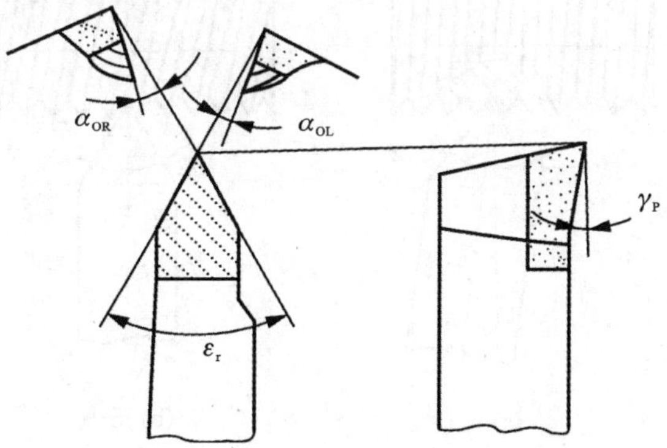

图 2-55　普通三角形螺纹车刀的几何角度

背前角 γ_P：粗车时 $\gamma_P=10°\sim25°$，精加工时 $\gamma_P=5°\sim10°$，精度要求较高时 $\gamma_P=0°$。

刀尖角 ε_r：普通螺纹车刀在背前角 $\gamma_P=0°$时的刀尖角等于被切螺纹牙型角，即 $\varepsilon_r=\alpha=60°$；但当 $\gamma_P\neq0°$时，其刀尖角仍等于牙型角 α，车出的螺纹牙型角会增大，所以应对螺纹车刀的刀尖角进行修正。

侧刃后角 α_{OL}、α_{OR}：螺纹车刀左右两侧切削刃的后角 α_{OL} 与 α_{OR} 受螺旋线升角 ψ 的影响，进给方向上的侧刃后角应比另一侧刃后角大一个 ψ。通常两侧切削刃的工作后角 $\alpha_{O工}=3°\sim5°$，以车右旋螺纹为例：左侧刃后角 $\alpha_{OL}=\alpha_{O工}+\psi$，右侧刃后角 $\alpha_{OR}=\alpha_{O工}-\psi$。

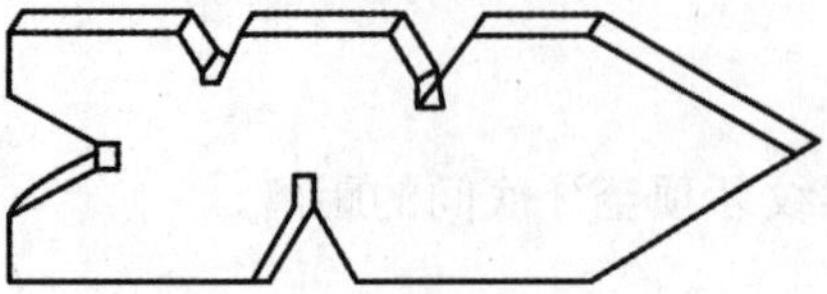

图 2-56　三角螺纹样板

（2）螺纹车刀的检验与安装。螺纹车刀的刀尖角决定了所加工工件的牙型角，所以刃磨时必须用螺纹样板来检验螺纹车刀的刀尖角。三角螺纹样板的形状如图 2-56 所示，检验时把刀尖与样板贴紧，透光检测两侧边的间隙，并根据透光的情况来修磨刀具。

当刀具有较大的背前角时，检验时样板应和车刀的底面平行，再用透光法检测，如图2-57(a)所示，这样测量的刀尖角近似等于牙型角。不能将样板平行于刀具的切削刃，如图 2-57(b)所示，这样量出的刀尖角不正确。

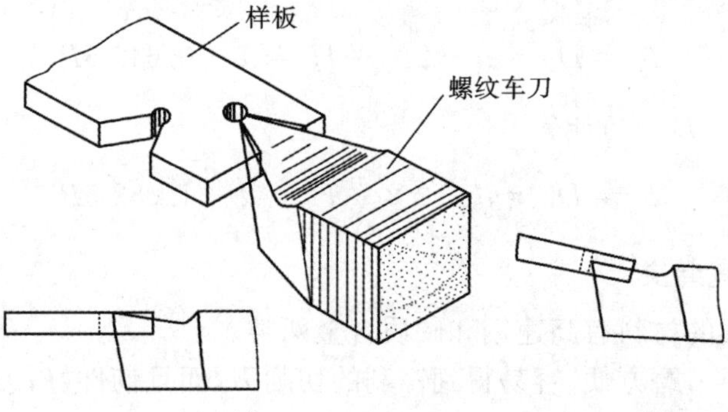

图 2-57　用三角螺纹样板检测刀尖角

安装螺纹车刀时，首先使刀尖与工件中心等高即对中，装高或装低都将导致切削难以进行；螺纹车刀对中后应保证刀尖角的中心线垂直于工件轴线，否则会使螺纹的牙型半角（$\alpha/2$）不等，造成截形误差，如图 2-58 所示。用样板来安装螺纹车刀，如图 2-59 所示。若车

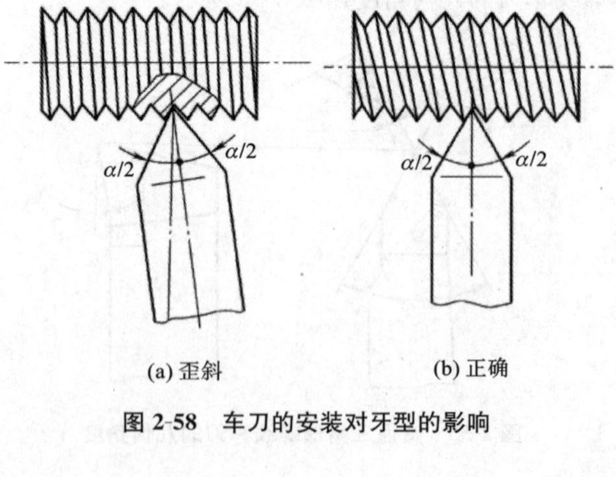

图 2-58　车刀的安装对牙型的影响

刀歪斜,应轻轻松开螺纹车刀紧定螺钉,转动刀杆,使刀尖对准样板,符合要求后将螺纹车刀紧固。一般须复查一次。

4. 三角形螺纹的车削方法

1) 车螺纹前的准备

(1) 操作方法。进退刀动作要协调、敏捷,是车螺纹的基本要求。操作的基本方法有两种:对开螺母法和倒顺车法。

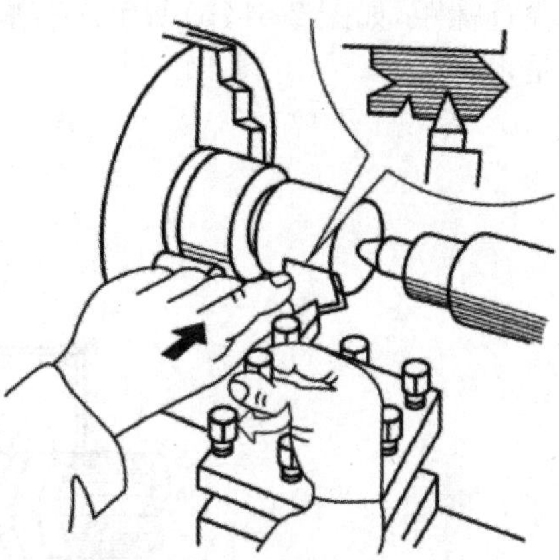

图 2-59 用样板安装螺纹车刀

对开螺母法:要求车床丝杠螺距与工件螺距成整倍数,否则会使螺纹产生乱扣。操作时,启动主轴,摇动床鞍,使刀尖离工件螺纹轴端约 5 mm,中滑板进刀后右手合上对开螺母。对开螺母一旦合上,床鞍就迅速向前或向后移动,此时右手仍须握住对开螺母手柄;当刀尖车至退刀位置时,左手迅速退出车刀,同时,右手立即提起对开螺母,使床鞍停止移动。

倒顺车法:当丝杠螺距与工件螺距不成整倍数比时,必须采用倒顺车法。操作动作如下:移动床鞍,使车刀靠近工件右端,开动机床,合上对开螺母,左手向上提起操纵杆;当车刀进至离工件轴端 5 mm 处(起始位置)时,将操纵杆置于中间位置,主轴停转;然后通过中滑板进刀,再向上提起操纵杆,进给车削。当车刀进入退刀位置时,迅速摇动中滑板,退出车刀,后向下推操纵杆,使主轴反转,车刀退向起始位置;当车刀到达起始位置时,使主轴停转。在做进退刀操作时,必须精力集中,眼看刀尖,动作果断,在刹那间先退刀后停车或提对开螺母。

车螺纹前先做空刀练习,进行退刀和倒顺车的动作练习。

(2) 车螺纹前的工作。

变速箱和进给箱的调整:在有进给箱的车床上车削螺纹时,将手柄按铭牌上标注的交换齿轮的齿数和手柄位置,进行交换和调整。

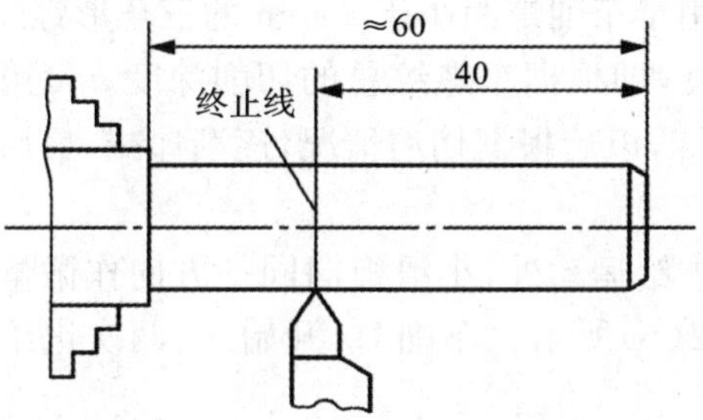

图 2-60 车外圆、倒角和终止线

按螺纹规格车螺纹外圆及长度:精车螺纹外圆,并按要求车螺纹退刀槽;对于无退刀槽的螺纹,应刻出螺纹长度终止线,如图2-60所示。螺纹外圆端面处必须倒角,倒角大小为 $C=0.75P$ 。

滑板的调整:对中、小滑板和床鞍的间隙要适当调整,间隙不能太小或太大:间隙太小,摇动手柄吃力,操作不灵便;间隙太大,易“扎刀”。

调整主轴转速:选取合适的切削速度 v_c 。一般粗车时,v_c 在 0.2 m/s 左右;精车时,$v_c<0.1$ m/s。最初训练时转速选低速,同时注意左右旋手柄位置要正确。

开动机床:摇动中滑板,使螺纹车刀刀尖轻轻和工件接触,以确定背吃刀量的起始位置,然后再将中滑板刻度调整至零位。

开动机床(选用低速),合上对开螺母,用车刀刀尖在外圆上轻轻车出一道螺旋线,然后用钢直尺或游标卡尺检查螺距是否正确。测量时,为减小误差,应多量几牙,如检查螺距 1.5 mm 的螺纹,可测量 10 牙,即为 15 mm。用钢直尺检查螺距如图 2-61(a)所示。也可用螺距规检查螺距，如图 2-61(b)所示。若螺距不正确，则应根据进给标牌检查挂轮及进给手柄位置是否正确。

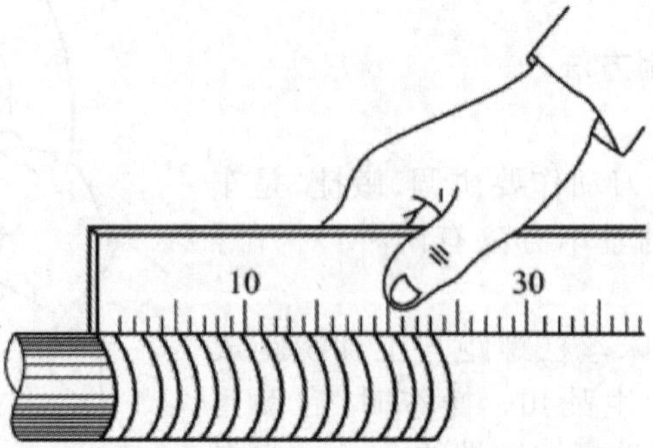

(a) 用钢直尺检查螺距

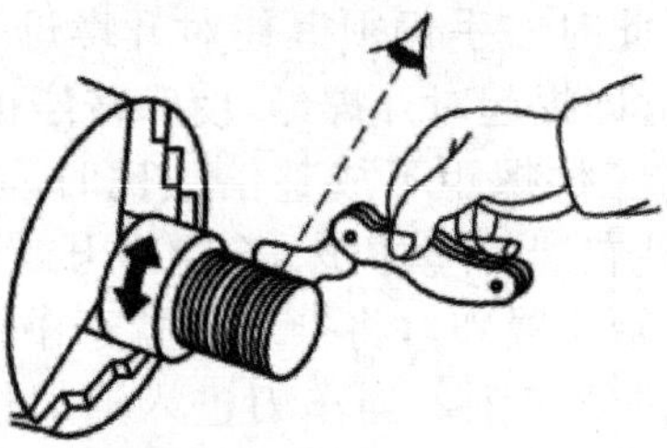

(b) 用螺距规检查螺距

图 2-61　检查螺距

2）车螺纹的方法

合理分配切削深度，正确选择进刀方法，是车螺纹的关键。

①直进法。车削时，中滑板只作横向垂直进给运动，直到把螺纹车好，如图 2-62(a)所示。

特点：可得到较正确的截形，但车刀的左右侧刃同时切削，不便排屑，螺纹表面粗糙度不易控制，当切入较深时，容易产生扎刀现象，一般适用于车削螺距小于 2 mm 的三角形螺纹。

切削深度的分配：按照递减的规律分配切削深度，即根据车螺纹总的切削深度 a_p，第一次切削深度 $a_{p1} \approx a_p/4$，第二次切削深度 $a_{p2} \approx a_p/5$，以后根据切屑情况，逐渐递减，最后留 0.2 mm 左右的余量，以便精车光刀。

②斜进法。操作时，每次进刀除中滑板作横向进给运动外，小滑板向同一方向作微量进给运动，多次进刀将螺纹的牙槽全部车去，如图 2-62(b)所示。车削时，开始一、两次进给可用直进法车削，以后用小滑板配合进刀。

特点：单刃切削，排屑方便，可采用较大的切削深度，适用于较大螺距螺纹的粗加工。

切削深度的分配：仍然按递减规律，每次进刀小滑板的进刀量是中滑板的 1/4，以形成梯度，粗车后留 0.2 mm 作精车余量。

③左右借刀法。每次进刀时，除了中滑板作横向进给运动外，小滑板配合中滑板作左或右的微量进给运动。这样多次进刀，可将螺纹的牙槽车出，小滑板每次进刀的量不宜过大。左右借刀法车螺纹如图 2-62(c)所示。

中滑板向前进给，然后小滑板向右借刀移动时，应使小滑板比需要的刻度多退后几格，以消除间隙，再向前移动小滑板至需要的刻度处。以后每次借刀，使小滑板手轮向一个方向

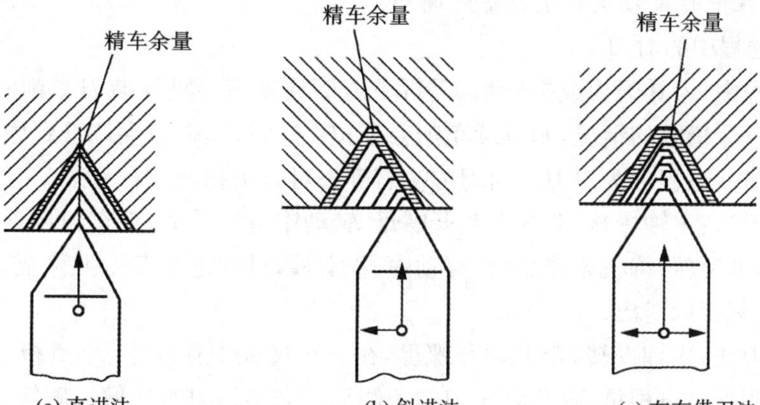

(a) 直进法　　(b) 斜进法　　(c) 左右借刀法

图 2-62　螺纹加工方法

转动，可有效消除间隙。

3) 车螺纹的步骤

①开车，转动主轴，手动移动车刀，使车刀与工件表面轻轻接触，记下当前中滑板刻度值，将刀具向右退出，将中滑板的刻度盘调为“0”而中滑板不动，如图 2-63(a)所示。

②机床停转，合上对开螺母，排除中滑板间隙，进给至零线上，主轴正转，在工件表面车出一条浅的螺旋线，横向退刀，如图 2-63(b)所示。

③开倒车，使刀具退至工件右端面右侧 3～5 mm，停车，测量螺距是否正确，如图 2-63(c)所示。

④进给，开车切削至长度终点，如图 2-63(d)所示。

⑤横向退刀，开倒车，使刀具退至工件右端面右侧 3～5 mm，停车，如图 2-63(e)所示。

⑥反复操作进给、开车、退刀、开倒车、退刀至工件右端面，直至将螺纹车成形，路线如图 2-63(f)所示。

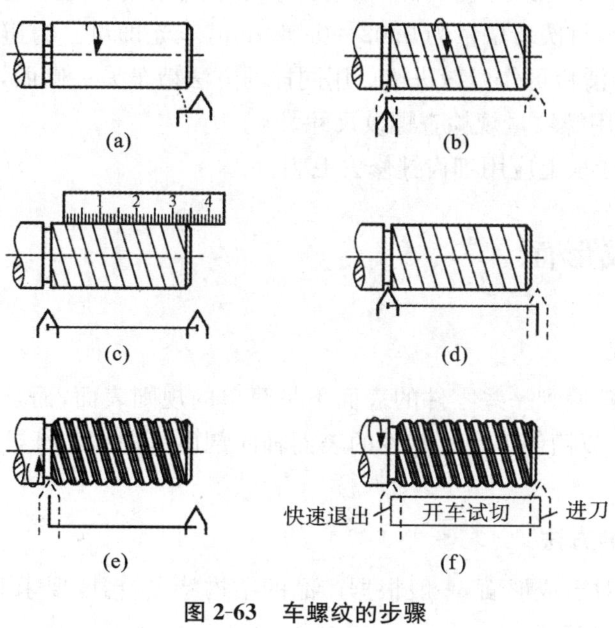

(a)　(b)　(c)　(d)　(e)　(f)

图 2-63　车螺纹的步骤

4）车削过程中的对刀及背吃刀量的调整

（1）车削过程中的对刀。

车螺纹过程中，刀具磨损或折断后，需拆下修磨或换刀。重新装刀车削时，若出现刀具位置不在原螺纹牙槽中的情况，则继续车削会乱扣。这时，须将刀尖调整到原来的牙槽中方能继续车削。这一过程称为对刀。对刀方法有静态对刀法和动态对刀法。

①静态对刀法：主轴慢转，并合上对开螺母，转动中滑板手柄，待车刀接近螺纹表面时慢慢停车，主轴不可反转；待机床停稳后，移动中、小滑板，目测将车刀刀尖移至牙槽中间，然后记下中、小滑板刻度后退出。

②动态对刀法：主轴慢转，合上对开螺母，在开车过程中移动中、小滑板，将车刀刀尖对准螺纹牙槽中间。也可根据需要，将车刀的一侧刃与需要切削的牙槽一侧轻轻接触，待有微量切屑时即刻记取中、小滑板刻度，最后退出车刀。为避免对刀误差，可在对刀的刻度上进行 1～2 次试切削，确保车刀对准。此法要求反应快、动作迅速，对刀精确度高。

（2）背吃刀量的重新调整。

重新装刀后，车刀的原先位置发生了变化，对刀前应首先调整好车刀背吃刀量的起始位置。

5）精车方法

粗车螺纹，可通过调整背吃刀量或测量螺纹牙顶宽度值来控制尺寸，并保证精车余量。精车的步骤如下：

①对刀：使螺纹车刀对准牙槽中间，在刀尖与牙槽底接触后，记下中、小滑板刻度，并退出车刀。

②精车底径：分一次或两次进给，运用直进法切准牙槽底径，并记取中滑板的最后进刀刻度。

③精车牙槽两侧：车螺纹牙槽一侧，在中滑板牙槽底径刻度上采用小滑板借刀法车削，观察并控制切屑形状，每次借偏量为 0.02～0.05 mm，车光即可。为避免牙槽底宽扩大，最后一、两次进给时，中滑板可作微量进给。用同样的方法精车另一侧面，注意螺纹尺寸，当牙顶宽接近 $P/8$ 时，可用螺纹量规检查螺纹尺寸。

④螺纹车完后，牙顶上应用细齿锉修去毛刺。

2.4.6 车成形面

1. 成形面的概念

在机械设备中，常遇到一些零件的表面不是简单的规则表面，而是由若干种曲面组成，如手柄、圆球、内外圆弧槽等。这些零件的表面轴向剖面呈曲线特征，因此称为成形面或特形面。

2. 车削成形面的方法

在实际生产中，对于成形面，一般根据产品的结构特点、精度要求和生产规模等不同情况，采用以下几种方法车削。

1）成形车刀法车成形面

成形车刀又称样板刀，切削部分的形状设计得与所加工的工件表面轮廓形状相同，适用于批量大，有大圆角、内外圆弧面等的工件的加工。

成形车刀按加工要求可做成三种形式，如图 2-64 所示。工件的加工精度主要靠成形车刀的曲线来保证。

(a) 普通成形车刀　(b) 菱形成形车刀　(c) 圆形成形车刀

图 2-64　成形车刀类型

在切削过程中，由于成形车刀刀刃和工件接触长度较长，因而切削力较大，且容易产生振动。因此，要求机床各部分间隙调得小些以提高工艺系统的刚度，选用较低的切削速度、较小的进给量，工件装夹牢靠，尽量减小切削力。

2）双手操纵法车成形面

单件小批量加工成形面时，可采用这种加工方法，即用右手操纵小滑板手柄、左手操纵中滑板手柄，通过双手协调动作，使车刀的运动轨迹与所要求加工零件的曲线一致，从而加工出所要求的成形面，如图 2-65 所示。

双手操纵法车成形面所选用的车刀为圆头车刀，以免留下较深的刀痕，不利于尺寸控制和工件表面质量的提高。

双手操纵法灵活方便，不需要其他辅助工具，可利用普通车床和普通刀具加工，但是生产者必须有较高的技术和扎实的基本功，一般加工出的零件的精度不太高。

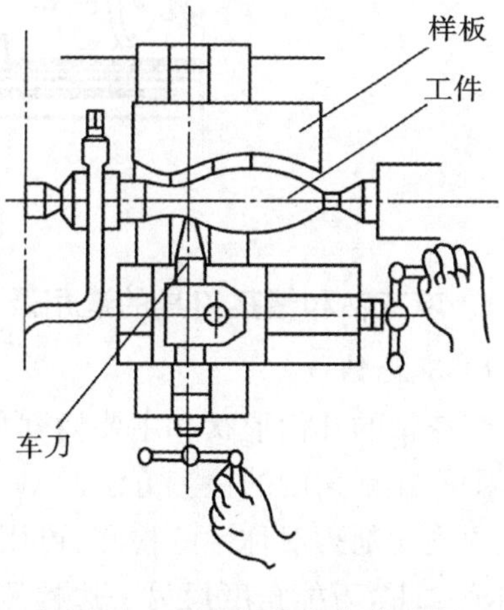

图 2-65　双手操纵法车成形面

3）靠模法车成形面

刀具按照靠模装置对工件进行加工的方法称为靠模法。这种方法车成形面，劳动强度小，生产效率高，适用于数量大、质量稳定的成批量生产。

车成形面常用的靠模法有靠板靠模法和尾座靠模法两种。

3. 质量检测

1）用样板检测

检测时，必须使样板对准工件的中心，球面的准确与否通过样板和工件间的间隙是否均匀来判断。

2）用套环检测

用套环检测球面时，通过观察套环和球面间的透光情况来判断球面是否均匀、球面度是否超差。

3）用外径千分尺检测

球面可以通过外径千分尺进行检测。检测时应注意，外径千分尺测微螺杆轴线必须通过工件球面的中心，并在几个不同的方位上测量球面的直径，根据测量的结果来逐步修整球面，使球面达到工件表面质量要求。

2.4.7 钻孔和车内圆

车床上加工内孔的方法有钻孔、扩孔、车孔和铰孔。钻孔、扩孔用于粗加工，车孔用于半精加工与精加工，铰孔通常只用于精加工。

利用钻头在实体上钻出孔的方法称钻孔，钻孔的尺寸公差等级在 IT10 级以下，表面粗糙度为 Ra 12.5 μm。在车床上钻孔如图 2-66 所示。

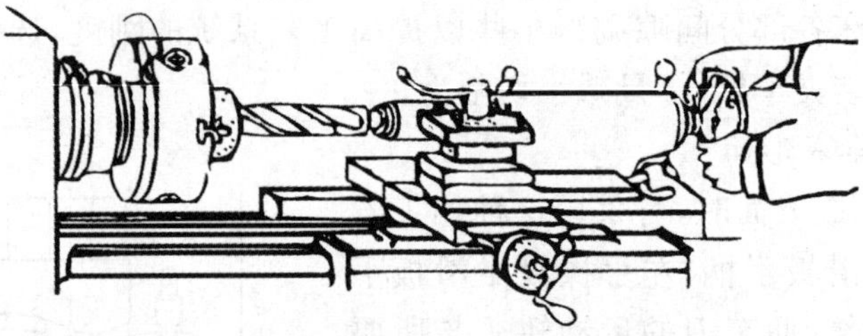

图 2-66　在车床上钻孔

1. 麻花钻和镗孔刀具的选用及安装

1）麻花钻

麻花钻的几何形状和主要切削角度的刃磨质量会直接影响加工质量。

①麻花钻角度的检测方法。

两主切削刃对称性的检测：可用万能角度尺直接检测，如图 2-67 所示。检测时，将刻度值调至 121°，万能角度尺另一边检测主切削刃长度。检测时，可用透光法来比较两主切削刃的高低。两主切削刃高度不一致时应修磨，直至高度一致。

钻头后角的检测：可用目测法检测，如图 2-68 所示。在后刀面上主切削刃在最高处，说明后角方向正确。后角的大小可通过观察横刃斜角的大小来判别。横刃斜角小于 125°，说

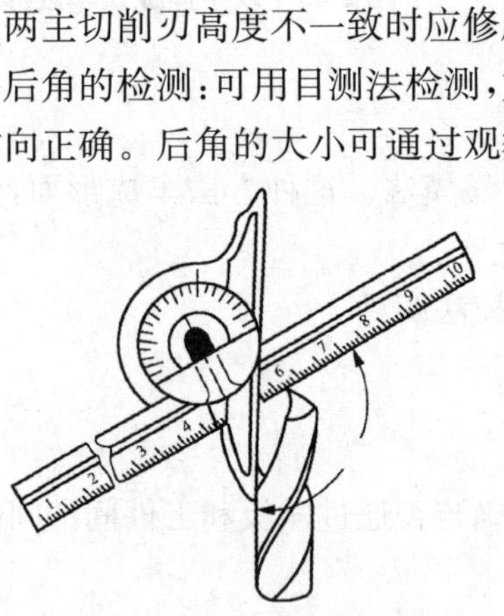

图 2-67　检测主切削刃的对称性

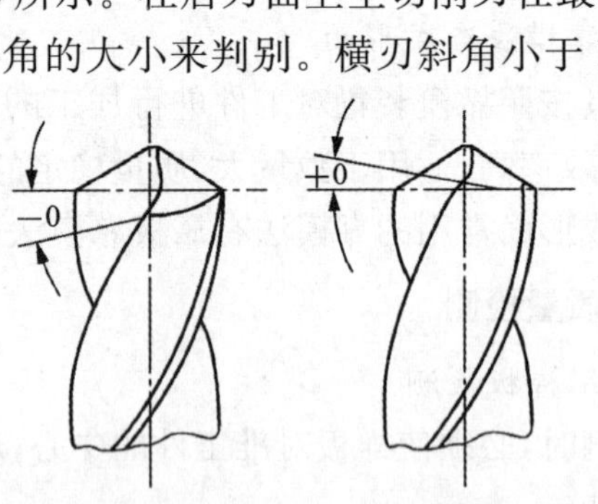

(a) 正确　　(b) 错误

图 2-68　后角的检测

明后角小；反之，说明后角大。

从麻花钻头部沿轴线方向观察，可以判断出顶角是大于、等于还是小于 180°。

②钻头的装卸。直柄麻花钻用钻夹头装夹；锥柄麻花钻用一个或数个锥形过渡套筒装夹，钻头装入尾座套筒时，必须擦净各结合面，同时应用力顶紧。

2）镗孔车刀

（1）镗孔车刀的形式与选用。镗孔车刀可分为镗通孔车刀与镗盲孔车刀两种，如图2-69所示。镗孔车刀切削部分的几何形状与外圆车刀相似。镗通孔车刀用于车通孔，主偏角一般为 60°～75°，副偏角为 10°～20°。镗盲孔车刀用于车盲孔或台阶孔，主偏角通常为 93°～95°。另外，镗盲孔车刀刀尖到刀杆背面的距离 a 必须小于孔径的一半，否则，无法车平底平面。

选用镗孔车刀时，刀杆应尽可能粗；刀杆工作长度应尽可能短，一般取大于工件孔长 4～10 mm 即可。

（2）镗孔车刀的刃磨。镗孔车刀的刃磨与外圆车刀的刃磨相似，所不同的是镗孔车刀的后角应大些，但不能过大。为避免刀杆后刀面与孔壁相碰，镗孔车刀一般磨成双重后角 α_1 、α_2 ，如图 2-70 所示。对镗孔车刀刃磨的要求是：刃磨前刀面时如需刃磨断屑槽，应注意断屑槽的刃磨方向：粗车刀，刃磨方向应平行于主切削刃刃磨；精车刀，刃磨方向应平行于副切削刃刃磨。

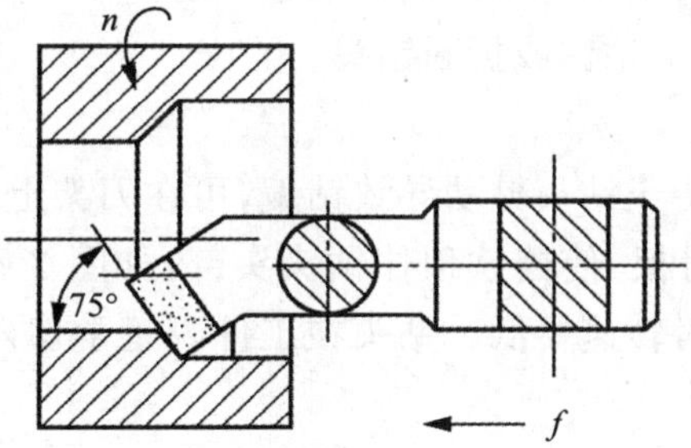

(a) 镗通孔车刀

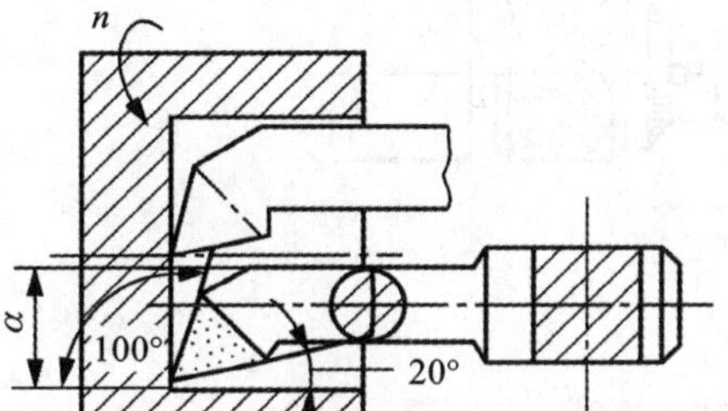

(b) 镗盲孔车刀

图 2-69　镗孔车刀

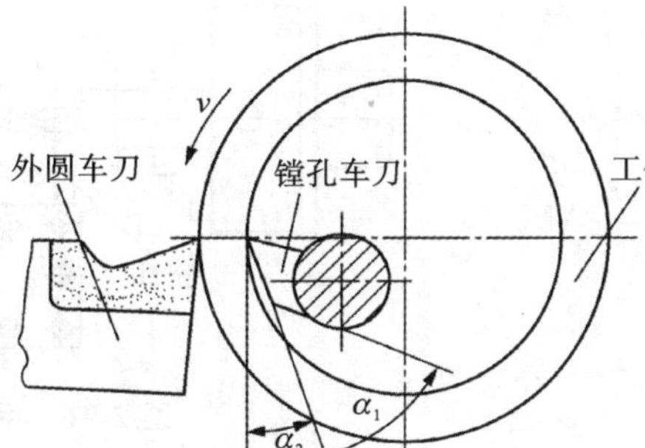

图 2-70　镗孔车刀的后角

（3）镗孔车刀的装夹。装夹镗孔车刀，原则上刀尖应与工件旋转中心等高，实际加工时要适当调整。粗车时，刀尖略低于工件旋转中心，以增大前角；精车时，刀尖可装得略高些，使工件后角稍增大些，以减少刀具与工件的摩擦，并避免“扎刀”。

刀杆应与孔中心线平行，车刀伸出长度应尽可能短。

镗孔车刀装夹后，先不要固定刀体，应在车孔前摇动床鞍手轮使刀具在毛坯孔内来回移动一次，以检查刀具和工件有无碰撞、刀杆的伸出长短是否够，然后夹紧刀体。

2. 孔加工切削用量的选用

1）钻孔切削用量

在实体工件上钻孔，切削深度 a_p 为钻头直径一半。通常取进给量 $f = 0.15$ mm/r 左右。用高速钢钻头钻孔时，切削速度通常取 $v_c = 0.35$ m/s 左右，钻较硬材料时应选用较小值。

2）镗孔切削用量

（1）粗镗孔。根据加工余量，确定切削深度与进刀次数。通常切削深度 $a_p = 1 \sim 3$ mm，进给量 $f = 0.2$ mm/r 左右，切削速度 v_c 应比车外圆的速度低 1/3 左右。粗车后留给精车的余量通常为 0.5～1 mm。

（2）精镗孔。精车时，最后一刀的切削深度以在 0.15 mm 左右为宜，进给量 $f = 0.1$ mm/r；用高速钢镗孔车刀精车时，切削速度 $v_c = 0.05 \sim 0.1$ m/s 。

3. 孔加工方法及注意事项

1）钻孔的操作要领

①钻孔前，应根据钻孔直径选择尺寸合适的钻头，工件端面须车平，中心处不得有凸台。必要时，用中心钻引孔。

②钻头装入尾座套筒后必须校正钻头中心位置，使其与工件回转中心一致。

③当钻头刚切入工件端面时，不可用力过大，以免钻偏或折断钻头。

④钻削小直径孔时应先钻定位中心孔，再钻孔。

⑤当用直径较小而长度较长的钻头钻孔时，为防止钻头晃动导致钻偏，可在刀架上夹一挡铁；当钻头与工件端面相接触时，移动床鞍与中滑板，使挡铁顶住钻头头部，如图 2-71 所示，顶紧力不可过大，不然会使钻头偏向另一边，同时转速要低。钻头在工件内正常切入后，即可退出挡铁，同时提高转速。

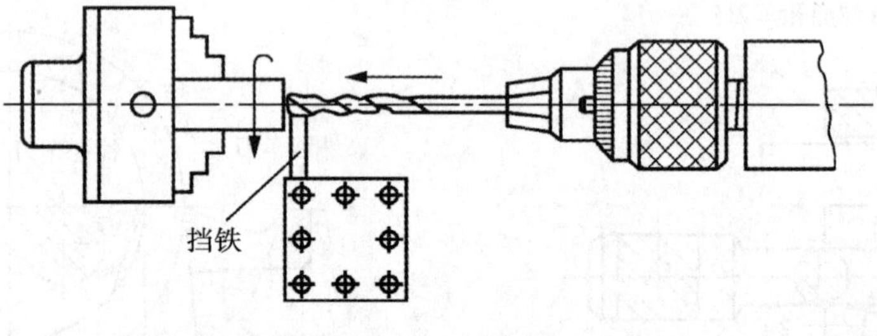

图 2-71　用挡铁支挡防止钻头偏斜

⑥当钻入工件 2～3 mm 时，应及时退出钻头，停车测量孔径是否符合要求。

⑦钻较深孔时，手动进给时速度要均匀，并经常退出钻头，以清除切屑，同时应向孔中注入切削液。对于精度要求不高、长度长的工件，可采用调头钻孔的方法，即先在工件一端将孔钻至孔深大于工件长度的二分之一后，再调头装夹校正，将另一半钻通。

⑧对于通孔，当孔将要钻通时钻尖部分不参加工作，切削阻力明显减小，进刀时，就会觉得很轻松，这时，应及时减慢进给速度，直至完全钻穿，待钻头完全从孔内退出后，再停车，以免钻头被咬死。

⑨对于盲孔，为控制钻孔深度，当钻头开始切入端面时即记下尾座套筒上的标尺刻度，或用钢直尺量出此时套筒的伸出长度，也可在钻头上做记号以控制孔深。钻入一段后，根据刻度或用钢直尺及时判断钻孔深度。当到达钻孔深度时，慢慢退出钻头。

⑩刚钻完孔的工件与钻头一般都较烫，不可用手去摸。

2）镗孔的操作要领

镗孔时，车刀在工件内部切削，不便观察，不易冷却与排屑；刀杆尺寸受孔径限制，不能制得太粗，又不能太短。薄壁工件车孔后易产生变形，尤其是小孔、深孔，加工难度更大，因此，镗孔较车外圆较难掌握。

(1) 粗镗孔。粗镗孔与车外圆的操作方法基本相同，不同的是车内孔时中滑板进退刀的动作正好与车外圆相反，操作时必须引起重视。

粗镗孔控制孔径尺寸的方法与车外圆一样，也要进行试切，试切深度一般至孔口 1～3 mm 内。至于粗镗孔长度尺寸的控制，在车通孔时，可采用在刀杆上做长度记号的办法。

当长度车至尺寸时，应迅速停止进给；车刀横向可不退刀，直接纵向退出，最后停车。

(2) 精镗孔。精镗孔时，尺寸的控制是关键。精镗孔尺寸的控制同样采用试切法来实现，且试切时，对刀要细心、精确。

当长度车至尺寸位置时，应立即停止进给，并记下中滑板刻度，摇动中滑板手柄(注意退刀方向)，使刀尖刚好离开孔壁即可，待车刀退出后再停车。

3）注意事项

①车削过程中，应注意观察切削情况，如排屑不畅，应及时修正车刀的几何角度或改变切削用量，确保排屑流畅。

②车削过程中如发现尖叫、振动等情况，应及时停止车削并退出车刀，通过修磨车刀或减小切削用量等办法来改善切削条件。

③粗车通孔时，由于切削深度与进给量都较大，因此当孔要车通时应停止机动进给，而改用手摇床鞍慢慢进给，以防崩刃。

④孔口应按要求倒角或去锐边。

4）镗阶梯孔

(1) 镗孔车刀的选用。如果阶梯孔直径差较小，可用一把镗孔车刀车削；若阶梯孔直径差较大，可用两把镗孔车刀分别车削。一般选用镗盲孔车刀，即主偏角选用 93°～95°。

(2) 车削要领(以两台阶为例)。粗车小孔与大孔，先粗车小孔后粗车大孔，通常台阶长度尺寸由床鞍刻度或通过划线(在刀具上划线)控制。

精车小孔到尺寸后再精车大孔，当床鞍刻度接近或将要到达孔深尺寸时，应停止自动进给，改用手动进给，并慢慢摇动中滑板手柄横向进给车台阶孔内端面至内孔圆柱面，以保证阶梯面的垂直。长度方向的尺寸一般通过大滑板粗定位后用小滑板精确控制。

5）内孔尺寸的测量

孔的尺寸精度要求低时，通常用内卡钳与游标卡尺测量，如图 2-72(a)、(b)所示；孔的尺寸精度要求较高时，可用塞规测量，如图 2-72(c)所示，或内径千分尺测量。当孔较深时，宜用内径百分表测量，如图 2-72(d)所示。

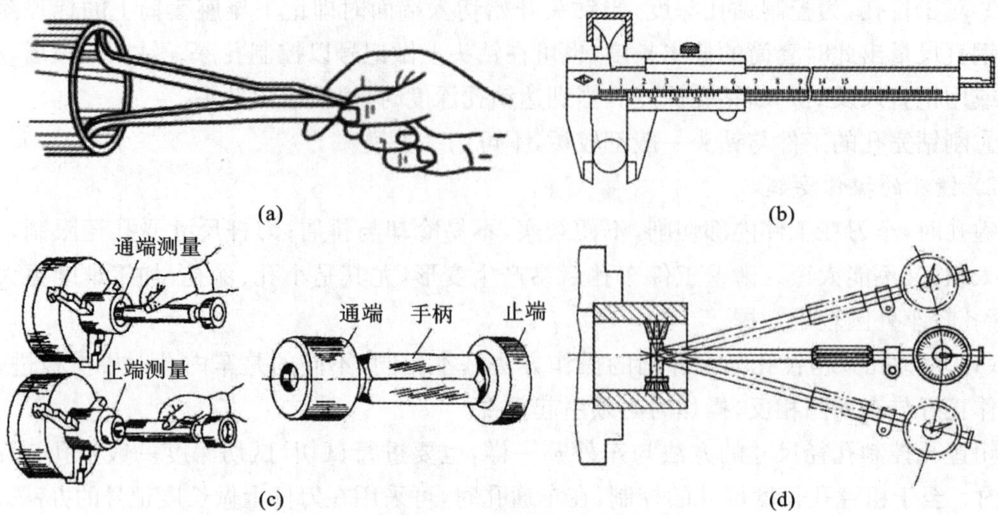

图 2-72　孔径的测量

2.5　镗削加工简介

如前所述，回转体工件的孔可以在车床上进行镗削加工。对于大型或形状复杂的工件进行孔和孔系加工，需在镗床上进行。

2.5.1　镗床的工作范围

在镗床上除了能进行镗孔工作外，还能加工端面、外圆柱面、内外螺纹及进行钻孔、扩孔、铰孔等。镗床的主要工作范围如图 2-73 所示。

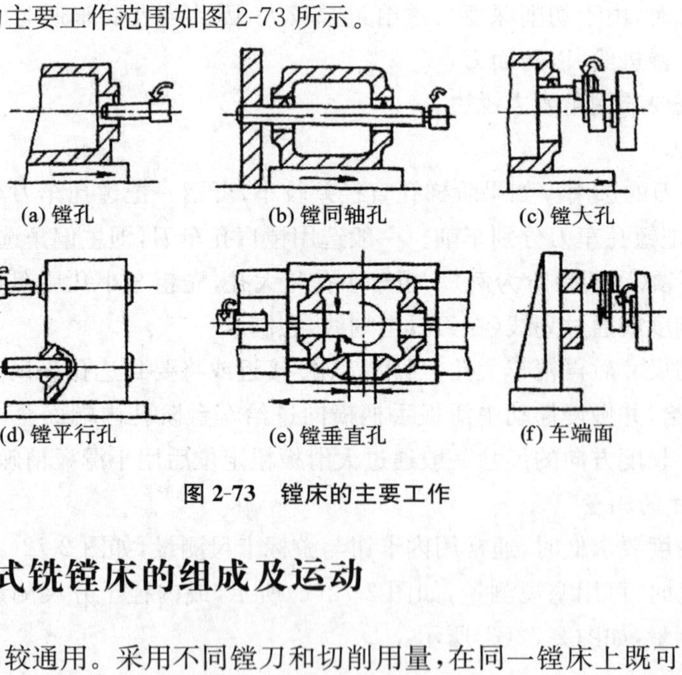

图 2-73　镗床的主要工作

2.5.2　卧式铣镗床的组成及运动

镗床结构简单，较通用。采用不同镗刀和切削用量，在同一镗床上既可以进行粗加工，也可以进行半精加工及精加工，因此，镗床特别适用于批量较小的加工。镗孔的形状和位置精度主要取决于镗床的精度。

图 2-74 所示是卧式铣镗床的外观图，图 2-75 所示是卧式铣镗床的运动简图。床身上有前立柱、后立柱和工作台。装有主轴和转盘的主轴箱装在前立柱上，后立柱上装有可上下移动的尾座。镗床进行切削加工时，镗刀可安装在镗刀杆上，也可装在主轴箱外端的大转盘上，旋转完成主运动。进给运动由工作台带动工件完成，安放工件的工作台可横向和纵向移动，还可回转任意角度，以适应在工件不同方向的垂直面上镗孔的需要。此外，镗刀主轴可轴向移动，以实现纵向进给。当镗刀安装在大转盘上时，还可以实现径向的调整和进给。镗床主轴箱可沿立柱的导轨作垂直进给运动。当镗深孔或离主轴端面较远的孔时，镗刀杆长、刚性差，可用尾座或镗模支承镗刀杆。

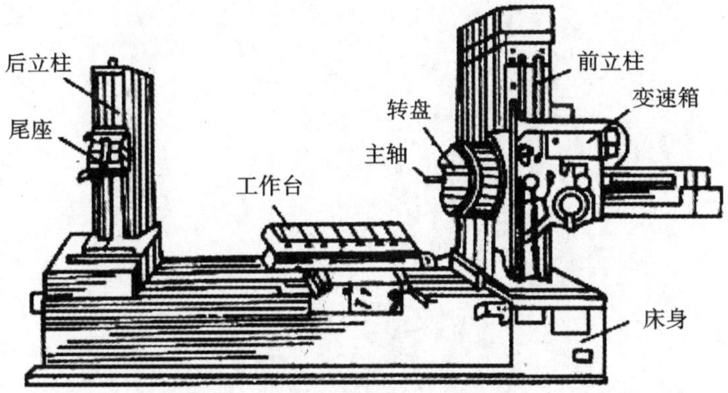

图 2-74 卧式铣镗床的外观图

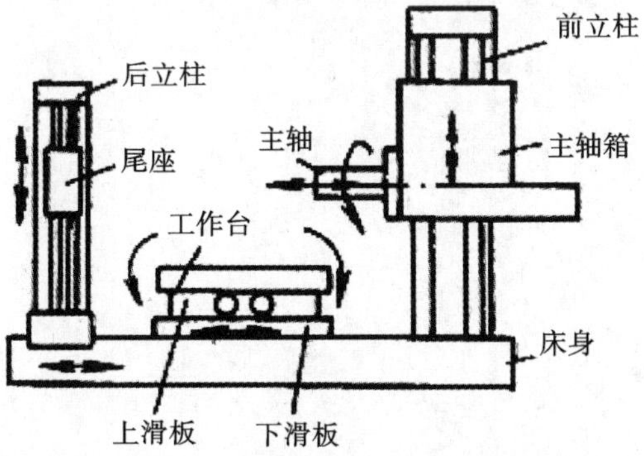

图 2-75 卧式铣镗床的运动简图

车工实习工作页

<table>
<tr><th colspan="2">任务单</th></tr>
<tr><td>学习情境</td><td>定制螺杆加工</td></tr>
<tr><td>任务布置</td><td>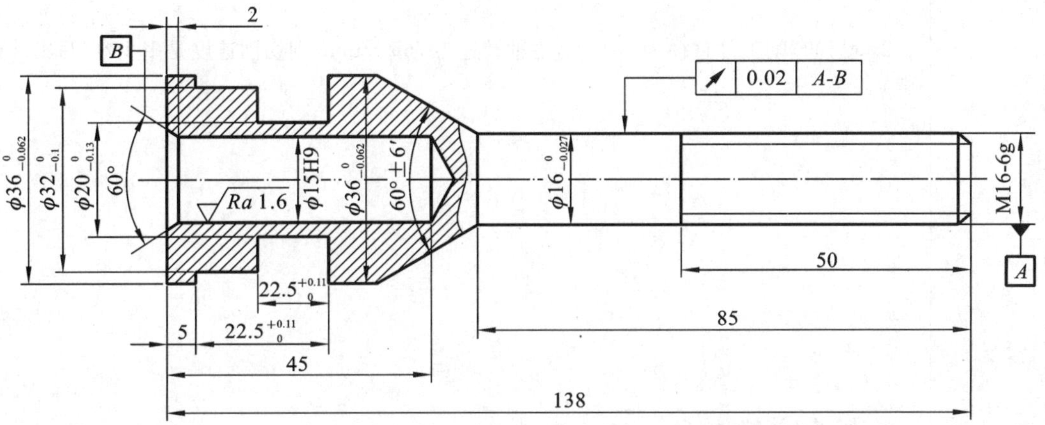

对图纸进行分析，选择合适的毛坯和车削工艺完成定制螺杆加工，对工件进行测量，使达到该图纸的要求。</td></tr>
<tr><td>学习目标</td><td>通过车工实习教学环节：
1. 加深学生对车削加工技术的理解，熟悉车削的基本加工工艺过程；
2. 了解卧式车床的组成构造和用途、车刀的种类、常用的刀具材料、刀具材料的基本性能、车刀的组成和主要几何角度；
3. 学会车刀的安装和三爪自定心卡盘安装工件的方法；
4. 熟悉有关车工及车工工艺方面的基本知识；
5. 掌握一定的基本操作技能；
6. 培养学生刻苦钻研、勇于探索的创新精神和动手操作能力。</td></tr>
<tr><td>实习要求</td><td>1. 遵守车工安全操作规程；
2. 加工时必须做到安全文明生产；
3. 要相互协作，以小组的形式进行学习、讨论、操作、总结；
4. 遵守实训基地各项管理规章制度，不迟到、不早退，不允许在车间内打闹；
5. 正确使用 CQ6136 型卧式车床进行简单零件的装夹、对刀试切与加工、零件测量等加工制造；
6. 本学习情境完成后需要上交加工（或拓展训练）零件一个；
7. 对自己加工的零件能够进行独立分析，完成简单的口试作答。</td></tr>
</table>

咨询单	
咨询方式	查阅书籍、观察实物、利用多媒体资源学习。
咨询问题	1. 刀具切削部分的材料应具有哪些性能？ 2. 已知车削工件直径为 50 mm，主轴转速为 765 r/min，则切削速度是多少？（写出计算步骤） 3. 何谓经济精度？ 4. 简述切削用量选择的基本原则。

续表

<table>
<tr><td rowspan="1">咨询问题</td><td>5. 在普通车床上可以完成哪些工作?

6. 标出下图所示车刀刀头各部分的名称。
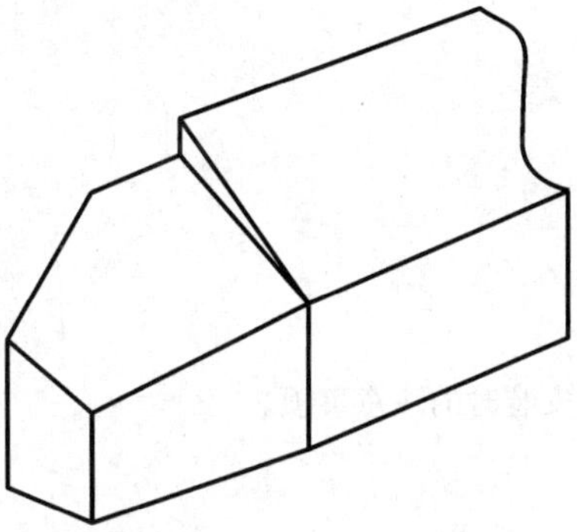
7. 为什么车削时一般要先车端面?

8. 车削细长轴时,可采取哪些措施防止产生腰鼓形?</td></tr>
</table>

续表

<table>
<tr><td>咨询问题</td><td>9. 车削下图所示的零件需要哪几种刀具?
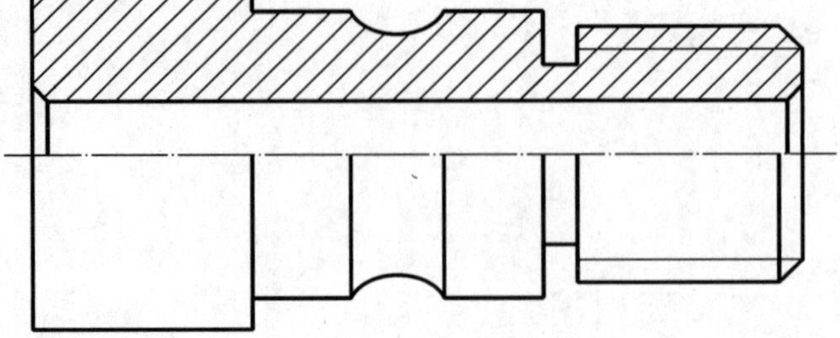

10. 简述刀具安装时的注意事项。

11. 简述工件安装时的注意事项。</td></tr>
</table>

<table>
<tr><td colspan="4">决策单</td></tr>
<tr><td>决策方式</td><td colspan="3">由小组讨论制定完成本小组的加工方案及实施计划。</td></tr>
<tr><td>加工方案</td><td colspan="3"></td></tr>
<tr><td>实施计划</td><td colspan="3"></td></tr>
<tr><td>小组成员
（签字）</td><td></td><td>小组长
（签字）</td><td></td></tr>
</table>

工具清单						
项目	序号	名称	作用	数量	规格	备注
设备清单						
刀具清单	序号	名称	作用	数量	规格	备注
工具清单	序号	名称	作用	数量	规格	备注
量具清单	序号	名称	作用	数量	规格	备注

<table>
<tr><td colspan="6">实施单(工序单)</td></tr>
<tr><td>实施方式</td><td colspan="5">按小组讨论的加工方案和实施计划,小组成员单独实施,填写此单。</td></tr>
<tr><td>序号</td><td colspan="2">实施步骤(工序过程)</td><td colspan="2">使用资源</td><td>完成时间</td></tr>
<tr><td>1</td><td colspan="2"></td><td colspan="2"></td><td></td></tr>
<tr><td>2</td><td colspan="2"></td><td colspan="2"></td><td></td></tr>
<tr><td>3</td><td colspan="2"></td><td colspan="2"></td><td></td></tr>
<tr><td>4</td><td colspan="2"></td><td colspan="2"></td><td></td></tr>
<tr><td>5</td><td colspan="2"></td><td colspan="2"></td><td></td></tr>
<tr><td>6</td><td colspan="2"></td><td colspan="2"></td><td></td></tr>
<tr><td>7</td><td colspan="2"></td><td colspan="2"></td><td></td></tr>
<tr><td>8</td><td colspan="2"></td><td colspan="2"></td><td></td></tr>
<tr><td>实施说明</td><td colspan="5"></td></tr>
<tr><td rowspan="2">学生自评</td><td>得分</td><td>学生签名</td><td rowspan="2">小组互评</td><td>得分</td><td>组长签名</td></tr>
<tr><td></td><td></td><td></td><td></td></tr>
</table>

实施过程记录	
原图照片	
加工过程照片 重要步骤	
完成效果照片	

检查单				
检查项目	序号	检查内容	学生自检	备注
符合图纸性检测				
工具、设备的使用与维护	1	正确、规范使用工具、量具、刃具，合理保养与维护工具、量具、刃具		
	2	正确、规范使用设备，合理保养与维护设备		
	3	操作姿势正确，动作规范		
安全及其他	1	安全文明生产，按国家颁布的有关法规或企业自定的有关规定执行		
	2	操作方法及工艺规程正确		

实习报告
写一篇 800 字左右的实习报告(内容含:分析问题和解决问题以及创新的能力,对车工实习安排的要求和对老师的教学方法建议,车工实习的心得体会等)

评价单					
评价类别	项目	内容	个人评价	小组互评	教师评价
专业能力（70%）	咨询（5%）	搜集信息（3%）			
		引导问题回答（2%）			
	计划（5%）	计划可执行度（3%）			
		材料工具安排（2%）			
	实施（50%）	工作步骤执行（5%）			
		功能实现（10%）			
		使用工具规范性（10%）			
		操作过程规范性（10%）			
		文明生产（6%）			
		安全保护（6%）			
		环境保护（3%）			
	检查（10%）	全面性、准确性（3%）			
		异常情况排除（2%）			
		结果质量（5%）			
社会能力（20%）	组织能力（6%）	组织协调表现（6%）			
	团结协作（6%）	合作配合状况（6%）			
	敬业精神（8%）	持之以恒、吃苦耐劳（8%）			
方法能力（5%）	计划决策（5%）	/			
实训报告（5%）	/	/			
评价评语	最终成绩（平均分）	得分			
		签字栏			
	教师评语： ____年____月____日				

拓展训练(1)

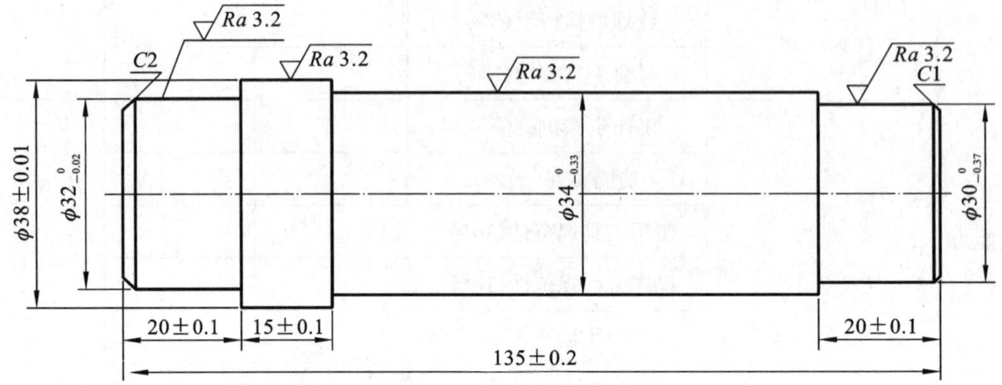

Ra 3.2
Ra 3.2
Ra 3.2
Ra 3.2
C2
C1
φ38±0.01
$\phi 32_{-0.02}^{0}$
$\phi 34_{-0.33}^{0}$
$\phi 30_{-0.37}^{0}$
20±0.1
15±0.1
20±0.1
135±0.2

拓展训练(2)

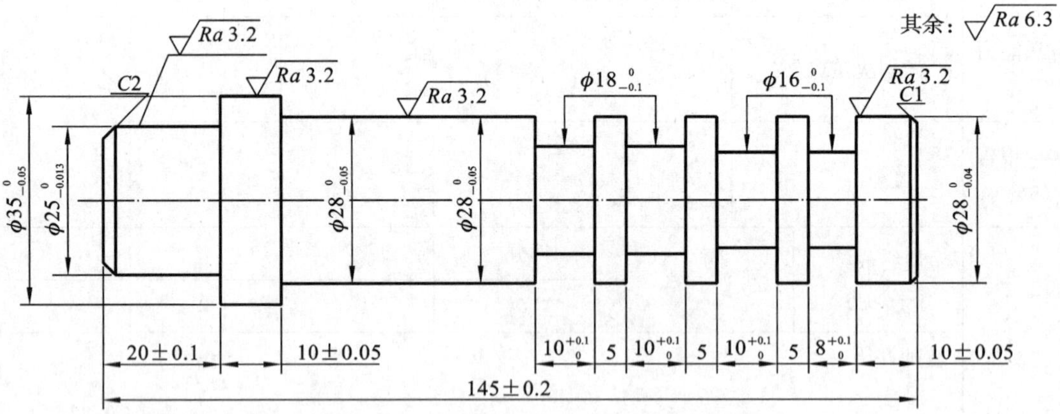

其余：Ra 6.3
Ra 3.2
Ra 3.2
Ra 3.2
Ra 3.2
C2
C1
$\phi 18_{-0.1}^{0}$
$\phi 16_{-0.1}^{0}$
$\phi 35_{-0.05}^{0}$
$\phi 25_{-0.013}^{0}$
$\phi 28_{-0.05}^{0}$
$\phi 28_{-0.05}^{0}$
$\phi 28_{-0.04}^{0}$
20±0.1
10±0.05
$10_{0}^{+0.1}$
5
$10_{0}^{+0.1}$
5
$10_{0}^{+0.1}$
5
$8_{0}^{+0.1}$
10±0.05
145±0.2

续表

拓展训练(3)

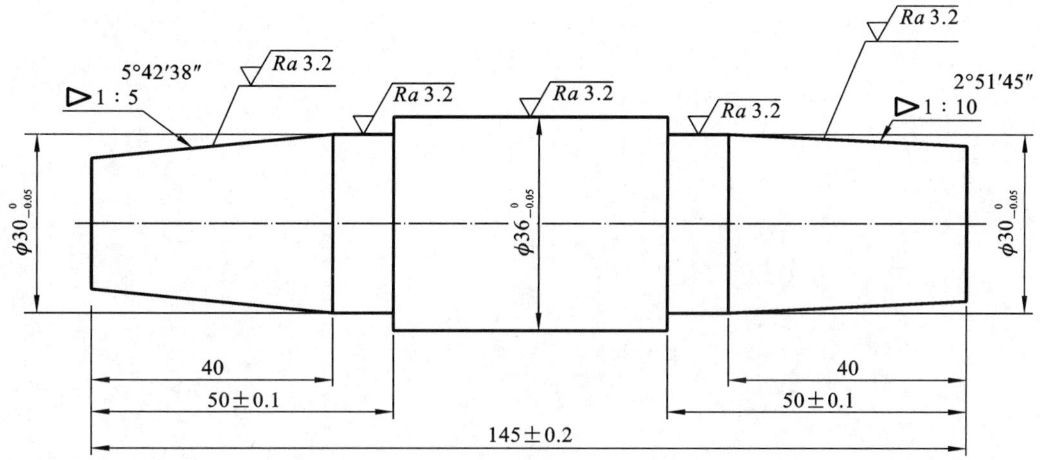

拓展训练(4)

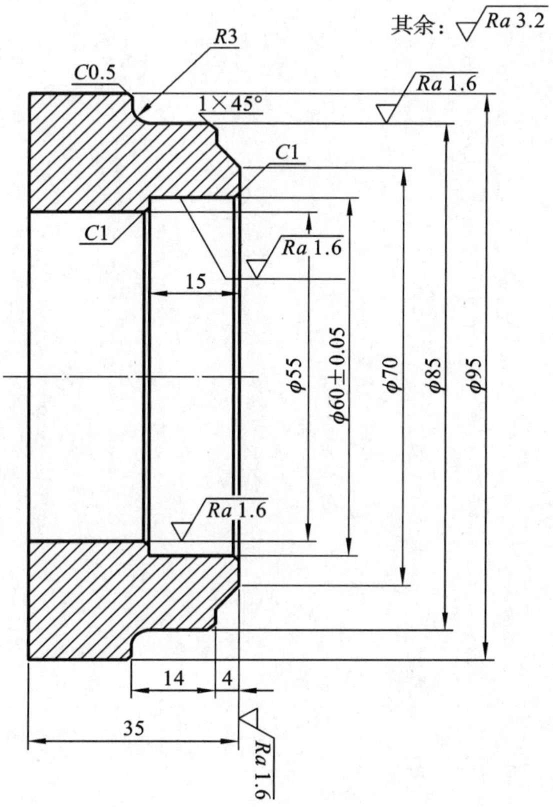

第 3 章 铣削与齿形加工实习

3.1 铣削加工概述

3.1.1 铣削的加工范围及特点

铣削是在铣床上，将毛坯固定，用高速旋转的铣刀在毛坯上走刀，切出所需要的形状和特征。传统铣削较多地用于铣轮廓和槽等简单外形和特征。铣削加工范围很广，可用于平面、台阶、斜面、沟槽、成形面、T 形槽、三维内外形状、齿轮的加工以及切断等。表 3-1 所示为铣削加工的应用范围。

表 3-1 铣削加工的应用范围

加工类型	加工示意图	加工类型	加工示意图
铣平面	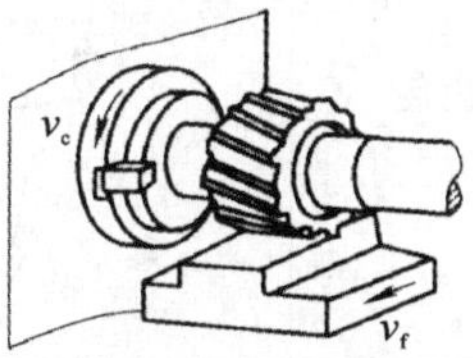	铣台阶面	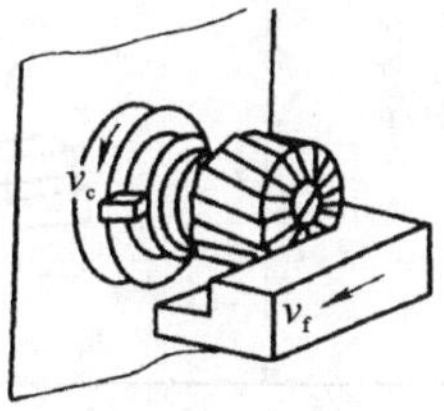
	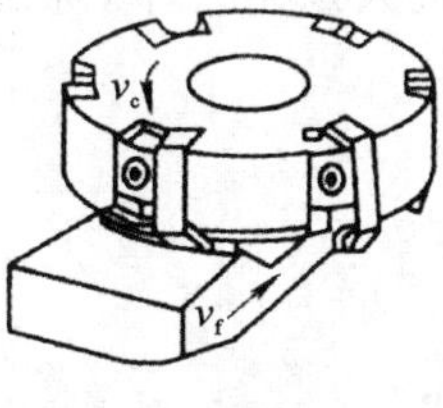	铣直角槽	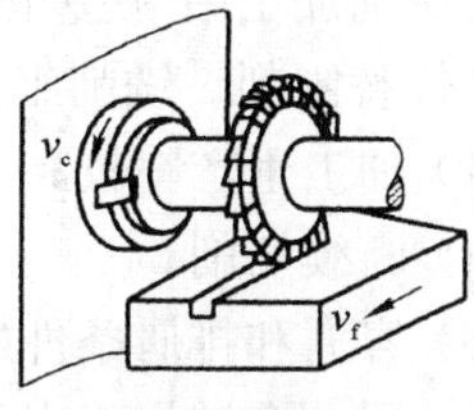
铣圆弧面	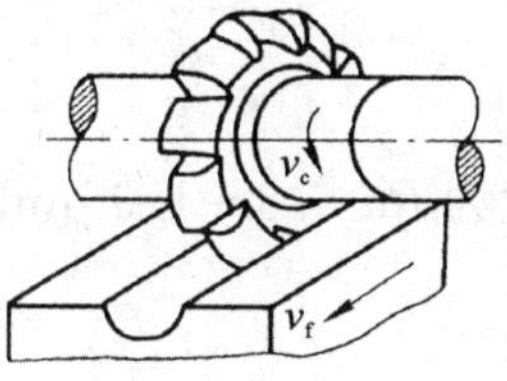	铣 V 形槽	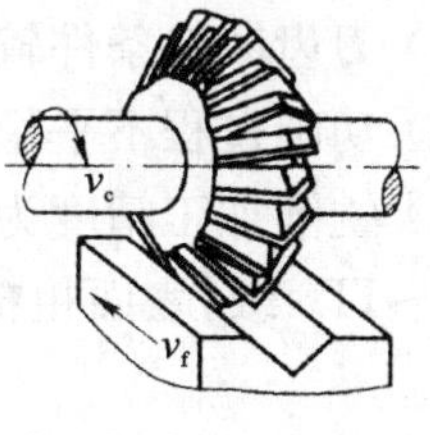
	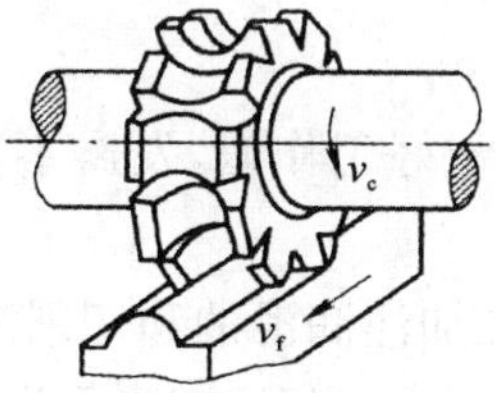	铣燕尾槽	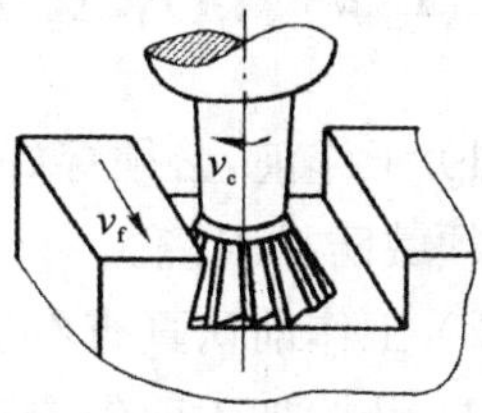

续表

加工类型	加工示意图	加工类型	加工示意图
铣键槽	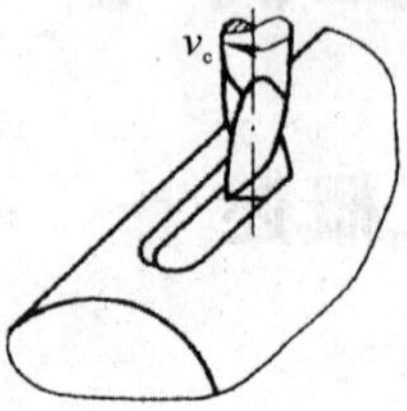	铣 T 形槽	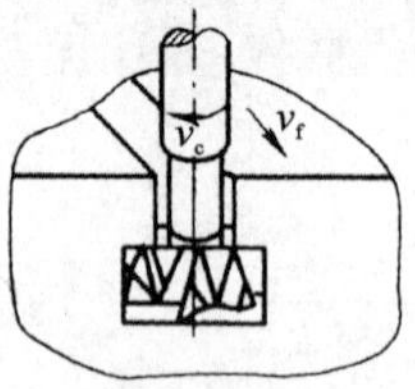
	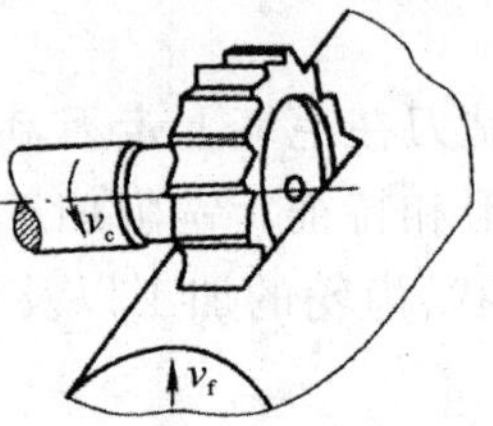	铣螺旋槽	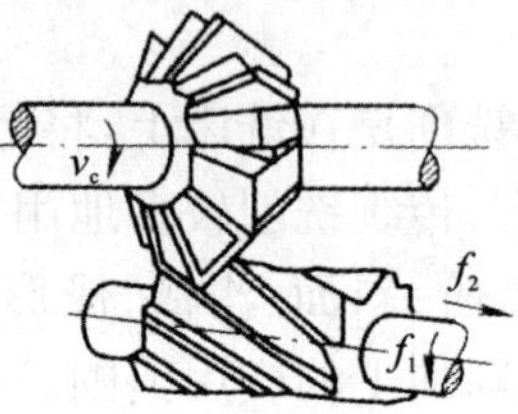
切断	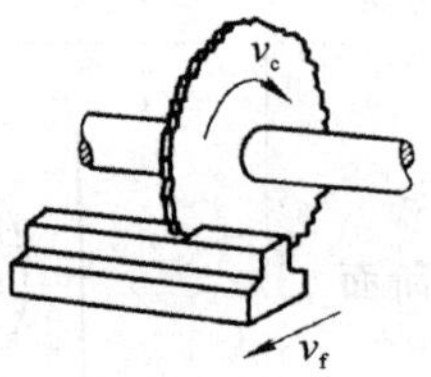	铣齿轮	

在切削加工中，铣床的工作量仅次于车床，在成批大量生产中，除加工狭长的平面外，铣削几乎代替刨削。铣削工艺的特点如下：

(1) 加工生产率较高。

(2) 断续切削。

(3) 容屑和排屑条件好。

(4) 同一个被加工表面可以采用不同的铣削方式。

(5) 刀齿散热条件较好。

(6) 切削过程不平稳。

(7) 铣削加工精度为 IT9～IT8 级，表面粗糙度为 Ra 6.3～1.6 μm；高速铣削加工精度为 IT7～IT6 级，表面粗糙度为 Ra 1.6～0.4 μm。

3.1.2 铣床安全生产和注意事项

(1) 工作前，必须穿好工作服(实训服)，女生须戴好工作帽，发辫不得外露，在铣削过程中，必须戴防护眼镜。

(2) 工作前认真查看机床有无异常，在规定部位加注润滑油和切削液。

(3) 开始加工前先安装好刀具，再装夹好工件。装夹必须牢固可靠，严禁用开动机床的动力装夹刀杆、拉杆。

(4) 主轴变速必须停车，变速时先打开变速操作手柄，再选择转速，最后以适当的速度将操作手柄复位。

(5) 开始铣削加工前，刀具必须离开工件，并应查看铣刀旋转方向与工件相对位置，否则将引起"扎刀"或"打刀"现象。

(6) 在加工中，若采用自动进给，必须注意行程的极限位置，必须严密注意铣刀与工件夹具间的相对位置，以防发生过铣、撞击铣夹具而损坏刀具和夹具的现象。

(7) 加工中，严禁将多余的工件、夹具、刀具、量具等摆在工作台上，以防碰撞、跌落，引发人身、设备事故。

(8) 机床在运行中不得撤离岗位或委托他人看管，不准闲谈、打闹和开玩笑。

(9) 两人或多人共同操作一台机床时，必须严格分工、分段操作，严禁同时操作一台机床。

(10) 中途停车测量工件，不得用手强行制动惯性转动着的铣刀主轴。

(11) 铣削结束之后，工件取出时，应及时去毛刺，防止拉伤手指或划伤堆放的其他工件。

(12) 发生事故时，应立即切断电源，保护现场，参加事故分析，承担事故应负的责任。

(13) 工作结束应认真清扫机床、加油，并将工作台各位置手柄复位。

(14) 打扫工作场地，将切屑倒入规定地点。

(15) 收拾好所用的工具、夹具、量具，并摆放于指定位置，将工件交检。

3.2 铣床及附件

3.2.1 铣床简介

铣床种类很多，常用的铣床有卧式万能铣床和立式铣床，两者的区别主要在于前者主轴水平设置，后者主轴竖直设置。除此之外，还有工具铣床、龙门铣床、仿形铣床及专用铣床等。

1. 卧式万能铣床

卧式万能铣床简称卧铣，是铣床中应用最多的一种。它的主要特征是主轴与工作台台面平行，主轴轴线处于横卧位置。图3-1所示为X6132型卧式万能铣床结构示意图。

1) 床身

床身用来固定和支承铣床上所有的部件。它的内部装有电动机、主轴变速机构和主轴等。

2) 横梁

横梁用于安装吊架，以便支承刀杆外端，增强刀杆的刚性。横梁可沿床身的水平导轨移动，以适应不同长度的刀轴。

3) 主轴

主轴是空心轴，前端有7∶24的精密锥孔，用以与刀杆的锥柄相配合。主轴的作用就是

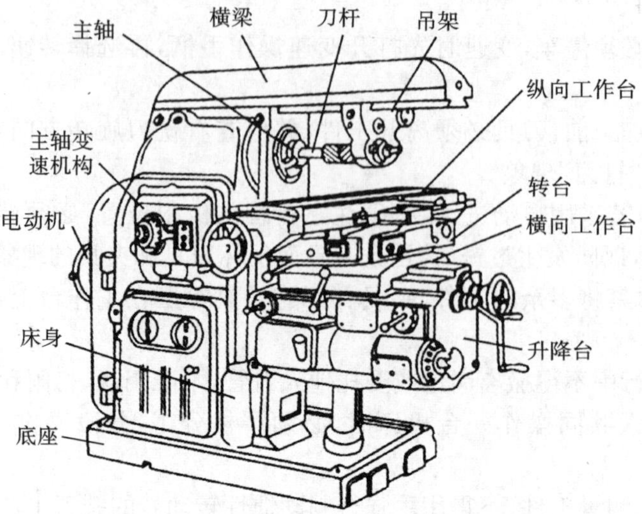

图 3-1　X6132 型卧式万能铣床结构示意图

安装铣刀刀杆并带动铣刀旋转。拉杆可穿过主轴孔把刀杆拉紧。主轴的转动由电动机经主轴箱传动实现,改变手柄的位置,可使主轴获得各种不同的转速。

4）纵向工作台

纵向工作台用于装夹夹具和零件,可在转台的导轨上由丝杠带动作纵向移动,以带动台面上的零件作纵向进给。

5）横向工作台

横向工作台位于升降台上面的水平导轨上,可带动纵向工作台一起作横向进给。

6）升降台

升降台可使整个工作台沿床身的垂直导轨上下移动,以调整工作台台面到铣刀的距离,并作垂直进给。升降台内部装置着供进给运动用的电动机及变速机构。

7）底座

底座是整个铣床的基础,承受铣床的全部重量及提供盛放切削液的空间。

2. 立式铣床

立式铣床与卧式铣床的主要区别是立式铣床主轴与工作台台面垂直。它可利用立铣刀和端铣刀进行铣削加工,是生产中加工平面及沟槽效率较高的一种机床。根据加工的需要,有的立式铣床主轴还可相对于工作台向左、右偏转一定的角度。铣削时,铣刀安装在主轴上,由主轴带动作旋转运动;工作台带动零件作纵向、横向、垂向移动。X5032 型立式铣床结构示意图如图 3-2 所示。

1）床身

床身用来固定和支承铣床各部件。床身内部装有主轴、主轴变速箱、电动机、润滑油泵等。

2）主轴

主轴用来安装刀杆并带动铣刀旋转。

3）纵向工作台

纵向工作台用来安装工件和夹具并作纵向移动。

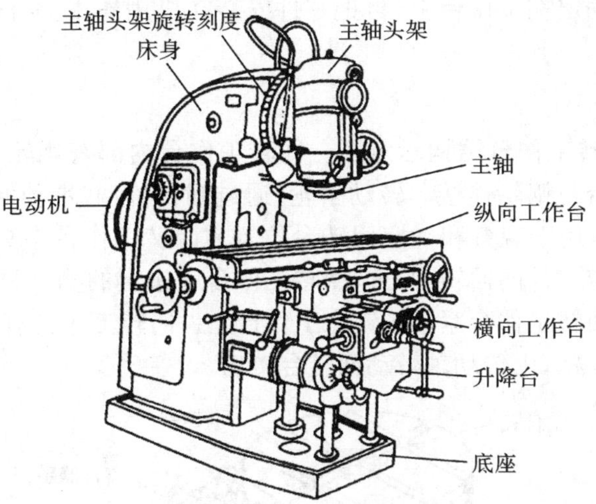

图 3-2 X5032 型立式铣床结构示意图

4）横向工作台

横向工作台带动纵向工作台作横向移动。

5）升降台

升降台位于横向工作台的下面，用来调整工件到铣刀间的垂直距离。

6）底座

底座用来支承铣床部件并盛放切削液。

3.2.2 铣床常用附件

铣床常用附件主要有机用虎钳、回转工作台、分度头和万能铣头等。其中，前 3 种附件用于安装零件，万能铣头用于安装刀具。当零件较大或形状特殊时，可以用压板、螺栓、垫铁和挡铁把零件直接固定在工作台上进行铣削。当生产批量较大时，可采用专用夹具或组合夹具安装零件，这样既能提高生产效率，又能保证零件的加工质量。

1. 机用虎钳

机用虎钳（见图 3-3）是一种通用夹具，也是铣床常用的附件之一。机用虎钳具有安装使用方便、应用广泛的特点，主要用于安装尺寸较小和形状简单的支架、盘套、板块、轴类零件。

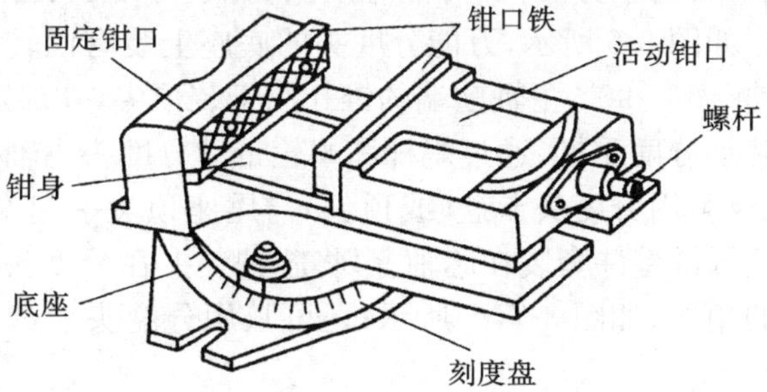

图 3-3 机用虎钳结构示意图

使用时，将机用虎钳固定在工作台上，再把零件安装在机用虎钳上，注意应使切削力方向趋向固定钳口方向。

2. 回转工作台

图 3-4 所示为回转工作台结构示意图。回转工作台内部有蜗轮蜗杆传动机构，手轮与蜗杆同轴连接，回转台与蜗轮连接。转动手轮，通过蜗杆传动，带动回转台转动。回转台周围标有 0°～360°刻度，用于观察和确定回转台位置。回转工作台中央的定位孔可以安装芯轴，以便于找正和确定工件的回转中心。回转工作台底座上的槽和铣床工作台的 T 形槽对正后，即可用螺栓将回转工作台紧固于铣床工作台上。回转工作台有手动和机动两种方式。机动时，合上离合器手柄，由传动轴带动回转台转动。

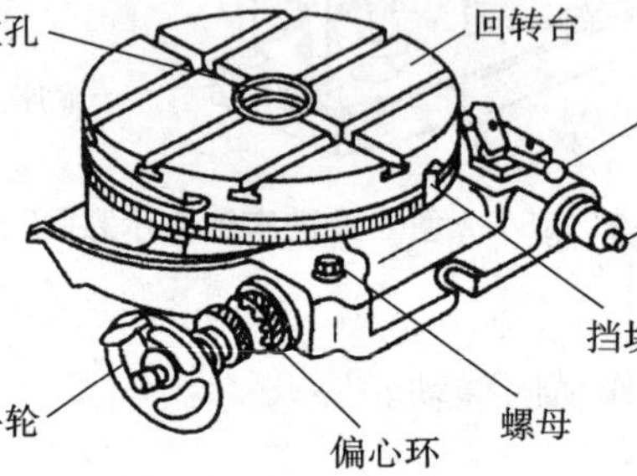

图 3-4　回转工作台结构示意图

回转工作台适用于工件的分度工作和非整圆弧面的加工。分度时，在回转工作台上安装三爪卡盘(自定心)，可以铣削四方、六方等工件；铣削圆弧槽时，工件装夹于回转工作台上，铣刀旋转，用手均匀缓慢地转动手轮，即可铣出圆弧槽。

3. 万能铣头

图 3-5 所示为万能铣头结构示意图。万能铣头安装在万能升降台铣床上，不仅能完成各种立铣的工作，而且还可根据铣削的需要，把铣头主轴扳转成任意角度。万能铣头的壳体用 4 个螺栓固定在铣床上。

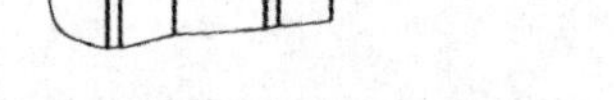

图 3-5　万能铣头结构示意图

4. 万能分度头

分度头主要用来安装需要进行分度的零件，利用分度头可铣削多边形、齿轮、花键、刻线、螺旋面及球面等。分度头的种类很多，有简单分度头、万能分度头、光学分度头、自动分度头等，其中用得最多的是万能分度头。如图 3-6 所示，万能分度头的底座上装有回转体，分度头主轴可随回转体在垂直平面内转动－6°～90°，主轴前端的锥孔用于装顶尖，外部定位锥体用于装三爪自定心卡盘。分度时可转动分度手柄，通过蜗杆和蜗轮带动分度头主轴旋转实现分度。

使用分度头时，不仅可用分度头卡盘(或顶尖)与尾座顶尖一起安装轴类零件，如图 3-7(a)、(b)、(c)所示；而且可将零件套装在芯轴上，将芯轴装夹在分度头的主轴锥孔内，并按需要使分度头倾斜一定的角度，如图 3-7(d)所示；还可只用分度头卡盘安装零件，如图 3-7(e)所示。

分度头分度的方法有直接分度法、简单分度法、角度分度法和差动分度法等。分度头一般备有两块分度盘。分度盘的两面各钻有许多圈孔，各圈的孔数均不相同，但同一圈上各孔

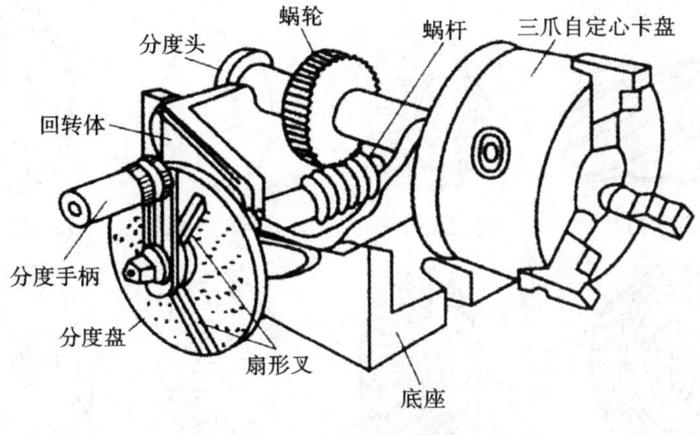

图 3-6 万能分度头结构示意图

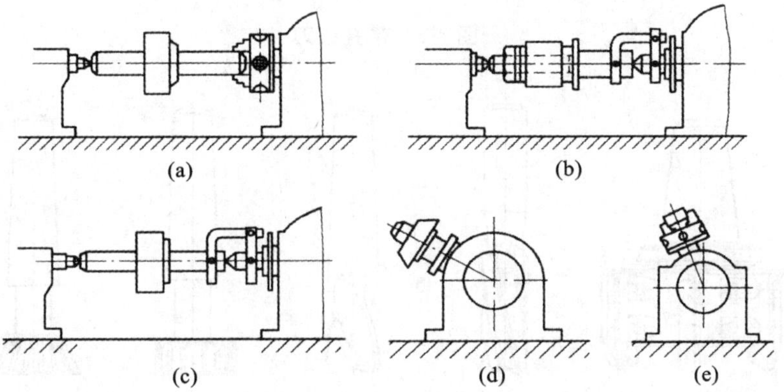

图 3-7 分度头装夹工件

的孔距是相等的。第一块分度盘正面各圈的孔数依次为 24、25、28、30、34、37,反面各圈的孔数依次为 38、39、41、42、43。第二块分度盘正面各圈的孔数依次为 46、47、49、51、53、54,反面各圈的孔数依次为 57、58、59、62、66。

3.3 铣刀及其安装

3.3.1 常用刀具介绍

铣刀是一种多刃刀具,种类很多。

(1) 按用途不同,铣刀可分为圆柱铣刀、面铣刀、盘形铣刀、锯片铣刀、立铣刀、键槽铣刀、模具铣刀、角度铣刀、成形铣刀等。

(2) 按结构不同,铣刀可分为整体式铣刀、焊接式铣刀、装配式铣刀、可转位式铣刀。

(3) 按齿背形式不同,铣刀可分为尖齿铣刀和铲齿铣刀。

(4) 按安装方法不同,铣刀可分为带孔铣刀和带柄铣刀两大类。如图 3-8 所示,采用孔装夹的铣刀称为带孔铣刀,一般用于卧式铣床;如图 3-9 所示,采用柄部装夹的铣刀称为带

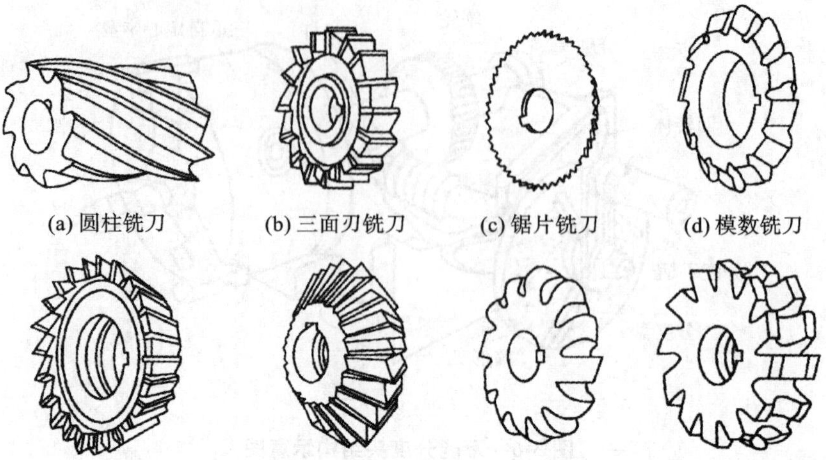

(a) 圆柱铣刀　(b) 三面刃铣刀　(c) 锯片铣刀　(d) 模数铣刀

(e) 单角铣刀　(f) 双角铣刀　(g) 凹圆弧铣刀　(h) 凸圆弧铣刀

图 3-8　带孔铣刀

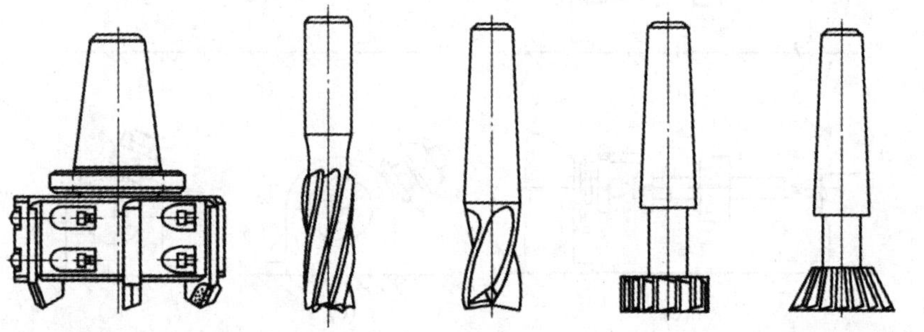

(a) 镶齿面铣刀　(b) 立铣刀　(c) 键槽铣刀　(d) T形槽铣刀　(e) 燕尾槽铣刀

图 3-9　带柄铣刀

柄铣刀，多用于立式铣床。

3.3.2　铣刀的安装和使用

1. 带孔铣刀的安装

圆柱铣刀属于带孔铣刀，安装方法如图 3-10(a)所示。刀杆上先套上几个套筒垫圈，装上键，再套上铣刀，如图 3-10(b)所示；在铣刀外边的刀杆上，再套上几个套筒后拧上压紧螺母，如图 3-10(c)所示；装上吊架，拧紧吊架紧固螺钉，轴承孔内加润滑油，如图 3-10(d)所示；初步拧紧螺母，并开机观察铣刀是否已装正，装正后用力拧紧螺母，如图 3-10(e)所示。

2. 带柄铣刀的安装

(1) 锥柄立铣刀的安装。如果锥柄立铣刀的锥柄尺寸与主轴孔内锥尺寸相同，则可直接装入铣床主轴中并用拉杆将铣刀拉紧；如果锥柄立铣刀的锥柄尺寸与主轴孔内锥尺寸不同，则根据铣刀锥柄的大小，选择合适的变锥套，将配合表面擦净，然后用拉杆把铣刀及变锥套一起拉紧在主轴上，如图 3-11(a)所示。

(2) 直柄立铣刀的安装。如图 3-11(b)所示，这类铣刀多用弹簧夹头安装。铣刀的直径

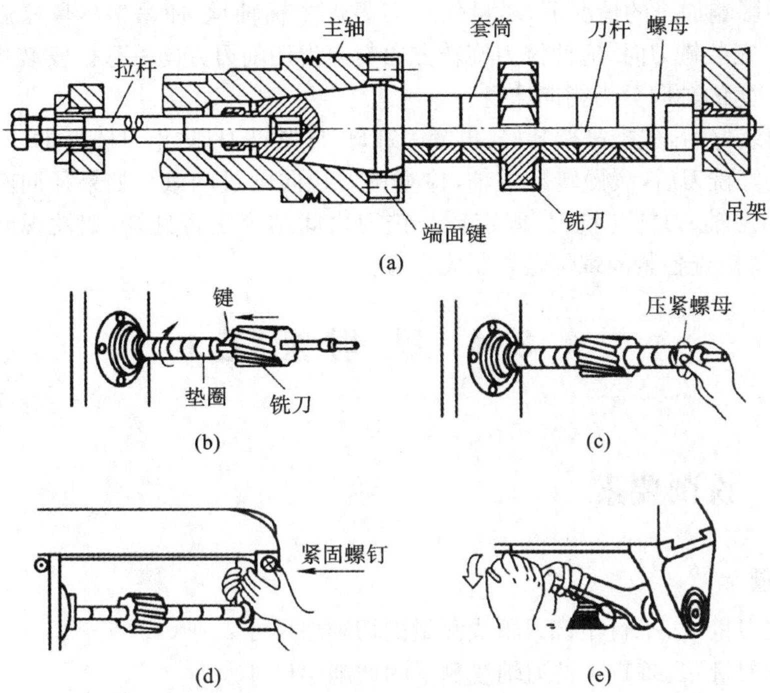

图 3-10 带孔铣刀的安装

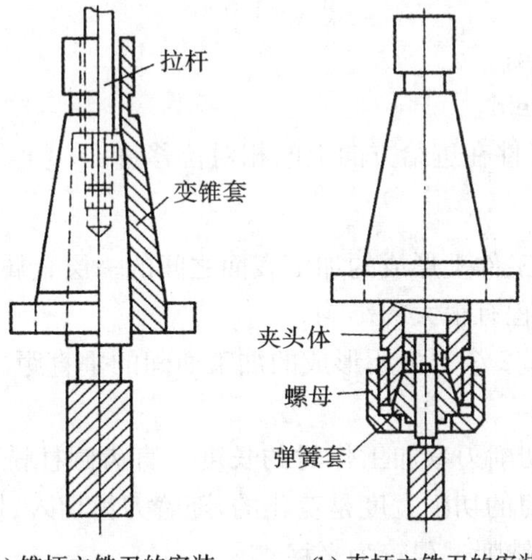

(a) 锥柄立铣刀的安装 (b) 直柄立铣刀的安装

图 3-11 带柄铣刀的安装

插入弹簧套的孔中，用螺母压弹簧套的端面，使弹簧套的外锥面受压而缩小孔径，即可将铣刀夹紧。弹簧套有三个开口，故受力时能收缩。弹簧套有多种孔径，以适应各种尺寸的直柄立铣刀。

3. 铣刀在安装中应注意的问题

（1）安装前要把刀杆、固定环和铣刀擦拭干净，防止污物影响刀具安装精度。装卸铣刀时，不能随意敲打；安装固定环时，不能互相撞击。

(2) 在不影响加工的情况下，尽量使铣刀靠近主轴轴承，使吊架尽量靠近铣刀，以提高刀杆的刚度。安装铣刀时，应使铣刀旋转方向与刀齿切削刃方向一致。安装螺旋齿铣刀时，应使铣削时产生的轴向分力指向床身。

(3) 铣刀装好后，先把吊架装好，再紧固螺母，压紧铣刀，防止刀杆弯曲。

(4) 安装好铣刀后，缓慢转动主轴，检查铣刀径向圆跳动量。如果径向圆跳动量过大，应检查刀杆与主轴、刀杆与铣刀、固定环与铣刀之间结合是否良好，如发现问题，应加以修复。最后，还要检查各紧固螺母是否紧固牢靠。

3.4 铣削加工

3.4.1 铣削要素

1. 铣削量

(1) 背吃刀量 a_p：平行于铣刀轴线测量的切削层尺寸。

(2) 侧吃刀量 a_e：垂直于铣刀轴线测量的切削层尺寸。

(3) 铣削速度 v_c：铣刀主运动的线速度(m/min)，计算公式为

$$v_c = \frac{\pi d_0 n_0}{1\ 000}$$

式中：d_0——铣刀直径，mm；

n_0——铣刀转速，r/min。

(4) 进给量：铣刀与工件在进给方向上的相对位移量。

2. 切削层

铣刀相邻 2 个刀齿在工件上形成的加工表面之间的一层金属层称为切削层。切削层剖面的形状和尺寸对铣削过程有很大的影响。

(1) 切削厚度 a_c：相邻 2 个刀齿所形成的加工面间的垂直距离。铣削时，切削厚度是随时变化的。

(2) 切削宽度 a_w：主切削刃参加工作时的长度。直齿圆柱铣刀的切削宽度与背吃刀量 a_p 相等，而螺旋齿圆柱铣刀的切削宽度是变化的，随着刀齿切入、切出工件，切削宽度逐渐增大，然后又逐渐减小，因而铣削过程较为平稳。

(3) 切削层横截面积 A_{cav}：又称切削总面积，铣刀同时有几个刀齿参加切削，切削总面积等于各个刀齿的切削面积之和。

铣削时，切削厚度是变化的，而螺旋齿圆柱铣刀的切削宽度也是变化的，并且铣刀的同时工作齿数也在变化，所以切削总面积是变化的。

3. 铣削力

铣削时每个参与工作的刀齿都受到切削力的作用，铣削合力应是各刀齿所受切削力的合力。

(1) 主切向力 F_c：在铣刀圆周切线方向上的分力，消耗功率最多，是主切削力。

（2）背向力 F_p：在铣刀半径方向上的分力，一般不消耗功率，但会使刀杆弯曲变形。

（3）轴向力 F_a：在铣刀轴线方向上的分力。

4. 铣削方式

如图 3-12 所示，用刀齿分布在圆周表面的铣刀进行铣削的方式称为周铣，用刀齿分布在圆柱端面上的铣刀进行铣削的方式称为端铣。周铣有逆铣和顺铣之分。如图 3-13 所示，逆铣时，铣刀的旋转方向与工件的进给方向相反；顺铣时，铣刀的旋转方向与工件的进给方向相同。

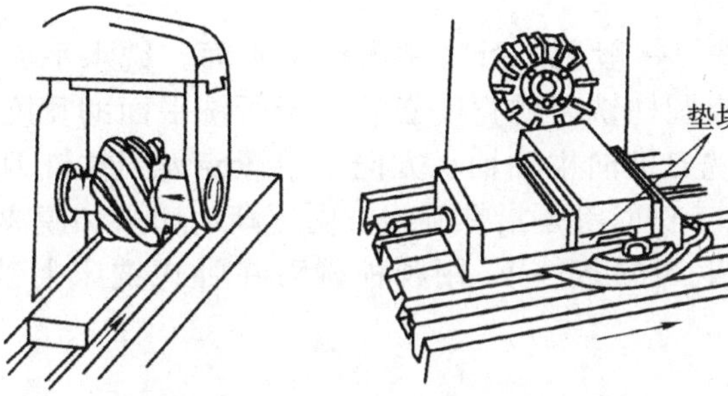

(a) 周铣　　(b) 端铣

图 3-12　周铣和端铣

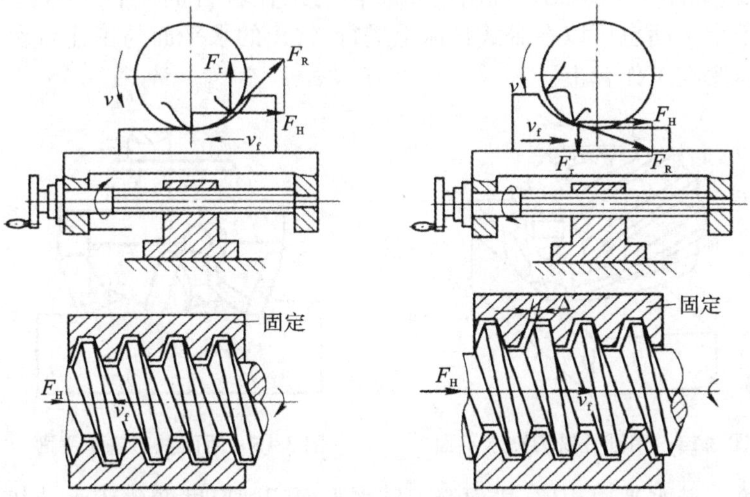

(a) 逆铣　　(b) 顺铣

图 3-13　逆铣和顺铣

逆铣时，切屑的厚度从零开始渐增。实际上，铣刀的切削刃开始接触工件后，将在表面滑行一段距离才真正切入金属。这就使得切削刃容易磨损，并增加加工表面粗糙度值。铣刀对工件有上抬的切削分力，影响工件安装在工作台上的稳固性。顺铣没有上述缺点，但是，顺铣时工件的进给会受工作台传动丝杠与螺母之间间隙的影响。因为铣削的水平分力与工件的进给方向相同，铣削力忽大忽小，就会使工作台窜动和进给量不均匀，甚至引起打刀或损坏机床，所以，必须在纵向进给丝杠处有消除间隙的装置才能采用顺铣。但一般铣床上没有消除丝杠螺母间隙的装置，只能采用逆铣法。另外，对铸、锻件表面的粗加工，由于顺铣时刀齿首先接触黑皮，将加剧刀具的磨损，因此此时应选择逆铣。

3.4.2 铣平面

平面是工件加工面中最常见的，铣削在平面加工中具有较高的加工质量和效率，是平面的主要加工方法之一。工件平面按照位置可分为水平面、垂直面、平行面、斜面和台阶面，常选用圆柱铣刀、三面刃铣刀和面铣刀在卧式铣床或立式铣床上铣削。

1. 铣水平面

1）用圆柱铣刀铣水平面

如图 3-14 所示，圆柱铣刀一般用于卧式铣床铣水平面。铣水平面用的圆柱铣刀，一般为螺旋齿圆柱铣刀。螺旋齿圆柱铣刀的宽度必须大于所铣平面的宽度，螺旋线的方向应使铣削时所产生的轴向力将铣刀推向主轴轴承方向。用螺旋齿圆柱铣刀铣削时，同时参加切削的刀齿数较多，每个刀齿工作时都是沿螺旋线方向逐渐地切入和脱离工作表面，切削比较平稳。如今在单件小批量生产的条件下，用圆柱铣刀在卧式铣床上铣水平面仍是常用的方法。

2）用面铣刀铣平面

面铣刀一般中间带有圆孔，通常先将面铣刀装在短刀轴上，再将短刀轴装入机床的主轴上，并用拉杆螺丝拉紧。当铣削尺寸小的工件时，也可以用机用虎钳装夹。在立式铣床上用面铣刀铣水平面，如图 3-15 所示，铣出的水平面与工作台台面平行，工件多用机用虎钳装夹。用面铣刀铣水平面也可以在卧式铣床上进行，铣出的水平面与工作台台面垂直，常用压板将工件直接压紧在工作台上。

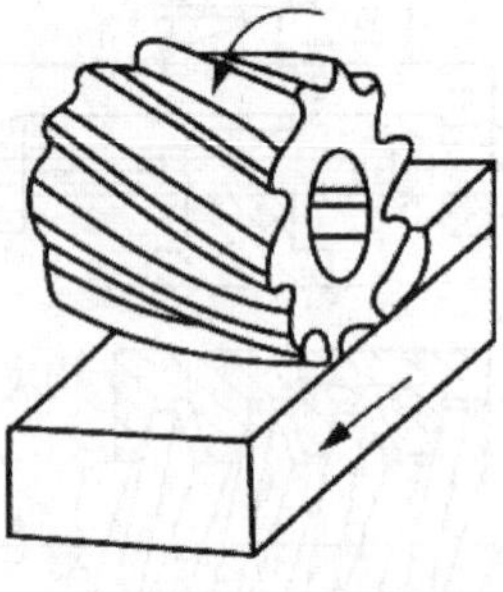

图 3-14 用圆柱铣刀铣水平面

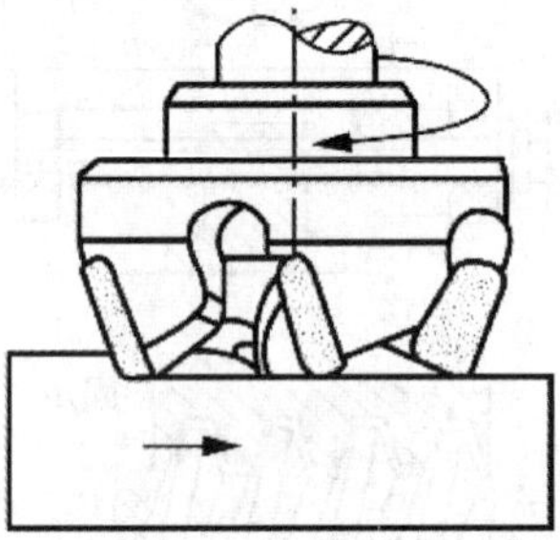

图 3-15 用面铣刀铣水平面

与用圆柱铣刀铣水平面相比，用面铣刀铣水平面切削厚度变化较小，同时切削的刀齿较多，因此切削比较平稳；再则，面铣刀的主切削刃担负着主要的切削工作，而副切削刃又有修光作用，所以表面光整。此外，面铣刀的刀齿易于镶装硬质合金刀片，可进行高速铣削，且面铣刀的刀杆比圆柱铣刀的刀杆短些，刚性较好，能减少加工中的振动，有利于提高铣削用量。因此，端铣既提高了生产率，又提高了表面质量，所以在大批量生产中，端铣已成为加工水平面的主要方式之一。

3）对刀

在铣床上，移动工作台有手动和机动两种方法。手动移动工作台一般用于切削位置的调整和工件趋近铣刀的运动；机动移动工作台用于连续进给实现铣削。在调整工件或对刀时，如果不小心将手柄摇过位置，则应将手柄倒转一些（一般转 1/2～1 周）后，再重新摇动手柄到规定位置，从而消除丝杠螺母副的轴向间隙，避免尺寸出现错误。

4）确定铣削用量

①端铣时的背吃刀量 a_p 和周铣时的侧吃刀量 a_c。在粗加工时，若加工余量不大，可一次切除。精铣时，每次的吃刀量要小一些。

②端铣时的侧吃刀量 a_c 和周铣时的背吃刀量 a_p。端铣时的侧吃刀量一般与工件加工面的宽度相等。

③每齿进给量 f_z。通常取每齿进给量 $f_z=0.02\sim0.3$ mm/z，粗铣时，每齿进给量要取大一些；精铣时，每齿进给量应取小一些。

④铣削速度 v_c。工件材料及铣刀切削刃材料等不同，所采用的铣削速度也应不同。

5）铣水平面的步骤

①选择和安装铣刀。根据铣刀内孔直径选择适当长的刀杆，把铣刀安装好。

②装夹工件。工件可以在机用虎钳上或工作台台面上直接装夹，铣削圆柱体上的水平面时还可以用 V 形块装夹。

③合理地选择铣削用量。

④调整工作台纵向自动停止挡铁，把工作台前面 T 形槽内的两块挡铁固定在与工作行程起止相应的位置，实现工作台自动停止进给。

⑤开始铣削。铣水平面时，应根据工件加工要求和余量大小分粗铣和精铣两个阶段进行。

6）铣水平面时的注意事项

①正确使用刻度盘。先搞清楚刻度盘每转一格工作台进给的距离，再根据要求的移动距离计算应转过的格数。转动手柄前，先把刻度盘零线与不动指标线对齐并固紧，再转动手柄至需要刻度。如果多转了几格，应先把手柄倒转一圈后再转到需要刻度，以消除丝杠和螺母配合间隙对移动距离的影响。

②当背吃刀量大时，必须先手动进给，避免因铣削力突然增加而损坏铣刀或使工件松动。

③铣削进行中途不能停止工作台进给。因为铣削时，铣削力将刀杆向上抬起，停止进给后，铣削力很快消失，刀杆弯曲变形恢复，工件会被铣刀切出一格凹痕。当铣削途中必须停止进给时，应先将工作台下降，使工件脱离铣刀后，再停止进给。

④进给结束，工作台快速返回时，先要降下工作台，防止铣刀返回时划伤已加工表面。

⑤铣削时，根据需要决定是否使用切削液。

7）铣水平面时出现废品的原因

铣水平面时产生废品的原因和防止方法见表 3-2。

表 3-2　铣水平面时产生废品的原因和防止方法

废品种类	产生废品的原因	防止方法
表面粗糙度值大	进给量太大	减小每齿进给量
	振动大	减小铣削用量及调整工作台的楔铁，使工作台无松动现象
	表面有深啃现象	中途不能停止进给，若已出现深啃现象，而工件还有余量，可再切削一次，消除深啃现象
	铣刀不锋利	刃磨铣刀
	进给不均匀	手动进给要均匀或改用机动进给
	铣刀摆差太大	减小每转进给量或重磨、重装铣刀

续表

废品种类	产生废品的原因	防止方法
尺寸与图样要求不相符	刻度盘没有对准，或没有将进给丝杠和螺母配合间隙消除	应仔细转手柄，使刻度盘对准，若转错刻度盘而工件还有余量，可重新对准刻度，再铣至规定尺寸
	工件松动	将工件夹牢固
	测量不准确	正确地测量

2. 铣垂直面和平行面

铣垂直面和平行面时，最重要的是使工件的基准平面处在工作台正确的位置上，具体见表 3-3。下面以端铣为例来讲解铣垂直面和平行面的方法。

表 3-3　铣垂直面和平行面的方法

类别	卧式铣床加工		立式铣床加工	
	周铣	端铣	周铣	端铣
平行面	平行于工作台台面	垂直于工作台台面及主轴	垂直于工作台台面并平行于进给方向	平行于工作台台面
垂直面	垂直于工作台台面	平行于工作台台面并平行于主轴	平行于工作台台面	垂直于工作台台面

1）端铣垂直面

①在立式铣床上端铣垂直面。在立式铣床上端铣垂直面用机用虎钳装夹，与在卧式铣床上周铣垂直面的方法基本相同，不同之处在于用端铣刀端铣垂直面时影响加工面与基准面之间垂直度的主要因素是铣床主轴轴线与进给方向的垂直度误差。如果立铣头的“零位”不准确，加工平面会出现倾斜的现象。如果通过纵向进给作不对称端铣，加工的平面会出现略带凹且不对称的现象。

②在卧式铣床上端铣垂直面。在卧式铣床上端铣垂直面，用压板装夹的方法适用于铣较大尺寸的垂直面，如图 3-16 所示。采用升降台作垂直方向进给时由于不受工作台“零位”准确性的影响，因而精度很高。

2）端铣平行面

①在立式铣床上端铣平行面。如果端铣中、小型工件上的平行面，可选用机用虎钳装夹，这时需将工件基准面紧贴机用虎钳钳体导轨面或平行垫铁；如果端铣的平行面尺寸较大或在工件上有台阶，可直接用压板装夹，这时需将工作基准面与工作台台面贴合，如图3-17所示。

②在卧式铣床上端铣平行面。在卧式铣床上端铣平行面适用于加工尺寸较大、两侧面有较高平行度要求的工件。这样的工件应先以加工后的底面为基准，铣削工件的一侧面与底面垂直，然后以这一侧面作为平行面的基准，在工作台 T 形槽里装上定位键，使工件基准面靠向定位键侧面后夹紧，再用端铣刀加工侧面的平行面，如图 3-18 所示。

3. 铣斜面

1）斜面的表示方法

斜面是指工件上相对基准平面倾斜的平面，即与基准平面相交成所需角度的平面。斜

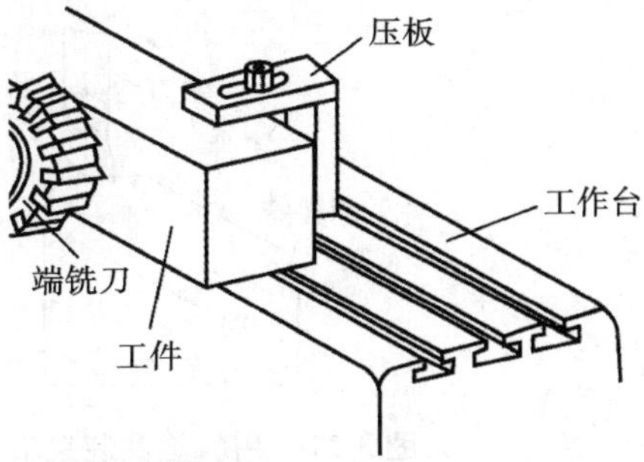

图 3-16 在卧式铣床上用压板装夹的方法铣垂直面

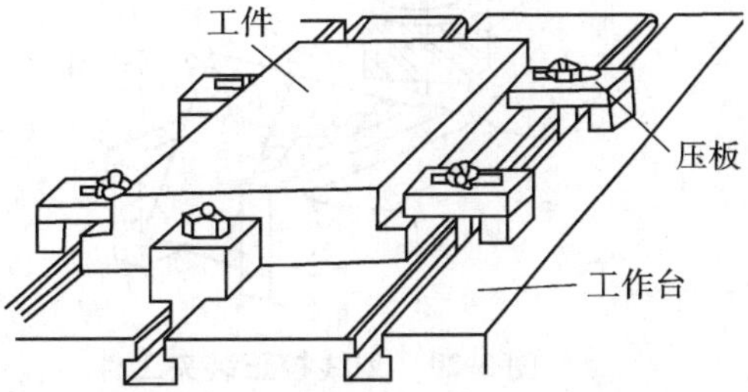

图 3-17 在立式铣床上端铣较大平行面

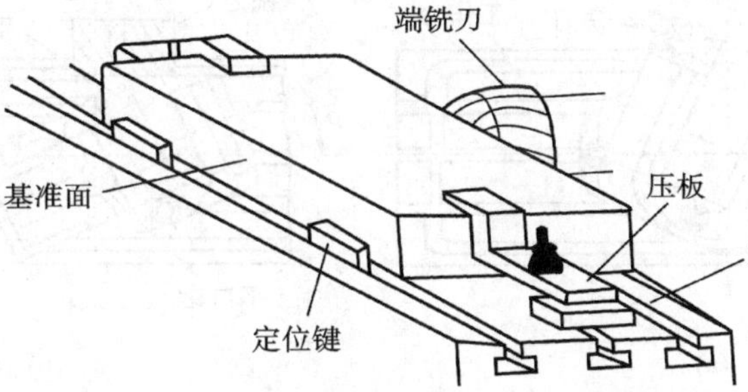

图 3-18 在卧式铣床上端铣平行面

面相对基准面倾斜的程度用斜度来衡量，在图样上有以下两种表示方法。

①倾斜角度的度数表示法。倾斜程度大的斜面(斜度大)用倾斜角度的方法表示。图 3-19(a)所示斜面和基准面的夹角为 20°。

②斜度 S 的比值表示法。倾斜程度小的斜面用斜度 S 的比值方法表示。如图 3-19(b)所示，在 70 mm 的长度上，斜面两端至基准面的距离相差 10 mm，斜度用“∠1∶7”表示。斜度的符号“∠”的下横线与基准面平行，上斜线的倾斜方向应与斜面的倾斜方向一致，即斜度符号“∠”的尖端必须与图样上倾斜角的尖端相对应，不能画反。

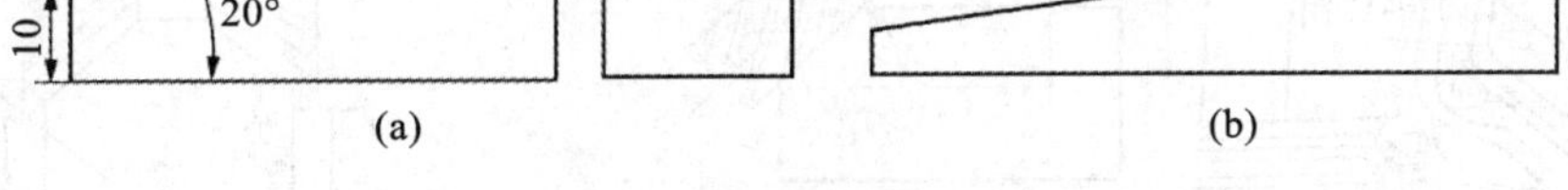

图 3-19 斜度表示方法

2) 斜面的铣削方法

斜面的铣削方法有工件倾斜铣斜面、铣刀倾斜铣斜面和用角度铣刀铣斜面三种。

①工件倾斜铣斜面。

在单件生产中，常用划线方式校正装夹工件实现斜面的铣削，如图 3-20 所示。也可利用斜垫铁装夹工件加工斜面，如图 3-21 所示。还可用机用虎钳将工件旋转一定角度实现斜面铣削。注意，此法必须校正固定钳口与主轴轴线的垂直度和平行度，或与工作台纵向进给方向的垂直度与平行度，然后按照角度要求将钳体转到刻度盘上的相应位置，如图 3-22 所示。

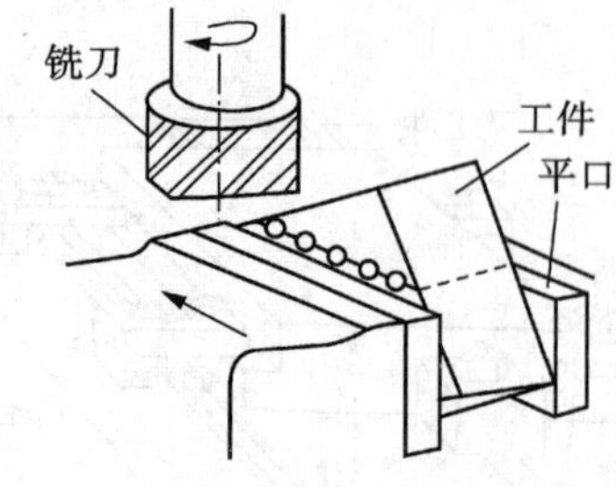

图 3-20　划线校正装夹工件实现斜面的铣削

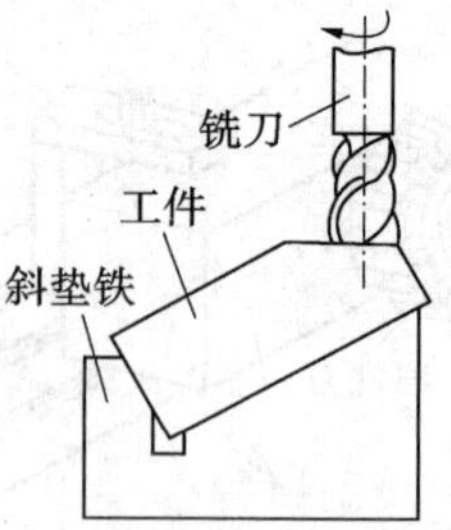

图 3-21　用斜垫铁装夹工件实现斜面的铣削

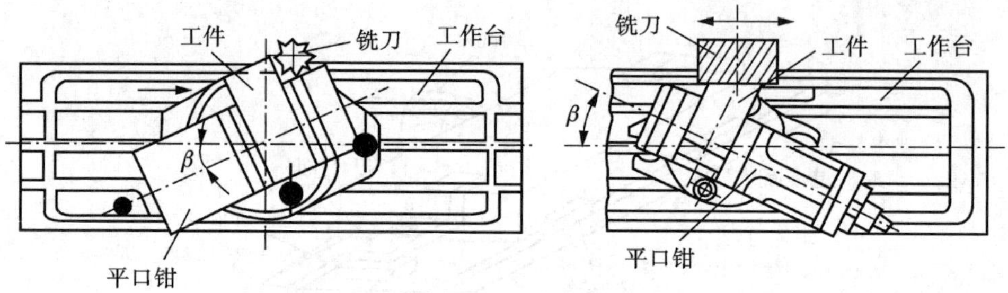

(a)　(b)

图 3-22　调转钳体角度铣斜面

②铣刀倾斜铣斜面。在立铣头可以偏转的立式铣床，装有立铣头的卧式铣床、万能工具铣床上，均可将铣刀按照一定的要求偏转进行斜面的铣削，如图 3-23 所示。

③角度铣刀铣斜面。切削刃与轴线倾斜成某一角度的铣刀称为角度铣刀，斜面的倾斜角度由角度铣刀保证。由于受到铣刀刀刃宽度的限制，用角度铣刀铣削斜面只适用于小斜面。用角度铣刀铣斜面如图 3-24 所示。

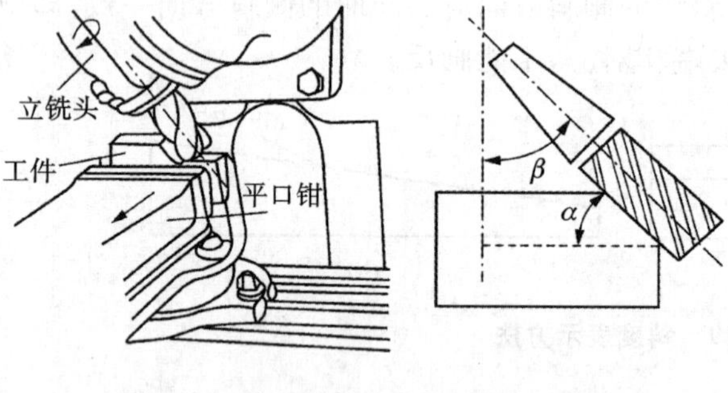

图 3-23　铣刀偏转一定角度铣削斜面

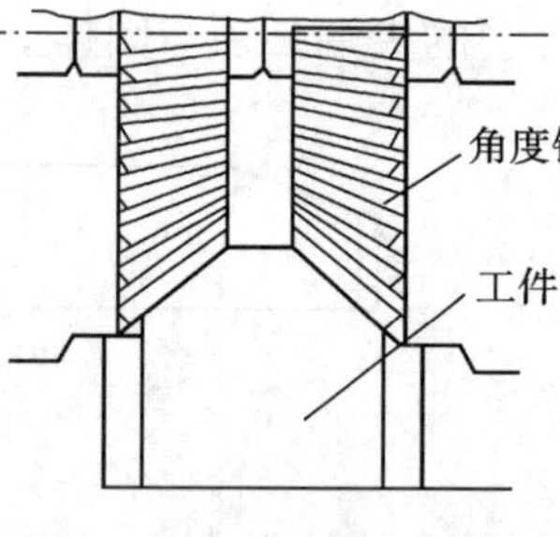

图 3-24　用角度铣刀铣斜面

4. 铣台阶

零件上的台阶通常可在卧式铣床上采用一把三面刃铣刀或组合三面刃铣刀铣削，或在立式铣床上采用不同刃数的立铣刀铣削。

1）三面刃铣刀铣台阶

用三面刃铣刀铣台阶(见图 3-25)，三面刃铣刀的周刃起主要切削作用，而侧刃起修光作用。由于三面刃铣刀的直径较大，刀齿强度较高，便于排屑和冷却，能选择较大的切削用量，效率高，精度好，因此通常采用三面刃铣刀铣台阶。

①校正铣床工作台零位。在用三面刃铣刀加工台阶时，若工作台零位不准，铣出的台阶两侧将呈凹弧形曲面，且上窄下宽，使尺寸和形状不准。

②校正机用虎钳。机用虎钳的固定钳口一定要校正到与进给方向平行或垂直，否则，钳口歪斜，将加工出与工件侧面不垂直的台阶。

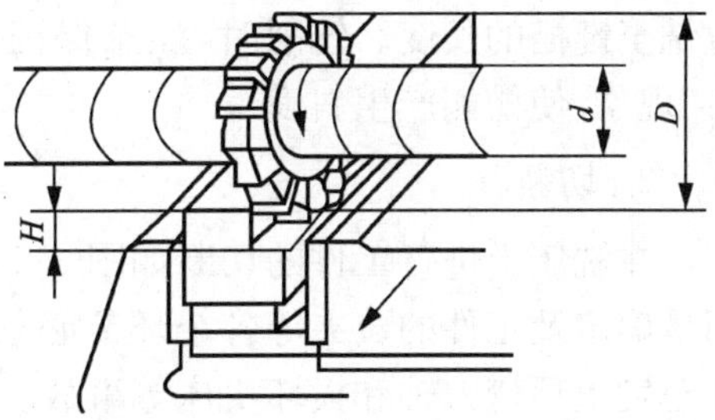

图 3-25　三面刃铣刀铣台阶

2）组合三面刃铣刀铣台阶

成批铣削双面台阶零件时，可用组合的三面刃铣刀。铣削时，选择两把直径相同的三面刃铣刀，用薄垫圈适当调整两把三面刃铣刀内侧刃间距，并使间距比图样要求的尺寸略大些，以避免因铣刀侧刃摆差使铣出的尺寸小于图样要求。静态调好之后，还应进行动态试铣，即在废料上试铣并检测凸台尺寸，直至符合图样尺寸要求。加工中还需经常抽检该尺寸，避免造成过多的废品。

3）立铣刀铣台阶

铣削较深台阶或多级台阶时，可用立铣刀（主要有 2 齿、3 齿、4 齿）铣削。立铣刀的周刃起主要切削作用，端刃起修光作用。由于立铣刀的外径通常都小于三面刃铣刀，因此，立铣刀的刚度和强度较差，铣削用量不能过大，否则立铣刀容易加大“让刀”导致的变形，甚至折断。

当台阶的加工尺寸及余量较大时，可采用分段铣削，即先分层粗铣掉大部分余量，并预留精加工余量，后精铣至最终尺寸。粗铣时，台阶底面和侧面的精铣余量选择范围通常为 0.5～1.0 mm。精铣时，应首先精铣底面至尺寸要求，后精铣侧面至尺寸要求，这样可以减小铣削力，从而减小夹具、工件、刀具的变形和振动，提高尺寸精度和表面粗糙度。

3.4.3　铣键槽与切断

1. 铣键槽

在铣床上能加工各种沟槽，如直槽、V 形槽、T 形槽、燕尾槽等。这里主要介绍键槽的加工。

1）分层铣削法

图 3-26 所示为分层铣削法。用这种方法加工，每次铣削深度只有 0.5～1 mm，以较大的进给速度往返进行铣削，直至达到深度尺寸要求。

使用此加工方法，铣刀用钝后，只需刃磨端面，磨短不到 1 mm，铣刀直径不受影响；铣削时不会产生“让刀”现象；但在普通铣床上进行加工时，操作的灵活性不好，生产效率反而比正常切削更低。

2）扩刀铣削法

图 3-27 所示为扩刀铣削法。将选择好的键槽铣刀外径磨小 0.3～0.5 mm（磨出的圆柱度要好）。铣削时，在键槽的两端各留 0.5 mm 余量，分层往复走刀铣至深度尺寸，然后测量槽宽，确定宽度余量，用符合键槽尺寸的铣刀由键槽的中心对称扩铣槽的两侧至尺寸，并同

时铣至键槽的长度。铣削时，注意保证键槽两端圆弧的圆度。这种铣削方法容易产生“让刀”现象，使槽侧产生斜度。

2. 切断

在铣床上进行工件的切断如图 3-28 所示，效率高，质量好，节省材料，但刀具选择、切削用量确定及工件的装夹等各个环节必须做到正确可靠，否则容易导致刀具折断、工件报废，甚至发生顶弯刀轴和损坏机床等事故。

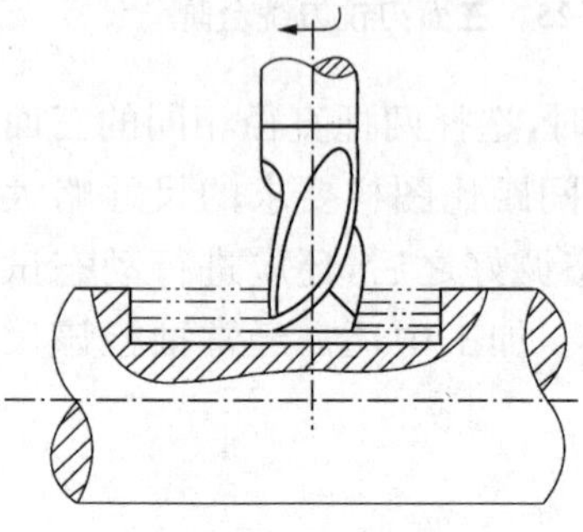

图 3-26 分层铣削键槽

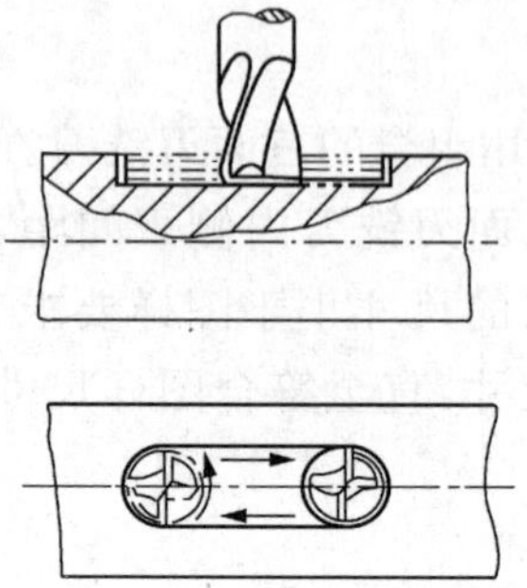

图 3-27 分层铣削至深度尺寸再扩铣两侧

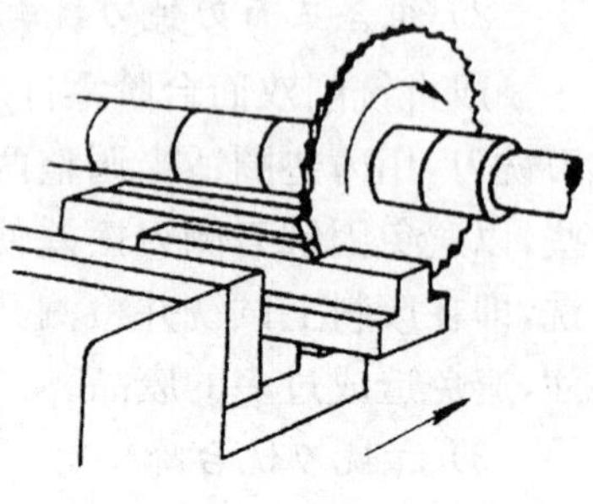

图 3-28 在铣床上切断工件

3.4.4 铣成形面及曲面

1. 铣成形面

成形面一般在卧式铣床上用成形铣刀来加工，成形铣刀的形状与加工面相吻合，如图 3-29所示。

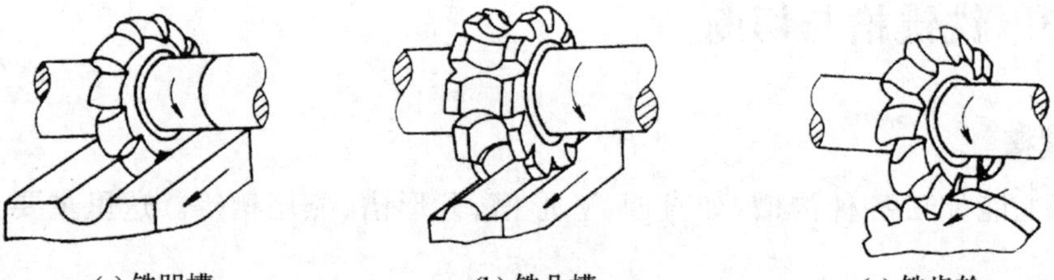

(a) 铣凹槽　(b) 铣凸槽　(c) 铣齿轮

图 3-29 铣成形面

2. 铣曲面

曲面一般在立式车床上加工，方法有以下两种：

(1) 按划线铣曲面。对于要求不高的曲面，可以按工件上画出的线，移动工作台进行加工，如图 3-30(a)所示。

(2) 用靠模铣曲面。在大批量生产中，可以采用靠模铣曲面。图 3-30(b)所示为在圆形工作台上用靠模铣曲面，铣削时立铣刀上面的圆柱部分始终与靠模接触，从而加工出与靠模一样的曲面。

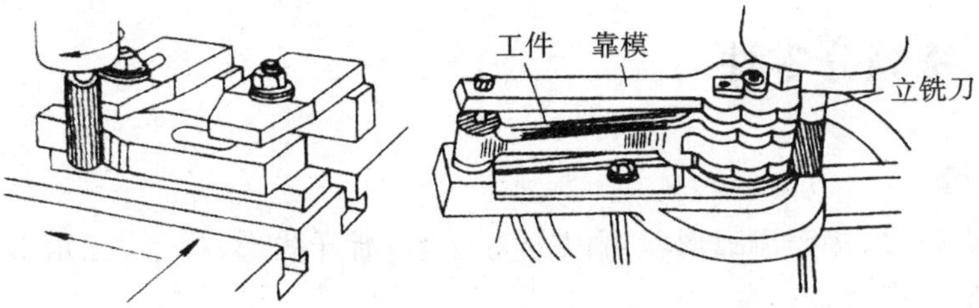

(a) 用划线铣曲面　　(b) 用靠模铣曲面

图 3-30　铣曲面

3.4.5　铣螺旋槽

螺旋线可分为圆柱螺旋线、圆锥螺旋线和平面螺旋线，由圆柱螺旋线轨迹构成的零件最为普遍。

1. 圆柱螺旋槽铣削

圆柱螺旋槽常在万能铣床上加工，可用立铣刀或三面刃铣刀铣削。加工时，铣刀作旋转运动；工件既随工作台作直线移动，又被分度头带动作旋转运动。运动的配合必须满足下列要求：工件转一周，工作台纵向移动螺旋槽一个导程 P_h，为了使所铣出的螺旋槽的形状与所用铣刀的截面形状相同，必须使铣刀刀齿与被加工螺旋槽方向一致，因此应将工作台旋转 β 角，如图 3-31 所示。其关系式为：

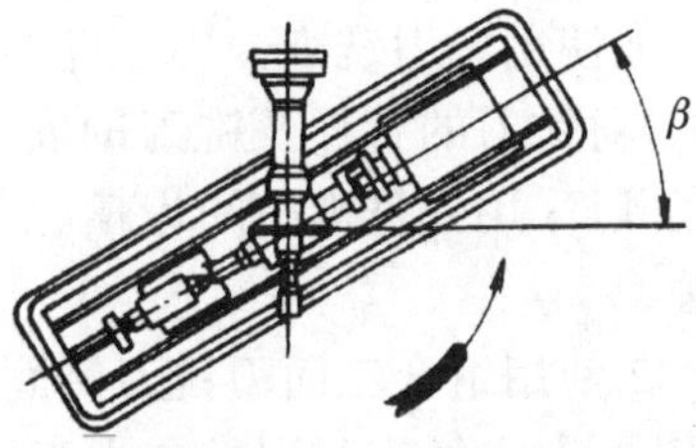

图 3-31　铣右圆柱螺旋槽

$$\tan\beta = \pi \frac{d}{P_h}$$

式中：β——工件的螺旋角；

d——工件的外径；

P_h——工作台纵向进给丝杠导程。

要想尽量减小干涉量，获得法面形状较好的螺旋槽，在螺旋角和深度确定后，只有用直径很小的立铣刀铣削才能实现这一点。在卧式铣床上用三面刃铣刀铣削圆柱螺旋槽时，干涉现象比用立铣刀铣削时更严重。

2. 铣圆柱螺旋槽时的注意事项

①主动轮挂工作台丝杠上，被动轮挂分度头侧轴上。

②分度头主轴须随着工作台的移动而连续旋转，故必须松开分度头主轴锁紧手柄和孔盘侧面的紧固螺钉，并将定位销始终插入孔盘的孔眼中。

③交换齿轮之间应保持一定的啮合间隙。

④由于圆柱螺旋槽有左旋与右旋之分，因此安装交换齿轮时应注意工件的转向。

⑤铣削多头圆柱螺旋槽时，在铣完一槽并退回后，应先紧固孔盘侧面的紧固螺钉，再将定位销拔出进行分度。分度后，将定位销插入孔盘，并松开紧固螺钉进行下一个槽的铣削。

3.4.6 铣等分零件

1. 铣外花键

外花键种类较多，按照齿廓形状可以分为矩形、渐开线形、梯形、三角形等。其中，以矩形外花键应用最为广泛。

1）矩形外花键的工艺要求

矩形外花键的工艺要求体现在以下几个方面。

①尺寸精度。

②表面粗糙度。

③形状和位置精度：矩形外花键定心小径（或大径）与基准轴线的同轴度；矩形外花键的形状精度和等分精度；矩形外花键的两侧面与基准轴线的对称度和平行度。

2）外花键的加工方法

外花键的加工方法应根据零件的数量、技术要求及设备和刀具等具体条件确定。零件数量不多时，可在普通铣床上加工。

①使用单刀铣削。当工件的数量很少时，使用三面刃单刀铣削比较方便。用这种方法加工，对铣刀的直径及铣刀的安装精度都没有很高的要求，但生产效率比较低。用单刀铣削，可以采用先铣削中间齿槽、后铣削健侧的方法，也可以采用先铣削健侧、后铣削槽底的方法。

②使用组合三面刃铣刀侧面刀刃铣削。铣削时，应掌握以下要点：两把三面刃铣刀的直径相同，二者的直径误差应小于 0.2 mm；两把三面刃铣刀侧面刀刃之间的距离应等于外花键键宽；两把三面刃铣刀的内侧刃应对称于工件中心。

③使用组合三面刃铣刀圆柱面刀刃铣削。铣削时，应掌握以下要点：两把三面刃铣刀的直径要求严格相等，最好一次磨出；利用铣床工作台的垂向移动量控制键的宽度。两把三面刃铣刀之间的距离 s 为

$$s = \sqrt{d^2 - B^2} - 1$$

两把三面刃铣刀的内侧刃对工件中心的对称度不要求十分准确。分度头主轴和尾座顶尖必须同轴，加工时尾座的顶尖应顶得比较紧，否则，铣出的键宽两端尺寸会不一致。

④使用成形铣刀铣削。铣削时，通过调整背吃刀量来控制键的宽度。因此，首件加工须细致地调整背吃刀量，以获得精确的键宽和小径尺寸。

2. 铣离合器

矩形齿离合器也称为直齿离合器，根据离合器齿数分为奇数矩形齿离合器和偶数矩形齿离合器两种。这两种离合器齿的侧面都通过工件中心。对离合器的加工要求是：为保证两个离合器能够正确啮合，齿形必须准确；由于成对使用，同轴精度要求也要高；表面粗糙度值要小，Ra 值为 3.2 μm 至 1.6 μm；齿部要淬火，以具有一定的强度和耐磨性。

矩形齿离合器的齿顶面和槽底面相互平行且均垂直于轴线，沿圆周展开齿形呈矩形。

1）奇数矩形齿离合器的铣削

①铣刀的选择。铣奇数矩形齿离合器时，选用三面刃铣刀或立铣刀。为了使离合器的小端齿不被铣伤，三面刃铣刀的宽度 L 或立铣刀的直径 D 应略小于齿槽小端的宽度 b。

②工件的安装和校正。工件装夹在三爪卡盘上时，应确保工件的径向跳动和端面跳动符合要求。如果用芯轴装夹工件，应将芯轴校正后，再将工件装夹在芯轴上进行加工。

③对中心。铣削时，应使三面刃铣刀的端面刃或立铣刀的周刃通过工件中心。一般情况下，装夹校正工件后，在工件上划出中心线，然后按线对中心。工件直径较小时，要采用用刀侧面擦外圆的方法。

④铣削方法。对中心铣削工件时，使铣刀切削刃轻轻与工件端面接触，然后退刀。按齿高调整切削深度，将不使用的进给及分度头主轴紧固，使铣刀穿过整个端面，一次铣出两个齿的各一个侧面，退刀后松开分度头紧固手柄。分度铣第二刀，以同样的方法铣完各齿。铣削的走刀次数等于奇数矩形齿离合器的齿数。奇数矩形齿离合器铣削示意图如图3-32所示。

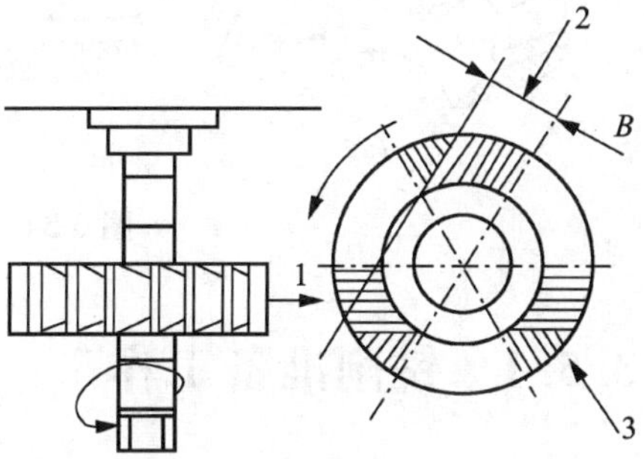

图3-32　奇数矩形齿离合器铣削示意图

2）偶数矩形齿离合器的铣削

偶数矩形齿离合器铣削示意图如图3-33所示。偶数矩形齿离合器的装夹、校正、划线、对中心方法与奇数矩形齿离合器相同。铣偶数矩形齿离合器时，铣刀不能通过工件整个端面。每次分度只能铣出一个齿的一个侧面。因此，注意不要铣伤对面的齿，铣削时首先使铣刀的端面1对准工件中心。分度铣出齿侧1、2、3、4，然后将工件转过一个槽角α，再将工作台移动一个刀宽的距离，使铣刀端面2对准工件中心，再依次铣出每个齿的另一个侧面5、6、7、8。

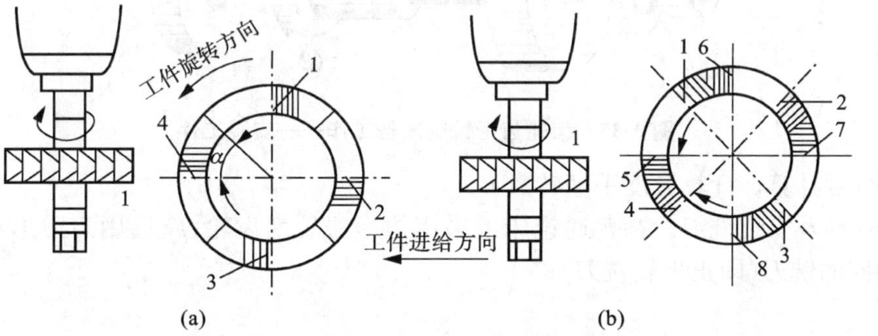

图3-33　偶数矩形齿离合器铣削示意图

3.5　齿形加工简介

齿轮齿形的加工方法很多，一般可分为两大类：一类是成形法，如图3-34(a)、(b)所示；另一类是展成法，如图3-34(c)所示。成形法是在万能铣床上利用刀刃形状和工件齿槽形状相同的刀具来切制齿形。此法效率和精度比展成法差，一般用于要求不高的单件修配齿轮加工。展成法是根据齿轮啮合原理，在专用机床上利用刀具和工件具有严格速比的相对运动来切制齿形。这种加工方法精度高，效率高。目前齿轮加工主要采用展成法，在滚齿机上滚齿就是展成法加工。

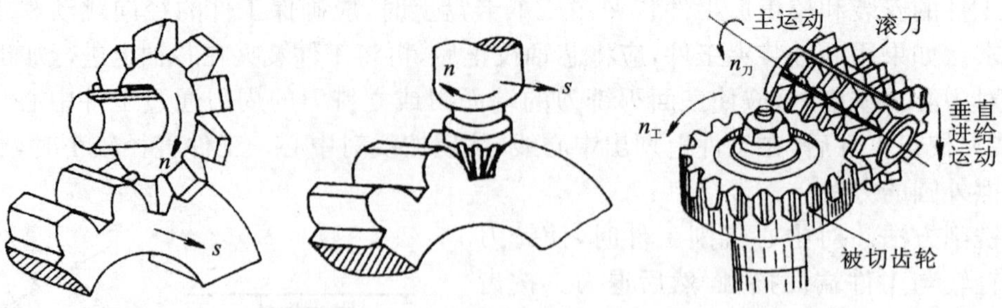

图 3-34 齿轮齿形的加工方法

3.5.1 铣削准备工作

(1) 安装分度头。

(2) 检查齿坯。铣削后的齿轮质量与原齿坯质量有密切的关系。

(3) 装夹和找正工件。将工件装夹在专用芯轴上,套入垫圈,旋上螺母,然后将芯轴装上鸡心夹头,安装在分度头两顶尖之间,如图 3-35 所示。

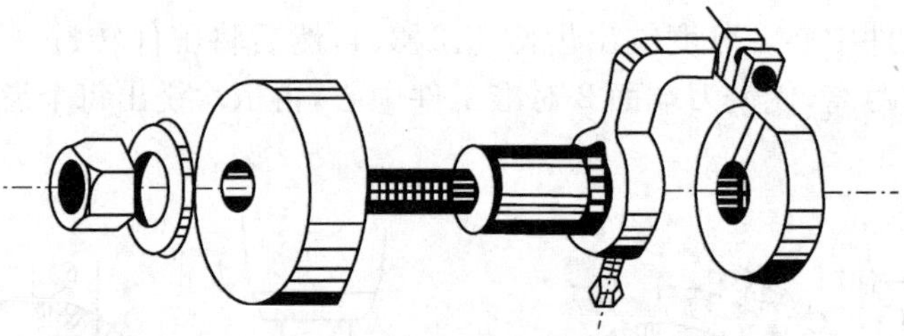

图 3-35 齿轮齿形铣削准备工作——安装工件

(4) 分度计算。计算分度手柄转数 n。

(5) 选择及安装铣刀。在普通铣床上采用仿形法铣削齿轮,应选用刀刃形状和齿轮齿槽形状相同的铣刀(即正齿轮铣刀)。

3.5.2 对刀方法

1. 划线对中法

(1) 将划针调整到接近齿坯中心高度,移动划针,画出线段。

(2) 将齿坯转动 180°后,划针高度不变,并且使划针移到工件对侧,再次移动划针,画出线段。

(3) 将划线一侧向上翻转 90°,将铣刀调整到两线段中间完成铣刀的对中。

2. 切痕对中法

目测铣刀对好中心,垂向缓慢移动工作台,使齿坯与铣刀轻微接触,横向移动工作台,在齿坯上切出一椭圆刀痕。调整工作台,使铣刀处于椭圆中心,完成对刀。

3. 圆柱对中法

目测铣刀对好中心，铣出一条浅槽，推出齿坯，将齿坯转过 90°，在齿槽中放入等于齿轮模数的圆棒外圆，然后将齿坯转过 180°，用同样的方法测量，看两次读数是否相同，若不同，按两次续数差值的 1/2 调整横向工作台即可。

3.5.3 铣削

齿轮齿形的铣削一般分为粗铣和精铣两步进行。若齿轮质量要求不高或者齿轮模数较小，可以一次铣出。

铣工实习工作页

<table>
<tr><td colspan="2">任务单</td></tr>
<tr><td>学习情境</td><td>组合件加工</td></tr>
<tr><td>任务布置</td><td>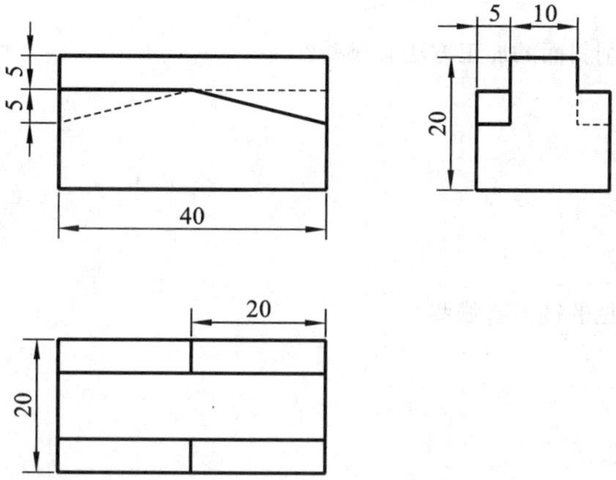

对图纸进行分析，选择合适的毛坯和铣削工艺完成加工，对工件进行测量，使达到该图纸的要求。</td></tr>
<tr><td>学习目标</td><td>通过铣工实习教学环节：
1. 熟悉铣床的结构组成和铣削的加工范围；
2. 熟悉有关铣工及铣削工艺方面的基本知识和测量方法，培养、提高实践能力；
3. 了解铣削常用附件的结构、用途和使用方法；
4. 了解、熟悉和掌握一定的铣削加工基础知识和操作技能，培养、提高和加强铣削加工实践能力、创新意识和创新能力；
5. 培养和锻炼劳动观点、质量和经济观念，强化遵守劳动纪律、遵守安全技术规则和爱护国家财产的自觉性，提高综合素质。</td></tr>
<tr><td>实习要求</td><td>1. 遵守铣工安全操作规程；
2. 加工时必须做到安全文明生产；
3. 要相互协作，以小组的形式进行学习、讨论、操作、总结；
4. 遵守实训基地各项管理规章制度，不迟到、不早退，不允许在车间内打闹；
5. 正确使用 X62W 型卧式万能铣床进行简单零件的装夹和加工；
6. 本学习情境完成后需要上交加工(或拓展训练)零件一个；
7. 对自己加工的零件能够进行独立分析，完成简单的口试作答。</td></tr>
</table>

咨询单	
咨询方式	查阅书籍、观察实物、利用多媒体资源学习。
咨询问题	1. 铣削加工的主运动和进给运动各是什么？ 2. 铣削斜面的加工方法有哪些？ 3. 常见的铣刀有哪些？ 4. 简述铣削加工的范围。 5. 铣床工作台有哪三个方向的运动？各个方向的作用如何？ 6. X62W 型卧式万能铣床由哪几部分组成？各有什么用途？

续表

咨询问题	7. 怎样才能提高平面的铣削质量？ 8. 用机床平口虎钳装夹工件应注意什么？ 9. 在铣床切断工件的注意要点是什么？ 10. 什么是展成法？展成法加工齿轮齿形的特点是什么？ 11. 分度头的分度原理是什么？要铣削六角螺栓的六方部分，则每铣好一个面后，分度手柄应转动多少圈？

<table>
<tr><td colspan="4">决策单</td></tr>
<tr><td>决策方式</td><td colspan="3">由小组讨论制定完成本小组的加工方案及实施计划。</td></tr>
<tr><td>加工方案</td><td colspan="3"></td></tr>
<tr><td>实施计划</td><td colspan="3"></td></tr>
<tr><td>小组成员
（签字）</td><td></td><td>小组长
（签字）</td><td></td></tr>
</table>

工具清单						
项目	序号	名称	作用	数量	规格	备注
设备清单						
刀具清单	序号	名称	作用	数量	规格	备注
工具清单	序号	名称	作用	数量	规格	备注
量具清单	序号	名称	作用	数量	规格	备注

<table>
<tr><td colspan="6">实施单(工序单)</td></tr>
<tr><td>实施方式</td><td colspan="5">按小组讨论的加工方案和实施计划,小组成员单独实施,填写此单。</td></tr>
<tr><td>序号</td><td colspan="2">实施步骤(工序过程)</td><td colspan="2">使用资源</td><td>完成时间</td></tr>
<tr><td>1</td><td colspan="2"></td><td colspan="2"></td><td></td></tr>
<tr><td>2</td><td colspan="2"></td><td colspan="2"></td><td></td></tr>
<tr><td>3</td><td colspan="2"></td><td colspan="2"></td><td></td></tr>
<tr><td>4</td><td colspan="2"></td><td colspan="2"></td><td></td></tr>
<tr><td>5</td><td colspan="2"></td><td colspan="2"></td><td></td></tr>
<tr><td>6</td><td colspan="2"></td><td colspan="2"></td><td></td></tr>
<tr><td>7</td><td colspan="2"></td><td colspan="2"></td><td></td></tr>
<tr><td>8</td><td colspan="2"></td><td colspan="2"></td><td></td></tr>
<tr><td>实施说明</td><td colspan="5"></td></tr>
<tr><td rowspan="2">学生自评</td><td>得分</td><td>学生签名</td><td rowspan="2">小组互评</td><td>得分</td><td>组长签名</td></tr>
<tr><td></td><td></td><td></td><td></td></tr>
</table>

实施过程记录	
原图照片	
加工过程照片 重要步骤	
完成效果照片	

检查单				
检查项目	序号	检查内容	学生自检	备注
符合图纸性检测				
工具、设备的使用与维护	1	正确、规范使用工具、量具、刃具，合理保养与维护工具、量具、刃具		
	2	正确、规范使用设备，合理保养与维护设备		
	3	操作姿势正确，动作规范		
安全及其他	1	安全文明生产，按国家颁布的有关法规或企业自定的有关规定执行		
	2	操作方法及工艺规程正确		

实习报告
写一篇800字左右的实习报告(内容含:分析问题和解决问题以及创新的能力,对铣工实习安排的要求和对老师的教学方法建议,铣工实习的心得体会等)

评价单					
评价类别	项目	内容	个人评价	小组互评	教师评价
专业能力（70%）	咨询（5%）	搜集信息（3%）			
		引导问题回答（2%）			
	计划（5%）	计划可执行度（3%）			
		材料工具安排（2%）			
	实施（50%）	工作步骤执行（5%）			
		功能实现（10%）			
		使用工具规范性（10%）			
		操作过程规范性（10%）			
		文明生产（6%）			
		安全保护（6%）			
		环境保护（3%）			
	检查（10%）	全面性、准确性（3%）			
		异常情况排除（2%）			
		结果质量（5%）			
社会能力（20%）	组织能力（6%）	组织协调表现（6%）			
	团结协作（6%）	合作配合状况（6%）			
	敬业精神（8%）	持之以恒、吃苦耐劳（8%）			
方法能力（5%）	计划决策（5%）	/			
实训报告（5%）	/	/			
评价评语	最终成绩（平均分）		得分		
			签字栏		
	教师评语： ____年____月____日				

拓展训练

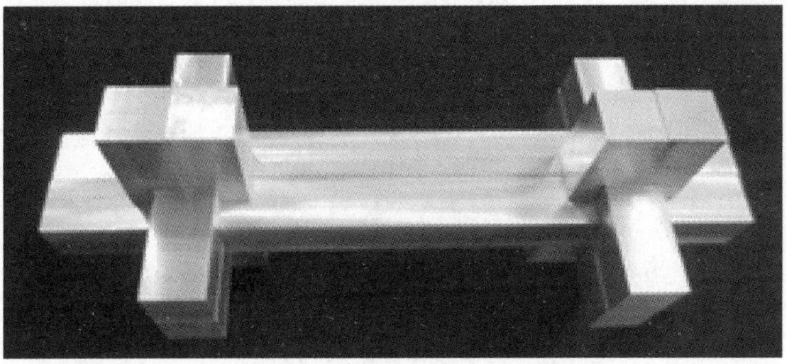

双孔明锁组件

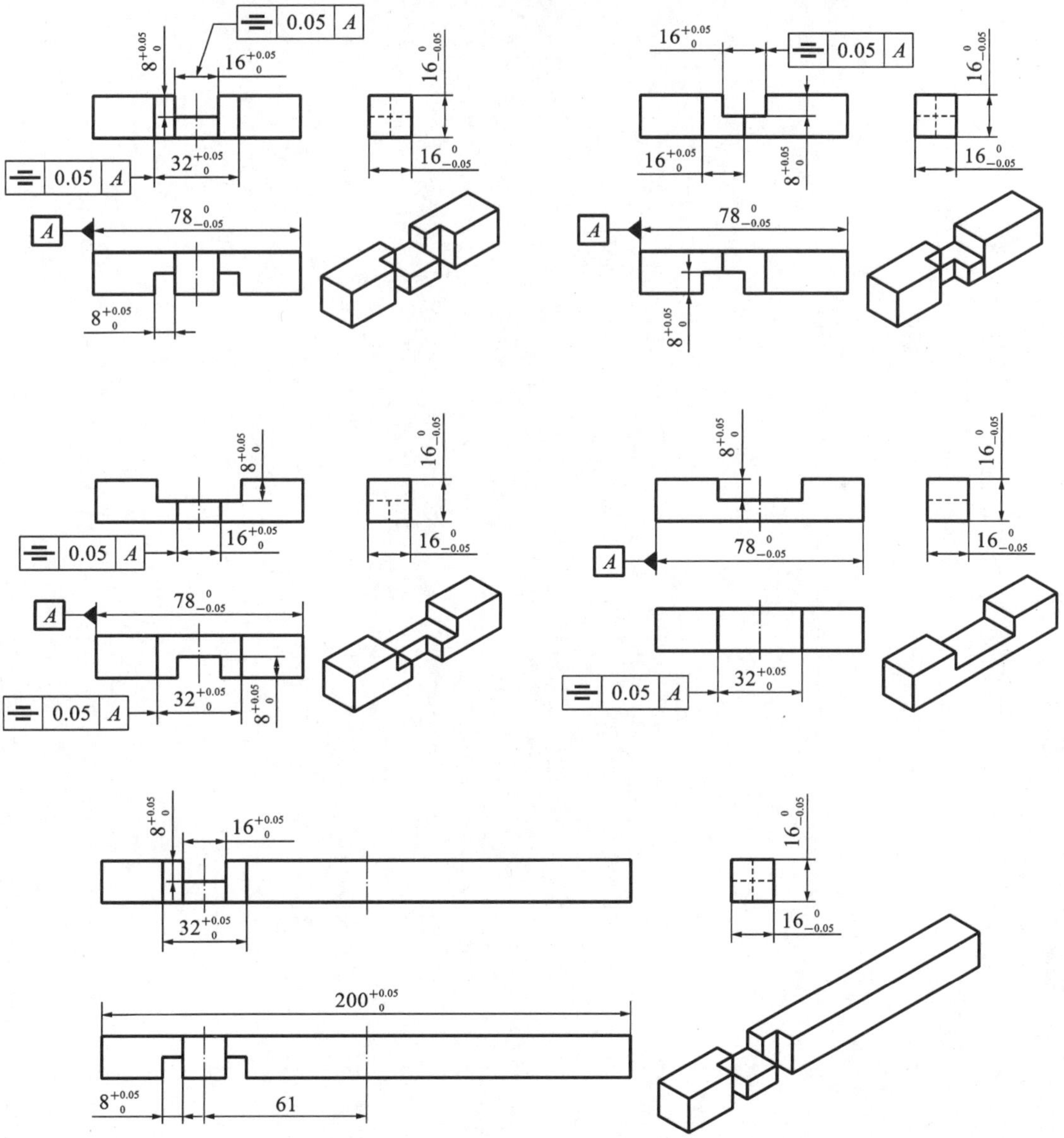

第 4 章

磨削与光整加工实习

4.1 磨削加工概述

磨削加工是在磨床上使用砂轮，通过砂轮与工件作相对运动，对工件进行的一种多刀多刃的高速切削。它主要应用于零件的精加工，尤其适用于对难切削的高硬度材料，如淬硬钢、硬质合金、玻璃、陶瓷等进行加工。

4.1.1 磨削的加工范围及特点

磨削加工的适应范围很广，几乎能对各种形状的表面进行加工。按工件表面形状和砂轮与工件间的相对运动，磨削可分为外圆磨削、内圆磨削、平面磨削及无心磨等几种主要加工类型。

与其他加工方法相比，磨削加工有如下工艺特点：

(1) 磨削加工精度高。由于去除余量少，一般磨削可获得 IT7～IT5 级精度，表面粗糙度低。磨削中参加工作的磨料颗粒数多，各磨料颗粒切去切屑少，故可获得较小的表面粗糙度值(Ra 1.6～0.2 μm)。若采用精磨、超精磨等，将获得更低的表面粗糙度。

(2) 磨削加工范围广。磨削加工可适应各种表面，如内圆表面、外圆表面、圆锥面、平面、齿轮齿面、螺旋面及各种成形面的加工。同时，磨削加工可适应多种工件材料，尤其是采用其他普通刀具难切削的高硬高强材料，如淬硬钢、硬质合金、高速钢等。

(3) 砂轮具有一定的自锐性。磨料颗粒硬而脆，可在磨削力作用下破碎、脱落、更新切削刃，保持刀具锋利，并在高温下仍不失去切削性能。

(4) 磨削速度高，过程复杂，消耗能量多，切削效率低；磨削温度高，会使工件表面产生烧伤、残余应力等缺陷。

4.1.2 磨床安全生产和注意事项

(1) 穿好工作服，扎紧袖口，女生长发必须戴上工作帽，不准穿凉鞋进入工作场地；工具磨(干磨)工作时应戴上口罩。

(2) 检查机床各个部位是否正常，电磁工作台是否有效。

(3) 按润滑部位或图表加油，打开总开关，使机床空转 3～5 min，使机床各导轨充分润滑，并检查机床各种运动及声音是否正常，同时检查砂轮是否有损坏，待正常后才可进行工作。

(4) 检查防护罩是否完好牢固。

(5) 加工过程中不得离开机床，应密切注意加工情况，精力要集中，不准离开工作岗位，必须离开时，要停车关电源，工具、量具应放在安全的位置。

(6) 工件要夹牢,进给速度不要太快,自动进给时,工作台进程要先按工件长短调整好。

(7) 不准在工作台上堆放各种用品,不准戴手套操作,机床各部位扳动角度后,必须紧固好。

(8) 装卸工件、测量尺寸、调整撞块、擦洗机床时必须停机。

(9) 操作磨床时,应避免正对砂轮和工件的旋转方向,以免发生意外。

(10) 换砂轮时要检查新砂轮质量,用木榔头轻轻敲打新砂轮侧面,检查有无裂纹,并需反复多次平衡。有裂纹和未经平衡的砂轮严禁使用。

(11) 安装砂轮时要注意砂轮孔与法兰盘的配合,不得强行压入,在法兰盘与砂轮间安放软垫,螺母应拧紧。

(12) 砂轮安装好后,要进行约 10 min 的空转,经检查正常后才能使用。

(13) 修整砂轮时,应使工作台处于中间位置;磨内圆禁止用手拿金刚刀打砂轮。

(14) 加工过程中要选择合适的切削用量和进给速度,在保证砂轮锋利的同时要加注充足的切削液,以免工件受力、受热过大而出现危险。

(15) 往复变向阀要灵敏,行程挡铁要根据工件磨削长度调整好,紧固牢靠。

(16) 第一次进给时要缓慢,以免撞碎砂轮。

(17) 用塞规或仪表测量工件时,砂轮要退出工件,并要停稳。

(18) 在磨削中发现砂轮破碎时,不要马上退出,应使其停止转动后再处理。

(19) 加工完成后,将机床各手柄停放在正确位置。砂轮停止转动后方可取下工件。

(20) 再次加工时,应在砂轮静止的状态下重新调整砂轮和工件之间的相对位置,以免因砂轮和工件距离不当,导致工件和砂轮受损及人身危险。

(21) 机床发生故障时,立即停机,自己排除不了的应报维修人员修理。

(22) 及时清理磨下的切屑,擦干切削液,以免机床被腐蚀,并将机床电闸关闭。

(23) 清扫工作场地,将工具、夹具、量具擦净后摆放整齐。

4.2 磨　床

用磨料磨具(砂轮、砂带、油石和研磨料)作为工具进行切削加工的机床统称磨床。磨床主要用于磨削圆柱形或圆锥形的外圆和内孔,也能磨削阶梯轴的轴肩和端面。磨床的万能性较大,操作方便,但磨削效率不高,自动化程度也较低,适用于工具、机修车间和单件、小批量生产。磨床的种类很多,除生产中常用的外圆磨床、内圆磨床、平面磨床外,还有工具磨床、刃具磨床及其他磨床等。

4.2.1 外圆磨床

外圆磨床包括万能外圆磨床、普通外圆磨床和无心外圆磨床等。

1. 万能外圆磨床

1) 机床的组成与布局

万能外圆磨床由床身、头架、砂轮架、工作台、内磨装置及尾座等部分组成,如图 4-1 所示。

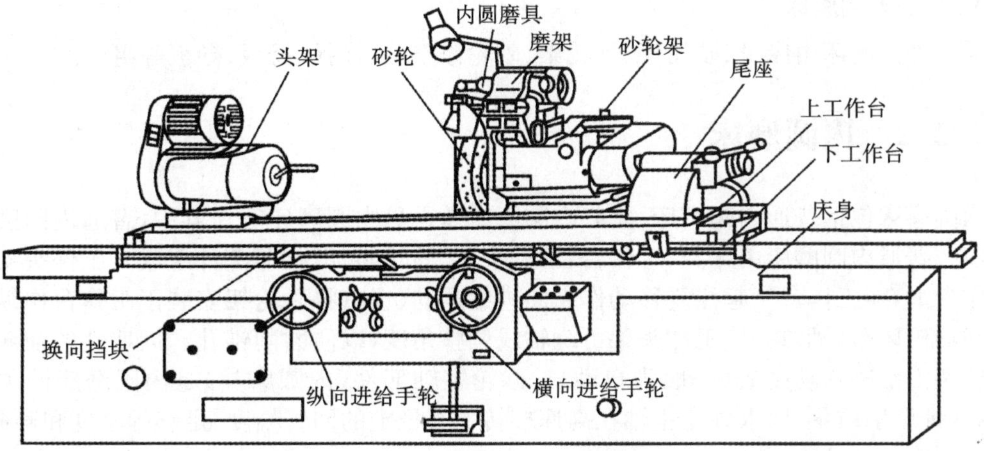

图 4-1 M1432A 型万能外圆磨床

①床身。床身用来支承各部件，上部有工作台和砂轮架，内部有液压系统。

②工作台。工作台装有头架和尾座。工作台有两层，下工作台可在床身导轨上作纵向往复运动，上工作台相对下工作台在水平面内能偏转一定的角度，以便磨削圆锥面。

③头架。头架内的主轴由单独的电机经变速机构带动旋转，可得多种转速（M1432A 型万能外圆磨床有六种转速）。主轴端部可安装顶尖、拨盘或卡盘。工件可支承在头架顶尖和尾座顶尖之间，也可用卡盘安装。

④砂轮架。砂轮架用于安装砂轮，并由单独的电机带动砂轮高速旋转。砂轮架可在床身后部的导轨上作横向进给。进给的方法有自动周期进给、快速引进或退出、手动三种，前两种靠液压系统来实现。

⑤尾座。尾座上安装顶尖，用于支承工件。

⑥内磨装置。内磨装置由磨架和内圆磨具两部分组成。磨架用于安装内圆磨具，在砂轮架上以铰链连接方式安装于砂轮架前上方，使用时翻下，不用时翻向上方。内圆磨具是磨内孔用的砂轮主轴部件，安装于磨架孔中，为了方便更换，一般做成独立部件。通常一台万能外圆磨床备有几套尺寸与极限工作转速不同的内圆磨具。

2）机床的运动

万能外圆磨床的主运动为砂轮的旋转；工件的旋转为圆周进给运动，其他进给运动视磨削方式不同而有所差别。纵磨法磨外圆时，工件纵向进给，砂轮周期性径向切入控制加工尺寸。横磨法磨外圆时，砂轮径向切入至所需尺寸。纵磨短锥时，工作台回转所需角度。除以上表面成形运动外，为提高生产率和降低劳动强度，万能外圆磨床还能实现辅助运动，如砂轮轴的快进、快退，尾座套筒的伸缩等。

2. 普通外圆磨床

与万能外圆磨床相比，普通外圆磨床的头架主轴直接固定在壳体上不能回转，工件只能支承在顶尖上磨削；头架和砂轮架不能绕垂直轴线调整角度，也没有内磨装置，其他结构类似。因此，普通外圆磨床工艺范围较窄，只能磨削外圆柱面、锥度不大的外圆锥面和台肩端面。但普通外圆磨床由于主要部件的结构层次少，机床刚性好，允许采用较大的磨削用量，因此生产率高，同时也容易保证磨削精度和表面粗糙度要求。

3. 无心外圆磨床

无心外圆磨床由床身、砂轮架、导轮架、砂轮修整器、拖板、托板、导板等组成。

4.2.2 内圆磨床

内圆磨床包括普通内圆磨床、无心内圆磨床及行星内圆磨床等。其中，普通内圆磨床应用最广。普通内圆磨床由床身、工作台、工件头架、砂轮架、滑座等部件组成。工件头架安装在工作台上，随工作台一起往复移动作纵向进给运动(也有将砂轮架安装于工作台作纵向进给运动的机床布局形式)。工件头架可绕轴线调整角度，以便磨削锥孔。周期性的横向进给由砂轮架沿滑座移动完成(一般为自动)。砂轮主轴部件(内圆磨具)是内圆磨床的关键部分，为保证磨削质量，要求砂轮主轴在高速旋转下有稳定的回转精度、足够的刚度和寿命。

4.2.3 平面磨床

平面磨床包括卧轴矩台平面磨床、立轴矩台平面磨床、卧轴圆台平面磨床和立轴圆台平面磨床等。

1. 卧轴矩台平面磨床

砂轮架中的主轴(砂轮)常由电机直接带动旋转完成主运动。砂轮架可沿滑鞍的燕尾导轨作周期横向进给运动(可手动或液动)。滑鞍和砂轮架可一起沿立柱的导轨作周期性的垂直切入运动(手动)。工作台沿床身导轨作纵向往复运动(液动)。卧轴矩台平面磨床也有采用十字导轨式布局的，工作台装于床鞍，除作纵向往复运动外，还随床鞍一起沿床身导轨作周期性的横向进给运动，砂轮架只作垂直进给运动。为减轻工人劳动密度和辅助时间，有些机床具有快速升降功能，用以实现砂轮架的快速机动调位运动。

2. 立轴圆台平面磨床

立轴圆台平面磨床由床身工作台、床鞍、立柱和砂轮架等主要部件组成。砂轮架中的主轴由电机直接驱动。砂轮架可沿立柱的导轨作周期性的垂直切入运动；圆工作台旋转作圆周进给运动，同时还可沿床身导轨纵向移动，以便工件的装卸。

4.3 砂　　轮

以磨料为主制造而成的切削工具称作磨具，如砂轮、砂带、油石等。其中，砂轮的使用量最大，适应面最广。砂轮是用磨料和结合剂按一定的比例制成的圆形固结磨具，品种繁多，规格齐全，尺寸范围很大。由于不同砂轮的磨料、粒度、结合剂、硬度及组织不同，不同砂轮的特性差异很大，对磨削质量及生产率亦有很大影响。磨削时，应根据加工条件选择合适的砂轮。

4.3.1 砂轮的参数

1. 磨料

磨料在砂轮中担负切削工作，具有很高的硬度、一定的强韧性以及一定的耐热性和热稳定性。目前生产中使用的磨料几乎均为人造磨料，主要有刚玉类、碳化硅类和高硬磨料类。表 4-1 为常用磨料的特性及应用范围。

表 4-1 常用磨料的特性及应用范围

系别	磨料名称	代号	主要成分	颜色	特性	应用范围
刚玉类	棕刚玉	A	Al_2O_3:95% TiO_2:2%～3%	褐色	硬度大，韧性大，价廉，适应性稳定，2 100 ℃熔融	碳钢、合金钢、铸铁
	白刚玉	WA	Al_2O_3>99%	白色	硬度高于 A，韧性低于 A，其余与 A 相同	淬火钢、高速钢、高碳及其合金钢
碳化硅类	黑碳化硅	C	SiC>95%	黑色，有光泽	硬度高于 WA，性脆而锋利，导热性、导电性好，与铁有反应，>1 500 ℃发生氧化	铸铁、黄铜、铝、耐火材料及非金属材料
	绿碳化硅	GC	SiC>99%	绿色	硬度、脆性高于 C，其余同 C	硬质合金、高速钢、高合金钢、不锈钢、高温合金
高硬磨料类	氮化硼	CBN	氮化硼	黑色	硬度低于 D，耐磨性好，发热量小，高温时与碱反应，>1 300 ℃稳定	硬质合金、宝石、光学材料、石材、陶瓷、半导体材料
	人造金刚石	D	碳结晶体	乳白色	硬度高，比天然的金刚石略脆，耐磨性好，高温与水和碱反应，>700 ℃发生石墨化	硬质合金、宝石、光学材料、石材、陶瓷、半导体材料

刚玉类除上述两种外，还有玫瑰红(或粉红)色的铬刚玉(PA)、浅黄(或白)色的单晶刚玉(SA)、棕褐色的微晶刚玉(MA)及黑褐色的锆刚玉(ZA)等，性能均好于白刚玉。单晶刚玉、微晶刚玉有良好的自锐性，适用于加工不锈钢及各种铸铁；铬刚玉适用于加工淬火钢。碳化硅类除上述两种外，还有灰黑色的碳化硼(BC)，它的硬度高于 C 及 GC，耐磨性好，适用于加工硬质合金、宝石、玉石、陶瓷、半导体材料等。

2. 粒度

粒度是指磨料颗粒的大小。按颗粒尺寸大小可将磨料分为两类：一类为用筛选法来确定粒度号的较粗磨料，称磨粒，以其能通过每英寸长度上筛网的孔数作为粒度号，粒度号越大，磨粒的颗粒越细；另一类为用显微镜测量区分的较细磨料，称微粉，以实测到的最大尺寸作为粒度号，故粒度号越小，磨粉越细。微粉粒度号的前面加字母“W”表示。表 4-2 为常用的砂轮粒度号及应用范围。

表 4-2 常用的砂轮粒度号及应用范围

类别	粒度号	应用范围	类别	粒度号	应用范围
磨粒	8#～24#	粗磨、打毛刺、切断	微粉	W40～W28	研磨、螺纹磨
	30#～46#	一般磨削(粗磨)		W20～W14	超精磨、研磨、超精加工
	54#～100#	半精磨、精磨、成形磨		W10～W5	研磨、超精加工、镜面磨削
	120#～240#	精磨、超精磨、成形磨、刃具磨			

选择磨料粒度时，主要考虑具体的加工条件。例如：粗磨时，以获得高生产率为主要目的，可选中、粗粒度的磨粒；精磨时，以获得小表面粗糙度为主要目的，可选细粒或微粒磨粒；磨削接触面积大和加工高塑料性工材时，为防止磨削温度过高而引起表面烧伤，应选中粗磨粒；为保证成形精度，应选细磨粒。

3. 结合剂

结合剂起黏结磨料颗粒的作用，它的性能决定了砂轮的强度、耐冲击性、耐腐蚀性和耐热性，同时对磨削温度、磨削表面质量也有一定的影响。

常用结合剂的名称、代号、性能及用途见表4-3。

表4-3 常用结合剂的名称、代号、性能及用途

名称	代号	性能	用途
陶瓷	V	耐热蚀，气孔率大，易保持廓形，弹性差，耐冲击	应用最多，可制作除薄片砂轮外的各种砂轮
树脂	B	强度高于V，弹性好，耐热耐蚀性差	制作高速耐冲击砂轮、薄形砂轮
橡胶	R	强度、弹性高于B，能吸振，气孔率小，耐热性差，不耐油	制作薄片砂轮、精磨高抛光砂轮、无心磨的导轮
菱苦土	Mg	自锐性好，结合能力差	制作粗磨砂轮
青铜	J	强度最好，导电性好，磨耗少，自锐性差	制作金刚石砂轮

4. 硬度

砂轮硬度指在磨削力作用下磨料颗粒从砂轮表面脱落的难易程度。磨料颗粒黏结牢固，磨料颗粒不易脱落，砂轮则硬，反之砂轮则软。

砂轮的硬度对磨削生产率和磨削表面质量都有很大影响。若砂轮太硬，磨料颗粒钝化后仍不脱落，磨削效率低，工件表面粗糙并可能烧伤；若砂轮太软，磨料颗粒尚未磨钝即脱落，砂轮损耗大，不易保持廓形，从而影响工件质量。硬度合适，磨料颗粒磨钝后因磨削力增加而自行脱落，使新的锋利磨料颗粒露出，使砂轮具有锐性，从而可以提高磨削效率、工件质量，并减小砂轮损耗。因此，生产中应根据具体加工条件进行砂轮硬度的合理选择。一般加工硬工件材料，应选软砂轮，反之选硬砂轮。加工有色金属等很软的材料，为了防止砂轮堵塞，选软砂轮。磨削接触面积大或薄壁零件及导热性差的零件，选软砂轮。精磨、成形磨时，选硬砂轮。磨料颗粒越细，选较软的砂轮。砂轮的硬度分级见表4-4。

表4-4 砂轮的硬度分级

等级	超软			软			中软		中		中硬			硬		超硬
代号	D	E	F	G	H	J	K	L	M	N	P	Q	R	S	T	Y
选择	磨未淬硬钢选L～N，磨淬火合金钢选H～K，磨低粗糙度表面选K～L，刃磨硬质合金刀具选H～L															

5. 组织

砂轮组织指磨料、结合剂和气孔三者的体积比例关系，用来表示砂轮结构紧密或疏松的程度。按照磨料在砂轮中占有的体积百分数，砂轮组织可分为0～14组织号。砂轮的组织号见表 4-5。砂轮组织号大，组织松，砂轮不易堵塞，切削液和空气能带入磨削区域，可降低磨削温度，减少工件热变形和烧伤，也可提高磨削效率，但疏松的组织不易保持砂轮廓形，会影响成形磨削精度，表面也会粗糙。

表 4-5 砂轮的组织号

组织号	0	1	2	3	4	5	6	7	8	9	10	11	12	13	14
磨料率/(%)	62	60	58	56	54	52	50	48	46	44	42	40	38	36	34

为满足磨削接触面积大或薄壁零件，以及磨削软而韧（如银钨合金）或硬而脆（如硬质合金）材料的要求，在 14 个组织号以外，还研制出了更大气孔的砂轮。它在砂轮工艺配方中加入了一定数量的精萘或炭粒，精萘或炭粒经焙烧后挥发而形成大气孔。

4.3.2 砂轮的形状、尺寸

为适应不同类型的磨床上加工各种形状和尺寸工件的需要，砂轮有许多形状和尺寸。常用砂轮的断面形状及应用见表 4-6。

表 4-6 常用砂轮的断面形状及应用

代号	名称	断面形状	应用	代号	名称	断面形状	应用
1	平行砂轮	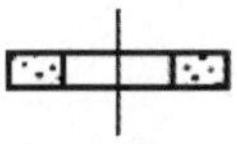	磨外围、内孔、平面及刃磨刀具	6	杯形砂轮	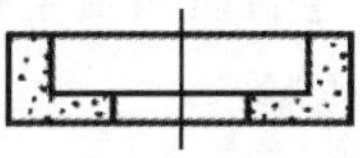	端磨平面、刃磨刀具后刀面
2	筒形砂轮	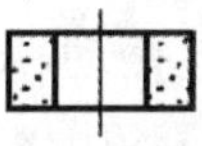	端磨平面	11	碗形砂轮	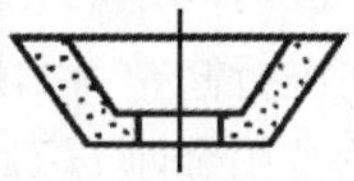	端磨平面、刃磨刀具后刀面
4	双斜边砂轮	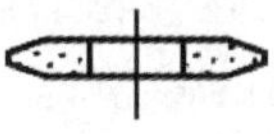	磨齿轮及螺纹	12	碟形一号砂轮	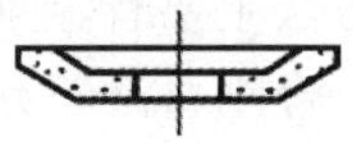	刃磨刀具前刀面
41	薄片砂轮	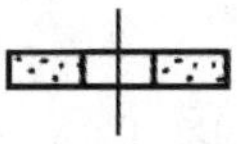	切断、切槽				

4.3.3 砂轮的标记

砂轮的标记印在砂轮端面上，按顺序依次是形状、尺寸、磨料、粒度号、硬度、组织号、结合剂、最高线速度。例如标记“1-600×75×202-WA54Y8B-60”指平行砂轮，外径 600 mm，厚度 75 mm，孔径 202 mm，磨料为白刚玉，粒度号为 54＃，超硬硬度，8 号组织，树脂结合剂，最高工作线速度为 60 m/s。

4.3.4 砂轮的使用和修整

1. 砂轮的安装

磨削时砂轮高速旋转，且由于存在制造误差，砂轮的重心不与安装的法兰盘中心线相重合，会产生不平衡的离心力，导致砂轮轴承的磨损加剧。因此，如果砂轮安装不当，不但会降低磨削工件的质量，还会突然碎裂，造成较严重的事故。

①检查。砂轮安装前可先进行外观检查，并用敲击法检查其是否有裂纹。

②平衡试验。将砂轮装在芯轴上，放在平衡架轨道的刀口上。如果砂轮不平衡，较重的部分总是转在下面，通过改变法兰盘端面环形槽内的若干个平衡块的位置平衡后，再进行检查。如此反复进行，直到砂轮可以在刀口上的任意位置都能静止(也即砂轮的重心与其回转中心重合)。一般进行两次平衡试验，先粗平衡，然后装在磨床上修整后取下再进行精平衡。一般直径大于 125 mm 的砂轮，安装前必须进行平衡试验。

③安装。安装时要求砂轮不松不紧地套在砂轮主轴上，在砂轮两端面与法兰盘之间垫上弹性垫片(一般为 1～2 mm 厚)。

2. 砂轮的磨损

砂轮工作一定时间后，也会因钝化而丧失磨削能力。造成砂轮钝化的原因主要有：磨料颗粒在磨削中高温高压及机械摩擦作用下被磨平而钝化；磨料颗粒因磨削热的冲击而在热应力作用下破碎，磨料颗粒在磨削力作用下脱落不均，从而使砂轮轮廓变形；磨料颗粒在磨削中的高温高压下嵌入砂轮气孔而使砂轮钝化。

砂轮磨损后，不仅会使工件的磨削表面粗糙，使工件的表面质量恶化、加工精度降低、外形失真，还会引起振动和发生噪声，此时，必须及时修整砂轮。

3. 砂轮的修整

砂轮工作一段时间以后，磨料颗粒逐渐变钝，工作表面的空隙被堵塞，正确的几何形状被改变。砂轮必须进行修整，以恢复其切削能力和精度，否则会引起振动、*Ra* 值增大、表面烧伤或裂纹等。砂轮常用金刚石刀修整，且修整时要用大量切削液，以避免因温升损坏金刚石刀。

砂轮修整方法主要有金刚石车削法、金属滚轮挤压法、碳化硅砂轮磨削法和金刚石滚轮磨削法等多种。金刚石滚轮磨削法效率高，一般用于成形砂轮的修整；金属滚轮挤压法、碳化硅砂轮磨削法一般亦用于成形砂轮的修整；金刚石车削法是最常用的方法，用于修整普通圆柱形砂轮或型面简单、精度要求不高的仿形砂轮。

金刚石车削法是用单颗金刚石笔或多颗细碎金刚石笔(见图 4-2)、金刚石粒状修整器(金刚石不经修磨，直用至消耗完)作刀具对砂轮进行车削的方法。用单颗金刚石笔修整时，应按具体要求合理选择修整进给量和修整深度，方能达到修整目的。

当修整进给量小于磨料颗粒平均直径时，砂轮上磨料颗粒的微刃性(见图 4-3)好，砂

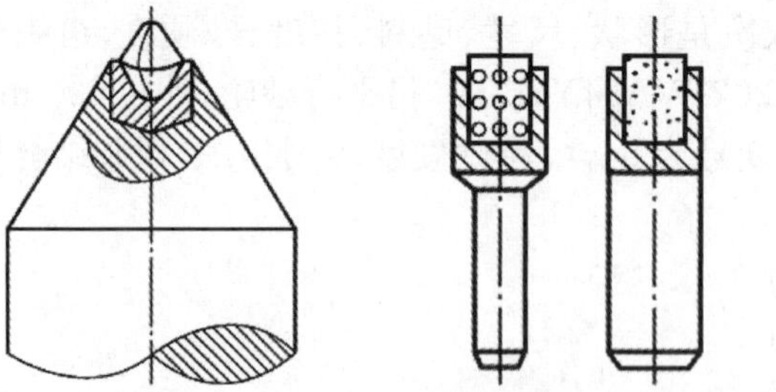

(a) 单颗金刚石笔　(b) 多颗细碎金刚石笔

图 4-2　金刚石笔

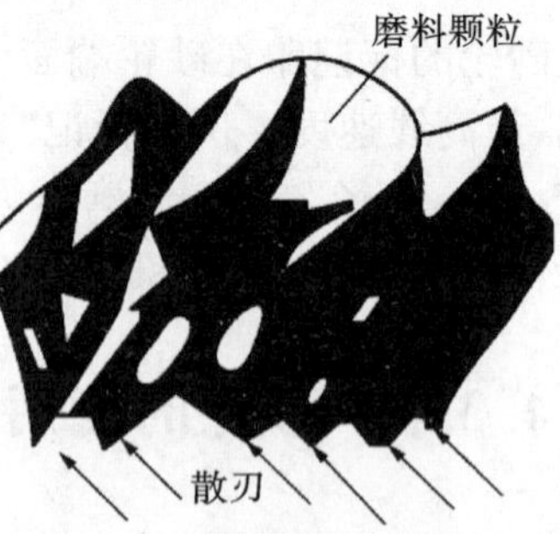

图 4-3　磨料颗粒的微刃性

轮切削性能好,工件表面粗糙度小。但修整进给量很小时,修整后的砂轮磨削时生热多,易使工件表面出现烧伤与振纹。因此,粗磨和半精磨时,为防止烧伤,可采用较大的修整进给量。砂轮修整深度过大,会使整个磨料颗粒脱落和破碎,砂轮磨耗增大,同时砂轮不易修整平整。

4.4 工件的装夹

4.4.1 内、外圆磨削常用附件及夹具

外圆磨削时,常用一端夹持或两端顶持的方式装夹工件,故三爪卡盘、四爪卡盘、芯轴、顶尖、花盘等为外圆磨削时的常用附件及夹具。对顶安装工件时,磨削前应对工件中心孔进行修研。修研工具一般采用四棱硬质合金顶尖。内圆磨削时,亦要求工件被加工孔回转中心与机床主轴回转中心一致,故三爪卡盘等亦常用于内圆磨削。内、外圆磨削时,也可采用专用夹具夹持工件。该类夹具大多为定心夹具。

4.4.2 平面磨削常用附件及夹具

平面磨削时,常用的附件及夹具有磁性吸盘、精密平口钳、单向(双向)电磁正弦台、正弦精密平口钳、单向正弦台虎钳等。

磁性吸盘比平口钳有更广的平面磨削范围,适用于扁平工件的磨削。精密平口钳装在磁力工作台上,经校正方向后可用于磨削工件垂直面或进行成形磨削,安装磁力工作台难以吸住的细小工件或非导磁材料的工件。

4.5 磨削加工

4.5.1 磨削原理

1. 磨料特点

砂轮上的磨料颗粒形状很不规则又各不相同,而砂轮由无数个形状各异的磨料颗粒组成。从磨料颗粒的工作状态看,存在三个主要问题:

(1) 工作中的磨料颗粒具有很大的负前角。磨料颗粒为不规则多面体,不同粒度号的磨料颗粒顶尖角多为 90°～120°,在砂轮表面很难获得正值前角,而经过修整的砂轮,磨料颗粒前角更小,可达－80°～－85°。

(2) 磨料颗粒存在较大的钝圆半径。磨料颗粒不可能像其他普通刀具一样,通过刃磨获得小的刃口圆弧半径即锋利的刃口。

(3) 磨料颗粒在砂轮表面所处位置高低不一,很难在砂轮表面等高地整齐排列。

2. 磨削过程

砂轮上担负切削工作的磨料颗粒有着鲜明的特点，使得磨削过程不同于其他切削方法。单个磨料颗粒的典型磨削过程可分为三阶段，如图 4-4 所示。

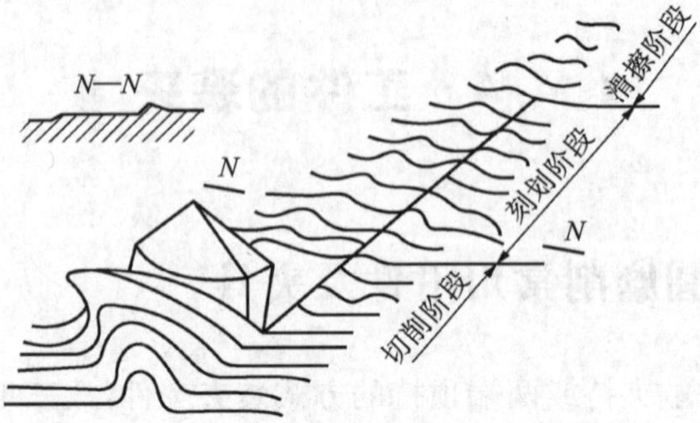

图 4-4　单个磨料颗粒的磨削过程

(1) 滑擦阶段：磨料颗粒的切削刃与工件开始接触，因切削厚度较小，磨料颗粒较钝，无法从工件表面切下切屑，只能从工件表面滑擦而过，使工件只产生挤压弹性变形。该阶段以磨料颗粒与工件间的摩擦为主。

(2) 刻划阶段：随着磨料颗粒在工件表面的深入，磨料颗粒对工件的挤压加重，使工件表面产生塑性变形，磨料颗粒前方的金属因向两边流动而隆起，中间被耕犁出沟槽。该阶段以磨料颗粒与工件间的挤压塑性变形为主。

(3) 切削阶段：随着磨料颗粒在工件表面的进一步深入，切削厚度不断增大，挤压变形进一步增加，工件表层余量产生剪切滑移而形成切削。该阶段以磨料颗粒在工件表层的切削作用为主。

由单个磨料颗粒的切削过程可知，磨料颗粒从工件上切下切屑前经过了滑擦、刻划阶段，而砂轮上磨料颗粒高低位置不同，位置较低的磨料颗粒无法切入工件较大深度，更无法经历切削阶段，无法切下切屑，而只能在工件表面滑擦和刻划，更低位置的磨料颗粒会无缘刻划，只从工件表面滑擦而过。由此可知，磨削过程是个包含切削、刻划及滑擦作用的复杂过程，并且滑擦、刻划在其中占有很大的比重。同时，磨削过程使磨削表面成为切削、刻划及滑擦作用的综合结果。

3. 磨削力与磨削阶段

磨削过程中的磨削力亦可分解成三个互相垂直的分力：切向力、径向力和轴向力。由于磨削时的切削厚度很小，磨料颗粒的负前角、刃口钝圆半径较大，切削中的挤压非常严重，加之不少的磨料颗粒只在工件表面滑擦和刻划，加剧了磨料颗粒对工件表面的挤压，磨削中的径向力很大而超过主切削力(切向力)，甚至达到切向力的 2～4 倍。大的径向力成为磨削不同于其他切削加工的一大特征。

磨削中，大的径向力使加工工艺系统产生径向弹性变形，导致实际磨削深度与每次径向进给量产生差异。磨削过程出现不同的三个阶段，如图 4-5 所示。

(1) 初磨阶段：由于工艺系统在径向力下的弹性变形，在砂轮最初的几次径向进给中，实际磨削深度比磨床刻度显示的径向进给量要小，且工艺系统刚性越差，初磨阶段越长。为提高生产效率，开始磨削时，可增大径向进给量，缩短初磨阶段。

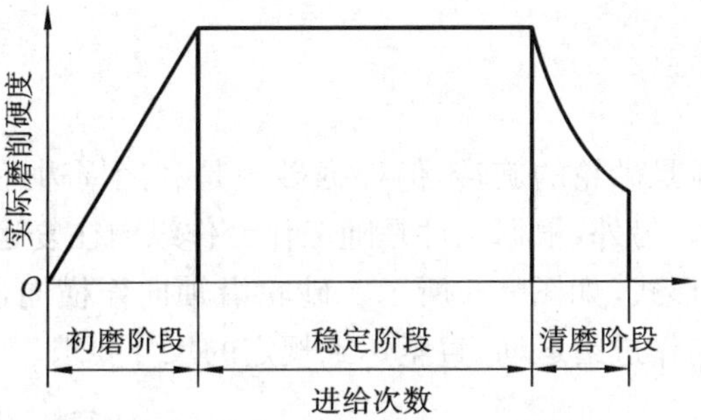

图 4-5 磨削过程三阶段

(2) 稳定阶段：随径向进给次数的增加，工艺系统弹性变形抗力增加，当工艺系统弹性变形抗力达到磨削径向力时，实际磨削深度与径向进给量一致。

(3) 清磨阶段：当磨削余量即将去完时，径向进给运动停止，但由于工艺系统的弹性变形随径向力的减小逐渐恢复，实际径向磨削量并不为零，而只逐渐减小。所以，在无切入的情况下，增加清磨次数，使磨削深度逐渐减小到零，可使工件加工精度和表面质量逐渐提高。

4. 磨削热与磨削温度

磨削时，由于磨削速度很高、磨料颗粒钝、磨削厚度小、挤压变形严重，磨削时的功耗远高于车、铣等加工方法(为车、铣的 10～20 倍)。磨料颗粒与工件表面间的摩擦严重，磨削时会产生大量的热，而砂轮的导热性能很差，很短时间(1～2 ms)内就会在磨削区形成高温。

磨削区不同位置的温度并不相同。磨削点(磨料颗粒切削刃与工件、切屑接触点)的温度很高，可达 1 000～1 400 ℃，虽维持高温时间不长(约 5 ms)，但它不仅影响加工表面质量，亦影响磨料颗粒的磨损状况以及切屑熔着现象。磨削区(砂轮与工件接触面)的平均温度(即通常所说磨削温度)为 400～1 000 ℃，磨削温度高是造成磨削表面烧伤、残余应力裂纹的原因。

5. 磨削表面质量

磨削区的高温使磨削表面层金属产生相变，导致其硬度、塑性发生变化，这种变质现象称为表面烧伤。高温的磨削表面生成一层氧化膜，氧化膜的颜色取决于磨削温度和变质层深度，所以，可根据磨削表面颜色推断磨削温度和烧伤程度。例如淡黄色为 400～500 ℃，烧伤层较浅；紫色为 800～900 ℃，烧伤层较深。轻微的烧伤通过酸洗会显示出来。

磨削区的高温还可使磨削表面因热塑性变形而产生残余拉应力，而残余拉应力的作用又易造成磨削表面出现裂纹。

表面烧伤与裂纹都因损坏了零件表面组织而恶化表面质量，降低零件的使用寿命。因此，磨削中减少磨削热的生成和加速磨削热的传散、控制磨削温度非常重要。一般可采取如下措施：

(1) 合理选择砂轮。砂轮硬度软，有利于磨料颗粒更新，减少磨削热生成；砂轮组织疏松、气孔大，有利于散热；树脂结合剂砂轮退让性好，可减小摩擦。

(2) 合理选择磨削用量。磨削时砂轮切入量、砂轮速度的提高，都会使摩擦增加、功耗增多；而提高工件圆周进给速度和工件轴向进给量，均可使砂轮、工件接触减少，改善散热。

(3) 采取良好的冷却措施。选用冷却性能好的切削液，采用较大的流量，选用冷却效果好的冷却方式如喷雾冷却等，可有效地控制磨削温度，有利于提高磨削表面质量。

4.5.2 磨平面

平面磨削的主运动虽是砂轮的旋转，但根据砂轮是利用周边还是利用端面对工件进行磨削，有不同的磨削形式。另外，根据工件是随工作台作纵向往复运动还是随转台作圆周进给运动，也有不同的磨削形式，如图 4-6 所示。砂轮沿轴向作横向进给运动，并周期性地沿垂直于工件磨削表面方向作进给运动，直至达到规定的尺寸要求。

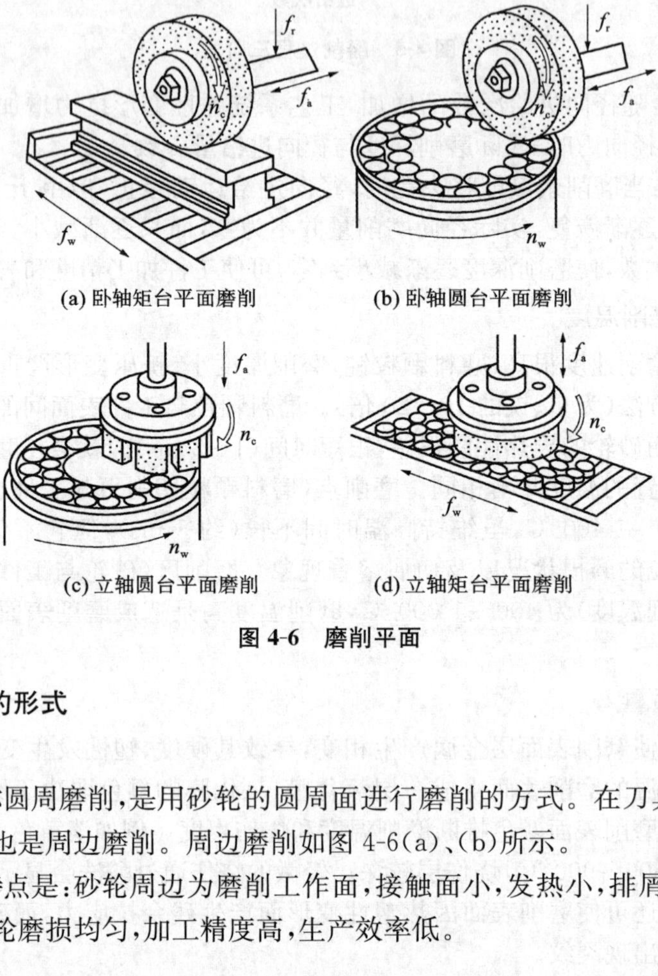

(a) 卧轴矩台平面磨削　(b) 卧轴圆台平面磨削

(c) 立轴圆台平面磨削　(d) 立轴矩台平面磨削

图 4-6　磨削平面

1. 平面磨削的形式

1）周边磨削

周边磨削又称圆周磨削，是用砂轮的圆周面进行磨削的方式。在刀具磨床上磨削小平面或沟槽底平面，也是周边磨削。周边磨削如图 4-6(a)、(b)所示。

周边磨削的特点是：砂轮周边为磨削工作面，接触面小，发热小，排屑及冷却条件好，工件受热变形小，砂轮磨损均匀，加工精度高，生产效率低。

2）端面磨削

端面磨削是指用砂轮的端面磨削工件上的平面，如图 4-6(c)、(d)所示。它的特点是：砂轮与工件的接触面积大，排屑及冷却条件比较差，工件的发热量大，砂轮磨损不均匀，所以加工质量较低，但砂轮刚性好，磨削效率高。端面磨削一般用于粗磨形状简单的工件。为改善磨削条件和提高磨削精度，可以选用大粒度、低硬度的杯形或碗形砂轮及镶块砂轮等。

立轴圆台平面磨削加工精度低，加工表面质量差，但效率高，用于粗加工代替铣、刨。

3）周边-端面磨削

周边-端面磨削是指同时用砂轮的圆周面和端面进行磨削。磨削台阶面时，若台阶不深，可在卧轴矩台平面磨床上用砂轮进行周边-端面磨削。

2. 端面磨削的方法

1）横向磨削法

采用横向磨削法磨削时，当工作台纵向行程终了时，砂轮主轴或工作台作一次横向进给运动，这时砂轮所磨削的金属层厚度就是实际背吃刀量，待工件上第一层金属磨去后，砂轮重新作垂向进给运动，磨头换向继续作横向进给运动，磨去工件第二层金属余量，如此往复多次磨削，直到切除全部余量为止。

横向磨削法适用于磨削长而宽的平面，由于磨削接触面积小，排屑、冷却条件好，因此砂轮不易堵塞，磨削热较小，工件变形小，容易保证工件的加工质量，但生产效率较低，砂轮磨损不均匀，磨削时须注意磨削用量和砂轮的选择。

2）深度磨削法

采用深度磨削法磨削时，砂轮只作两次垂直进给运动。第一次垂直进给量等于粗磨的全部余量，当工作台纵向行程终了时，将砂轮或工件沿砂轮轴线方向移动 3/4～4/5 的砂轮宽度，直至切除工件全部粗磨余量；第二次垂直进给量等于精磨余量，磨削过程与横向磨削法相同。也可采用切入磨削法，磨削时，砂轮先作垂向进给运动，横向不进给，在磨去全部余量后，砂轮垂直退刀，并横向移动 4/5 的砂轮宽度，然后砂轮再作垂向进给运动，先分段粗磨，后用横向磨削法精磨。

深度磨削法生产效率高，适用于批量生产或大面积磨削。磨削时须注意工件装夹牢固，且供应充足的切削液进行冷却。

3）台阶磨削法

台阶磨削法是指根据工件磨削余量的大小，将砂轮修整成阶梯形，使其在一次垂直进给运动中采用较小的横向进给量把整个表面余量全部磨去。

用台阶磨削法加工时，由于磨削用量较大，为了保证工件质量和提高砂轮的使用寿命，横向进给应缓慢一些。台阶磨削法生产效率较高，但修整砂轮比较麻烦，且机床须具有较高的刚度，所以在应用上受到一定的限制。

3. 磨削用量的选择

(1) 砂轮的速度。

(2) 工作台纵向进给量，工作台为矩形时纵向进给量选 1～12 m/min。

(3) 砂轮垂直进给量，依据横向进给量的大小来确定。

4. 工件的装夹

平面磨削的装夹方法应根据工件的形状、尺寸和材料而定，常用的有电磁吸盘装夹、精密平口钳装夹等。

1）电磁吸盘及其使用

电磁吸盘主要用于钢、铸铁等磁性材料制成的有两个平行面的工件装夹。

①电磁吸盘的外形。电磁吸盘的外形有矩形和圆形两种，分别用于矩形工作台平面磨床和圆形工作台平面磨床。

②电磁吸盘装夹工件的特点。工件装卸迅速方便，并可以同时装夹多个工件；工件的定位基准面被均匀地吸紧在台面上，能很好地保证平行平面的平行度公差；装夹稳固可靠。

2）垂直面磨削时工件的装夹

①用侧面有吸力的电磁吸盘装夹。

②用导磁直角铁装夹。

③用精密平口钳装夹。

④用精密角铁装夹。

⑤用精密 V 形块装夹。

⑥采用垫纸法。

3）倾斜面磨削时工件的装夹

①用正弦精密平口钳装夹。

②用正弦电磁吸盘装夹。

③用导磁 V 形块装夹。

4.5.3 磨外圆

1. 外圆磨削的基本方法

外圆磨削是以砂轮旋转作主要运动，工件旋转、移动（或砂轮径向移动）作进给运动，对工件的外回转面进行的磨削加工，能磨削圆柱面、圆锥面、轴肩端面、球面及特殊形状的外表面，如图 4-7 所示。按不同的进给方向，外圆磨削又有纵磨法和横磨法之分。在实际加工中，还可将纵磨法和横磨法相结合使用。

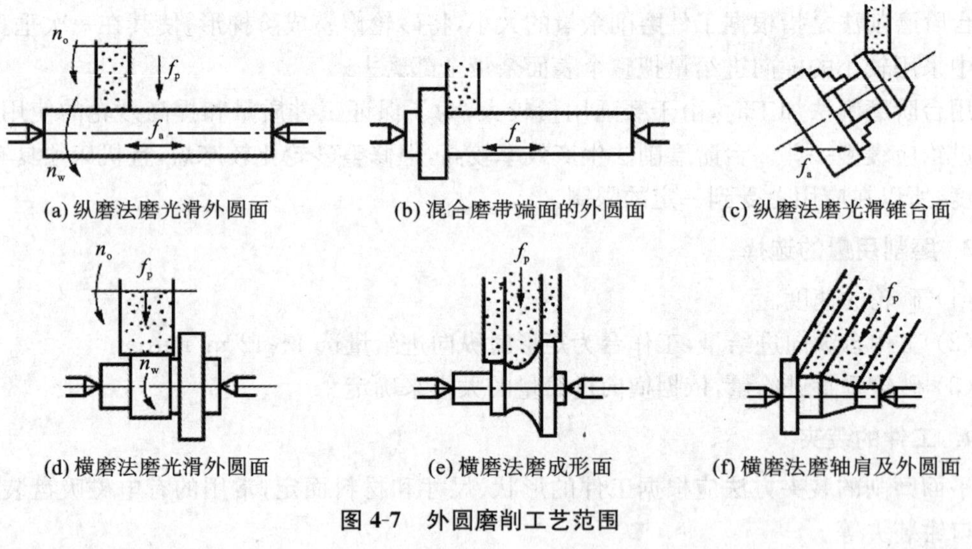

图 4-7　外圆磨削工艺范围

1）纵磨法

采用纵磨法磨外圆时，以工件随工作台的纵向移动作进给运动，如图 4-7(a)所示，每次单行程或往复行程终了时，砂轮作周期性的横向切入进给，逐步磨出工件径向的全部余量。纵磨法每次的切入量少，磨削力小，散热条件好，且能以光磨的次数来提高工件的磨削精度和表面质量，是目前生产中使用最广泛的一种外圆磨削方法。

纵磨法磨削外圆的特点在于轴向进给起主要切削作用，磨削质量好，但磨削的效率一般较低，因此适用于磨削外圆长度大于砂轮宽度的工件，特别适合加工细长轴。

2）横磨法

采用横磨法磨外圆时，砂轮宽度大于工件磨削表面宽度，如图 4-7(d)所示，以砂轮缓慢连续(或不连续)地沿工件径向的移动作进给运动，工件不需要纵向进给，直到达到工件要求的尺寸为止。横磨法可在一次行程中完成磨削过程，加工效率高，常用于成形磨削。横磨法中砂轮与工件接触面积大，磨削力大，因此，要求磨床刚性好，动力足够；同时，磨削热集中，需要充分的冷却，以免影响磨削表面质量。横磨法一般适用于磨削外圆长度小于砂轮宽度的工件，特别适用于外圆两旁都有阶台的轴颈和成形面磨削。

3）分段磨削法

分段磨削法是将工件分成若干小段，用径向磨削法逐段进行粗磨，留有精磨余量 0.03～0.04 mm，再用轴向磨削法精磨工件至要求尺寸，如图 4-8 所示。分段磨削时，相邻两段间应留有 5～15 mm 的重叠，以保证各段外圆能衔接好。

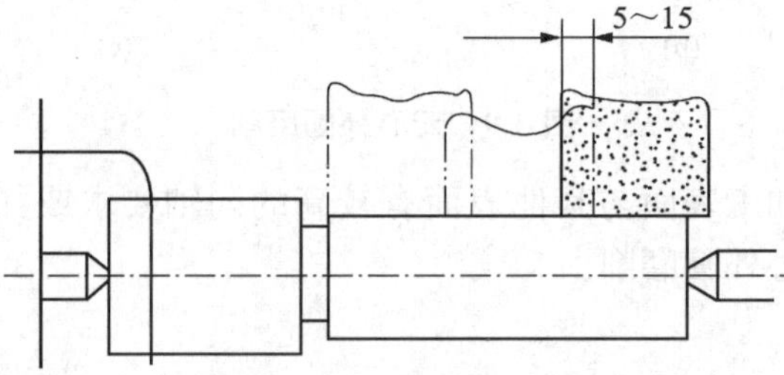

图 4-8 分段磨削外圆

分段磨削外圆既有径向磨削法生产效率高的优点，又有轴向磨削法加工精度高的优点，故而磨削质量较好，工件在精磨后可以获得较高的尺寸精度和较小的表面粗糙度值。分段磨削法适用于磨削余量大且刚度较好的工件，不适合用于磨削过长的工件，一般加工表面长度是砂轮宽度的 2～3 倍较合适。

4）深度磨削法

深度磨削法是一种高效率的磨削方法。这种方法是将砂轮磨成阶梯状，采用较大的磨削深度、较小的轴向进给量，在一次轴向进给中将工件的全部磨削余量切除。

砂轮阶梯的前部起主要切削作用，后部起精磨作用。该方法磨削质量好，同时磨削效率高，但对于机床、砂轮等要求较高，一般适用于磨削余量多、刚性好的工件的批量生产。

5）无心外圆磨削

无心磨外圆时，工件不用夹持于卡盘或支承于顶尖，而是直接放于砂轮与导轮之间的托板上，以外圆柱面自身定位，如图 4-9 所示。磨削时，砂轮旋转为主运动，导轮旋转带动工件旋转和工件轴向移动(因导轮与工件轴线倾斜一个角度，旋转时将产生一个轴向分速度)为进给运动，对工件进行磨削。

无心磨外圆有贯穿磨法和切入磨法。贯穿磨法适用于不带台阶的光轴零件，加工时工件由机床前面送至托板，工件自动轴向移动磨削后从机床后面出来；切入磨法可用于带台阶的轴加工，加工时先将工件支承在托板和导轮上，再由砂轮作横向切入磨削工件。

无心外圆磨削是一种生产率很高的精加工方法，且易于实现生产自动化，但机床调整费时，故主要用于大批量生产。无心外圆磨削由于以外圆表面自身作定位基准，因而不能提高

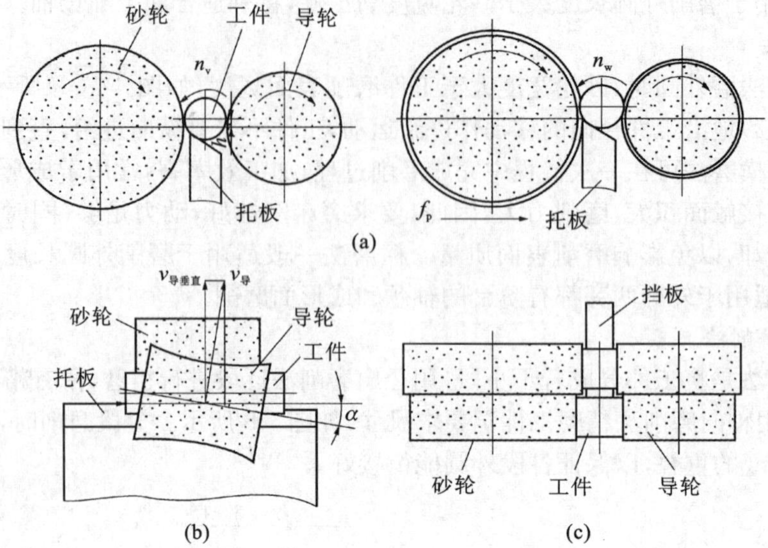

图 4-9　无心外圆磨削

零件位置精度。当零件加工表面与其他表面有较高的同轴要求或加工表面不连续(例如有长键槽)时,不宜采用无心外圆磨削。

2. 工件的装夹

1）用顶尖装夹

顶尖装夹是外圆磨床最常用的方法,特点为装夹迅速方便、定位精度高。工作时,把工件装夹在前、后顶尖间,由头架上的拨盘、拨销、尖头带动工件旋转,工件旋转方向与砂轮旋转方向相同。注意,磨床上的后顶尖不随工件旋转,俗称死顶尖,否则会由于主轴轴承制造误差等因素导致工件磨削精度下降。

2）用卡盘装夹工件

两端无中心孔的工件可用三爪卡盘装夹,外形不规则的工件可用四爪卡盘装夹。

3）用卡盘和顶尖装夹工件

工件比较长且只有一端有中心孔时,可以采用这种方法装夹。

4.5.4　磨内圆

1. 内圆磨削的基本方法

1）普通内圆磨削

如图 4-10 所示,普通内圆磨削的主运动仍为砂轮的旋转,工件旋转为圆周进给运动,砂轮(或工件)的纵向移动为纵向进给运动,砂轮作横向进给运动。普通内圆磨削适用于对零件形状规则、便于回转的通孔、盲孔及孔口端面进行磨削,如各种法兰盘、套筒、齿轮等,应用广泛。

2）无心内圆磨削

无心内圆磨削时,工件同样不用夹持于卡盘,而直接支承于滚轮和导轮上,压紧轮使工件紧靠滚轮和导轮,如图 4-11 所示。磨削时,工件由导轮带动旋转作圆周进给运动;砂轮高

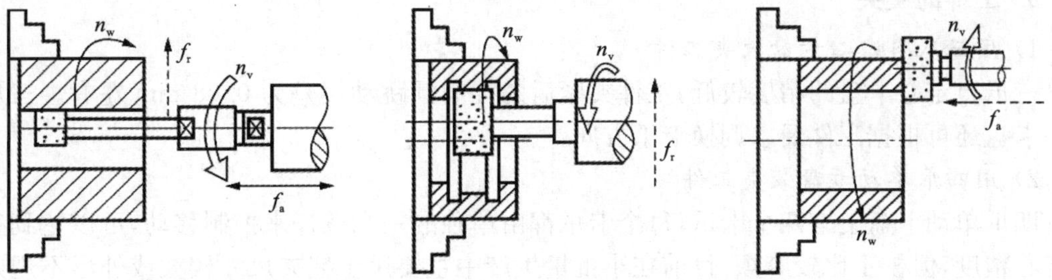

(a) 纵磨法磨内孔　(b) 切入法磨内孔　(c) 磨端面

图 4-10　普通内圆磨削

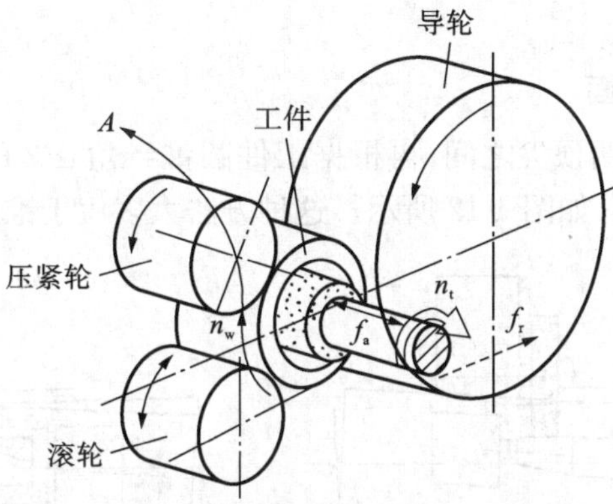

图 4-11　无心内圆磨削的工作原理

速旋转为主运动，同时作纵向进给运动和周期性横切入进给运动。磨削后，为便于装卸工件，压紧轮向外摆开。无心内圆磨削适用于大批量加工薄壁类零件，如轴承套圈等。

与外圆磨削相比，因受孔径限制，砂轮及砂轮轴直径小、转速高，砂轮与工件接触面积大，发热量大，冷却条件差，工件易热变形，砂轮轴刚度差，易振动，易弯曲变形，因此，在类似工艺条件下，内圆磨削的质量较低。生产中常采用减小横向进给量、增加光磨次数等措施来提高内孔磨削质量。

3）行星式内圆磨削

行星式内圆磨削时，工件不转动，砂轮绕自身轴线高速旋转，同时绕所磨孔的中心以低速作行星运动。这种方法主要用于磨削体积大，笨重或形状不对称以及不便于旋转的零件，在目前生产中应用较少。

2. 内圆磨削的特点

与外圆磨削相比，内圆磨削的砂轮直径小，砂轮转速受到内圆磨具的限制，故砂轮的圆周速度一般在 35 m/s 以下。内圆磨削的砂轮主轴转速要比外圆磨削的砂轮主轴转速高十几倍，磨料颗粒很容易磨钝。内圆磨削砂轮因直径较小，刚性很差，往往限制了磨削用量的提高，且它产生的磨削力和磨削热很大，散热条件和排屑条件均较差，切屑容易堵塞砂轮。因此，内圆磨削需要合理选用砂轮和接长轴，同时要正确安装工件和选择磨削用量，注意改进操作工艺。

3. 工件的装夹

1）用三爪自定心卡盘装夹工件

三爪自定心卡盘的精度较低，工件夹紧后的径向圆跳动误差为 0.08 mm 左右。三爪自定心卡盘还可根据工件要求调换卡爪方向。

2）用四爪单动卡盘装夹工件

四爪单动卡盘上有四个卡爪，每个卡爪都由单独的一个螺杆来控制移动，可以达到很高的定心精度，但校正比较麻烦，目前在小批量生产中主要用于装夹尺寸较大或外形不规则的工件及定心精度要求高的工件。

4.5.5 磨圆锥面

1. 转动工作台磨圆锥面

磨削时，把工件装夹在两顶尖之间，再根据工件圆锥半角 $\alpha/2$ 的大小，将上工作台相对下工作台逆时针转过 $\alpha/2$ 即可，如图 4-12 所示。这种方法大多用于锥度小、锥面较长的工件。

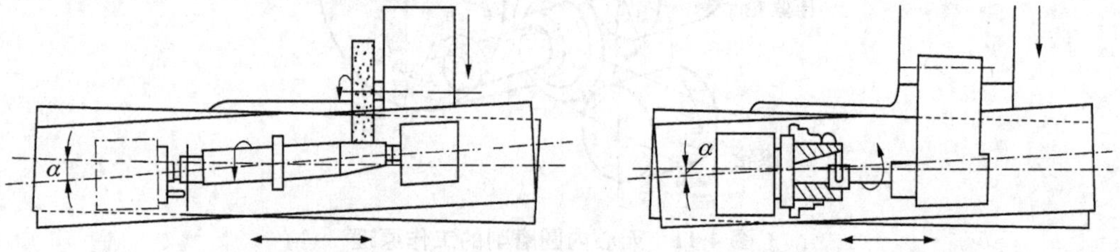

(a) 磨外圆锥　　(b) 磨内圆锥

图 4-12　转动工作台磨圆锥面

2. 转动头架磨圆锥面

当工件的圆锥半角超过工作台所能回转的角度时，可采用转动头架的方法来磨削圆锥面。这种方法是把工件装夹在头架卡盘中，再根据工件圆锥半角，将头架逆时针转过同样大小的角度，然后进行磨削，如图 4-13 所示。

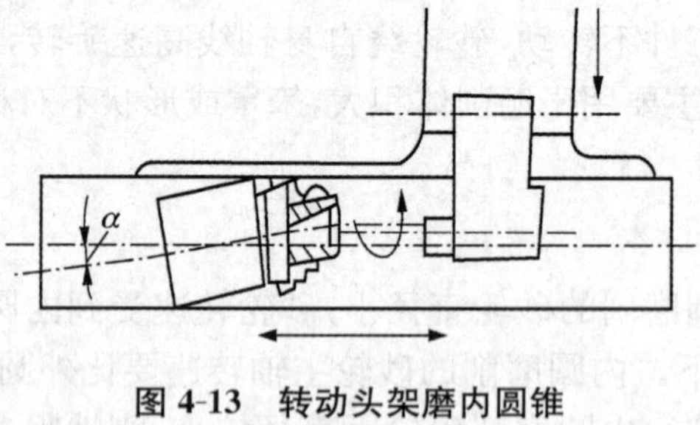

图 4-13　转动头架磨内圆锥

4.5.6 其他磨削简介

近几十年来，随着机械产品精度、可靠性和寿命要求的不断提高，新型材料不断涌现，磨削加工技术不断地朝着使用超硬磨料磨具，提高磨削精度、效率及磨削自动化的方向发展。

1. 高精度磨削

高精度磨削指精密磨削（简称精磨）、超精密磨削（简称超精磨）及镜面磨削加工方法。精磨指工件加工精度达到IT6～IT5级，表面粗糙度 Ra 值为0.4～0.1 μm的磨削加工方法；超精磨是指精度达IT5级，表面粗糙度 Ra 的值为0.1～0.02 μm的磨削加工方法；而强调表面粗糙度 Ra 值在0.01 μm以下，表面光滑如镜的磨削加工方法为镜面磨削。提高磨削表面精度与光度的关键在于砂轮表面上大量等高的磨料颗粒微刃均匀去除工件表面极薄切屑以及大量半钝化的磨料颗粒在清磨阶段对磨削表面滑擦、抛光的综合作用。因此实现高精磨削，应创造如下几方面的条件：

（1）具有高几何精度、高横向进给精度、低速稳定性好的精密机床。机床应具备高精密度主轴、导轨及微进给机构。

（2）采用细粒度或微粉的砂轮。精磨采用细于100＃的磨粒；超精磨采用细于240＃的磨粒或微粉；镜面磨削则只能用W10以下的微粉。

（3）进行精细的砂轮修整获得大量的锋利微刃，进行准确的砂轮平衡获得回转平稳性。

（4）选择合理的磨削用量，随精度提高，磨削深度、厚度越来越小，光磨次数越来越多。

（5）良好的工艺条件。精磨前，工件需要粗磨；超精磨前需经精磨；超精磨后方可进行镜面磨削。另外，还需要净化的磨削环境和高效的冷却方式。

2. 高效磨削

1）高速磨削

高速磨削是通过提高砂轮线速度来达到提高磨削效率和磨削质量的工艺方法。一般砂轮线速度达60～120 m/s属高速磨削，达150 m/s以上为超高速磨削。

高速磨削有如下优点：当磨除率一定时，随砂轮线速度的提高，磨料颗粒切削厚度变薄，单个磨料颗粒负荷减轻，砂轮耐用度提高；磨削速度的提高使切屑形成时间缩短，变形层变浅，隆起减小，表面粗糙度减小；工件表面质量提高；因变形减小，磨削力减小，工艺系统变形减小，加工精度提高；随着砂轮线速度提高，由切屑带走的热增加，从而使磨削温度下降，避免工件烧伤。若保持磨料颗粒的切削厚度一定，则随砂轮线速度提高，磨除率增加，生产率提高。

实现高速磨削需突破砂轮回转破裂速度的限制，以及磨削温度高和工件表面烧伤的制约。另外，高速磨削时的安全防护措施亦极为重要，机床上必须设置砂轮防护罩，以防砂轮一旦破坏对人员和设备的伤害。

目前，高速磨削技术主要用于利用CBN砂轮、高性能CNC系统和精密微进给机构，对阶梯轴、曲轴等外圆表面进行高效高精加工和对硬脆材料、难加工材料进行磨削。

2）砂带磨削

砂带磨削是指用高速运动的砂带作磨削工具，对各种表面进行磨削。砂带是将磨料用结合剂黏结在柔软基体上的涂附磨具，磨料颗粒经高压静电植砂后，单层均匀直立于基体表面。砂带磨削有如下特点：

①生产率高。砂带上磨料颗粒锋利，投入磨削的砂带宽，磨削面积大，生产率为固结砂轮的5～20倍。

②磨削温度低，加工质量好。砂带上磨料颗粒锋利，生热少，砂带散热条件好。砂带对振动有良好的阻尼特性，使磨削速度稳定。

③磨削耗能低。砂带质量轻，高速转动惯性小，功率损失小。

④砂带柔软，能贴住成形表面进行磨削，故适应各种复杂型面的磨削。

⑤砂带磨床结构简单，操作安全。

⑥砂带消耗较快；砂带磨削不能加工小直径孔、盲孔，也不能加工阶梯外圆和齿轮。

3）蠕动磨削

蠕动磨削是指大切深缓进给磨削。它的磨削深度较大，可达 30 mm，工作台进给缓慢，为 3～300 mm/min，加工精度达到 IT7～IT6 级，表面粗糙度 *Ra* 值小于 1.6 μm，并能产生表面残余压力，提高表面质量，金属磨除率是普通平面磨削的 100～1 000 倍，使粗、精加工一并完成，以获得以磨代铣的效果。

由于蠕动磨削过程中总磨削力大，砂轮与工件接触弧内的温度高，因此实现蠕动磨削须具备以下三方面条件：一是具有很高静刚度和动刚度的大功率机床；二是砂轮应为较软的大气孔砂轮；三是具备高压大流量的冷却冲洗系统。

蠕动磨削的加工质量好，切深大，可避免在工件表面的污染层或硬化层上滑擦，使所用砂轮更长久地保持轮廓外形的精度，故蠕动磨削比较适合磨削成形表面或进行沟槽加工，尤其适用于对高硬高强材料（如不锈钢、钛合钢及耐热合金等）的磨削加工，如采用蠕动磨削加工钛合金压气机叶片。

4.6 光整加工简介

光整加工是指获得比磨削等精加工还好的加工精度和表面质量（表面粗糙度 *Ra* 值在 0.2 μm 以下）的一些加工方法。常用的光整加工方法有超精加工、珩磨、研磨、抛光、滚压加工等。

4.6.1 超精加工

超精加工是用装有细粒度、低硬度磨条（油石）的磨头，在较低压力下对工件实现微量磨削的光整加工方法。加工时，工件低速回转，加上磨头轴向进给及短行程低频往复振动，这三个运动使每个磨料颗粒在工件表面上的运动轨迹复杂而不重复（若不考虑磨头的轴向进给，则轨迹为余弦波曲线），从而对工件表面的微观不平进行修磨，使工件表面达到很高的精度和小的表面粗糙度。超精加工的工作过程经历了四个阶段：

(1) 强烈切削阶段。超精加工在开始切削时，由于工件表面粗糙度较大，只有少数凸峰与油石接触，压强大，切削作用强烈，磨料颗粒会因破碎、脱落而使切削刃更锋利，很快切去工件表面凸峰。

(2) 正常切削阶段。随凸峰的磨平，油石与工件表面接触面积逐渐增大，压强减小，切削作用有所降低，进而进入正常切削阶段，工件表面变得平滑。

(3) 微刃切削阶段。随加工的继续，磨料颗粒慢慢变钝，切削作用越来越微弱，且细小的切屑嵌入油石空隙形成氧化物，油石产生光滑表面，对工件进行抛光，使工作表面呈现光泽。

(4) 自停切削阶段。工件表面越来越光滑，工件表面与油石间形成连续的油膜，使切削过程自动停止，工件、油石不再接触。

超精加工中一般使用由 80%的煤油、20%的全损耗系统用油配制而成的切削液，且使用时必须经过精细过滤。

超精加工因采用了细粒度磨条，故磨削余量很小(0.005～0.025 mm)；加工中磨条往复振动，加长了磨料颗粒单位时间内的切削长度，提高了生产率；由于运动轨迹复杂，并能由切削过渡至抛光，可获得小的表面粗糙度(Ra=0.01～0.04 μm)，同时，微刃的正反切削使形成的切屑易于清除，不会划伤已形成的高光表面；切削中磨头速度低(30～100 m/min)，磨条压力小，发热少，工件表面变质层浅，无烧伤，耐磨性好。但由于油石与工件为浮动接触，因此，工件的几何精度由前道工序保证。

超精加工所用设备简单，操作方便，适用于加工轴类零件的外圆表面，对平面、球面、锥面和内孔也适用。

4.6.2 珩磨

珩磨是用由数根粒度很细的砂条(油石磨条)所组成的珩磨头对零件上的孔进行的一种光整加工方法。珩磨加工时，珩磨头具有三种运动：珩磨头上砂条在机床主轴带动下旋转并作往复直线运动；砂条向工件孔壁的径向加压运动。旋转与直线往复运动的组合，使珩磨头砂条在工件孔壁上形成交叉而不重复的网纹，径向加压则构成珩磨中的进给运动，从而使磨条从工件表面均匀地去除薄层余量。

珩磨加工中一般采用由煤油和少量全损耗系统用油配制而成的切削液，以便冲走切屑和磨料颗粒碎末，冷却并润滑加工面，改善表面质量。

1. 珩磨头

图 4-14 为一种较简单的机械调压式珩磨头。砂条黏结于珩条座并装入珩磨头本体的圆周等分槽中，珩条座通过顶销接触本体的锥面，拧动螺母通过压簧使锥芯向下移动，顶销使砂条径向向外均匀胀开，增大与工件孔壁的压力，实施切削中的进给运动，本体与主轴浮动接触，在磨去余量后，压簧压力消失，卡于珩条座两头的弹簧卡箍(可防珩条座脱落)使珩条座径向缩回，安全离开被加工孔。

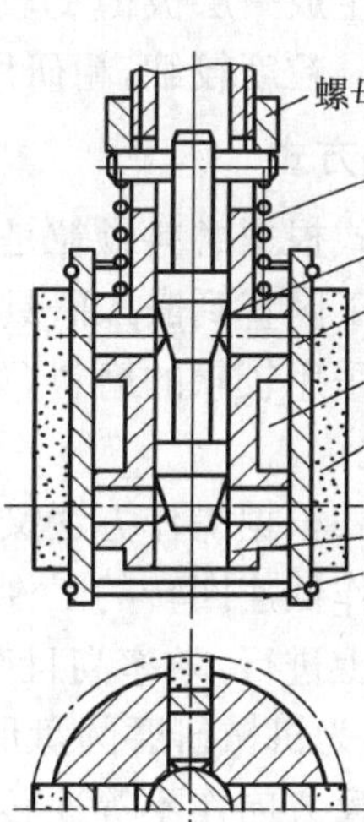

图 4-14 机械调压式珩磨头

2. 珩磨的特点

珩磨可使工件获得 IT5～IT4 级的加工精度，但不能提高位置精度。珩磨时，珩磨头的圆周速度低，砂条与孔接触面积大，往复运动速度大，参加工作的磨料颗粒多，生产率较高。珩磨中的磨削力小，发热少，冷却充分，工件不易烧伤，且变形层浅，切削液冲击脱落的磨料颗粒，能使工件表面获得高光度，表面粗糙度 Ra 值为 0.4～0.04 μm。

3. 珩磨的应用

珩磨的生产率高于内圆磨，故一般用于大批量生产中精密孔系的终加工。珩磨适用范围广，可加工 ϕ5～ϕ500 mm 孔，孔的长径比可达 10 以上；可加工铸铁、淬火或不淬火钢，如用于发动机的气缸孔和液压缸孔的精加工。但珩磨不宜加工软而韧的有色金属及其合金材料的孔，也不宜加工带键槽的孔和花键孔等断续表面。

4.6.3 研磨

研磨是利用研具和工件间的研磨剂对工件表面进行光整加工的方法。研磨时，研具与工件间的研磨剂受到一定压力的作用，部分磨料颗粒被不规则地嵌入研具和工件表面，部分磨料颗粒游离于研具、工件之间，研具与工件产生复杂的相对运动，通过研磨剂的机械及化学作用，研去工件表面极薄层的余量，从而获得很高的尺寸精度及极小的表面粗糙度。研磨一般可获得 IT6～IT4 级的加工精度，形状精度高(圆度为 0.003～0.001 mm)，表面粗糙度为 Ra 0.1～0.08 μm，不能改善位置精度。研磨应用范围广，可用于外圆、内孔、平面、球面及螺纹、齿轮等复杂型面的加工。

1. 研具

研磨所用研具的材料应比较软。若研具材料太硬，磨料颗粒不易嵌入，且易被挤出研具工件之外，切削效率低，当磨软工件时，磨料颗粒还可能嵌入工件，恶化表面质量。研具材料亦不能太软，否则研具磨损快，很容易失去正确形状而影响研磨质量。研具材料还应组织均匀，有较好的耐磨性。常用的研具材料为铸铁(一般用于精研)和青铜。

2. 研磨剂

研磨剂由磨料加上煤油及全损耗系统用油等调制而成。有时还加入化学活性物质，以在工件表面生成一层极薄的较软的化合物，加速研磨进程。常用的研磨磨料有刚玉、碳化硅、金刚石等，粒度较细，粗研用 100#～240# 或 W40，精研用 W14 或更细的粒度。

3. 研磨方式

研磨方式根据磨料颗粒是否嵌入研具有嵌砂研和无嵌砂研两种。嵌砂研是将磨料颗粒直接加入加工区直到嵌入研具(自由嵌砂)或在加工前将磨料颗粒挤压入研具(强迫嵌砂)；无嵌砂研指采用较软的磨料(如 CrO_3)、较硬的研具(如淬火钢)，磨料颗粒不嵌入研具而处于自由状态。

研磨方式根据操作方法又有手工研和机械研两种。手工研时，由人工推动研具相对安装于机床且作低速回转的工件往复运动，效率较低，且质量取决于工人技术水平。机械研在专用研磨机上进行，效率高且劳动强度小，适用于大批量生产。

图 4-15 为机械研磨圆盘形工件示意图。工件通过放于隔板槽内而隔开，研磨时，上、下研磨盘向相反方向作不等速转动，下研磨盘上的偏心销带动隔板旋转，从而使工件在旋转的同时径向往复窜动，使磨料的研磨轨迹复杂且不重复；作用于法兰上的力可调节研磨时压力的大小。

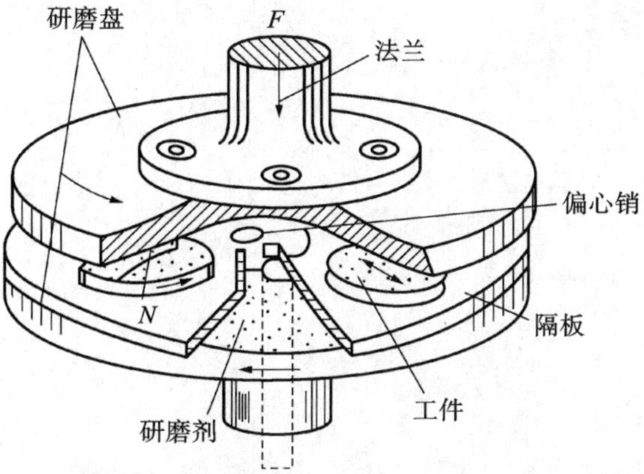

图 4-15 机械研磨圆盘形工作示意图

4.6.4 抛光

抛光是利用高速旋转的涂有抛光膏的抛光轮(用帆布轮、皮革轮或毛毡轮等)对工件表面进行光整加工的方法。抛光时,将工件压在高速旋转的抛光轮上,通过抛光膏中的化学作用,工件表面产生一层极薄的软膜,这就允许采用比工件材料软的磨料加工,且不致在工件表面留下划痕。抛光轮转速很高,剧烈的摩擦使工件表层出现高温,表层材料被挤压而发生塑性流动,可填平表面的微观不平,从而获得光洁表面。

抛光去除余量很小(只去除工件表面的粗糙),不提高尺寸、形状及位置精度,只改善表面光洁度($Ra \leqslant 0.01\ \mu m$),且抛光不能保证切削均匀,故生产中常用作装饰镀铬前的准备工序。

4.6.5 滚压加工

滚压加工是利用滚压工具在常温状态下对工件表面施加一定的压力,使金属表层产生变形,压平表面粗糙凸峰,使表面粗糙度减小(可从 Ra 3.2～1.6 μm 减小至 Ra 0.2～0.04 μm)、加工精度提高(IT8～IT7 级)的无屑加工方法。另外,滚压还可改善表面物理力学性能,使表层产生残余压应力,提高零件的疲劳极限。滚压加工使用的设备工具简单,操作方便,生产效率也较高。

滚压用工具的材料,一般选用 GCr15、65Mn、W18Cr4V 和 T10 等,硬度淬火至 60 HRC 以上,当工件材料硬度较高时,可选用硬质合金、金刚石等材料。

滚压加工主要对在常温下容易产生塑性变形的材料进行加工,如较软的钢件、铝合金、铜合金及铸铁等。

第 5 章

热处理及表面处理实习

5.1 热处理概述

将金属材料放入一定的介质中,通过加热、保温和冷却,以改变金属材料内部的组织结构,获得预期力学性能的工艺方法,称为热处理。

5.1.1 热处理的特点及应用

热处理是机械制造中的重要工艺之一。与其他加工工艺相比,热处理一般不改变工件的形状和整体的化学成分,而是通过改变工件内部的显微组织或改变工件表面的化学成分,赋予工件某种使用性能,或改善工件的使用性能。

1. 热处理的特点

(1) 一般工件形状不改变。

(2) 通过改变工件内部组织,或表面化学成分,改善工件的使用性能。

(3) 能耗高,污染严重。

加强热处理的环保及节能措施,是制造业中的重要环节。目前在热处理工业中,加强专业化生产、采用高新工艺技术、不断提高环保及节能意识,势在必行。

2. 热处理的主要应用

(1) 各种机床上约有 80%的零件需要进行热处理。

(2) 各种工具、量具和刀具等 100%需要经过热处理,以具有比较好的使用性能。

(3) 在机械行业的各个领域应用非常广泛。

5.1.2 热处理的分类

钢的热处理可以分为以下三类:

(1) 普通热处理:对工件整体进行穿透加热的热处理工艺。常用的普通热处理有退火、正火、淬火和回火。

(2) 表面热处理:仅对工件表面进行热处理,以改变工件表面组织和性能的工艺。常用的表面热处理是表面淬火。

(3) 化学热处理:将工件置于一定温度的活性介质中保温,使一种或几种元素渗入工件表面,以改变它的化学成分、组织和性能的热处理工艺。常用的化学热处理有渗碳、渗氮、碳氮共渗、氮碳共渗等。

根据热处理在零件制造工艺过程中的位置和作用不同,热处理工艺可分为以下几种:

(1) 预备热处理:零件加工过程中的一道中间工序,目的是改善毛坯件的组织、消除应力、降低硬度,为后续的机械加工和最终热处理做好组织准备。

(2) 最终热处理:能赋予工件使用性能的热处理。

5.1.3 热处理安全操作规程

(1) 进行热处理操作时必须穿戴好劳动保护用品。

(2) 使用仪器设备前,要求熟悉所用仪器设备的结构及工作原理。首次使用时,必须在实训指导人员的指导下进行操作。

(3) 开、关炉门要快,炉门打开的时间不能过长,以免炉温下降,从而影响炉膛内耐火材料及电热元件的寿命。

(4) 在放、取试样时,不能碰到电阻元件和热电偶;往炉中放、取试样时,必须使用夹钳;夹钳必须擦干,不得沾有油和水。

(5) 用电阻炉加热时,工件进炉、出炉时应先切断电源,以防触电。出炉后的工件不能用手摸,以防烫伤。

(6) 在热处理过程中,加热件附近不得存放易燃、可燃物品;禁止用易燃、可燃物作临时支承;同时,应配备消防器材。

(7) 使用硬度计时,必须在试验方法规定的测量硬度范围内进行,以免压头使用不当而损坏。若不能确定被测试样的硬度范围,应先采用较小的试验力进行试验。

(8) 在制备热处理件金相试样时,必须集中注意力,正确操作,以防止预磨、抛光时试样飞出伤人。

(9) 进行金相试样腐蚀工作前必须穿好工作服,戴好口罩、胶皮手套和防护眼镜。准备好所用工具后,再打开通风设备,并检查通风是否良好。金相试样应轻轻放入腐蚀剂器皿中,避免酸液溅出灼伤。废弃腐蚀液应实行专人负责,严格做好保管工作。

5.2 热 处 理

5.2.1 常用的热处理设备

常用的热处理设备包括热处理加热设备、热处理冷却设备及其他辅助设备等。

1. 热处理加热设备

目前,常用的普通热处理加热设备主要有箱式电阻炉、井式电阻炉、盐浴炉等。箱式电阻炉、井式电阻炉、盐浴炉的结构如图 5-1 所示。

1) 箱式电阻炉

箱式电阻炉利用电流通过布置在炉膛内的电热元件发热,通过对流和辐射对零件进行加热。它是热处理车间应用很广泛的加热设备,最高使用加热温度为 950 ℃。若采用硅碳棒为加热元件,最高使用温度可达 1 300 ℃。箱式电阻炉适用于钢铁材料和有色金属材料的退火、正火、淬火、回火及固体渗碳等热处理工艺,具有操作简便、控温准确、可通入保护性气体防止零件加热时的氧化等优点。

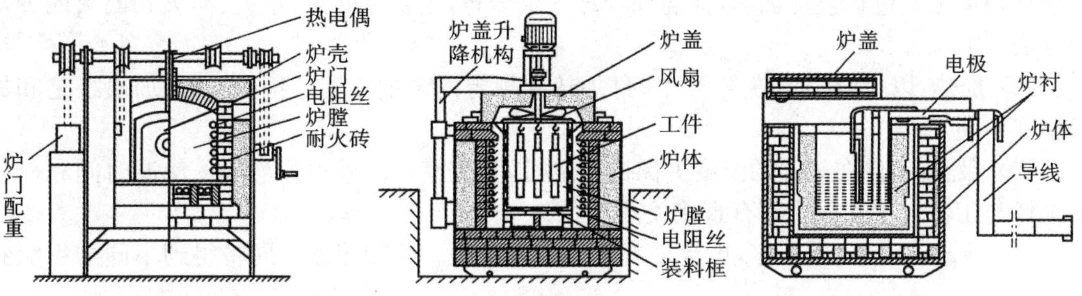

(a) 箱式电阻炉　(b) 井式电阻炉　(c) 盐浴炉

图 5-1　常用的普通热处理加热设备

2）井式电阻炉

井式电阻炉的工作原理与箱式电阻炉相同，它的炉口向上，因形如井状而得名。常用的井式电阻炉有中温井式炉、低温井式炉和气体渗碳炉三种。井式电阻炉采用起重机起吊零件，能减轻劳动强度，故应用较广。井式电阻炉主要用于轴杆类零件的吊装热处理作业，主要目的是防止工件变形。

3）盐浴炉

盐浴炉是利用化学性能较稳定的熔盐作为加热介质的热处理加热设备。盐浴炉结构简单、制造方便、费用低、加热质量好、加热速度快，因而应用较广。但在盐浴炉加热时，存在着零件的扎绑、夹持等工序，使操作复杂、劳动强度大、工作条件差，同时存在着启动时升温时间长等缺点。因此，盐浴炉常用于中、小型且表面质量要求高的零件，主要用于工具钢类零件的热处理。用盐浴炉进行热处理加热迅速、均匀，炉温控制准确。在熔盐中定期加入脱氧剂，可以防止碳钢氧化。

2. 热处理冷却设备及其他辅助设备

1）热处理冷却设备

热处理冷却设备主要包括水槽、油槽和硝盐炉等。为提高生产能力和冷却效果，热处理冷却设备常配置有淬火冷却介质循环冷却系统。

2）热处理辅助设备

热处理辅助设备主要包括：用于清除工件表面氧化皮的清理设备，如清理滚筒、喷砂机、酸洗槽等；用于清洗工件表面黏附的盐、油等污物的清洗设备，如清洗槽、清洗机等；用于校正热处理工件变形的校正设备，如手动压力机、液压校正机等；用于搬运工件的起重运输设备等。

3）质量检验设备

根据热处理零件的质量要求，配置的质量检验设备一般有检验硬度用的硬度计、检验裂纹用的无损检测机、检验内部组织用的金相显微镜及制样设备、校正变形用的压力机等。

5.2.2　钢的热处理

1. 热处理工艺步骤

热处理的工艺方法主要有普通热处理和表面热处理，其中应用最广泛的是普通热处理。

普通热处理工艺过程包括加热、保温和冷却三个步骤，主要有退火、正火、淬火和回火四种常用方法。

(1) 加热：以一定的加热速度把零件加热到规定的温度范围。材料不同，加热工艺和加热温度不同。

(2) 保温：工件在规定的温度下保持一定时间，使零件内外温度均匀。保温时间和介质的选择与工件尺寸和材质都有直接关系。

(3) 冷却：最后一道工序，也是最重要的一道工序。冷却速度不同将得到不同的组织和性能。

把零件的加热、保温、冷却过程绘制在温度-时间坐标系中，可以得到图 5-2 所示的热处理工艺曲线。

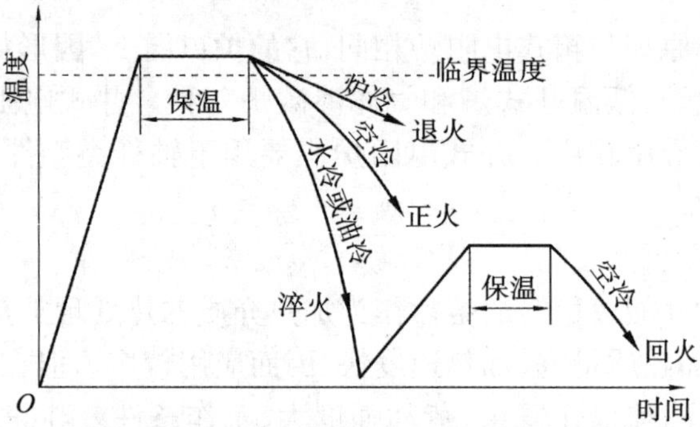

图 5-2 常用热处理方法的工艺曲线

2. 退火

将钢加热到适当温度，保温一定的时间后缓慢冷却的工艺方法称为退火。

1) 完全退火

完全退火是指将中低碳钢加热到完全奥氏体状态，温度为 Ac_3(指亚共析钢的相变温度线)以上 30～50 ℃，保温一定时间后缓冷到室温，获得接近平衡态组织的热处理工艺方法。它主要适用于亚共析钢。完全退火的目的是消除锻件和铸件的表面硬化现象，降低硬度，消除残余应力，从而改善切削加工性能。

2) 去应力退火

去应力退火是指将钢加热到 Ac_1(钢的共析转变温度线)以下某一温度(一般为 500～600 ℃)，保温后缓冷的热处理工艺方法。去应力退火的主要目的是消除焊接、铸造、锻造和机械加工过程中产生的应力。

3) 再结晶退火

工件在经过一定量的冷塑性变形后，在晶粒内部产生大量的晶格畸变和错位等，从而导致硬度、强度升高和塑性降低，即产生加工硬化现象，同时工件中还残存很大的内应力。这样就给进一步进行塑性变形带来了困难。若将这样的钢材加热到一定温度以上(低于 Ac_1，一般为 600～700 ℃)，会重新生核长成均匀的晶粒，从而消除加工硬化现象和残余应力，钢材又恢复产生塑性变形的能力。这一现象称为再结晶。

3. 正火

将钢加热到上临界点(亚共析钢为 Ac_3，过共析钢为 Ac_{cm}(共析钢的相变温度线))以上适当温度，保温一定时间，然后在空气中冷却的工艺方法称为正火。

正火的目的在于：

(1) 改善含碳量较低的钢材的切削性能。

(2) 中碳结构钢要求不高时，可代替调质作为最终热处理，起到简化工艺的目的。

(3) 消除过共析钢的网状渗碳物。

(4) 消除缺陷，细化晶粒，改善组织，为最终热处理做准备。

正火的加热温度一般为亚共析钢 $Ac_3+30\sim50$ ℃，过共析钢 $Ac_{cm}+30\sim50$ ℃，保温时间则要依据钢材种类、工件尺寸、装炉量、选用炉型等众多因素来确定。正火是在空气中冷却。由于空气的冷却能力较其他介质(如水、油)弱，因此工件在空气中的实际冷却速度受自身尺寸大小的影响较大。大工件冷却慢，有时甚至接近退火的冷却速度；小工件则有可能接近淬火的速度。因此，正火后工件的组织和性能往往会在较大的范围内波动。有时根据要求亦可采取适当的方法予以调整，如大工件冷速不够，可采用加速空气流动的方法来提高冷速；小工件则可采用堆垛在一起的方法适当降低冷速等。

4. 淬火

将钢加热到临界温度 Ac_3(亚共析钢)或 Ac_1(过共析钢)以上某一温度，保温一定时间，使之全部奥氏体化，然后以大于临界冷却速度冷到 Ms(250 ℃)以下发生马氏体转变的工艺方法称为淬火。

淬火的目的是使过冷奥氏体进行马氏体转变，得到马氏体组织，然后配合以不同温度的回火，大幅度地提高钢的硬度、强度、耐磨性、疲劳强度以及韧性等，从而满足各种机器零件和工具的不同使用性能要求。

淬火的加热温度一般为亚共析钢 $Ac_3+30\sim50$ ℃，过共析钢 $Ac_1+30\sim50$ ℃。淬火的加热温度是根据钢的成分、组织和性能要求来确定的。保温时间一般根据工件的有效截面厚度来计算，碳素结构钢为 1.2～1.5 min/mm，碳素合金钢为 1.5～1.8 min/mm。

1) 淬火介质

淬火所使用的冷却介质有水、油、盐或碱的水溶液等。工件的材料不同，所选用的冷却介质也不同。水是最便宜且冷却能力很强的冷却介质，主要用于一般碳钢零件的淬火。如果在水中加盐，则冷却能力可以进一步提高，这对于一些大尺寸碳钢件的淬火有益。油的冷却能力较低，因此，以油为冷却介质时工件的冷却速度较慢，可避免出现淬火开裂缺陷。油适用于合金钢的淬火。

2) 工件浸入淬火介质的操作方法

淬火时工件浸入淬火介质的操作方法对工件变形和开裂有着很大的影响。根据工件形状不同，工件浸入淬火介质的方式也不同，淬火时应保证工件冷却均匀、内应力减小、重心稳定。不同形状的工件浸入淬火介质的方法详见图 5-3。

①细长、轴类和薄而平的工件，应垂直浸入淬火介质。

②厚薄不均的工件，应先把厚的部分浸入淬火介质。

③凹形或带盲孔的工件，应将凹面或孔部向上浸入淬火介质。

④薄壁环形工件必须沿轴线方向浸入淬火介质。

⑤带有盲孔的工件浸入淬火介质时，盲孔应朝上。

⑥十字形或 H 形工件应倾斜着浸入淬火介质。

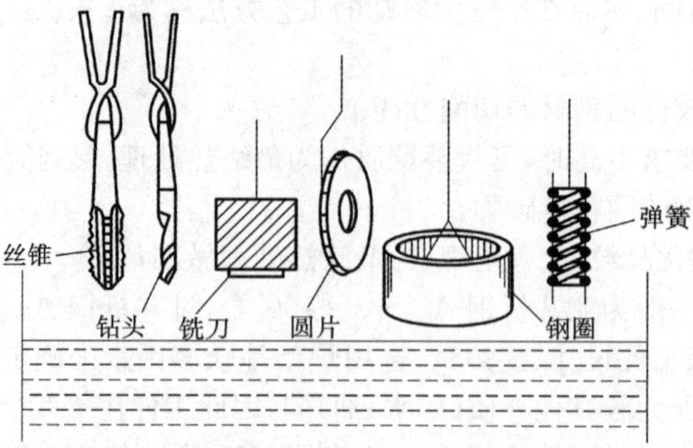

图 5-3 不同形状的工件浸入淬火介质的方法

5. 回火

将淬火后的钢加热到 Ac_1 以下某一温度，保温一定时间后冷却（通常是缓冷）到室温的工艺方法称为回火。回火的目的主要是：消除淬火时产生的内应力，防止工件变形和开裂；调整工件的力学性能。

在生产中，根据对工件力学性能的要求不同，回火主要分为低温回火、中温回火、高温回火三种，如表 5-1 所示。

表 5-1 常见的回火方法及其应用

回火方法	加热温度/℃	工件力学性能特点	应用范围	硬度/HRC
低温回火	150～250	高硬度、耐磨性	刃具、量具、冲模等	58～65
中温回火	350～500	高弹性、韧性	弹簧、钢丝绳等	35～50
高温回火	500～650	良好的综合力学性能	连杆、齿轮及轴类	20～30

在热处理工艺中，通常把淬火后进行高温回火的工艺过程称为调质处理。经过调质处理，工件将具有良好的力学性能。

6. 钢的表面淬火和化学热处理

生产中有些零件，如齿轮、花键轴、活塞销等，要求表面具有高硬度和耐磨性，芯部具有足够的强度和一定的韧性，以同时满足零件承受冲击载荷和表面的耐摩擦性能的要求。为达到此目的，常采用表面热处理和化学热处理。

1）钢的表面淬火

表面淬火是指将零件表面层快速加热到淬火温度后快速冷却，使零件表面层获得淬火马氏体，而芯部仍保持原组织和性能的热处理工艺。表面淬火的目的在于获得高硬度、高耐磨性的表面，而零件中心部分仍然保持原有的良好韧性。表面淬火常用于机床主轴、齿轮、发动机的曲轴等。

根据加热方式不同，表面淬火可分为火焰加热表面淬火（淬透层一般为 2～6 mm）和感应加热表面淬火（淬透层一般为 1.5～15 mm）。

2）钢的化学热处理

化学热处理是指将零件放在具有某种活性介质中加热、保温，使一种或几种元素渗入零件表层，以改变零件表层化学成分和组织，从而改变表层性能的热处理工艺。经化学热处理后，零件表层不仅发生组织方面的改变，也发生化学成分方面的改变。按零件表面渗入的元素不同，化学热处理可分为渗碳、渗氮（氮化）、碳氮共渗、渗硼、渗硅、渗铝等。下面简要介绍渗碳及渗氮两种热处理方法。

①渗碳：使碳原子渗入零件表层的化学热处理工艺。渗碳可使低碳钢工件具有高碳钢的表层，再经过淬火和低温回火，使工件的表层具有较高的硬度和耐磨性，而工件的中心部分仍然保持低碳钢的韧性和塑性。渗碳工艺广泛应用于飞机、汽车和拖拉机等机械的零件制造，如齿轮、轴、凸轮轴等。

②渗氮：在一定温度下使活性氮原子渗入零件表面的化学热处理工艺。渗氮的目的是提高表面硬度和耐磨性，并提高疲劳强度和耐蚀性。目前常用的渗氮方法主要有气体渗氮和离子渗氮。

5.2.3 铸铁的热处理

铸铁热处理的目的在于：改变基体组织，改善铸铁性能；消除铸件应力。值得注意的是，热处理并不能改变石墨的形态及分布。

1. 消除内应力退火

消除内应力退火又称人工时效，是指将铸件在一定的温度下保温，然后缓慢冷却，以消除铸件中的铸造残余应力，稳定铸件组织。对于灰铸铁，消除内应力退火可以稳定铸件几何尺寸，减小切削加工后的变形；对于白口铸铁，消除内应力退火可以避免铸件在存放、运输和使用过程中受到振动或环境发生变化时产生变形甚至自行开裂。

普通灰铸铁消除内应力退火的加热温度为 550 ℃。当铸铁中含有稳定基体组织的合金元素时，可适当提高去应力退火温度。低合金灰铸铁消除内应力退火的加热温度为 600 ℃，高合金灰铸铁消除内应力退火的加热温度可提高到 650 ℃，加热速度一般为 60～100 ℃/h。随炉冷却速度应控制在 30 ℃/h 以下，一般铸件冷至 150～200 ℃出炉，形状复杂的铸件冷至 100 ℃出炉。普通白口铸铁消除内应力退火的加热温度不应超过 500 ℃。

2. 石墨化退火热处理

石墨化退火热处理的目的是使铸铁中渗碳体分解为石墨和铁素体。这种热处理工艺是可锻铸铁件生产的必要环节。在灰铸铁生产中，为降低铸件硬度、便于切削加工，有时也采用这种工艺方法。在球墨铸铁生产中，常采用这种处理方法获得高韧性铁素体球墨铸铁。

5.2.4 热处理新工艺

1. 形变热处理

形变热处理是将塑性变形和热处理相结合，以获得形变强化和相变强化综合效果的工艺，如锻后余热淬火、热轧淬火等。这种工艺既可提高钢的强度，改善钢的塑性和韧性，又可节能。

2. 真空热处理

在低于一个大气压的环境中进行加热的热处理工艺，称为真空热处理。真空热处理可以避免零件氧化、脱碳，能达到光亮热处理的目的。它的特点为：

(1) 热处理变形小，可提高零件的表面力学性能。

(2) 节省能源，减少污染。

但真空热处理设备造价较高，目前多用于工模具、精密零件的热处理。

3. 可控气氛热处理

为达到无氧化、无脱碳或按要求增碳，零件在炉气成分可控的加热炉中进行热处理，称为可控气氛热处理。它不仅可提高零件的尺寸精度和表面质量，节约钢材，控制渗碳时渗层的碳浓度，而且可使脱碳零件重新复碳。

4. 激光热处理

激光是一种具有极高能量密度、高亮度和方向性强的强光源。激光热处理是以高能量激光为能源，以极快速度加热零件并自冷强化的热处理工艺。

激光热处理具有零件处理质量高、表面光洁、变形极小、无工业污染、易于实现自动化等特点，适用于各种小型复杂零件的表面淬火，还可以进行局部表面合金化等。但是，因激光器价格昂贵，生产成本高，生产不够安全等，故激光热处理的应用受到一定限制。

5. 电子束表面淬火

电子束表面淬火是以电子枪发射的电子束作为热源轰击零件表面，以及快速加热零件并自冷使零件表面强化的热处理工艺。

电子束的能量大大高于激光，而且能量的利用率可达80%，高于激光热处理。电子束表面淬火质量高，零件基体性能几乎不受影响，是很有前途的热处理新技术。

5.3 表面处理技术

5.3.1 表面处理概述

零件材料的破坏往往是从表面开始的，如磨损、腐蚀、高温氧化等。工业现代化的发展，对零部件表面性能的要求越来越高，特别是在高速、高温、高压、重载、腐蚀介质等条件下工作的零件，往往因表面局部损坏而使整个零件报废，最终导致设备停产。因此，对零件局部表面进行强化、改性、防护、修复或装饰的表面处理，有非常明显的经济效益和社会效益，受到重视和应用。零件表面处理技术是在零件的基本形状和结构基础上，通过各种不同的工艺方法对零件表面进行处理，使零件表面获得与基体材料不同的特性的一种专门技术。

零件表面处理技术有如下特点：

(1) 可提高零件使用性能，延长其使用寿命。

工程上常根据零件不同的使用条件和要求，对零件表面采用相应的表面处理方法，使零件表面具有更高、更好、更多的性能(如耐磨、耐腐蚀、耐高温、耐疲劳、抗氧化及光磁等特殊性能)，提高零件的使用可靠性，延长零件的使用寿命。

(2) 可降低成本，提高经济效益。

对零件表面进行处理，可节省大量昂贵的整体材料，也可对废、旧机件进行修复使用，大幅度节材、节能、节省资源。

(3) 可获得光滑如镜、各种绚丽多彩的装饰表面。

表面处理技术已与信息技术、新材料技术、新能源技术、航空航天技术等多学科交叉、渗透和融合,构成光彩夺目的新科技群,在机械、军工、模具、轻工、化工、仪器仪表、电子电器、建筑、航空航天、船舶、车辆等部门得到广泛的应用。零件表面处理技术种类繁多,新工艺、新方法层出不穷。

5.3.2 表面形变强化

表面形变强化是使金属表面产生塑性变形,使强度、硬度上升,而塑性、韧性下降,即冷作硬化或加工硬化。这是提高金属材料疲劳强度的重要措施之一。常用的表面形变强化方法有喷丸、滚压和挤压等。

1. 喷丸强化

喷丸强化是利用高速喷射出的弹丸强烈撞击零件表面,以提高零件的部分力学性能和改变表面状态的工艺方法。喷丸强化被大量用来改善各种钢材的疲劳性能,已广泛用于弹簧、齿轮、轴、叶片等工件的生产中。

喷丸强化常用的设备有:离心式喷丸机,它适用于强度要求高、品种少、批量大、形状简单、尺寸较大的工件;压缩空气式气动喷丸机,它适用于强度要求低、品种多、批量小、形状复杂、尺寸较小的工件。

喷丸强化用的弹丸必须是圆球形。常用的弹丸有铸铁弹丸、钢弹丸和玻璃弹丸。黑色金属常选用铸铁弹丸、钢弹丸、玻璃弹丸。非铁金属和不锈钢常选用不锈钢弹丸或玻璃弹丸。

2. 滚挤压强化

1) 滚压外圆

滚压外圆是指在常态下采用滚压工具对旋转的工件施加一定的压力,使工件表面层金属产生塑性流动,以改变表面微观波峰和波谷的分布,降低表面粗糙度值,同时显著提高工件表面硬度、疲劳强度、耐磨性和耐腐蚀性。滚压后,工件表面粗糙度 Ra 值可达 0.4~0.024 μm,表面硬度可提高 5%~30%。滚压外圆可在车床上进行,如图 5-4 所示。

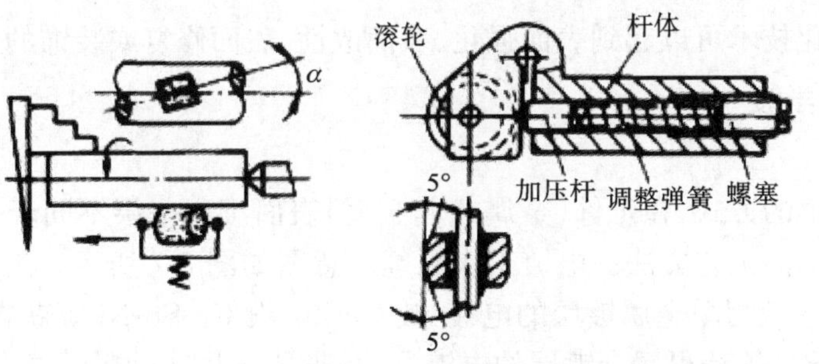

图 5-4 滚压外圆

使用时,将杆体安装在车床方刀架上,使滚轮与工件接触,通常横向进刀对工件施加一定的压力。滚压工具分为滚珠式、滚轮式和滚柱式。

2）滚压内孔

图5-5所示为内孔的两种滚压加工示意图。滚压后孔的公差等级可达IT9～IT7级，表面粗糙度Ra值可达0.2～0.05 μm。滚压不仅可滚压内外圆柱面，也可滚压内外锥面。滚压可在车床、镗床、钻床、铣镗床等机床上进行，在一定范围内可取代磨、珩磨、研磨、精铰、精镗等。

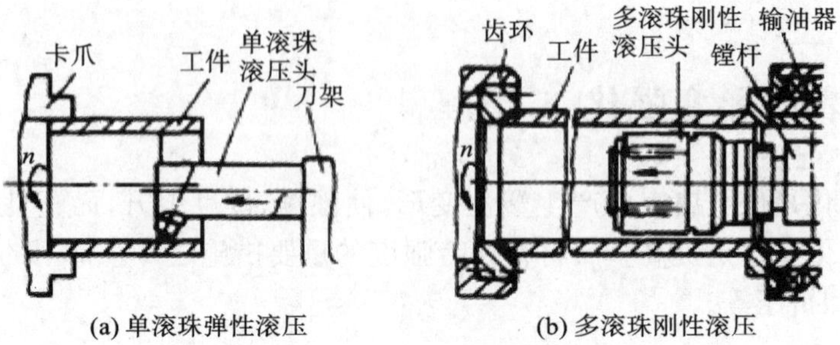

图5-5　内孔的滚压加工

3）挤压内孔

图5-6所示是挤压加工的两种形式。图5-6(a)为推挤加工，一般在压力机上进行。图5-6(b)是拉挤加工，通常在拉床上进行。挤压后孔的尺寸公差等级可达IT7～IT6级，表面粗糙度Ra值可达0.4～0.025 μm。

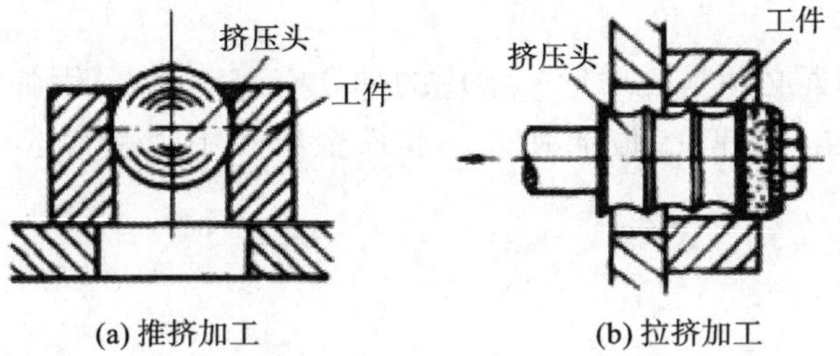

图5-6　内孔的挤压加工

5.3.3　表面覆层强化

表面覆层强化技术可以起到表面强化、表面改性、表面修复或装饰的作用。

1. 电镀和化学镀

1）电镀

电镀是用电解的方式，在工件（金属或非金属）表面沉积一层不同于基体的金属或合金镀层或复合镀层等的工艺方法。电镀工作原理示意图如图5-7所示。工业上常用镀Cu、镀Cr、镀Ni、镀Au等获得单金属镀层的电镀，镀Cu-Zn、镀Cu-Sn-Ni等获得合金镀层的电镀，镀Ni-P-SiC、Cu-SiC等获得复合镀层的电镀，以及非晶态电镀、非金属电镀等。

电镀工艺的一般操作步骤如下：

①镀前处理：表面整平—脱脂（除油）—酸洗（除锈）—浸蚀（活化表面）。

②电镀：两极之间流过适当大小的直流电，电镀开始，在阴极和阳极间发生一系列化学

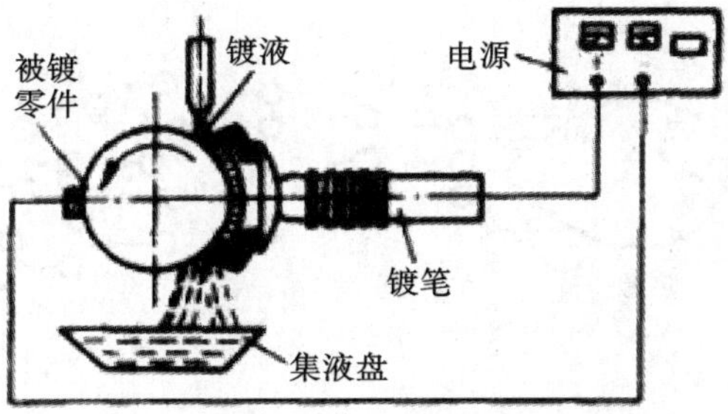

图 5-7 电镀工作原理示意图

反应，结果工件表面上形成一层厚度均匀、结晶致密、平滑光亮的镀层。

③镀后处理：视镀层不同的要求安排不同的镀后处理，如钝化处理、氧化处理、磷化处理等。

电镀工艺过程较长，一般适用于大批量生产，通常能在工件全部表面形成镀层。电镀在工业生产中得到广泛的应用。

2）化学镀

化学镀也称无电解镀，是一种不使用外电源，采用金属盐和还原剂，使材料表面发生自催化反应而获得镀层的方法。化学镀发展非常迅速，在电子工业、陶瓷、塑料、金属基复合材料等领域得到广泛应用。例如：化学镀 Ni-P 和 Ni-B 工艺，在模具方面有成功的应用。

2. 真空镀膜(气相沉积技术)

真空镀膜可在不同工件基本材料上沉积出各种各样的金属、化合物、非金属、多元合金等高质量覆层。气相沉积技术是通过气相(气态)中发生的物理、化学过程，在零件表面上形成一层功能性或装饰性涂层的新技术。按反应过程性质，气相沉积分为物理气相沉积(PVD)技术和化学气相沉积(CVD)技术两大类。

3. 热喷涂技术

热喷涂是指将涂层材料加热到熔化或半熔化状态，以高速气流将其雾化成极细的颗粒，并以很高的速度喷射到基体材料表面上，形成热喷涂层。热喷涂可以用来修复各种磨损零件，制造各种要求表面抗磨损、抗腐蚀、耐高温、有隔热层等的零件。

1）热喷涂的特点

①涂层的基体材料几乎不受限制。无论是金属、合金，还是塑料、陶瓷、玻璃等，都是适用的基体材料，通过喷涂获得覆层强化，且喷涂后工件母材性能不变化。

②涂层材料选择范围广泛。无论是低熔点的锌到高熔点的钨等一系列金属或合金，还是塑料、陶瓷、复合材料等，都可作为喷涂材料。喷涂材料可以是粉状，也可以是丝状。涂层厚度可在较大范围内变化。

2）热喷涂的分类

热喷涂按所用的热源不同可以分为气体火焰喷涂、电弧喷涂、等离子喷涂、爆炸喷涂、超音速喷涂等。热喷涂技术涂层形成原理如图 5-8 所示。

4. 涂装技术

在工件表面涂上一层涂膜，能将金属与周围环境介质隔开，起到防腐、装饰作用或获得

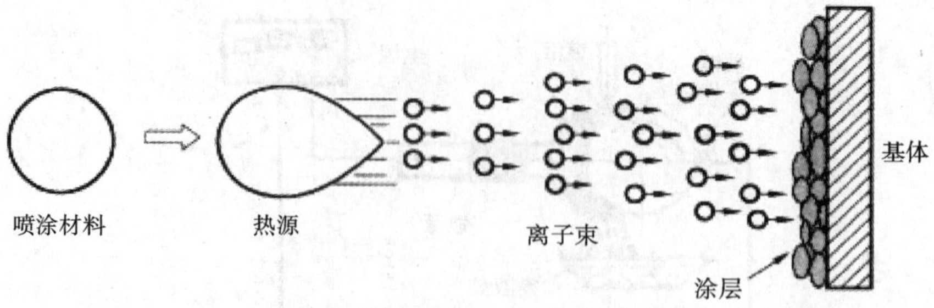

图 5-8　热喷涂技术涂层形成原理

其他某些功能。

人们最熟悉的涂装所用的涂料是油漆。现在油漆逐渐被合成树脂取代，并又开发出水溶性涂料（水溶性烘漆、水溶性自干漆、电泳涂料和乳化涂料）和无溶剂涂料（以树脂粉末涂料为主），以及树脂膜（塑料膜）、无机涂料、金属粉末涂料等。

涂装方法有刷涂、浸涂、滚涂、淋涂、空气喷涂等。新方法有很多种，就粉末涂装而言，可分三大类：一是粉末熔融涂覆法，包括流化床法、熔射法和喷涂法等；二是静电粉末涂覆法，包括静电粉末喷涂法、静电粉末振荡法等；三是电泳粉末涂覆法。

5. 化学转化膜技术

金属表面的化学转化膜是指采用化学处理液使金属表面与溶液界面上产生化学或电化学反应，生成的稳定的化合物薄膜。化学转化膜具有防锈、耐磨及绝缘的功能，还可用作装饰和涂装底层。按生产习惯，化学转化膜分为氧化膜、磷化膜、钝化膜和着色膜。

1）氧化处理

氧化处理是指在可控条件下，人为生成特定氧化膜的表面转化过程。氧化处理常用于钢铁和铝合金材料制造的工具、武器、仪器和某些机械零件的装饰性保护。钢铁氧化处理是将钢铁零件放入一定温度的碱性溶液中进行处理，使其表面生成 0.6～1.5 μm 厚致密而牢固的 Fe_3O_4 氧化膜的过程。按处理条件的不同，氧化膜呈现亮蓝色直至亮黑色，称为发蓝处理或煮黑处理。钢铁氧化处理（化学法）的一般工艺流程如图 5-9 所示。

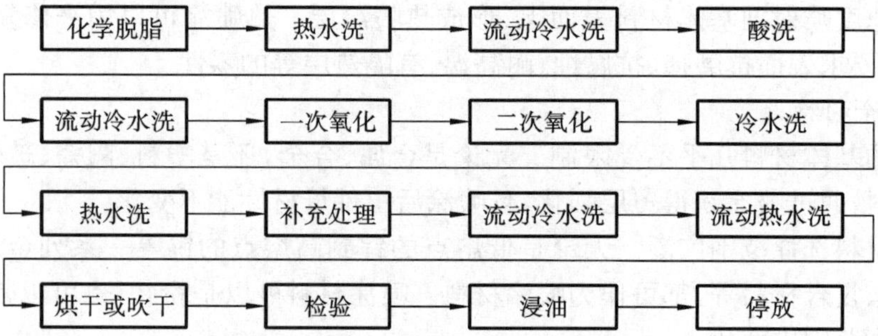

图 5-9　钢铁氧化处理的一般工艺流程图

2）磷化处理

金属零件在磷酸盐水溶液中进行表面化学和电化学处理后，表面会生成一种磷酸盐保护膜。这种转化膜稳定且不溶于水，与基体金属有良好的附着力。金属磷化膜呈浅灰色或深灰色，不仅对基体有较好的保护作用，而且适于着色和作油漆的底层，并具有防锈作用，还可以提高零件的耐热性、耐磨性、耐蚀性和绝缘性。

3）钝化处理

钝化处理是指通过成膜沉淀或局部吸附作用，使金属的局部活性点失去化学活性而呈现钝化。钝化处理过程中不一定生成稳定的完整的膜层，进行钝化处理的目的仅在于降低表面活性点的数目。一般将纯化处理看作表面转化处理的一种特殊形式。

4）着色处理

着色处理是指通过特殊的处理方法，使金属自身表面产生与原来不同的色彩，并保持金属光泽。这类工艺多应用于金属的表面装饰和保护，成为表面技术一个非常活跃的领域。

金属着色工艺在金属表面产生一层有色膜或干扰膜，该膜仅 25～55 nm 厚。有时干扰膜自身几乎没有颜色，而金属表面与膜的表面发生光反射时，形成各种不同的色彩。当膜的厚度增加时，色调随之变化（一般自黄色、红色、蓝色到绿色）。当膜厚不均匀时，会产生彩虹色或花斑色。

铝及其合金、铜及其合金、不锈钢等都可以着色。常用的着色方法有化学染色法、电解着色法、置换法等。

第 6 章

铸造实习

6.1 铸造概述

铸造是将液态金属浇注到铸型型腔中，待液态金属冷却凝固后，获得一定形状的毛坯或零件的方法。铸造在机械制造业中应用极其广泛——在机器设备中铸件占有相当大的比重，是常用的制造方法。

6.1.1 铸造的特点

1. 铸造的优点

(1) 可以铸出有内腔、外形很复杂的毛坯和零件。

(2) 工艺灵活性大。几乎各种合金及各种尺寸、形状、重量和数量的铸件都能生产。

(3) 成本较低。原材料来源广泛，价格低廉。

2. 铸造的缺点

(1) 铸造组织疏松、晶粒粗大，内部易产生缩孔、缩松、气孔等缺陷。

(2) 铸件的机械性能较低。

(3) 铸造工序多，难以精确控制，使得铸件质量不够稳定。

(4) 劳动条件较差，劳动强度较大。

6.1.2 铸造的分类

铸造按成型方法主要分为砂型铸造和特种铸造。砂型铸造是利用砂型生产毛坯或零件的方法，在各种铸造中占有的比例在 90%以上，是目前最基本的应用最广的铸造方法。特种铸造是有别于砂型铸造的其他铸造方法。随着科学技术的发展，对铸造提出了更高的要求，为得到高精度、高性能、高效率、低成本的铸件，许多新的铸造方法应运而生，如金属型铸造、熔模铸造、压力铸造、离心铸造、壳型铸造、实型铸造等。铸造分类如图 6-1 所示。

- 铸造
  - 砂型铸造
    - 手工造型
      - 整模造型
      - 活块造型
      - 三箱造型
      - 地坑造型
      - 分模造型、挖砂造型、刮板造型、假箱造型 —— 起模
    - 机器造型
  - 特种铸造
    - 金属型铸造
    - 压力铸造
    - 熔模铸造
    - 离心铸造
    - 壳型铸造
    - 实型铸造
    - ……

图 6-1　铸造分类

6.2 铸造生产工艺

6.2.1 工艺流程及过程

铸件的获得需要有合理且先进的铸造方法、正确的铸造工艺、高质量的合金及正确的熔炼工艺和浇注方法。铸造生产包含铸型制造、合金熔炼、浇注、落砂(砂型铸造)清理和检验工艺流程。

砂型铸造生产工艺流程如图 6-2 所示。砂型铸造生产工艺流程包括以下内容:由零件图合理地制定铸造工艺方案并绘制工艺图,制造模样和芯盒、配制型砂(芯砂)、造型、制芯、合型、熔炼、浇注、落砂清理和检验。

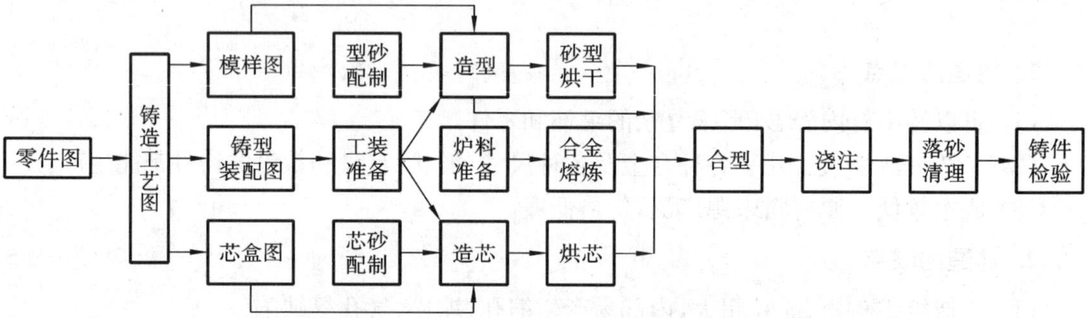

图 6-2 砂型铸造生产工艺流程图

6.2.2 砂芯铸造工艺

铸造工艺包括选择分型面,确定铸件浇注系统位置、砂芯结构、浇注系统及铸造工艺参数等内容。铸造工艺合理与否将直接影响铸件质量及生产效率。

铸型分型面是指铸型组元间的结合面,选择原则如下:应尽量使分型面平直且数量少;铸件全部或大部分应在同一砂型内,以保证铸件尺寸精度,减少错箱和飞边等缺陷;应尽量使型腔及主要型芯位于下箱,以便造型、下芯、合型及检验铸件壁厚;应避免不必要的型芯和活块,简化造型工艺。

6.2.3 铸造工艺方案设计及规程的编制

铸造工艺规程是用于指导生产的技术文件。它既是工厂生产技术准备和科学管理的依据,也是铸造工艺技术水平的体现和技术经验的结晶。铸造工艺规程编制水平的高低,对铸件质量、生产成本和效率起着关键性的作用。

1. 零件结构的铸造工艺性分析

零件结构的铸造工艺性通常是指零件本身的结构应符合铸造生产要求和特点。零件结构的铸造工艺性好，易于保证质量，简化铸造工艺过程和降低生产成本。

2. 设计铸造工艺图

在零件图上用规定的红色、蓝色等工艺符号表示下列项目：铸型分型(模)面、浇注位置、浇注系统(含冒口)布置、机加工余量、收缩率、起模斜度、砂芯的形状和数量、芯头大小和配合间隙等。图 6-3(a)、(b)所示分别为压盖零件的零件图和铸造工艺图。

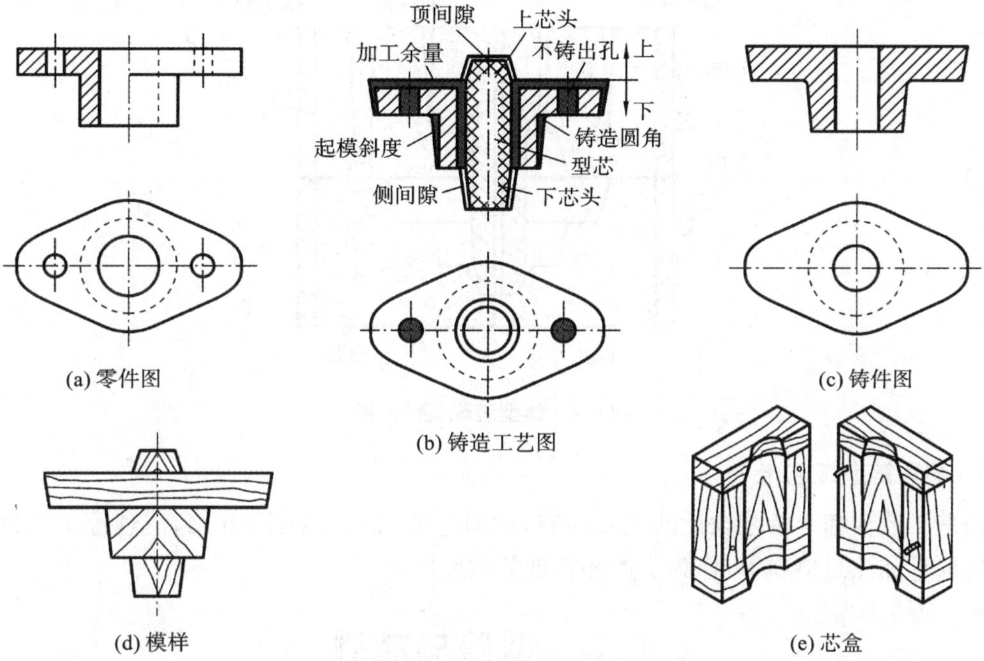

图 6-3　压盖零件

3. 绘制铸件图

铸件图主要反映铸件实际形状、尺寸和技术要求。由铸件图可估算铸件毛坯重量。压盖零件铸件图如图 6-3(c)所示。

4. 绘制模样、模板及芯盒图

根据铸造工艺图设计模样、模板及芯盒的结构、尺寸、形状和材料等，确定模样和浇冒口系统在模板上的安装位置、方法及定位结构，芯盒的紧固和定位方式等。压盖零件模样如图 6-3(d)所示，芯盒如图 6-3(e)所示。

5. 绘制砂箱图

根据铸造工艺图确定的相关参数及要求确定砂箱的结构、材料及紧固和定位方式，绘制砂箱图。

6. 绘制铸型装配(合型)图

铸型是根据零件形状用造型材料制成的，可以是砂型，也可以是金属型。砂型是由型砂(型芯砂)作造型材料制成的。它用于浇注金属液，以获得形状、尺寸和质量符合要求的铸件。

铸型一般由上型、下型、型芯、型腔和浇注系统组成，铸型组元间的结合面称为分型面。铸型中造型材料所包围的空腔部分，即形成铸件本体的空腔称为型腔。液态金属通过浇注系统流入并充满型腔，产生的气体从出气口等处排出砂型。

根据铸造工艺图的相关内容绘制铸型装配(合型)图，作为生产准备、合型、检验和工艺调整的依据。铸型装配(合型)图如图 6-4 所示。

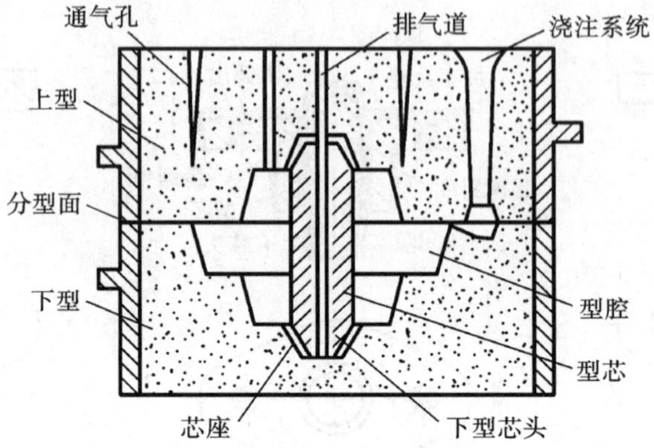

图 6-4　铸型装配(合型)图

7. 编写铸造工艺卡

铸造工艺卡综合工艺设计的主要内容，说明造型、制芯、浇注、开箱、清理等工艺过程中的具体要求和注意事项等，作为生产和管理的重要依据。

6.3　型砂与芯砂

6.3.1　型砂和芯砂的制备

砂型铸造用的造型材料主要是用于制造砂型的型砂和用于制造砂芯的芯砂。通常型砂由原砂(山砂或河砂)、黏土和水按一定比例混合而成，其中黏土约为 9%，水约为 6%，其余为原砂。有时还加入少量如煤粉、植物油、木屑等附加物，以提高型砂和芯砂的性能。紧实后的型砂结构如图 6-5 所示。

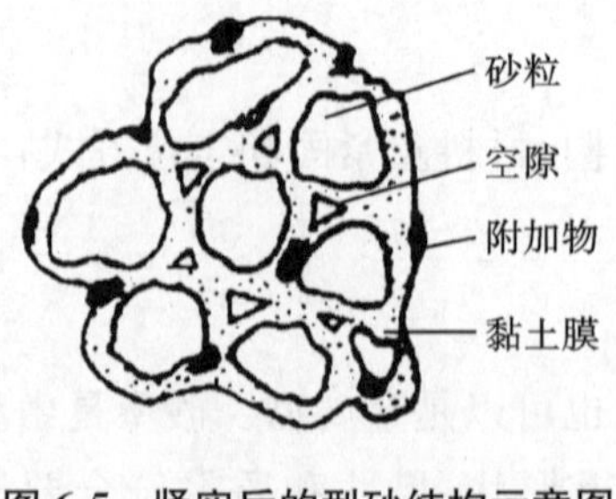

图 6-5　紧实后的型砂结构示意图

砂芯主要用来形成铸件的内腔、孔及外形难以出砂的部位。型(芯)砂是由原砂、黏结剂、水和附加物按一定比例混合制成的。黏结剂有黏土、水玻璃、桐油、合脂等，应用最广的是价廉而丰富的黏土。用黏土作为黏结剂的型(芯)砂称为黏土砂，用水玻璃、桐油、合脂作为黏结剂的型(芯)砂则分别称为水玻璃砂、油砂、合脂砂。

芯砂由于需求量少，一般用手工配制。型芯所处的环境恶劣，所以芯砂性能要求比型砂高。同时，芯砂中黏结剂（黏土、油类等）的比重比型砂中黏结剂的比重要大一些，所以芯砂的透气性不及型砂，制芯时要做出透气道（孔）。为改善型芯的退让性，芯砂中要加入木屑等附加物。有些要求高的小型铸件往往采用油砂芯（桐油＋砂子，经烘烤至黄褐色而成）。

型（芯）砂的组成如下：

（1）砂。原砂（即新砂）的主要成分是石英（SiO_2）。铸造用砂，要求原砂中 SiO_2 含量为85％～97％。砂的颗粒以圆形、大小均匀为佳。为了降低成本，对于已用过的旧砂，经过适当处理后，还可以掺在型砂中使用。对一般手工生产的小型铸造车间，往往只将旧砂过筛一下，以去除砂团、铁块、铁钉、木片等杂物。

（2）黏结剂。能使砂粒相互黏结的物质称为黏结剂。常用的黏结剂是黏土。黏土主要分为普通黏土和膨润土两类。湿型（造型后砂型不烘干）型砂普遍采用黏结性能较好的膨润土，而干型（造型后将砂型烘干）型砂多用普通黏土。

（3）附加物。为了改善型（芯）砂性能而加入的物质称为附加物。常用的附加物有煤粉、木屑等。加入煤粉能防止铸件粘砂，使铸件表面光洁，加入木屑可改善铸型和型（砂）芯的透气性。

（4）水。通过水使黏土和原砂混成一体，并具有一定的强度和透气性。水分过多，易使型砂湿度过大、强度低，造型时易粘模，使造型操作困难；水分过少，型砂干而脆，造型、起模困难。因此，水分要适当，当黏土和水分的重量比为 3∶1 时，强度可达最大值。此外，为防止铸件表面粘砂并使铸件表面光滑，常在铸型型腔表面覆盖一层耐火材料，称为扑料。通常在铸铁件的湿型表面扑撒一层石墨粉或滑石粉，在铸钢件的湿型表面扑撒一层石英粉。对于干型和型（砂）芯的表面，可以刷一层涂料，且铸铁件可用石墨粉加黏土水剂，铸钢件常用石英粉加黏土水剂。

6.3.2 型砂的性能

型砂的质量直接影响铸件的质量，型砂质量差会使铸件产生气孔、砂眼、粘砂、夹砂等缺陷。良好的型砂应具备下列性能：

（1）透气性。型砂能让气体透过的性能称为透气性。高温金属液浇入铸型后，型内充满大量气体，这些气体必须从铸型内顺利排出去，否则将使铸件产生气孔、浇不足等缺陷。

铸型的透气性受砂的粒度、黏土含量、水分含量及砂型紧实度等因素的影响。砂的粒度越细，黏土及水分含量越高，砂型紧实度越高，透气性就越差。

（2）强度。型砂抵抗外力破坏的能力称为强度。型砂必须具备足够高的强度才能在造型、搬运、合箱过程中不引起塌陷，浇注时也不会破坏铸型表面。型砂的强度也不宜过高，否则会因透气性、退让性的下降使铸件产生缺陷。

（3）耐火性。型砂抵抗高温热作用的能力称为耐火性。耐火性差，铸件易粘砂。型砂中 SiO_2 含量越多，型砂颗粒就越大，耐火性越好。

（4）可塑性。型砂在外力作用下变形，去除外力后能完整地保持已有形状的能力称为可塑性。可塑性好，造型操作方便，制成的砂型形状准确、轮廓清晰。

(5) 退让性。铸件在冷凝时，型砂可被压缩的能力称为退让性。退让性不好，铸件易产生内应力或开裂。型砂越紧实，退让性越差。在型砂中加入木屑等物可以提高退让性。

在单件小批生产的铸造车间里，常用手捏法来粗略判断型砂的某些性能，如用手抓起一把型砂，紧捏时感到柔软容易变形；放开后砂团不松散、不粘手，并且手印清晰；把它折断时，断面平整均匀并没有碎裂现象，同时感到具有一定强度，就认为型砂具有了合适的性能。手捏法检验型砂如图 6-6 所示。

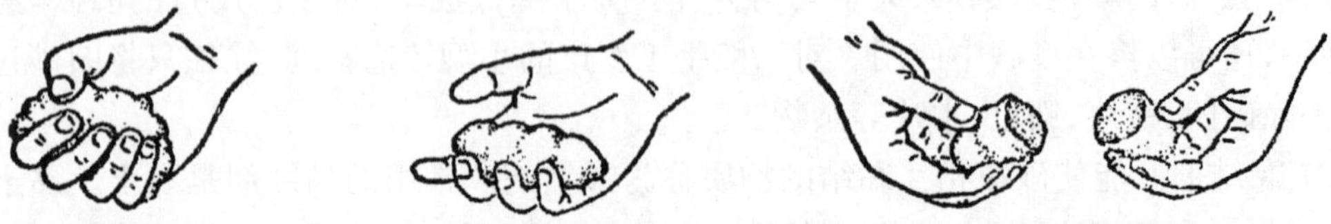

(a) 型砂湿度适当时可用手捏成砂团　(b) 手放开后可看出清晰的手纹　(c) 折断时断隙处有碎裂状，同时有足够的强度

图 6-6　手捏法检验型砂

6.4　造芯与造型

制造砂芯的工艺过程叫作制芯，也叫造芯；用型砂及模样等工艺装备制造砂(铸)型的工艺过程称为造型。造芯和造型是铸造生产中最重要的两个工艺过程。选择合适的造芯(型)方法和正确地进行造芯(型)工艺操作，对提高铸件质量、节省成本、提高生产率有极重要的意义。砂型铸造方法主要有手工造型和机器造型两大类。

6.4.1　造芯

为获得铸件的内腔或局部外形，用芯砂或其他材料制成的、安放在型腔内部的铸型组元称型芯。绝大部分型芯是用芯砂制成的。砂芯的质量主要依靠配制合格的芯砂及采用正确的造芯工艺来保证。

浇注时砂芯受高温液态金属的冲击和包围，因此除要求砂芯具有铸件内腔相应的形状外，还应具有较好的透气性、耐火性、退让性、强度等性能，故要选用杂质少的石英砂和用植物油、水玻璃等黏结剂来配制芯砂，并在砂芯内放入金属芯骨和扎出通气孔以提高强度和透气性。

形状简单的大、中型型芯，可用黏土砂来制造。但对形状复杂和性能要求很高的型芯来说，必须采用特殊黏结剂来配制，如采用油砂、合脂砂和树脂砂等。

另外，型芯砂还应具有一些特殊的性能，如：吸湿性要低(以防止合箱后型芯返潮)；发气要少(金属浇注后，型芯材料受热而产生的气体应尽量少)；出砂性要好(以便于清理时取出型芯)。

型芯一般是用芯盒制成的。对开式芯盒制芯是常用的手工制芯方法，适用于圆形截面的较复杂型芯。对开式芯盒制芯过程见图 6-7。

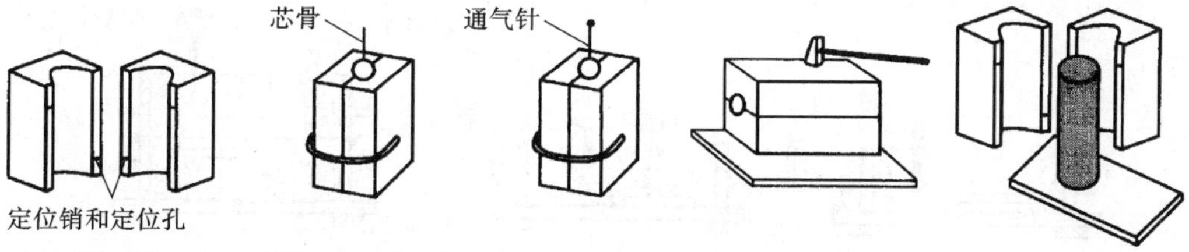

(a) 准备芯盒　(b) 夹紧芯盒，分次加入芯砂、芯骨，舂砂　(c) 刮平，扎通气孔　(d) 松开夹子，轻敲芯盒　(e) 打开芯盒，取出砂芯，上涂料

图 6-7　对开式芯盒制芯过程

6.4.2　手工造型

手工造型是指全部用手工或手动工具完成的造型工序。手工造型操作灵活，具有以下特点：

(1) 操作灵活，可按铸件尺寸、形状、批量与现场生产条件灵活地选用具体的造型方法。

(2) 工艺适应性强。

(3) 生产准备周期短。

(4) 生产效率低。

(5) 质量稳定性差，铸件尺寸精度、表面质量较差。

(6) 对工人技术要求高，劳动强度大。

手工造型主要应用于单件、小批生产或难以用造型机械生产的形状复杂的大型铸件生产中。

手工造型按砂箱特征可分为两箱造型、三箱造型、地坑造型等，按铸型特点可分为整模造型、分模造型、活块造型、挖砂造型、假箱造型和刮板造型等。

1. 整模造型

齿轮整模造型过程如图 6-8 所示，模样是一个整体，通常型腔全部放在一个砂箱内，分型面为平面。整模造型的特点为往往存在一最大截面，可供作上、下砂箱的分模面。整模造型适用于形状简单、最大截面在端面且为平面的铸件，如轴承、齿轮坯等。

整模造型(当铸件的最大截面在铸件的一端时，可采用整模造型)的步骤如下：

1) 造型模样

用木材、金属或其他材料制成的铸件原型统称为模样。它用来形成铸型的型腔。用木材制作的模样称为木模，用金属或塑料制成的模样称为金属模或塑料模。目前大多数工厂使用的是木模。模样的外形与铸件的外形相似，不同的是如铸件上有孔穴，在模样上不仅实心无孔，而且要在相应位置制作出芯头。

2) 制作下箱(或舂下砂型)

砂箱的作用是便于舂实砂型，方便砂型的搬运，防止金属液体将砂型冲垮。

(1) 准备造型工具，选择平整的底板和大小适应的砂箱。砂箱选择过大，不仅消耗过多的型砂，而且浪费舂砂工时。砂箱选择过小，木模周围的型砂舂不紧，在浇注的时候金属液容易从分型面即交界面间流出。通常，木模与砂箱内壁及顶部之间须留有 30～100 mm 的距离。此距离称为吃砂量。吃砂量的具体数值视木模大小而定。

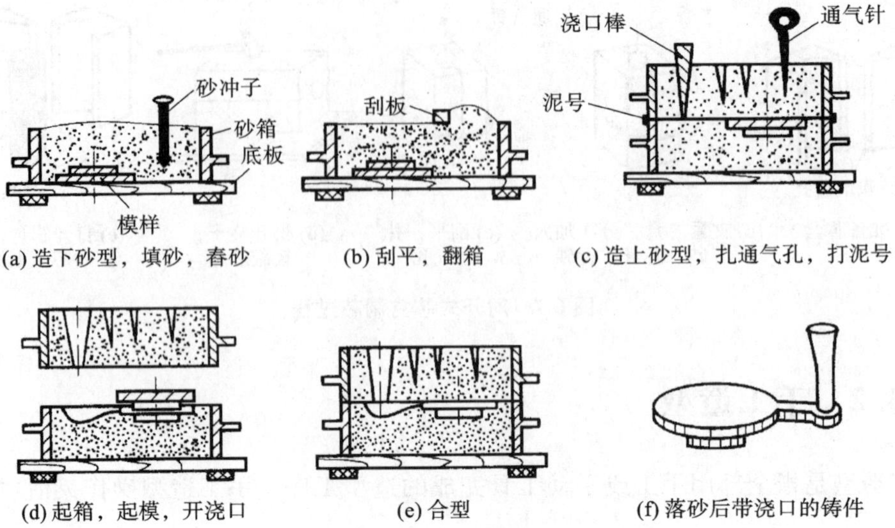

图 6-8　齿轮整模造型过程

(2) 擦净木模,以免造型时型砂粘在木模上,起模时损坏型腔。

(3) 安放木模时,应注意木模上的斜度方向,不要把它放错。

模样要正确安排在造型的砂箱中,必须考虑好造型后能否在砂箱中将母模顺利取出,同时应考虑铸件的加工要求,特别是铸件的重要加工面朝下放置,或者在垂直面的位置上不能紧靠砂箱边缘,必须使母模的边缘与砂箱内侧保持一定的距离,以防止浇注时发生金属液跑箱(又称跑火)现象。

(4) 模样放入砂箱内之后,下一道工序就要分批向砂箱内填入型砂,然后再用专用的舂砂工具舂紧。

面砂是贴近模型的一层型砂,浇注时直接与高温金属液体接触,因此性能要求比背砂高,用量随铸件的壁厚而定,一般舂实后为 20～50 mm 厚为宜。

(5) 舂砂。舂砂的目的是使砂型具有一定的强度,在搬运、起模和浇注时不致损坏,更重要的是使砂型能承受金属液的压力和冲击,不致变形和损坏。

为防止砂型在搬移或浇注金属液时损坏,必须保证砂型具有一定的紧实度,既不能太硬也不能太松。可按一定的顺序进行舂砂操作,先把填入母模周围的型砂舂实,达到模具固定的位置。舂砂时,应正确使用舂砂锤。舂砂过程中应分层填砂,分层舂砂。为了不使分型面处的型砂黏结在一起,必须在分型面处撒上一层分型砂,使分型面处的型砂隔离。如果是倾斜的分型面,可用纸来隔离。

①舂砂时必须分次加入型砂。对小砂箱每次加砂厚 50～70 mm。加砂过多舂不紧,而加砂过少又费用工时。第一次加砂时须用手将木模周围的型砂按紧,以免木模在砂箱内的位置移动。然后用舂砂锤的尖头分次舂紧,最后改用舂砂锤的平头舂紧型砂的最上层。

②舂砂应按一定的路线进行,切不可东一下、西一下乱舂,以免各部分松紧不一。

③舂砂用力大小应该适当,不要过大或过小。用力过大,砂型太紧,浇注时型腔内的气体跑不出来。用力过小,砂型太松易塌箱。同一砂型各部分的松紧是不同的,靠近砂箱内壁应舂紧,以免塌箱。靠近型腔部分,砂型应稍紧些,以承受液态金属的压力。远离型腔的砂层应适当松些,以利于透气。

④舂砂时应避免舂砂锤撞击木模。一般舂砂锤与木模宜相距 20～40 mm，否则易损坏木模。

3）制作上箱（又称上砂型）

分型面的作用是便于产品成型与脱模。分型面有多种形式，按形状可分为平面分型面、斜面分型面、阶梯面分型面和曲面分型面等。

（1）撒分型砂。在造上砂型之前，应在分型面上撒一层细粒无黏土的干砂（即分型砂），以防止上、下砂箱粘在一起开不了箱。撒分型砂时，手应距砂箱稍高，一边转圈、一边摆动，使分型砂经指缝缓慢而均匀地散落下来，薄薄地覆盖在分型面上。最后应将木模上的分型砂吹掉，以免在造上砂型时分型砂粘到上砂型表面，而在浇注时被液态金属冲下来落入铸件中，使铸件产生缺陷。

（2）扎通气孔。除了要保证型砂有良好的透气性外，还要在已舂紧和刮平的型砂上，用通气针扎出通气孔，以便浇注时气体易于逸出。通气孔要垂直而且均匀分布。

（3）开外浇口。外浇口应挖成 60°的锥形，大端直径为 60～80 mm。浇口面应修光，与直浇道连接处应修成圆弧过渡，以引导液态金属平稳流入砂型。若外浇口挖得太浅而呈碟形，则浇注液态金属时会四处飞溅伤人。

4）开箱、取模及修型

（1）作合箱线。如果上、下砂箱没有定位销，则应在上、下砂型打开之前，在砂箱壁上作出合箱线。最简单的方法是在箱壁上涂上粉笔灰，然后用划针画出细线。需进炉烘烤的砂箱，将砂泥粘敷在砂箱壁上，用镘刀抹平后，再刻出线条。这一操作称为打泥号。合箱线应位于砂箱壁上两直角边最远处，以保证 X 和 Y 方向均能定位，并可限制砂型转动。两处合箱线的线数应不相等，以免合箱时弄错。作好合箱线，即可开箱起模。

（2）起模。

①起模前要用水笔沾些水，刷在木模周围的型砂上，以防止起模时损坏砂型型腔。刷水时应一刷而过，不要使水笔停留在某一处，以免局部水分过多而在浇注时产生大量水蒸气，使铸件产生气孔缺陷。

②起模针位置要尽量与木模的重心铅垂线重合。起模前，要用小锤轻轻敲打起模针的下部，使木模松动，便于起模。

③起模时，慢慢将木模垂直提起，待木模即将全部起出时快速取出。起模时注意不要偏斜和摆动。

（3）修型。起模后，型腔如有损坏，应根据型腔形状和损坏程度，正确使用各种修型工具进行修补。如果型腔损坏较大，可将木模重新放入型腔进行修补，然后再起出。

5）合箱

将上砂型、下砂型、型芯、浇口盆等组合成一个完整铸型的操作过程称为合型，又称合箱。合箱是造型的最后一道工序，对砂型的质量起着重要的作用。即使铸型和型芯的质量很好，若合型操作不当，也会引起气孔、砂眼、错箱、偏芯、飞边和跑火等缺陷。合箱前，应仔细检查砂型有无损坏和散砂，浇口是否修光等。如果要下型芯，应先检查型芯是否烘干，有无破损及通气孔是否堵塞等。型芯在砂型中的位置应该准确稳固，以免影响铸件准确度，并避免浇注时被液态金属冲偏。合箱时应注意使上箱保持水平下降，并应对准合箱线，防止错箱。合箱后最好用纸或木片盖住浇口，以免砂子或杂物落入浇口中。

2. 分模造型

分模造型模样的分开面(称为分型面)必须是模样的最大截面,以利于起模。这类零件的最大截面不在端部,如果做成整模造型就会取不出来。分模造型过程与整模造型基本相似,不同的是造上砂型时增加放上模样和取上半模样两个操作。这里以套筒模型为范例,它的分模造型过程如图 6-9 所示,它的分模面(分开模的平面)也是分型面。分模造型适用于形状复杂的铸件,如套筒、管子和阀体等。

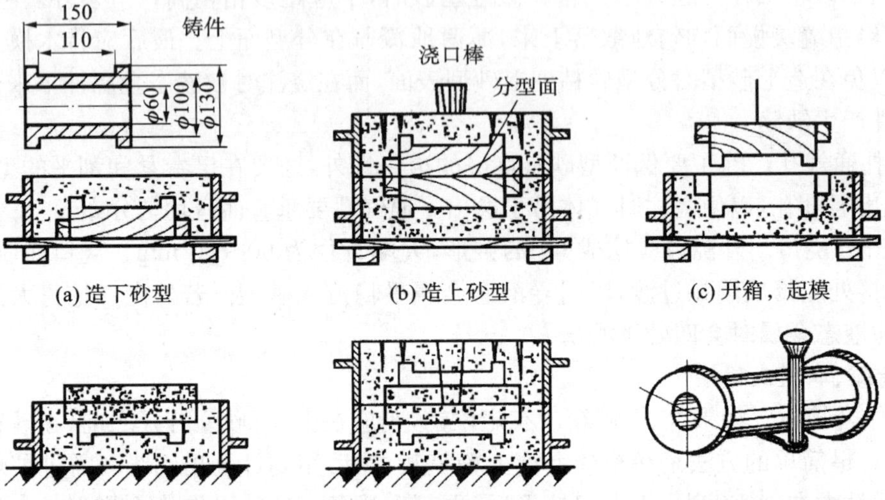

(a) 造下砂型　(b) 造上砂型　(c) 开箱，起模

(d) 开浇口，下芯　(e) 合型　(f) 带浇口的铸件

图 6-9　套筒分模造型过程

1）套筒分模造型工艺过程

具体操作步骤同整模造型,工艺过程为造下砂型—造上砂型—开箱—起模—修型—开浇口—下型芯—合箱。

2）分型面的确定原则

①分型面应选择在模样的最大截面处,以便于取模,挖砂造型时尤其要注意。

②应尽量减少分型面数目,成批量生产时应避免采用三箱造型。

③应使铸件中重要的机加工面朝下或垂直于分型面,以便保证铸件的质量。因为,浇注时液态金属中的渣子、气泡总是浮在上面,因此铸件的上表面缺陷较多,铸件的下表面和侧面质量较好。

3）浇注系统

浇注系统是液态金属注入型腔中所经过的通道,它的作用是:

①能平稳、迅速地注入液态金属。

②挡渣,防止渣子、砂粒等进入型腔。

③调节铸件各部位温度,起“补缩”作用。

正确地设置浇注系统,对保证铸件质量、降低金属消耗量有重要意义。若浇注系统的设计不合理,铸件易产生砂眼、渣孔、浇不足、气孔、缩孔和裂纹等缺陷。

4）冒口的位置和作用

常在铸件型腔顶部也就是最高、最厚部位开设出气冒口,以便补缩、排出型腔气体,上浮熔渣和观察浇注情况。

5）造型芯

型芯主要用来形成铸件的内腔、孔穴，有时也用于形状凹陷部分铸件的外形和很复杂零件的细小部位。

由于型芯的四面被高温金属液包围，冲刷及烘烤比砂型要厉害，因此芯砂必须具有比型砂更高的强度、耐火性、透气性及退让性等性能。

①芯砂常用配方：黏土芯砂组成，旧砂 70％～80％，新砂 20％～30％，黏土 3％～4％，膨润土 2％～4％，水 7％～10％；合脂芯砂的组成，黄砂 100％，合脂 3.0％～3.2％，糊精 1.3％～1.5％，膨润土 1.0％～1.5％，水 2.7％～3.4％。

②型芯制造过程。型芯可用手工制造，也可用机器制造。这里主要介绍手工制造型芯过程。型芯盒沿最大截面分开，称为对开式型芯盒。将两半型芯盒合上，用夹具夹紧，放芯骨，竖着分数次装芯砂并反复舂紧。再用通气针在型芯的中间扎通气孔，取下夹具，轻轻地振动几下型芯盒，使型芯盒与型芯分开，修光刷上涂料并烘干。铸铁件涂料多用石墨粉，铸钢件则用石英粉等调成糊状刷在型芯的表面。

3. 活块造型

模样上可拆卸或能活动的部分叫活块。当模样上有妨碍起模的侧面伸出部分（如小凸台）时，常将该部分做成活块。起模时，先将模样主体取出，再将留在铸型内的活块单独取出。这种造型方法称为活块造型。用钉子连接的活块造型（见图 6-10）时，应注意先将活块四周的型砂舂紧，然后拔出钉子。

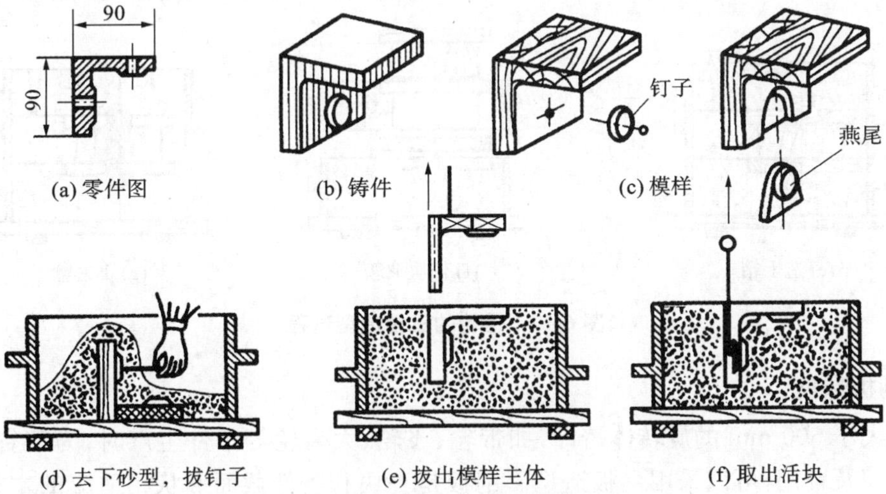

图 6-10 活块造型

4. 挖砂造型

当铸件按结构特点需要采用分模造型，但由于受条件限制（如模样太薄、制模困难）仍做成整模时，为便于起模，下砂型分型面需挖成曲面或有高低变化的阶梯形状（称不平分型面）。这种造型方法叫挖砂造型。手轮的挖砂造型过程如图 6-11 所示。

5. 三箱造型

用三个砂箱制造铸型的过程称为三箱造型。前述各种造型方法都是使用两个砂箱，操

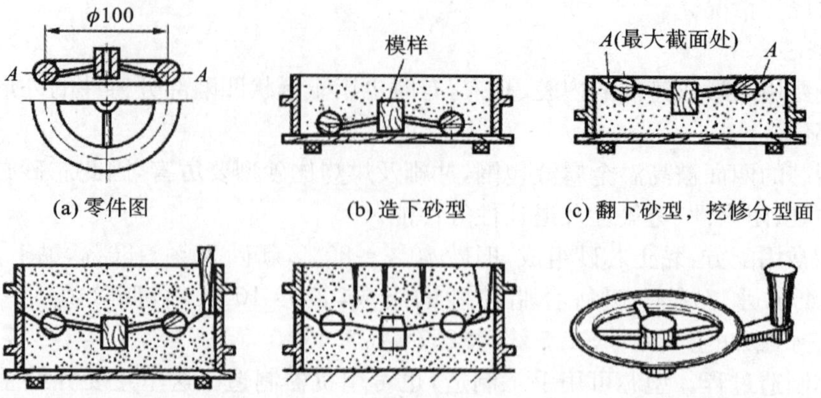

(a) 零件图　(b) 造下砂型　(c) 翻下砂型，挖修分型面

(d) 造上砂型，敞箱，起模　(e) 合箱　(f) 带浇口的铸件

图 6-11　手轮的挖砂造型过程

作简便、应用广泛。但有些铸件如两端截面尺寸大于中间截面时，需要用三个砂箱，从两个方向分别起模。图 6-12 为带轮的三箱造型过程。

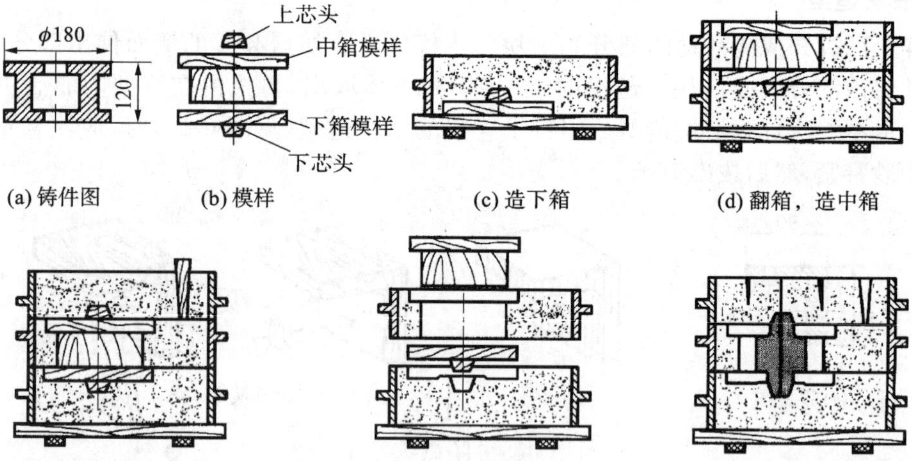

(a) 铸件图　(b) 模样　(c) 造下箱　(d) 翻箱，造中箱

(e) 造上箱　(f) 依次取箱　(g) 下芯盒

图 6-12　带轮的三箱造型过程

6. 刮板造型

尺寸大于 500 mm 的旋转体铸件，如带轮、飞轮、大齿轮等单件生产时，为节省木材、模样加工时间及费用，可以采用刮板造型。刮板是一块和铸件截面形状相适应的木板。造型时，将刮板绕着固定的中心轴旋转，在砂型中刮制出所需的型腔。皮带轮的刮板造型过程如图 6-13 所示。

7. 地坑造型

直接在铸造车间的砂地上或砂坑内造型的方法称为地坑造型。大型铸件单件生产时，为节省砂箱、降低铸型高度、便于浇注操作，多采用地坑造型。图 6-14 为地坑造型结构。造型时，需考虑浇注时能顺利将地坑中的气体引出地面，常以焦炭、炉渣等透气物料垫底，并用铁管引出气体。

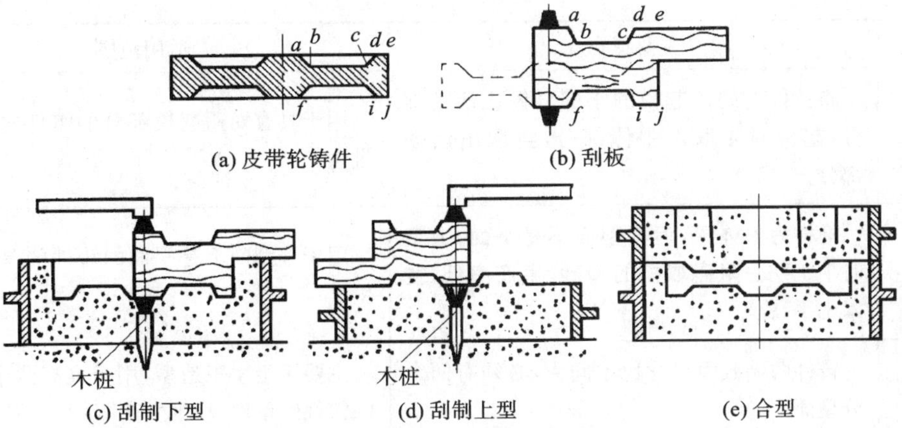

图 6-13 皮带轮的刮板造型过程

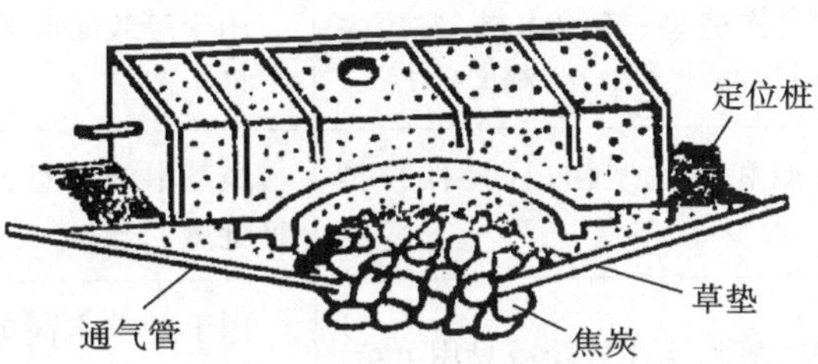

图 6-14 地坑造型结构

8. 假箱造型

假箱造型是利用预制的成形底板或假箱来代替挖砂造型中所挖去的型砂的一种造型方法，如图 6-15 所示。

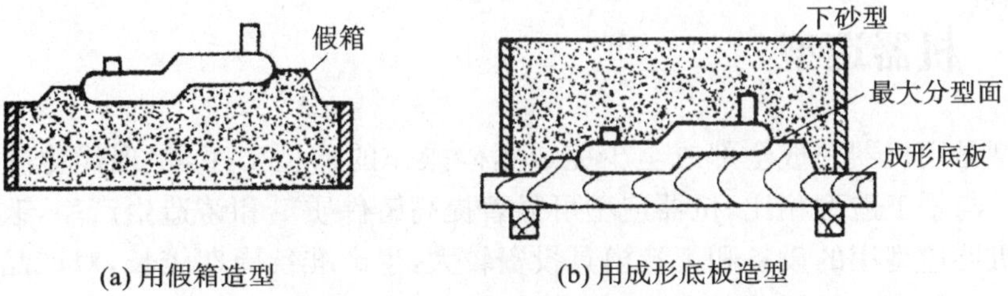

图 6-15 用假箱和成形底板造型

各种手工造型方法的特点及应用见表 6-1。

表 6-1 常用手工造型方法的特点及应用

造型方法	主要特点	适用范围
整模造型	整体模，平面分型面，型腔在一个砂箱内；造型简单，铸件精度、表面质量较好	用于最大截面位于一端并为平面的简单铸件的单件、小批生产
分模造型	模样沿最大截面分为两半，型腔位于上、下两个砂箱，造型简便	用于最大截面在中部的对称性铸件，如套、管、阀类零件的单件、小批生产

续表

造型方法	主要特点	适用范围
活块造型	将铸件上妨碍起模的小部分做成活动部分，起模时先取出主体部分，再取出活动部分	用于具有妨碍起模部分的铸件的单件、小批生产
挖砂造型	模样为整体模，但分型面不是平面，造型时手工挖去阻碍取模的型砂，生产率低，技术水平高	用于分型面不是平面的铸件的单件、小批生产
三箱造型	铸件两端截面尺寸比中间大，必须有两个分型面	主要用于手工造型，用于具有两个分型面的铸件的单件、小批生产
脱箱造型	采用活动砂箱造型，合型后脱出砂箱	用于小铸件的生产
刮板造型	用刮板代替模样造型；节约木材，缩短生产周期，生产率低，技术水平高，精度较差	用于等截面或回转体大中型铸件的单件、小批生产
两箱造型	铸型由上砂型和下砂型构成，模样种类多，操作方便	最基本的造型方法，适用于各种铸型、各种批量
地坑造型	在地面砂床中造型，不用砂箱或只用上箱	用于要求不高的中、大型铸件的单件、小批生产
假箱造型	为省却挖砂操作，在造型前特制一个底胎，然后在底胎上造下箱；底胎可多次使用，不参与浇注	用于分型面不是平面的铸件的成批生产

6.4.3 机器造型

机器造型是用机器完成全部或至少完成紧砂操作的造型工序，是现代化砂型铸造生产的基本方式。与手工造型相比，机器造型可显著提高铸件质量和铸造生产率，改善工人的劳动条件。但机器造型用的设备和工装模具投资较大，生产准备周期较长，对产品变化的适应性比手工造型差，因此，机器造型主要用于成批大量生产。

根据紧砂和起模方式不同，机器造型有气动微振压实造型、射压造型、高压造型、抛砂造型。

1. 基本原理

气动微振压实造型机是通过振击(频率 150～500 次/分，振幅 25～80 mm)—压实—微振(频率 700～1 000 次/分，振幅 5～10 mm)紧实型砂的。这种造型机噪声较小，型砂紧实度均匀，生产率高。气动微振压实造型机紧砂原理见图 6-16，工作过程为：填砂→振击紧砂→辅助压实→起模。

2. 工艺特点

机器造型工艺是采用模底板进行两箱造型。

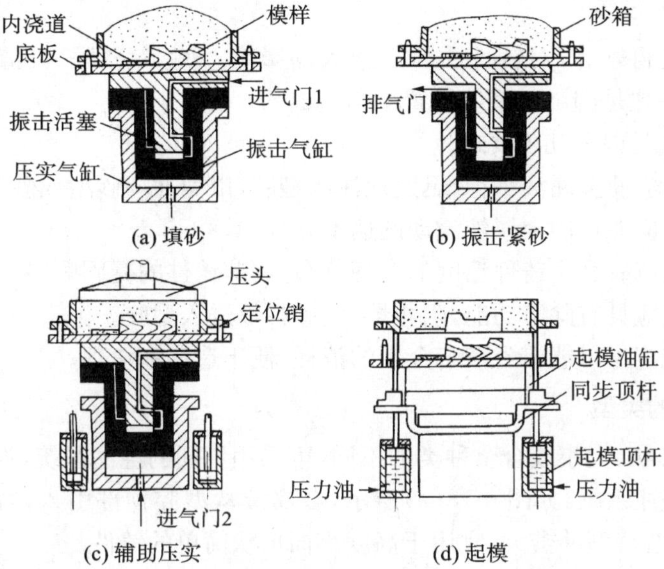

图 6-16 气动微振压实造型机的工作过程

模底板是将模样、浇注系统沿分型面与底板连接成一个整体的专用模具。造型后，模底板形成分型面，模样形成铸型空腔。

6.5 浇注系统开设与合型

6.5.1 浇注系统开设

浇注系统是指为金属液填充型腔和冒口而开设于铸型中的一系列通道。一般铸件的浇注系统由浇口杯(外浇口)、直浇道、横浇道和内浇道四部分组成，如图 6-17 所示。有些铸件直接用直浇道(压边浇口)浇注。

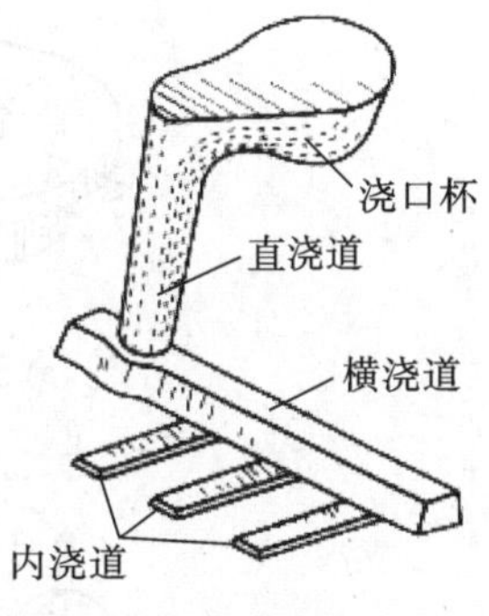

图 6-17 浇注系统的组成

1. 浇注系统的组成

(1) 浇口杯。浇口杯的作用是缓和金属液浇入铸型的冲力并分离熔渣。漏斗形用于中、小型铸件，盆形用于大型铸件。

(2) 直浇道。浇注系统中的垂直通道称为直浇道。它的作用是使金属液产生一定的静压力，使充型迅速。为了便于取模，直浇道一般做成带锥度的圆柱体。

(3) 横浇道。浇注系统中连接直浇道和内浇道的水平通道称为横浇道。它的作用是使金属液平稳、均匀地分配到各个内浇道，捕集、滞留由浇包经直浇道流入的夹杂物，又称捕渣器或撇渣道，截面形状多为梯形。

(4) 内浇道。内浇道的作用是控制金属液流入型腔的速度和方向。它的截面形状一般是扁梯形和月牙形，也可用三角形。

2. 浇注系统的设置

浇注系统设置得好坏，对铸件质量有很大的影响。例如，砂眼、夹渣、浇不到、气孔、缩孔、裂纹等缺陷，往往是因浇注系统设置不当造成的。

浇注系统应满足以下几项要求。

(1) 浇注系统应使金属液平稳、迅速地注入型腔，以免冲坏砂型或砂芯。

(2) 浇注系统应能控制金属液流动的速度和方向。

(3) 浇注系统应有利于铸件温度的合理分布，调节铸件的凝固顺序。

(4) 浇注系统应具有除渣功能，阻止熔渣、砂粒等进入型腔。

(5) 浇注系统应尽可能节省液态金属的消耗，便于造型和清理。

3. 浇注系统的类型

根据铸件的形状、大小或合金种类的不同，可采用不同的浇注系统，如图 6-18 所示。

(1) 顶注式浇注系统：如图 6-18(a)所示，金属液从型腔顶部引入，容易充满型腔，有利于补缩，但金属液对铸型冲击大，宜用于高度小而形状简单的铸件。

(2) 底注式浇注系统：如图 6-18(b)所示，金属液从型腔底部引入，金属液流动平稳，不易冲砂，但是补缩作用较差，不易充满型腔。这种浇注系统主要用于中、大型厚壁，形状较复杂、高度较大的铸件和某些易氧化的合金铸件（铝合金、镁合金等）。

(3) 中注式浇注系统：如图 6-18(c)所示，是介于顶注式浇注系统和底注式浇注系统之间的一种浇注系统，多从分型面引入金属液，开设很方便，应用最普遍，多用于中型、较低、水平尺寸较大的铸件。

(4) 阶梯式浇注系统：如图 6-18(d)所示，在铸型的不同高度上开设若干条内浇道，使金属液从底部开始，逐层地由下而上进入型腔。这种浇注系统兼有顶注式浇注系统和底注式浇注系统的优点，用于高度大于 800 mm 的铸件。

(a) 顶注式浇注系统　(b) 底注式浇注系统

(c) 中注式浇注系统　(d) 阶梯式浇注系统

图 6-18　浇注系统的类型

生产实践中，根据铸件形状、尺寸、壁厚及对铸件的质量要求，还可选择其他形式的浇注系统，如图 6-19 所示。

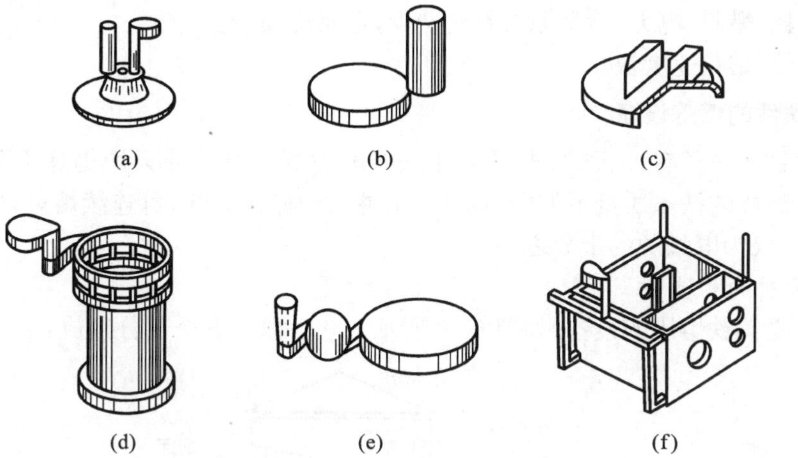

图 6-19 其他形式的浇注系统

6.5.2 冒口

铸件的厚大部位往往最后凝固，若最后凝固收缩部分得不到其他金属液体的补充，容易形成缩孔、缩松。为防止产生缩孔、缩松，需要补缩。补缩的方法是在铸件厚大部位附近或铸件最高的地方放置用来补充缩孔的液体部分即冒口，如图 6-18(d)所示。冒口中的金属液可不断地补充铸件的收缩，从而使铸件避免出现缩孔、缩松。冒口还有排气和集渣的作用。冒口是多余部分，清理时要切除掉。

6.5.3 合型

合型是指将铸型的各个组元如上砂型、下砂型、砂芯等组成一个完整铸型的操作过程。如果合型质量不高，铸件的形状、尺寸和表面质量得不到保证，甚至还会产生偏芯、错型、抬型、跑火等缺陷。正确合型后，铸型需紧固，然后准备浇注。

6.6 熔炼与浇注

6.6.1 铸铁的熔炼

铁水的熔炼和浇注是生产铸铁件的主要工序之一，对铸铁件的质量有很大的影响，若控制不当，会使铸铁件因成分和机械性能不合格而报废。在铸造生产中，铸铁件占铸件总重量的 70%～75%，其中绝大多数铸铁件采用灰铸铁。为获得高质量的铸铁件，首先要熔化出优质铁水。

1. 铸铁件的熔炼基本要求

(1) 优质：铁水温度高、化学成分合格、非金属夹杂物和气体含量少。

(2) 低耗：燃料、电力、熔炼原材料耗费少，金属烧损少。

(3) 高效：熔化速度快。

2. 铸铁件的熔炼设备

熔炼铸铁的炉子有冲天炉、电弧炉和感应电炉等。目前冲天炉仍是主要的熔炼设备。虽然冲天炉熔炼的铁水质量不如电弧炉好，但冲天炉操作方便，可连续熔炼，生产率高，投资少，熔炼成本仅为电弧炉的十分之一。

1) 冲天炉的构造

冲天炉是铸铁熔炼的设备，如图 6-20 所示。它由以下五个部分组成：

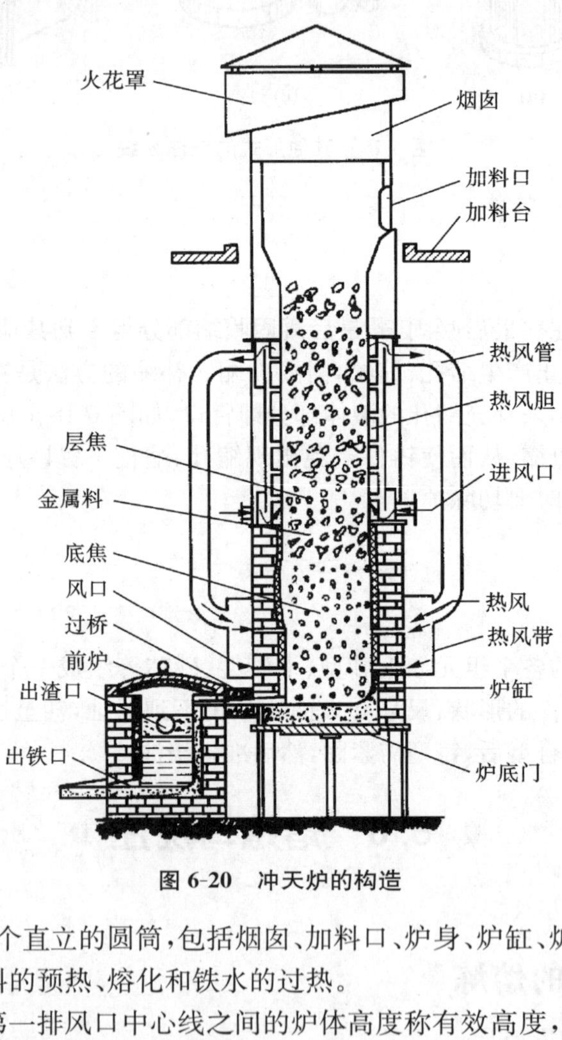

图 6-20　冲天炉的构造

①炉体：外形是一个直立的圆筒，包括烟囱、加料口、炉身、炉缸、炉底和支承等部分。它主要的作用是完成炉料的预热、熔化和铁水的过热。

自加料口下沿至第一排风口中心线之间的炉体高度称有效高度，即炉身的高度，是冲天炉的主要工作区域。有效高度一般为炉膛直径的 5～8 倍(大炉子取小值)。炉身的内腔称为炉膛。第一排风口中心线至炉底称为炉缸，它的作用是汇聚铁水。

②前炉：起贮存铁水的作用，有过道与炉缸连通，上面有出铁口、出渣口和窥视口。

③火花捕集器：又称火花罩，为炉顶部分，起除尘作用。废气中的烟灰和有害气体聚集

于火花捕集器底部，由管道排出。

④加料系统：包括加料机和加料桶，作用是把炉料按配比、依次、分批地从加料口送进炉内。

⑤送风系统：包括进风管、风带、风口及鼓风机的输出管道，作用是将一定量空气送入炉内，供底焦燃烧用。风带的作用是使空气均匀、平稳地进入各风口。冲天炉广泛应用多排风口，每排设 4～6 个小风口，且沿炉膛截面均匀分布。

炉身是用钢板弯成的圆筒形，内砌以耐火砖炉衬。炉身上部有加料口、烟囱、火花罩，中部有热风胆，下部有热风带，热风带通过风口与炉内相通。从鼓风机送来的空气，通过热风胆加热后经热风带进入炉内，供燃烧用。风口以下为炉缸，熔化的铁液及炉渣从炉缸底部流入前炉。

冲天炉的大小以每小时熔化多少吨铁水即熔化率来表示。常见冲天炉的熔化率为1.5～10 t/h。

2）冲天炉炉料及其作用

①金属料。金属料包括生铁、回炉铁、废钢和铁合金等。生铁是对铁矿石经高炉冶炼后的铁碳合金块，是生产铸铁件的主要材料；回炉铁如浇口、冒口和废铸件等，利用回炉铁可节约生铁用量，降低铸件成本；废钢是机加工车间的钢料头及钢切屑等，加入废钢可降低铁液碳的含量，提高铸铁件的力学性能；铁合金如硅铁、锰铁、铬铁以及稀土合金等，用于调整铁液的化学成分。

②燃料。冲天炉熔炼多用焦炭作燃料。通常焦炭的加入量一般为金属料的 1/12～1/8，这一数值称为焦铁比。

③熔剂。熔剂主要起稀释熔渣的作用。在炉料中加入石灰石（$CaCO_3$）和萤石（CaF_2）等矿石，会使熔渣与铁液容易分离，便于把熔渣清除。熔剂的加入量为焦炭的 25%～30%。

3）冲天炉的熔炼原理

在冲天炉熔炼过程中，炉料从加料口加入，自上而下运动，被上升的高温炉气预热，温度升高；鼓风机鼓入炉内的空气使底焦燃烧，产生大量的热。炉料下落到底焦顶面时，开始熔化。铁水在下落过程中被高温炉气和灼热焦炭进一步加热（过热），过热的铁水温度可达 1 600 ℃左右，然后经过过桥流入前炉。此后铁水温度稍有下降，最后出铁温度为1 380 ℃～1 430 ℃。

冲天炉内铸铁熔炼的过程并不是金属炉料简单重熔的过程，而是包含一系列物理、化学变化的复杂过程。熔炼后的铁水成分与金属炉料相比较，含碳量有所增加，硅、锰等合金元素含量因烧损而降低，硫含量升高（这是焦炭中的硫进入铁水中所引起的）。

6.6.2 铸铁的浇注

把液体合金浇入铸型的过程称为浇注。浇注是铸造生产中的一个重要环节。浇注工艺是否合理，不仅影响铸件质量，还涉及工人的安全。

1. 浇注工具

浇注常用工具有浇包、挡渣钩等。浇包如图 6-21 所示。浇注前应根据铸件大小、批量选择合适的浇包，并对浇包和挡渣钩等工具进行烘干，以免降低金属液温度及引起液态金属的飞溅。

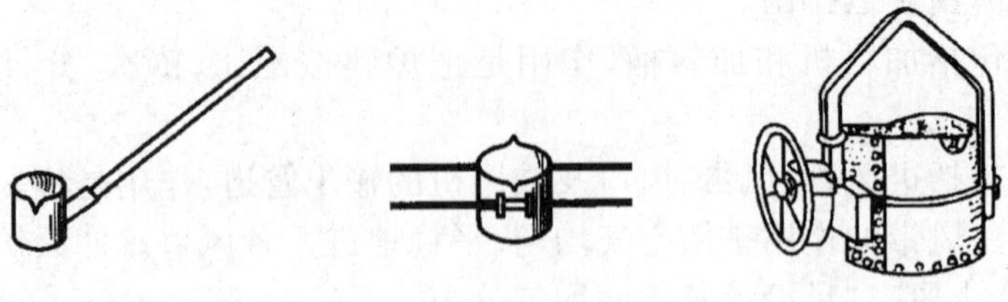

(a) 手端包　　(b) 抬包　　(c) 吊包

图 6-21　浇包

2. 浇注工艺

1）浇注温度

浇注温度过高，铁液在铸型中收缩量增大，易产生缩孔、裂纹及粘砂等缺陷；浇注温度过低，铁液流动性差，又容易出现浇不足、冷隔和气孔等缺陷。合适的浇注温度应根据合金种类和铸件的大小、形状及壁厚来确定。形状复杂的薄壁灰铸铁件，浇注温度为 1 400 ℃左右；形状较简单的厚壁灰铸铁件，浇注温度为 1 300 ℃左右即可；而铝合金的浇注温度一般在 700 ℃左右。

2）浇注速度

浇注速度太慢，铁液冷却快，易产生浇不足、冷隔以及夹渣等缺陷；浇注速度太快，会使铸型中的气体来不及排出而产生气孔，同时易造成冲砂、抬箱和跑火等缺陷。铝合金液浇注时勿断流，以防铝合金液氧化。

3）浇注的操作

浇注前应估算好每个铸型需要的金属液量，安排好浇注路线，且浇注时应注意挡渣。浇注过程中应保持外浇口始终充满，这样可防止熔渣和气体进入铸型。

浇注结束后，应将浇包中剩余的金属液倾倒到指定地点。

4）浇注时的注意事项

①浇注是高温操作，必须注意安全，必须穿着白帆布工作服和工作皮鞋。

②浇注前，必须清理浇注时行走的通道，预防意外跌撞。

③必须烘干烘透浇包，检查砂型是否紧固。

④浇包中金属液不能盛装太满，吊包液面应低于包口 100 mm 左右，抬包和手端包液面应低于包口 60 mm 左右。

6.7　落砂、清理及缺陷分析

6.7.1　落砂

从砂型中取出铸件的工作称为落砂。落砂时应注意铸件的温度。落砂过早，铸件温度过高，暴露于空气中急速冷却，易产生过硬的白口组织及形成铸造应力、裂纹等缺陷。落砂过晚，将过长地占用生产场地和砂箱，使生产率降低。一般来说，应在保证铸件质量的前提下尽早落砂，一般铸件落砂温度在 400～500 ℃之间。铸件在砂型中的停留时间与铸件形状、大小、壁厚及合金种类等有关。形状简单、小于 10 kg 的铸铁件，可在浇注后 20～40 min

左右落砂;10～30 kg 的铸铁件可在浇注后 30～60 min 左右落砂。

落砂的方法有手工落砂和机械落砂两种。大量生产中采用各种落砂机落砂。

6.7.2 清理

落砂后的铸件必须经过清理工序,才能使铸件外表面达到要求。清理工作主要包括下列内容:

1. 切除浇、冒口

铸铁件可用铁锤敲掉浇、冒口,铸钢件要用气割切除浇、冒口,有色合金铸件则用锯割切除浇、冒口。大量生产时,可用专用剪床切除浇、冒口。

2. 清除粘砂

铸件内腔的砂芯和芯骨可用手工、振动出芯机或水力清砂装置去除。水力清砂方法适用于大、中型铸件砂芯的清理,可保持芯骨的完整,便于回用。

3. 清除粘砂

铸件表面往往黏结着一层被烧焦的砂子,需要清除干净。小型铸件广泛采用滚筒清理、喷丸清理,大、中型铸件可用抛丸室、抛丸清理转台等设备清理,生产量不大时也可用手工清理。常用的清砂设备介绍如下:

(1) 清理滚筒:将铸件和白口铸铁制的小星形铁同时装入滚筒内,关闭加料门,转动滚筒;装入滚筒中的铸件和小星形铁不断翻滚,相互碰撞与摩擦,使铸件表面清理干净。

(2) 抛丸清理滚筒:图 6-22 所示为抛丸清理滚筒工作示意图,抛丸器内高速旋转的叶轮以 60～80 m/s 的速度将铁丸抛射到铸件表面上,滚筒低速旋转,使铸件不断地翻滚,表面被均匀地清理干净。

(3) 抛丸清理转台:如图 6-23 所示,铸件放在转台上,边旋转边被抛丸器抛出的铁丸清理干净。

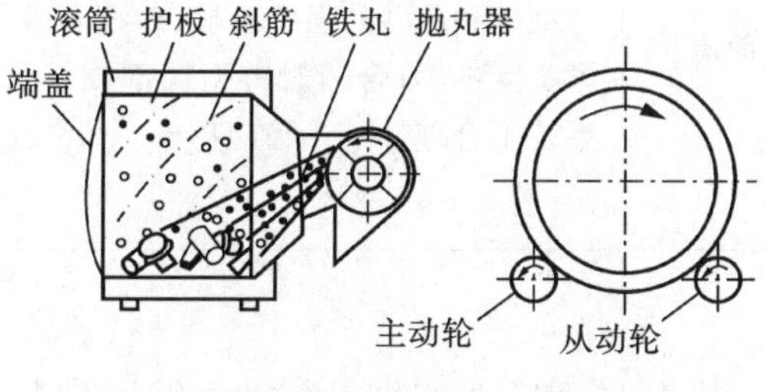

图 6-22 抛丸清理滚筒工作示意图

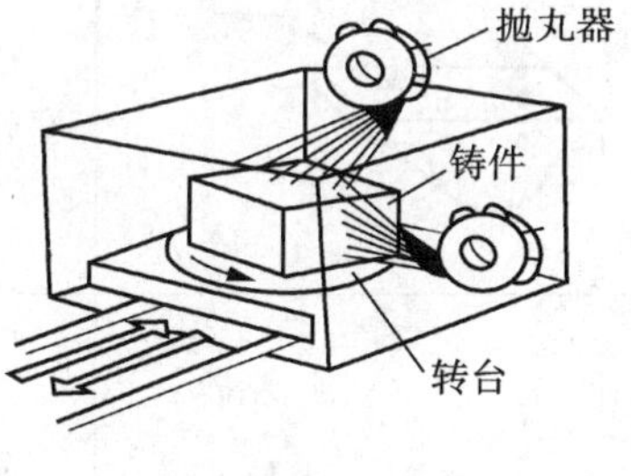

图 6-23 抛丸清理转台工作示意图

4. 铸件的修整

最后,去掉在分型面或在芯头处产生的飞边、毛刺和残留的浇、冒口痕迹,可用砂轮机、手凿和风铲等工具修整。

6.7.3 铸件常见缺陷的分析

清理完的铸件要进行质量检验。合格铸件验收入库,次品酌情修补,废品挑出回炉。检验后，应对铸件缺陷进行分析，找出主要原因，提出预防措施。

在实际生产中，常需对铸件缺陷进行分析，目的是找出产生缺陷的原因，以便采取措施加以防止。对于铸件设计人员来说，了解铸件缺陷及其产生原因，有助于正确地设计铸件结构，并结合铸造生产时的实际条件，恰如其分地拟定技术要求。

铸件的缺陷很多，常见的铸件缺陷名称、特征及产生的主要原因见表 6-2。铸件缺陷及其产生原因是很复杂的，有时可见到在同一个铸件上出现多种不同原因引起的缺陷，或同一原因在生产条件不同时会引起多种缺陷。

具有缺陷的铸件是否定为废品，必须按铸件的用途和要求以及缺陷产生的部位和严重程度来决定。一般情况下，铸件有轻微缺陷，可以直接使用；铸件有中等缺陷，允许修补后使用；铸件有严重缺陷，只能报废。

表 6-2　常见的铸件缺陷名称、特征及产生的主要原因

缺陷名称	特征	产生的主要原因
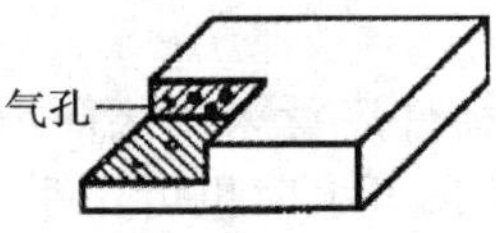	在铸件内部或表面有大小不等的光滑孔洞	型砂含水过多，透气性差；起模和修型时刷水过多；砂芯烘干不良或砂芯通气孔堵塞；浇注温度过低或浇注速度太快等
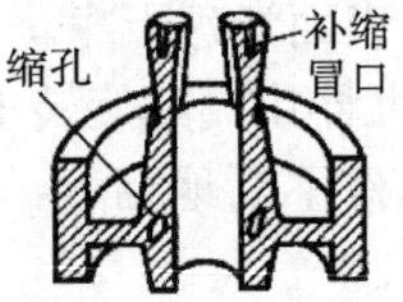	缩孔多分布在铸件厚断面处，形状不规则，孔内粗糙	铸件结构不合理，如壁厚相差过大，造成局部金属积聚；浇注系统和冒口的位置不对，或冒口过小；浇注温度太高，或金属化学成分不合格，收缩过大
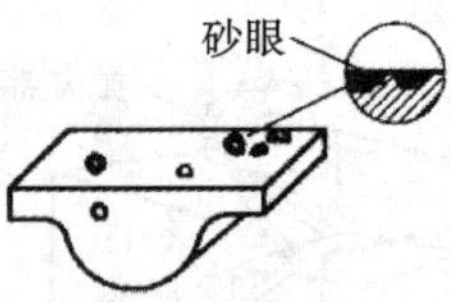	在铸件内部或表面有充塞砂粒的孔眼	型砂和芯砂的强度不够；砂型和砂芯的紧实度不够；合箱时铸型局部损坏，浇注系统不合理，冲坏了铸型
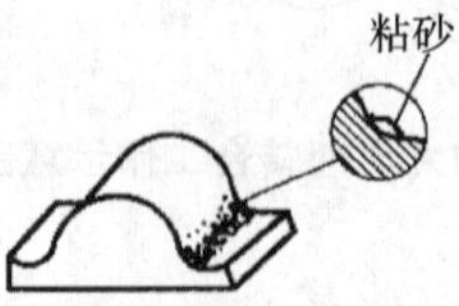	铸件表面粗糙，粘有砂粒	型砂和芯砂的耐火性不够；浇注温度太高；未刷涂料或涂料太薄
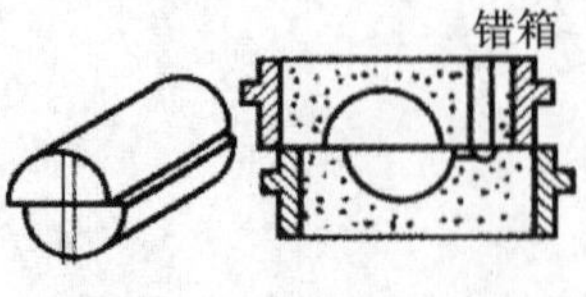	铸件在分型面有错移	模样的上半模和下半模未对好；合箱时，上、下砂箱未对准

续表

缺陷名称	特征	产生的主要原因
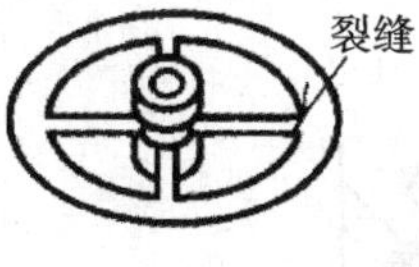	铸件开裂，开裂处金属表面氧化	铸件的结构不合理，壁厚相差太大；砂型和砂芯的退让性差；落砂过早
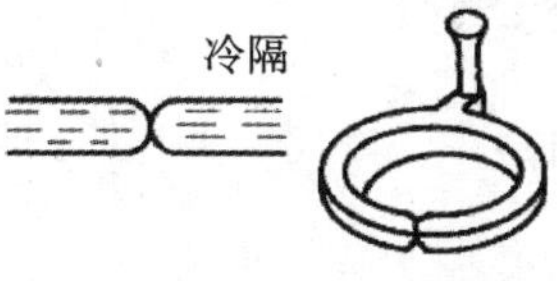	铸件上有未完全融合的缝隙或洼坑，并且交接处是圆滑的	浇注温度太低；浇注速度太慢或浇注过程曾有中断；浇注系统位置开设不当或浇道太小
	铸件不完整	浇注时金属液量不够；浇注时液态金属从分型面流出；铸件太薄；浇注温度太低；浇注速度太慢

6.8 特种铸造简介

特种铸造是指与砂型铸造方法不同的其他铸造方法。这里简单介绍金属型铸造、压力铸造、熔模铸造、离心铸造和实型铸造。

1. 金属型铸造

金属型铸造是将液态金属在重力作用下浇入金属铸型内以获得铸件的方法。金属型是指用铸铁、铸钢或其他合金制成的铸型。因为金属型可以重复浇注几百次以至数万次，所以金属型铸造又称永久型铸造。

金属型的结构按铸件形状、尺寸不同，有整体式、垂直分型式、水平分型式和复合分型式四种，前两种应用较多。常用的垂直分型式金属型如图 6-24 所示。它由定型和动型两个半型组成，分型面位于垂直位置。先使两个半型合紧，进行金属液浇注，凝固后利用简单的机构使两半型分离，取出铸件。若需铸出内腔，可使用金属型芯或砂芯形成。

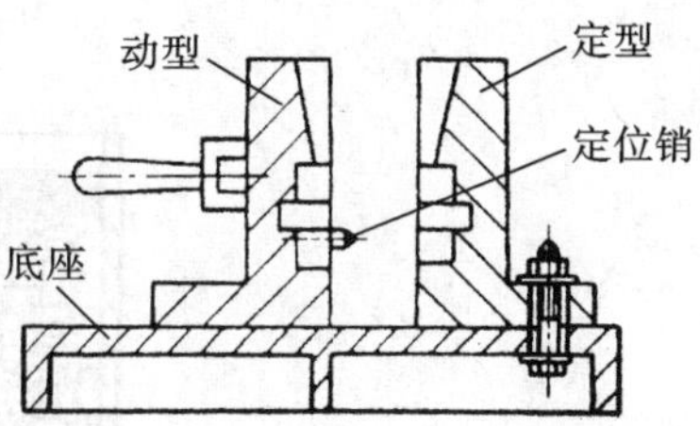

图 6-24 垂直分型式金属型

金属型铸造的主要缺点是金属型不透气、无退让性、使铸件冷却速度快，容易使铸件产生浇不到、冷隔、灰铸铁件出现白口等缺陷。因此，金属型铸造主要用于大批量生产非铁合金铸件，如铝合金活塞、铝合金气缸体、铜合金轴瓦等。

2. 压力铸造

压力铸造使用的压铸机有多种。图 6-25 所示为立式冷压室压铸机的工作原理。它由定型、动型、压室等组成，如图 6-25(a)所示。首先使动型与定型合紧，用活塞将压室中的熔融金属压射到型腔中，如图 6-25(b)所示。凝固后打开铸型并顶出铸件，如图 6-25(c)所示。

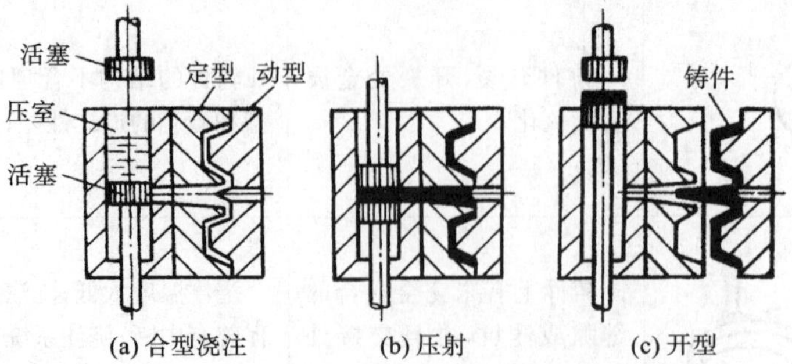

图 6-25　立式冷压室压铸机的工作原理

由于熔融金属的充型速度快，排气困难，因此常在铸件的表皮下形成许多小孔，影响铸件的内在质量，且难以生产内腔复杂的铸件。压铸件若进行机械加工，就会使铸件的气孔暴露出来；若进行热处理，气孔中的气体会膨胀，导致铸件表皮突起，甚至整个铸件变形。因此，压铸件不宜进行切削加工和热处理。压力铸造在汽车、拖拉机、精密仪器、电信器材、医疗器械及航空、航海和国防工业等方面得到了广泛的应用。

3. 熔模铸造

熔模铸造是用易熔材料(如蜡料)制成模样，在模样上包覆若干层耐火材料制成型壳，然后加热使模样熔化流出后经高温焙烧成为壳型，采用这种壳型浇注，金属冷凝后敲掉型壳获得铸件的方法。熔模铸造如图 6-26 所示。

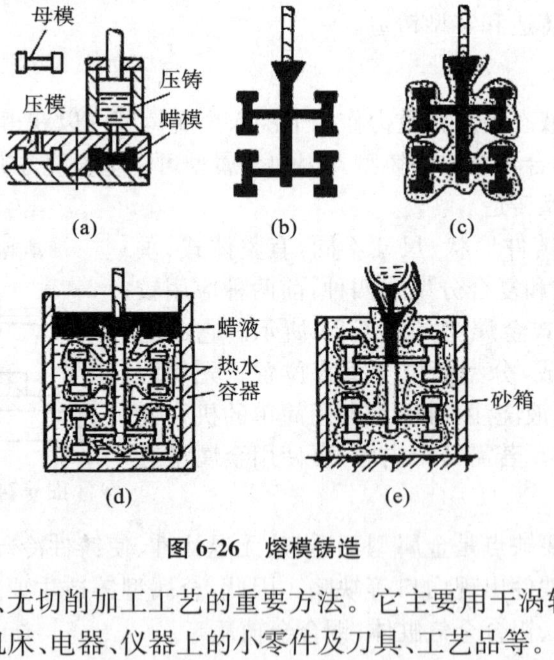

图 6-26　熔模铸造

熔模铸造是少切削、无切削加工工艺的重要方法。它主要用于涡轮机的叶片和叶轮、纺织机械、汽车、拖拉机、机床、电器、仪器上的小零件及刀具、工艺品等。

4. 离心铸造

离心铸造是将液态金属浇入高速旋转的铸型内，在离心力作用下充型、凝固后获得铸件的方法。离心铸造主要用来生产圆筒形铸件，圆筒形铸件轴线与铸型回转轴线重合，铸造时不用砂芯就可以形成圆筒形的内孔。离心铸造必须在离心铸造机上进行。离心铸造机可分为立式和卧式两大类。离心铸造如图 6-27 所示。

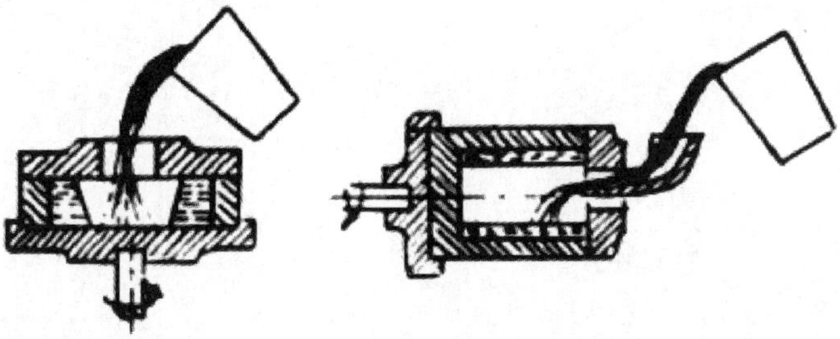

(a) 立式离心铸造　　(b) 卧式离心铸造

图 6-27　离心铸造

离心铸造主要用于铸钢、铸铁、铸造非铁合金等材料的各种套类、环类、管类及刀具、齿轮和其他成形件等铸件。

5. 实型铸造

实型铸造又称消失模铸造或汽化模造型等，是采用聚苯乙烯泡沫模样代替普通模样，造型后不取出模样就浇入金属液，在灼热液态金属的热作用下，烧掉泡沫塑料模而占据空间位置(即型腔)，冷却凝固后即可获得所需铸件的方法。实型铸造如图 6-28 所示。

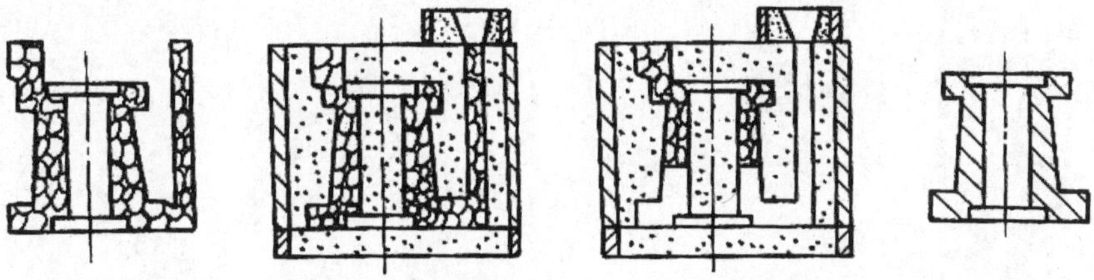

(a) 泡沫塑料模　　(b) 造好的铸型　　(c) 浇注过程　　(d) 铸件

图 6-28　实型铸造

实型铸造被国内外铸造界誉为“21 世纪的铸造新技术”。但实型铸造存在聚苯乙烯泡沫塑料模只能浇注一次，在浇注过程中汽化、燃烧，产生大量的烟雾和碳氢化合物；铸件易产生皱皮缺陷等问题有待进一步解决。实型铸造在汽车、造船、机床等行业中用来生产模具、曲轴、箱体、阀门、缸座、缸盖、刹车盘、排气歧管等较复杂的铸件。

特种铸造方法还有低压铸造、差压铸造、陶瓷型铸造、石膏型铸造、连续铸造、半连续铸造、挤压铸造、真空吸铸等。随着技术的发展，新的铸造方法还在不断出现。其他特种铸造方法在后继理论课及其他课程中学习。各种特种铸造方法都有与砂型铸造类似的金属熔炼、浇注、清理与检验等工序，这里不再赘述。

第 7 章

焊接与胶接实习

7.1 焊接概述

7.1.1 焊接的定义与特点

焊接是现代工业生产中应用广泛的一种金属连接方法。它的实质是用加热或加压等措施，借助原子间的结合与扩散作用，使两块分离的金属连接成一个牢固整体。焊接方法在制造大型结构件或复杂机器部件时更显得优越。

与铆接等其他连接方法相比，焊接具有以下优点：

(1) 减小结构质量，节省金属材料；

(2) 生产效率高，生产周期短；

(3) 气密性高，质量好；

(4) 能化“大”为“小”或以“小”拼“大”；

(5) 可以制造双金属结构；

(6) 易于实现机械化、自动化。

7.1.2 焊接的分类

焊接的方法很多。按焊接生产过程的特点，焊接可分为熔化焊、压力焊、钎焊三大类，每一类又可细分，如图 7-1 所示。

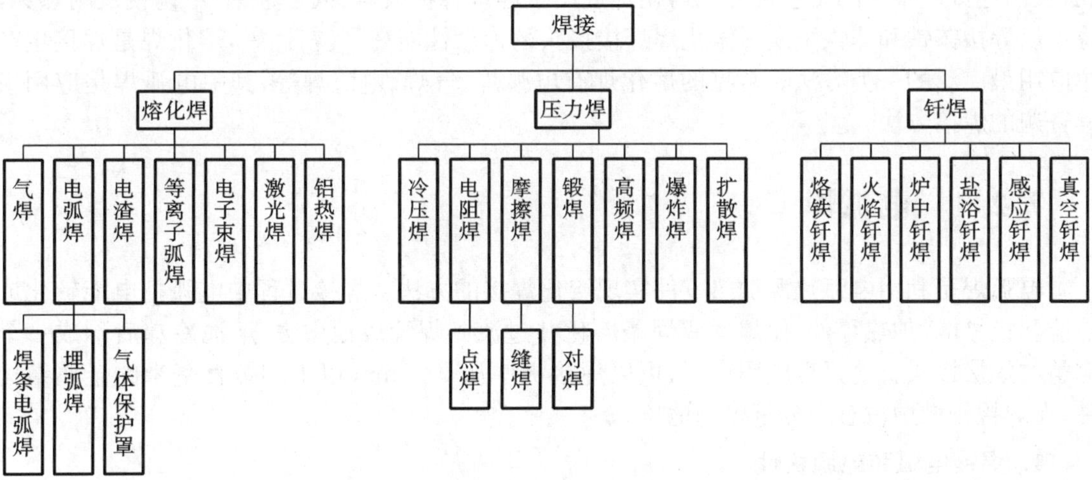

图 7-1 焊接的分类

7.1.3 焊接实习安全技术

(1) 电焊机应平稳安放在通风良好、干燥的地方,周围不得有易燃、易爆物品。使用前检查电气线路是否完好,机壳接地及焊钳绝缘是否良好。

(2) 实习时要穿好工作服、工作鞋,电焊时必须戴好面罩、手套等防护用品,不能用眼睛直接看电弧。

(3) 无论何时,焊钳都不得放在工作台上,以免短路烧毁焊机。一旦发生故障,应立即切断焊机电源,及时进行检修。

(4) 不要用手触摸焊过的焊件,清除焊渣时应注意防止渣屑乱溅,烫伤面部和飞入眼内。

(5) 操作完毕或检验焊机及电路系统时必须切断焊机电源。

(6) 气焊、气割操作前应检查氧气和乙炔气路接头是否有漏气现象,回火防止器是否完好,以免引起意外事故。

(7) 氧气瓶、乙炔瓶应避免碰撞和剧烈振动,防止暴晒、冻结,不得靠近热源和用火烘烤,以防爆炸;乙炔瓶严禁在地上卧放并直接使用,必须竖直放稳。

(8) 严禁让油脂或带有油脂的棉纱、手套等与焊炬、割炬、氧气瓶、减压器接触。

(9) 气焊、气割时,注意不要把火焰喷到身上和胶皮管上,不要用手触及刚焊好或气割好的工件,以防烫伤。

(10) 发现火焰突然回缩并听到"嘘"声,即为"回火现象"。此时应立即关闭焊炬的乙炔及氧气阀门。

(11) 气焊、气割操作完毕,及时关闭各气源的阀门,清理工场。

7.2 熔 化 焊

熔化焊是将金属的接头处加热到熔化或半熔化状态,形成共同的熔池,并加入填充金属,从而连接成整体的工艺过程。熔化焊适用于焊接各种碳钢、低合金钢、不锈钢及耐热钢,也可以焊接铸铁和非铁金属。熔化焊焊接接头的力学性能高,气密性好,熔化焊是焊接生产中应用最广泛的一类方法。常见的熔化焊有电弧焊、气焊、电渣焊等,其中电弧焊是应用极其普遍的焊接方法。

7.2.1 电弧焊

电弧焊是利用电弧热源加热零件实现熔化焊接的方法。焊接过程中电弧把电能转化成热能和机械能,加热零件,使焊丝或焊条熔化并过渡到焊缝熔池中去,熔池冷却后形成一个完整的焊接接头。电弧焊应用广泛,可以焊接板厚从 0.1 mm 以下到数百毫米的金属结构件,在焊接领域中占有十分重要的地位。

1. 焊接电弧和电源极性

1) 焊接电弧

电弧是电弧焊的热源,电弧燃烧的稳定性对焊接质量有重要影响。

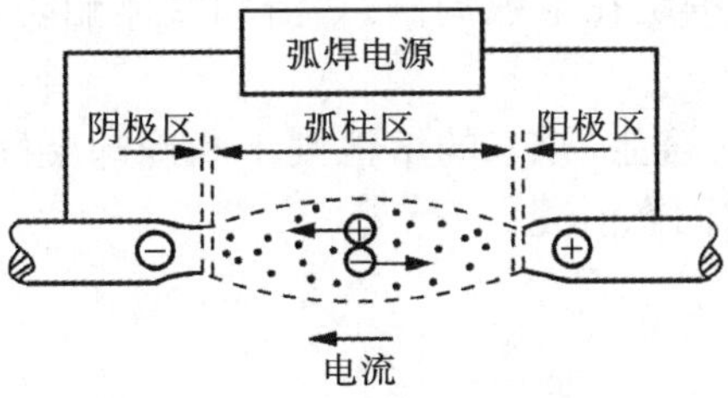

图 7-2 焊接电弧示意图

焊接电弧是一种气体放电现象，如图 7-2 所示。当电源两端分别与被焊零件和焊枪相连时，在电场的作用下，电弧阴极产生电子发射，阳极吸收电子，电弧区的中性气体粒子在接收外界能量后电离成正离子和电子，正负带电粒子相向运动，形成两电极之间的气体空间导电过程，借助电弧将电能转换成热能、机械能和光能。

焊接电弧具有以下特点：

①温度高，电弧弧柱温度为 5 000～30 000 K。

②电弧电压低，范围为 10～80 V。

③电弧电流大，范围为 10～1 000 A。

④弧光强度高。

2）电源极性

采用直流电流焊接时，弧焊电源正负输出端与零件和焊枪的连接方式，称极性。当零件接电源输出正极，焊枪接电源输出负极时，称直流正接或正极性；零件、焊枪分别与电源负、正输出端相连时，则为直流反接或反极性。采用交流电流焊接时，无电源极性问题。焊接电源极性示意图如图 7-3 所示。

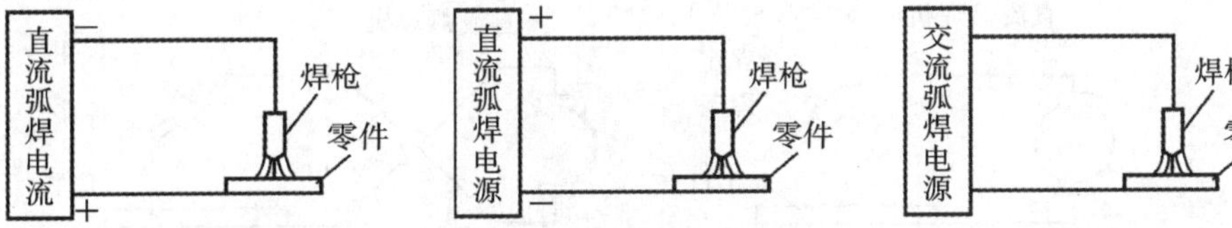

图 7-3 焊接电源极性示意图

2. 焊条电弧焊

焊条电弧焊即手弧焊，是利用焊条与工件间产生电弧热，将工件和焊条熔化而进行焊接的方法，应用十分普遍。

1）焊条电弧焊的原理

焊接电弧是在焊条与工件间的气体介质中产生的强放电现象。焊接操作时，先将焊条与工件短时接触，短路产生高热，使接触处金属迅速融化并产生金属蒸气，然后将焊条提起，离开焊条 2～4 mm 时，在焊条与工件之间充满了高温气体和金属蒸气，由于焊接电压的作用，从高温金属表面发射出电子，电子撞击气体分子和金属蒸气，使其电离成正离子和负离子，正离子流向阴极，负离子和电子流向阳极，于是便形成了电弧。

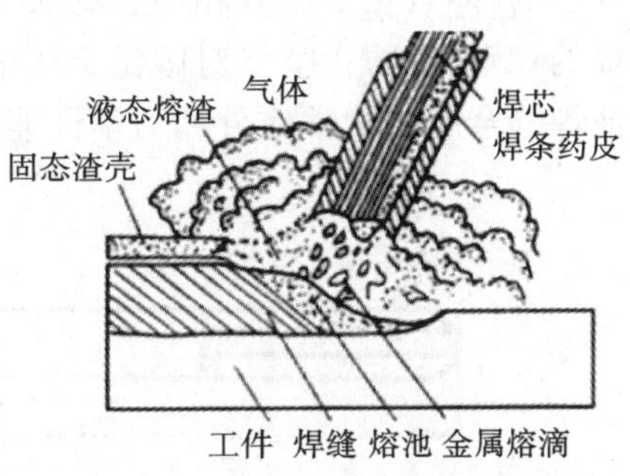

图 7-4 焊条电弧焊的焊接过程

焊条电弧焊的焊接过程如图 7-4 所示：电弧在焊条与工件之间燃烧，电弧使工件和焊芯同时熔化形成熔池，同时也使焊条的药皮熔化和分解；药皮熔化后与液态金属发生物理、化学反应，所形成的熔渣不断从熔池中浮起;药皮受热分解产生大量的保护气体,围绕在电弧周围,熔渣和气体能防止空气中氧和氮的侵入,起保护熔化金属的作用。

当电弧向前移动时,工件和焊条不断熔化汇成新的熔池,原来的熔池则不断冷却凝固,构成连续的焊缝,覆盖在焊缝表面的熔渣也逐渐凝固成固态渣壳。

2) 焊条电弧焊设备

焊条电弧焊设备有交流弧焊机、直流弧焊机等。

①交流弧焊机:一种装有特殊变压器的焊条电弧焊设备。常用的交流弧焊机为BX1-330型漏磁式交流弧焊机。该交流弧焊机焊接空载电压为60~70 V,工作电压为30 V,工作电流可在50~450 A范围内调节。

②直流弧焊机:提供直流电流进行焊接的焊条电弧焊设备。它有两种类型:一种是发电机式直流弧焊机,常用型号为AX-330(焊接空载电压为50~80 V,工作电压为30 V,电流调节范围为45~320 A);另一种是整流器式直流电焊机,工作原理是用大功率整流元件组成整流器,将工频交流电整流成符合焊接需要的直流电,这种直流弧焊机结构简单,维修方便,噪声小。直流弧焊机输出端有正、负两极之分,直流弧焊机与焊条、工件有两种不同的接线法,如图7-5所示。将工件接直流弧焊机正极,焊条接直流弧焊机负极,称为直流正接;反之,称为直流反接。焊接厚板时,一般采用直流正接;而焊接薄板时,为防止烧穿,常采用直流反接。在使用碱性焊条时,均采用直流反接。

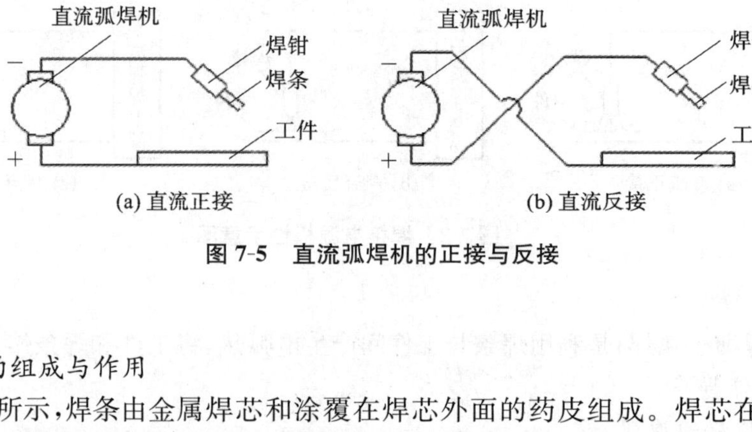

图7-5 直流弧焊机的正接与反接

3. 焊条

1) 焊条的组成与作用

如图7-6所示,焊条由金属焊芯和涂覆在焊芯外面的药皮组成。焊芯在焊接过程中既是导电的电极,本身又熔化作为填充金属,与熔化的母材共同形成焊缝金属。焊芯的质量直接影响焊缝质量,因此,要严格控制焊芯的化学成分和非金属夹杂物的含量。几种常用结构钢焊芯的牌号、化学成分和用途见表7-1。焊条药皮在焊接过程中的作用主要是:提高电弧燃烧的稳定性,防止空气对熔化金属的有害作用,保证焊缝金属的脱氧和加入合金元素,以保证焊缝金属的化学成分和力学性能。焊条药皮原料的种类、名称及作用见表7-2。

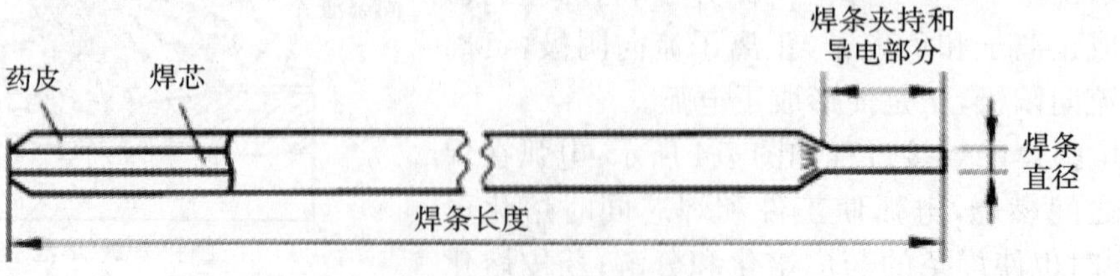

图7-6 焊条的结构

表 7-1 常用结构钢焊芯的牌号、化学成分和用途

牌号	化学成分/(%)							用途
	碳	锰	硅	铬	镍	硫	磷	
H08	≤0.10	0.30～0.55	≤0.30	≤0.20	≤0.30	<0.04	<0.04	一般焊接结构
H08A	≤0.10	0.30～0.55	≤0.30	≤0.20	≤0.30	<0.03	<0.03	重要的焊接结构
H08MnA	≤0.10	0.80～1.10	≤0.07	≤0.20	≤0.30	<0.03	<0.03	用作埋弧自动焊焊丝

表 7-2 焊条药皮原料的种类、名称及作用

原料种类	原料名称	作用
稳弧剂	碳酸钾、碳酸钠、长石、大理石、钛白粉、钠水玻璃、钾水玻璃	改善引弧性能，提高电弧燃烧的稳定性
造气剂	淀粉、木屑、纤维素、大理石	形成一定量的气体，隔离空气，保护焊接熔滴和熔池
造渣剂	大理石、萤石、菱苦土、长石、锰矿、钛铁矿、黏土、钛白粉、金红石	形成具有一定物理和化学性能的熔渣，保护焊缝。碱性渣中的 CaO 还可起脱硫、脱磷作用

2）焊条的种类

焊条分结构钢焊条、耐热钢焊条、不锈钢焊条、铸铁焊条等十大类。每一类根据药皮组成又分为酸性焊条和碱性焊条。酸性焊条电弧稳定，焊缝成形美观，焊条的工艺性能好，可用交流或直流电源施焊，但焊接接头的冲击韧度较低，可用于普通碳钢和低合金钢的焊接；碱性焊条多为低氢型焊条，形成的焊缝冲击韧度高，力学性能好，但电弧稳定性比酸性焊条差，要采用直流电源施焊，采用反极性接法，多用于重要的结构钢、合金钢的焊接。

4. 基本操作方法

1）引弧

焊接电弧的建立称引弧。焊条电弧焊有划擦引弧法和直击引弧法两种引弧方法，如图 7-7 所示。

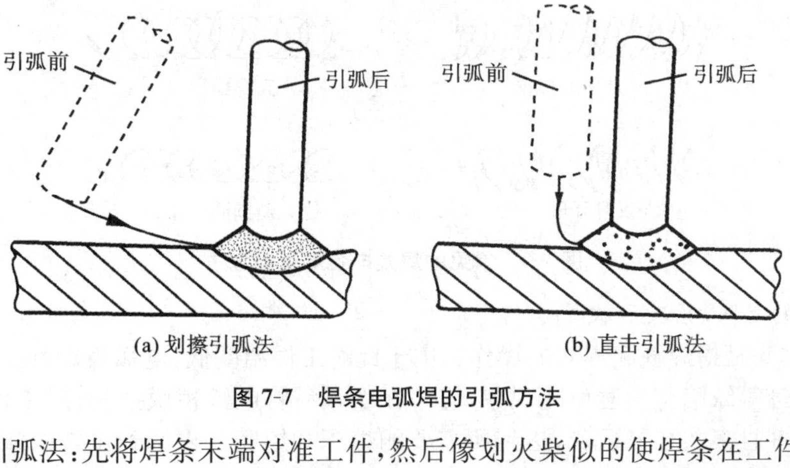

(a) 划擦引弧法　(b) 直击引弧法

图 7-7 焊条电弧焊的引弧方法

①划擦引弧法：先将焊条末端对准工件，然后像划火柴似的使焊条在工件表面划擦一下，提起 2～3 mm 的高度引燃电弧。引燃电弧后，应保持电弧长度不超过所用焊条的直径。

②直击引弧法：先将焊条垂直对准工件，然后使焊条碰击工件，出现弧光后迅速将焊条提起 2～4 mm，产生电弧后使电弧稳定燃烧。

2）运条

焊条电弧焊是依靠人手工操作焊条运动实现焊接的，此种操作也称运条。运条包括控制焊条角度、焊条送进、焊条摆动和焊条前移，如图 7-8 所示。运条技术的具体运用根据零件材质、接头型式、焊接位置、焊件厚度等因素决定。常见的焊条电弧焊运条方法如图 7-9 所示。直线形运条方法适用于板厚为 3～5 mm 的不开坡口对接平焊；锯齿形运条方法多用于厚板的焊接；月牙形运条方法对熔池的加热时间长，容易使熔池中的气体和熔渣浮出，有利于得到高质量焊缝；正三角形运条方法适用于不开坡口的对接接头和 T 字接头的立焊；正圆圈形运条方法适用于较厚零件的平焊。

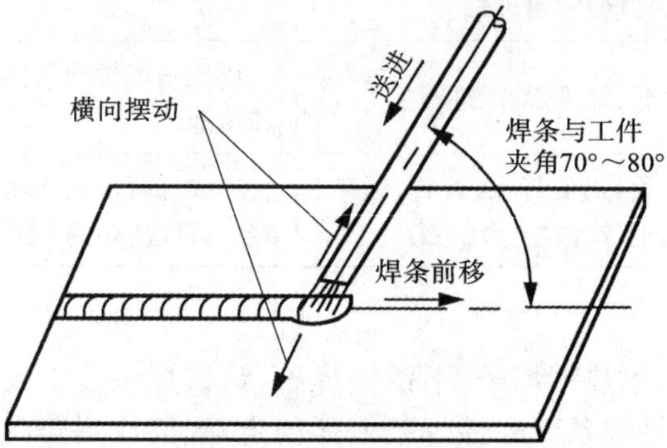

图 7-8　焊条运动和角度控制

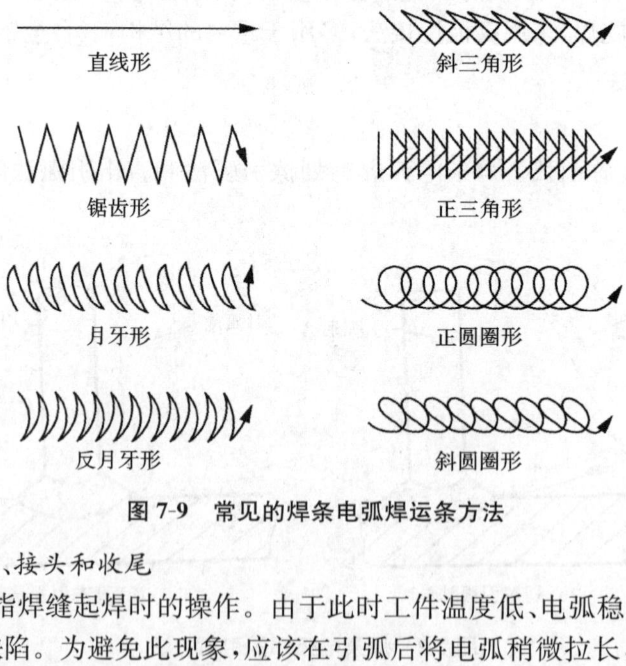

图 7-9　常见的焊条电弧焊运条方法

3）焊缝的起头、接头和收尾

焊缝的起头是指焊缝起焊时的操作。由于此时工件温度低、电弧稳定性差，焊缝容易出现气孔、未焊透等缺陷。为避免此现象，应该在引弧后将电弧稍微拉长，对工件起焊部位进行适当预热，并且多次往复运条，达到所需要的熔深和熔宽后再调到正常的弧长进行焊接。焊缝的起头如图 7-10 所示。

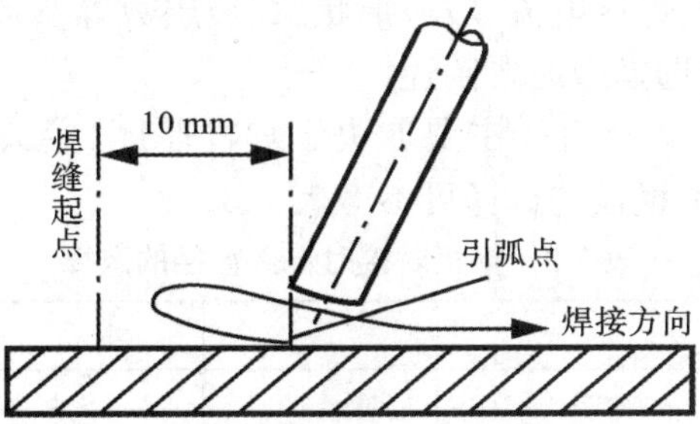

图 7-10　焊道的起头

完成一条长焊缝焊接，往往要消耗多根焊条，这里就有前后焊条更换时焊缝接头的问题。为不影响焊缝成形，保证接头处焊接质量，更换焊条的动作越快越好，并在接头弧坑前约 15 mm 处起弧，然后移到原来弧坑位置进行焊接。焊道的连接一般有四种方式，如图7-11所示。

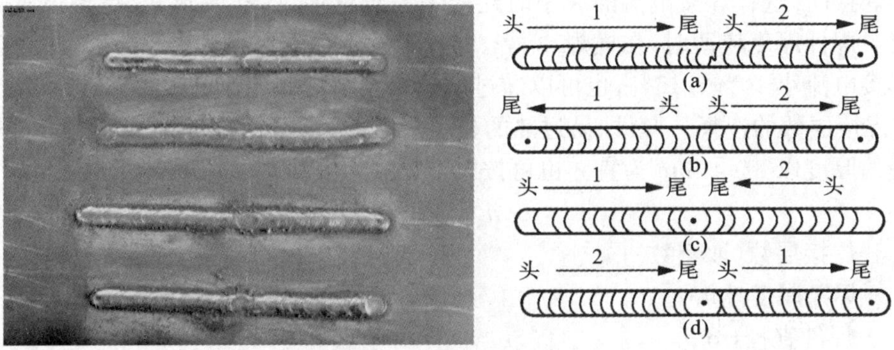

图 7-11　焊道的连接

焊缝的收尾是指焊缝结束时的操作。焊条电弧焊一般熄弧时都会留下弧坑。过深的弧坑会导致焊缝收尾处缩孔、产生弧坑应力裂纹。施行焊缝的收尾操作时，应保持正常的熔池温度，做无直线运动的横摆点焊动作，逐渐填满熔池后再将电弧拉向一侧熄灭。此外，还有三种焊缝收尾的操作方法，即划圈收尾法、反复断弧收尾法和回焊收尾法，如图 7-12 所示，在实践中也常用。

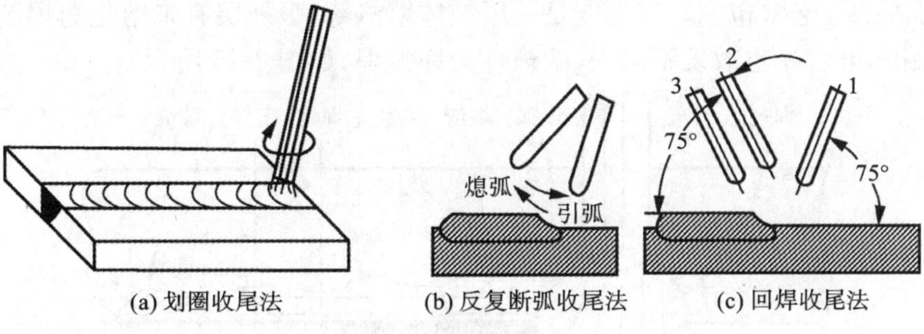

图 7-12　焊道的收尾

5. 焊条电弧焊焊接工艺规范

焊接工艺规范指制造焊件所有有关的文件和实践要求的细则文件。焊接工艺规范包括焊条型号(牌号)、焊条直径、焊接电流、坡口形状、焊接层数等参数的选择。这里仅对焊条直径、焊技电流及焊接层数的选择做简要阐述。

(1) 焊条直径的选择。焊条直径主要取决于焊件厚度、接头形式、焊缝位置、焊层(道)数等因素。钢板对接时焊条直径的选择可参考表 7-3。

表 7-3 钢板对接时焊条直径的选择

钢板厚度/mm	≤1.5	2.0	3	4～7	8～12	≥13
焊条直径/mm	1.6	1.6～2.0	2.5～3.2	3.2～4.0	4.0～4.5	4.0～5.8

(2) 焊接电流的选择。焊接电流主要根据焊条直径来选择。平焊低碳钢和低合金钢焊件,焊条直径为 3～6 mm 时,焊接电流大小可根据以下经验公式来选择:

$$I = (30 \sim 50)d$$

式中:I——焊接电流,A;

d——焊条直径,mm。

实际焊接时,选择焊接电流的大小时还应考虑焊件厚度、接头形式、焊接位置和焊条种类等因素。焊件厚度较薄时,在横焊、立焊、仰焊以及不锈钢焊条等条件下,焊接电流均应比平焊时焊接电流小 10%～15%,也可以通过试焊来调节焊接电流的大小。

(3) 焊接层数的选择。厚件、易过热的材料焊接时,常采用开坡口、多层多道焊的方法,每层焊缝的厚度以 3～4 mm 为宜。也可按以下公式来安排焊接层数:

$$n = \delta / d$$

式中:n——焊接层数(取整数);

δ——焊条厚度,mm;

d——焊件直径,mm。

7.2.2 常用电弧焊方法

除焊条电弧焊外,常用电弧焊方法还有埋弧焊、CO_2 气体保护焊、氩弧焊等。

1. 埋弧焊

埋弧焊电弧产生于堆敷了一层的焊剂下的焊丝与工件之间,被熔化的焊剂、熔渣以及金属蒸气所形成的气泡壁包围。气泡壁是一层液体熔渣薄膜,外层有未熔化的焊剂,电弧区得到良好的保护,电弧光也散发不出去,故被称为埋弧焊,如图 7-13 所示。

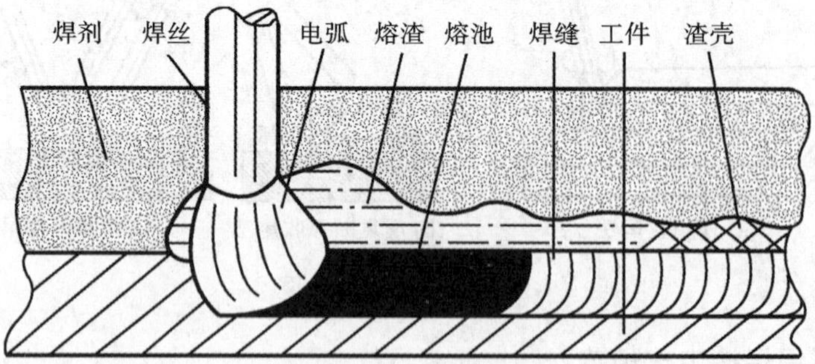

图 7-13 埋弧焊示意图

相比焊条电弧焊，埋弧焊有三个主要优点：

(1) 焊接电流和电流密度大，生产效率高，是焊条电弧焊生产率的 5～10 倍。

(2) 焊缝含氮、氧等杂质少，成分稳定，质量高。

(3) 自动化水平高，没有弧光辐射，工人劳动条件较好。

埋弧焊的局限性在于：受到焊剂敷设的限制，不能用于空间位置焊缝的焊接；由于埋弧焊焊剂的成分主要是 MnO 和 SiO_2 等金属及非金属氧化物，埋弧焊不适合用于焊铝、钛等易氧化的金属及其合金。另外，薄板、短及不规则的焊缝一般不采用埋弧焊。

可用埋弧焊方法焊接的材料有碳素结构钢、低合金钢、不锈钢、耐热钢、镍基合金和铜合金等。埋弧焊在中、厚板对接、角接接头中得到广泛应用，14 mm 以下厚度板材对接可以不开坡口。埋弧焊也可用于合金材料的堆焊中。

2. CO_2 气体保护焊

CO_2 气体保护焊简称 CO_2 焊，利用廉价的 CO_2 作为保护气体，既可降低焊接成本，又能充分利用气体保护焊的优势。CO_2 气体保护焊示意图如图 7-14 所示。

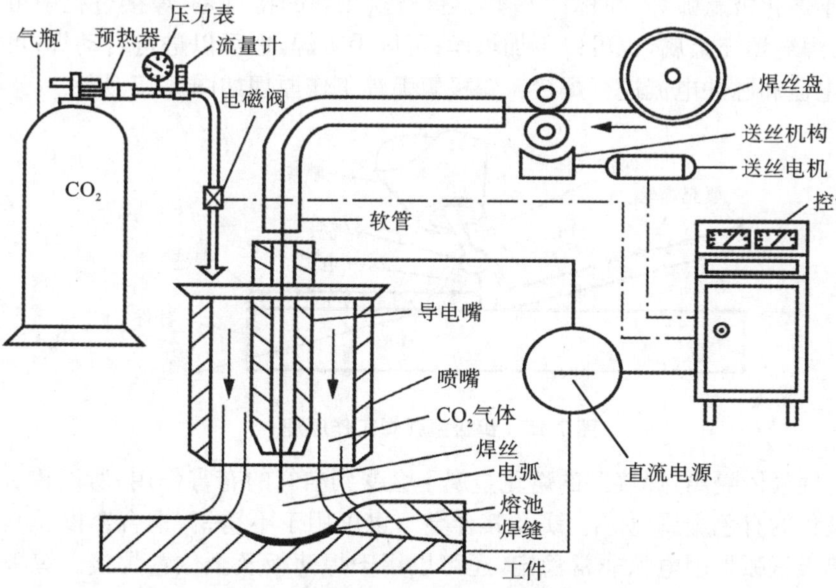

图 7-14　CO_2 气体保护焊示意图

CO_2 气体经焊枪的喷嘴沿焊丝周围喷射，形成保护层，使电弧、熔滴和熔池与空气隔绝。由于 CO_2 气体是氧化性气体，在高温下能使金属氧化，烧损合金元素，所以 CO_2 气体保护焊不能焊接易氧化的非铁金属和不锈钢。因 CO_2 气体冷却能力强，故熔池凝固快，焊缝中易产生气孔，若焊丝中含碳量高，则飞溅较大。因此，要使用冶金中能实现脱氧和渗合金的特殊焊丝来完成 CO_2 气体保护焊。常用 CO_2 气体保护焊的焊丝是 H08Mn2SiA。该焊丝适合用于焊接抗拉强度小于 600 MPa 的低碳钢和普通低合金结构钢。为了稳定电弧、减少飞溅，CO_2 气体保护焊采用直流反接。

CO_2 气体保护焊具有以下特点：

(1) 生产率高。焊接电流大，焊丝熔敷快，工件熔深大，易于实现自动化，生产率比焊条电弧焊高 1～4 倍。

(2) 成本低。CO_2 气体价廉，焊接时不需要涂料焊条和焊剂，总成本仅为焊条电弧焊和埋弧焊的 45%左右。

(3) 焊缝质量较好。CO_2 气体保护焊电弧热量集中，加上 CO_2 气流冷却能力强，焊接热影响区小，焊后变形小，采用合金焊丝，焊缝中氢含量低，焊接接头抗裂性好，焊接质量较好。

(4) 适应性强。焊缝操作位置不受限制，能全位置焊接，易于实现自动化。

(5) 由于 CO_2 是氧化性保护气体，不宜用于焊接非铁金属和不锈钢。

(6) 焊缝成形稍差，飞溅较大。

(7) 焊接设备较复杂，使用和维修不方便。

CO_2 气体保护焊主要适用于焊接低碳钢和强度级别不高的普通低合金结构钢焊件，焊件厚度最厚可达 50 mm(对接形式)。

3. 氩弧焊

以惰性气体氩气作保护气的电弧焊方法有钨极氩弧焊和熔化极氩弧焊两种。

(1) 钨极氩弧焊。它是以钨棒作为电弧的一极的电弧焊方法，钨棒在电弧焊中是不熔化的，故又称不熔化极氩弧焊，简称 TIG 焊。钨极氩弧焊的特点是：焊接过程中可以用从旁送丝的方式为焊缝填充金属，也可以不加填丝；可以手工焊，也可以进行自动焊；可以使用直流电流、交流电流和脉冲电流进行焊接。钨极氩弧焊工作原理如图 7-15 所示。

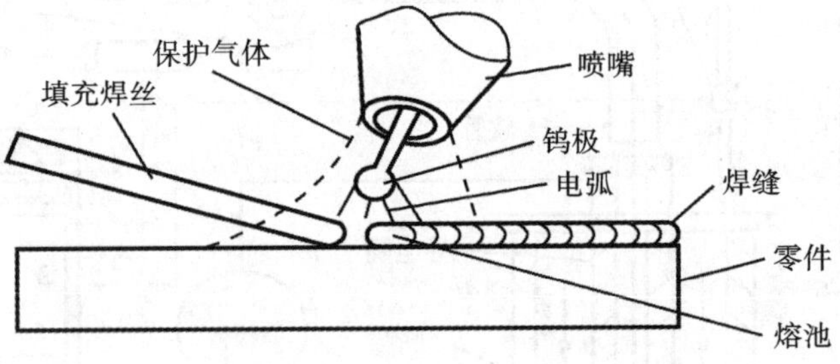

图 7-15 钨极氩弧焊工作原理

由于被惰性气体隔离，焊接区的熔化金属不会受到空气的有害作用，所以钨极氩弧焊可用于焊接易氧化的有色金属(如铝、镁及其合金)，也可用于不锈钢、铜合金以及其他难熔金属的焊接。钨极氩弧焊因电弧非常稳定，还可以用于焊薄板及全位置焊接。钨极氩弧焊在航空航天、原子能、石油化工、电站锅炉等行业应用较多。

钨极氩弧焊的缺陷是钨棒的电流负载能力有限，焊接电流和电流密度比熔化极氩弧焊低，焊缝熔深浅，焊接速度低，厚板焊接要采用多道焊和加填充焊丝，生产效率受到影响。

(2) 熔化极氩弧焊。它又称 MIG 焊，用焊丝本身作电极，相比钨极氩弧焊而言，焊接电流及电流密度大大提高，因而母材熔深大，焊丝熔敷速度快，提高了生产效率，特别适用于中等和厚板铝及铝合金、铜及铜合金、不锈钢以及钛合金焊接。

7.3 其他焊接方法简介

除了电弧焊以外，气焊、电阻焊、电渣焊及钎焊等焊接方法在金属材料连接作业中也有着重要的应用。

7.3.1 气焊

气焊是利用气体火焰加热并熔化母体材料和焊丝的焊接方法。

1. 气焊的特点

与电弧焊相比，气焊的优点如下：

①气焊不需要电源，设备简单。

②气体火焰温度比较低，熔池容易控制，易实现单面焊双面成形，并可以焊接很薄的零件。

③在焊接铸铁、铝及铝合金、铜及铜合金时焊缝质量好。

气焊也存在热量分散、接头变形大、不易实现自动化、生产效率低、焊缝组织粗大、焊缝性能较差等缺陷。

气焊常用于低碳钢、低合金钢、不锈钢薄板的对接、端接，在熔点较低的铜、铝及其合金的焊接中也仍有应用，焊接需要预热和缓冷的工具钢、铸铁时也比较适用。

2. 气焊火焰

气焊主要采用氧-乙炔火焰。在两者的混合比不同的条件下，可得到以下 3 种不同性质的火焰：

(1) 中性焰(见图 7-16(a))。当氧气与乙炔的混合比为 1～1.2 时，燃烧充分，燃烧过后无剩余氧或乙炔，热量集中，温度可达 3 050～3 150 ℃。它由焰心、内焰、外焰三部分组成。焰心是呈亮白色的圆锥体，温度较低；内焰呈暗紫色，温度最高，适用于焊接；外焰颜色从淡紫色逐渐向橙黄色变化，温度下降，热量分散。中性焰应用最广，低碳钢、中碳钢、铸铁、低合金钢、不锈钢、紫铜、锡青铜、铝及铝合金、镁合金等的气焊都使用中性焰。

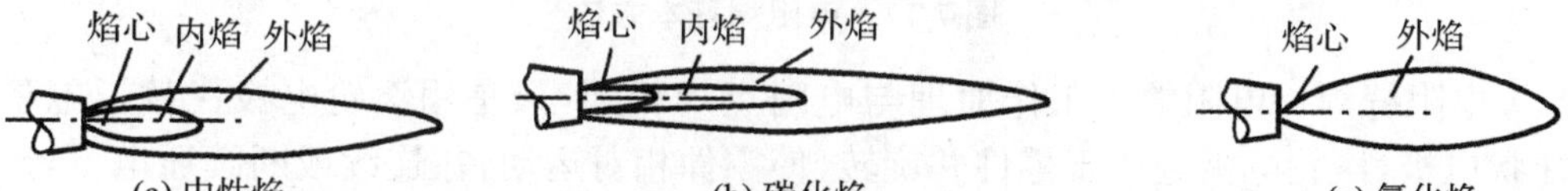

(a) 中性焰　(b) 碳化焰　(c) 氧化焰

图 7-16　氧-乙炔火焰形态

(2) 碳化焰(见图 7-16(b))。当氧气与乙炔的混合比小于 1 时，部分乙炔未曾燃烧，焰心较长，呈蓝白色，温度最高达 2 700～3 000 ℃。由于乙炔过剩，碳化焰中有游离状态的碳及过多的氢，焊接时会增加含氢量，焊低碳钢时有渗碳现象。碳化焰适用于气焊高碳钢、铸铁、高速钢、硬质合金、铝青铜等。

(3) 氧化焰(见图 7-16(c))。当氧气与乙炔的混合比大于 1.2 时，燃烧过后的气体仍有过剩的氧气，焰心短而尖，内焰区氧化反应剧烈，火焰挺直发出“嘶嘶”声，温度可达 3 100～3 300 ℃。氧化焰由于具有氧化性，焊接碳钢易产生气体，并出现熔池沸腾现象，很少用于焊接。轻微氧化的氧化焰适用于气焊黄铜、锰黄铜、镀锌铁皮等。

7.3.2 电阻焊

电阻焊是将零件组合后通过电极施加压力，利用电流通过零件的接触面及临近区域产生的电阻热，将零件的接触面及临近区域加热到熔化或塑性状态，形成金属结合的方法。

1. 电阻焊的特点

与其他焊接方法相比，电阻焊具有以下优点：

①不需要填充金属，冶金过程简单，焊接应力及应变小，接头质量高。

②操作简单，易实现机械化和自动化，生产效率高。

电阻焊的缺点是接头质量难以用无损检测方法检验，焊接设备较复杂，一次性投资较高。电阻点焊低碳钢、普通低合金钢、不锈钢、钛及合金材料时可以获得优良的焊接接头。

2. 电阻焊方法

电阻焊目前广泛应用于汽车拖拉机、航空航天、电子技术、家用电器、轻工业等行业。根据接头形式，电阻焊可分成电阻点焊、电阻缝焊、电阻凸焊和电阻对焊四种。

(1) 电阻点焊。电阻点焊方法如图 7-17(a)所示，将零件装配成搭接形式，用电极将零件夹紧并通以电流，在电阻热作用下，电极之间零件接触处被加热熔化形成焊点，零件的连接可以由多个焊点实现。电阻点焊大量应用在厚度小于 3 mm、不要求气密的薄板冲压件、轧制件接头，如汽车车身焊装、电器箱板组焊。一个电阻点焊过程主要由预压、焊接、维持、休止四个阶段组成。

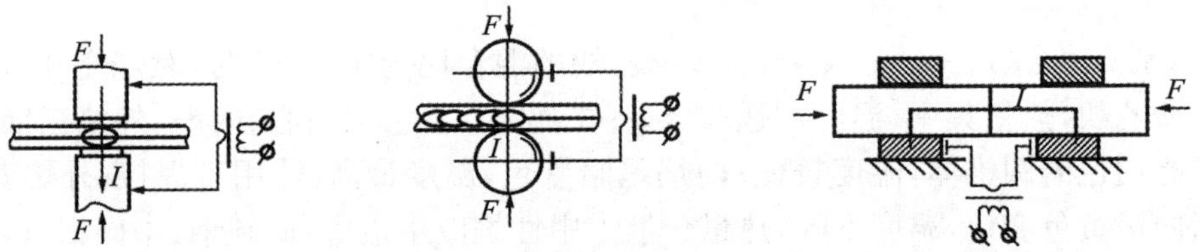

(a) 电阻点焊　　(b) 电阻缝焊　　(c) 电阻对焊

图 7-17　电阻焊基本方法

(2) 电阻缝焊。电阻缝焊工作原理与电阻点焊相同，只是用滚轮电极代替了电阻点焊的圆柱状电极，滚轮电极施压于零件并旋转，使零件相对运动，在连续或断续通电下，形成一个个熔核相互重叠的密封焊缝。电阻缝焊如图 7-17(b)所示。它一般应用在有密封性要求的接头制造上，适用材料板厚为 0.1～2 mm，如汽车油箱、暖气片、罐头盒的生产。

(3) 电阻对焊。电阻对焊方法主要用于断面小于 250 mm^2 的丝材、棒材、板条和厚壁管材的连接，工作原理如图 7-17(c)所示。将两零件端部相对放置，加压使零件端面紧密接触，通电后利用电阻热加热零件接触面至塑性状态，然后迅速施加大的顶锻力完成焊接。电阻对焊的特点是在焊接后期施加了比预压力大的顶锻力。

7.3.3　电渣焊

电渣焊是一种利用电流通过液体熔渣所产生的电阻热加热熔化填充金属和母材，以实现金属焊接的熔化焊方法。如图 7-18 所示，被焊两零件垂直放置，中间留有 20～40 mm 间隙，电流流过焊丝与零件之间熔化的焊剂形成的渣池，产生的电阻热又加热熔化焊丝和零件边缘，在渣池下部形成金属熔池。在焊接过程中，焊丝以一定速度熔化，金属熔池和渣池逐渐上升，远离热源的底部液体金属则渐渐冷却凝固结晶形成焊缝。同时，渣池保护金属熔池

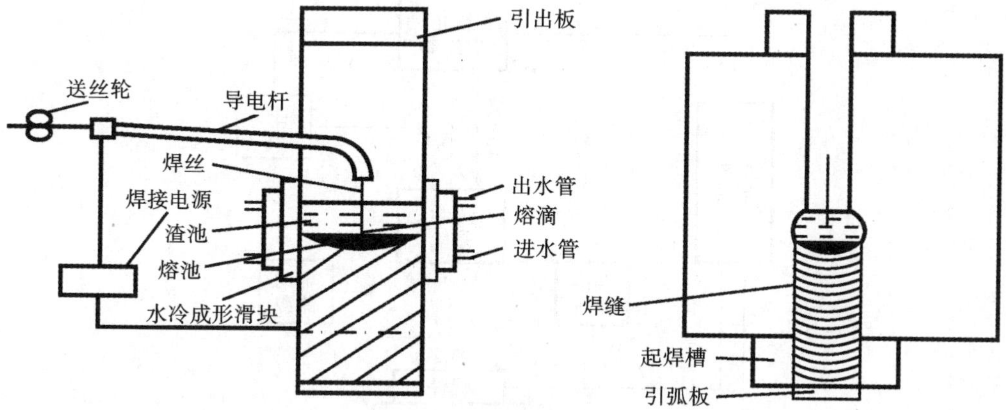

图 7-18 电渣焊过程示意图

不被空气污染，水冷成形滑块与零件端面构成空腔挡住熔池和渣池，保证熔池金属凝固成形。

与其他熔化焊方法相比，电渣焊有以下特点：

①适用于垂直或接近垂直的位置焊接，此时不易产生气孔和夹渣，焊缝成形条件最好。

②厚大焊件能一次焊接完成，生产率高，与开坡口的电弧焊相比，节省焊接材料。

③由于渣池对零件有预热作用，焊接含碳量高的金属时冷裂倾向小，但焊缝组织晶粒粗大，易造成接头韧度变差，一般焊后应进行正火和回火热处理。

电渣焊适用于厚板、大断面、曲面结构的焊接，如火力发电站数百吨的汽轮机转子、锅炉大厚壁高压汽包等的焊接。

7.3.4 激光焊

激光焊是利用大功率相干单色光子流聚集而成的激光束为热源进行焊接的方法。激光的产生利用了原子受激辐射的原理，粒子（原子、分子等）吸收外来能量后，从低能级跃升至高能级，此时若受到外来一定频率的光子的激励，又跃迁到相应的低能级，同时发出一个和外来光子完全相同的光子。如果利用装置（激光器）使这种受激辐射产生的光子去激励其他粒子，则将导致光放大作用，产生更多的光子，在聚光器的作用下，最终形成一束单色的、方向一致和亮度极高的激光输出。再通过光学聚焦系统，可以使焦点上的激光能量密度达到 $10^4 \sim 10^6$ W/cm^2，然后以此激光用于焊接。激光焊接装置组成框图如图 7-19 所示。

激光焊和电子束焊同属高能密束焊范畴。与一般焊接方法相比，激光焊有以下优点：

①激光功率密度高，加热范围小（<1 mm^2），焊接速度高，焊接应力和变形小。

②可以焊接一般焊接方法难以焊接的材料，实现异种金属的焊接，甚至用于一些非金属材料的焊接。

③激光可以通过光学系统在空间传播相当长距离而衰减很小，能进行远距离施焊或对难接近部位进行焊接。

④相对电子束焊而言，激光焊不需要真空室，激光不受电磁场的影响。

激光焊的缺点是焊机价格较贵，激光的电光转换效率低，焊前零件加工和装配要求高，

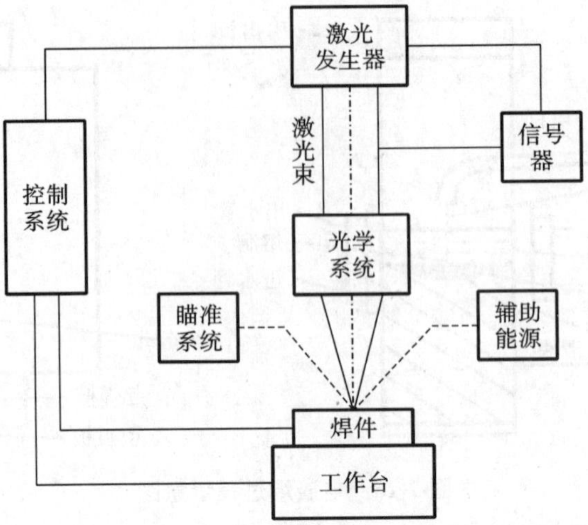

图 7-19　激光焊接装置组成框图

焊接厚度比电子束焊低。激光焊应用在很多机械加工作业中，如电子器件的壳体和管线的焊接、仪器仪表零件的连接、金属薄板的对接、集成电路中金属箔的焊接等。

7.3.5　钎焊

钎焊是利用比被焊材料熔点低的金属作钎料，经过加热使钎料熔化，靠毛细管作用将钎料吸入接头接触面的间隙内，润湿被焊金属表面，使液相与固相之间相互扩散而形成钎焊接头的焊接方法。

根据焊接温度，钎焊分为硬钎焊和软钎焊。

(1) 硬钎焊：钎料熔点在 450 ℃以上，接头强度较高，都在 200 MPa 以上。常用的钎料有铜基、银基和镍基等。

(2) 软钎焊：钎料熔点在 450 ℃以下，接头强度较低，一般不超过 70 MPa，所以只用于钎焊受力不大、工作温度较低的工件。常用的钎料是锡铅合金，所以软钎焊通称锡焊。

钎焊具有以下优点：

①钎焊时由于加热温度低，对零件材料的性能影响较小，焊接的应力变形比较小。

②可以用于焊接碳钢、不锈钢、高合金钢、铝、铜等金属材料，也可以用于连接异种金属、金属与非金属。

③可以一次完成多个零件的钎焊，生产率高。

钎焊的缺点是接头的强度一般比较低，耐热能力较差，因此适于焊接承受载荷不大和常温下工作的接头。另外，钎焊之前对焊件表面的清理和装配要求比较高。

7.4　焊接接头的主要缺陷及检验

在焊接生产过程中，由于焊接结构设计、焊接工艺参数、焊前准备和操作方法等不合理，往往会产生焊接缺陷。焊接缺陷会影响焊接结构使用的可靠性，在焊接生产中要采取措施尽量避免焊接缺陷的产生。

7.4.1 常见的焊接缺陷

(1) 焊缝形状缺陷:焊缝尺寸不符合要求及咬边、烧穿、产生焊瘤和弧坑等。

(2) 气孔缺陷:焊缝熔池中的气体在凝固时未能析出而残留下来形成空穴。

(3) 夹渣和夹杂缺陷:焊后焊缝中有熔渣和经冶金反应产生的非金属夹杂物残留。

(4) 未焊透、未熔合缺陷:焊缝金属和母材之间或焊道金属之间未完全熔化结合以及焊缝的根部未完全熔透。

(5) 裂纹缺陷:包括热裂纹、冷裂纹和层状撕裂。

(6) 其他缺陷:电弧擦伤、飞溅、磨痕、凿痕等。

7.4.2 焊接缺陷的产生原因及预防措施

1. 未焊透

产生未焊透的根本原因是输入焊缝焊接区的相对热量过少,熔池尺寸小,熔深不够。生产中的具体原因有:坡口设计或加工不当(角度、间隙过小)、钝边过大、焊接电流太小、焊条操作不当或焊速过快等。为避免未焊透,应做到:正确选用和加工坡口尺寸,保证具有良好的装配间隙;采用合适的焊接参数;保证合适的焊条摆动角度;仔细清理层间的熔渣。

2. 夹渣

产生夹渣的原因是各类残渣的量多且没有足够的时间浮出熔池表面。生产中的具体原因有:多层焊时前一层焊渣没有清理干净、运条操作不当、焊条熔渣黏度太大、脱渣性差、线能量小、熔池存在时间短、坡口角度太小等。为避免夹渣的产生,应注意以下几点:选用合适的焊条型号;焊条摆动方式要正确;适当增大线能量;注意层间的清理,特别是低氢碱性焊条,一定要彻底清除层间焊渣。

3. 气孔

液态金属能溶解较多的气体(H_2、CO 等),而固态金属几乎不溶解气体。因此,凝固过程中若气体在熔池凝固前来不及逸出熔池表面,就会在焊缝中产生气孔。生产中的具体原因有:工件和焊接材料有油污、铁锈等污物,焊条药皮或焊剂潮湿、焊条或焊剂变质失效、操作不当引起保护效果不好、线能量过小。为防止气孔,应注意以下几点:清除焊件焊接区附近及焊丝上的铁锈、油污、油漆等污物;焊条、焊剂在使用前应严格按规定烘干;适当提高线能量,以提高熔池的高温停留时间;不采用过大的焊接电流,以防止焊条药皮发红失效;不使用偏心焊条;尽量采用短弧焊。

4. 裂纹

裂纹分为两类:在焊缝冷却凝固结晶以后生成的冷裂纹;在焊缝冷却凝固过程中形成的热裂纹。裂纹的产生与焊缝及母材成分、组织状态及其相变特征、焊接结构条件及焊接时所采用夹装方法有关。不锈钢易出现热裂纹,低合金高强度钢易出现冷裂纹。

热裂纹的产生与 S、P 等杂质太多有关,S、P 能在钢中生成低熔点脆性共晶体并积聚在最后凝固的树枝状晶界和焊缝中心区。在焊接应力作用下，焊缝中心线、弧坑、焊缝终点都容易形成热裂纹。为防止热裂纹，应注意以下几点：严格控制焊缝中S、P等杂质的含量；填满弧坑；减慢焊接速度，以减小最后冷却结晶区域的应力和变形；改善焊缝形状，避免得到熔深过大的梨形焊缝。

冷裂纹产生的原因较为复杂，一般认为由三方面的因素造成：含H量；拘束度；淬硬组织。其中，最主要的因素是含H量，故冷裂纹常称为氢致裂纹。为防止冷裂纹，应从控制产生冷裂纹的三个因素着手：选用低氢焊条并烘干；清除焊缝附近的油污、铁锈、油漆等污物；采用短弧焊，以增强保护效果；尽可能设计成刚性小的结构；采用焊前预热、焊后缓冷或焊后热处理措施，以减少淬硬倾向和焊后残余应力。

特别需指出的是，焊接裂纹是危害最大的焊接缺陷。它不仅会造成应力集中，降低焊接接头的静载强度，更严重的是它是导致疲劳和脆性破坏的重要诱因。

7.4.3 焊接检验过程

焊接检验包括从图纸设计到产品制出整个生产过程中所使用的材料、工具、设备、工艺过程和成品质量的检验及焊工资格的考核，总体分为三个阶段：焊前检验、焊接过程中的检验、焊后成品的检验。检验方法根据对产品是否造成损伤可分为破坏性检验和非破坏性检验两类。

1. 焊前检验

焊前检验包括原材料(如母材、焊条、焊剂等)的检验、焊接结构设计的检查、焊工资格考核等。

2. 焊接过程中的检验

焊接过程中的检验主要是检查各生产工序的工艺执行情况，包括焊接工艺规范的检验、焊缝尺寸的检查、夹具情况和结构装配质量的检查等，通常以自检为主。

3. 焊后成品的检验

焊后成品的检验是焊接检验的关键，是对焊接质量最后的评定。它通常包括：无损伤检验，如超声波检验、X射线检验等；成品强度试验，如水压试验；致密性检验，如煤油试验、吹气试验等。

7.4.4 焊接检验

焊接检验的主要目的是检查焊接缺陷。针对不同类型的缺陷，通常采用破坏性检验和非破坏性检验(无损伤检验)。非破坏性检验是检验的重点，主要方法有：

1. 外观检验

焊接接头的外观检验是一种手续简便而又应用广泛的检验方法，是成品检验的一个重要内容，主要是发现焊缝表面的缺陷和尺寸上的偏差。一般通过肉眼观察，借助标准样板、量规和放大镜等工具进行检验。若焊缝表面出现缺陷，焊缝内部便有存在缺陷的可能。

2. 无损伤检验

(1) 射线探伤。射线探伤是利用射线可穿透物质和在物质中有衰减的特性来发现缺陷的一种探伤方法。按探伤所使用的射线不同，射线检验可分为X射线探伤、γ射线探伤、高能射线探伤三种。由于显示缺陷的方法不同，每种射线探伤又分电离法、荧光屏观察法、照相法和工业电视法。射线探伤主要用于检验焊缝内部的裂纹、未焊透、气孔、夹渣等缺陷。

（2）超声波探伤。超声波在金属及其他均匀介质传播，由于在不同介质的界面上会产生反射，因此可用于内部缺陷的检验。超声波可以检验任何焊件材料、任何部位的缺陷，并且能较灵敏地发现缺陷位置，但对缺陷的性质、形状和大小较难确定。所以，超声波探伤常与射线探伤配合使用。

（3）磁力探伤。磁力探伤是利用磁场磁化铁磁金属零件所产生的漏磁来发现缺陷的。按测量漏磁方法的不同，磁力探伤可分为磁粉法、磁感应法和磁性记录法，其中以磁粉法应用最广。磁力探伤只能发现磁性金属表面和近表面的缺陷，而且对缺陷仅能做定性分析，对于缺陷的性质和深度也只能根据经验来估计。

（4）渗透探伤。渗透探伤是利用某些液体的渗透性等物理特性来发现和显示缺陷的，包括着色检验和荧光探伤两种，可用来检查铁磁性和非铁磁性材料表面的缺陷。

3. 致密性检验

贮存液体或气体的焊接容器焊缝的不致密缺陷，如贯穿性的裂纹、气孔、夹渣、未焊透和疏松组织等，可通过致密性检验来发现。致密性检验方法有煤油试验、载水试验、水冲试验、吹气试验等。

（1）煤油试验。在焊缝的一侧刷上石灰水溶液，待干后再在另一侧涂煤油，借助煤油的穿透能力，当焊缝有裂纹等穿透性缺陷时，石灰粉上呈现出煤油润湿的痕迹，据此发现焊接缺陷。

（2）吹气试验。在焊缝一侧吹压缩空气，在另一侧刷肥皂水，若有穿透性缺陷，该部位会出现气泡，即可发现焊接缺陷。

4. 受压容器的强度检验

受压容器，除进行致密性检验外，还要进行强度检验。常见的受压容器强度检验有水压试验和气压试验两种。它们都能检验在压力下工作的容器和管道的焊缝致密性。气压试验比水压试验更为灵敏和迅速，同时试验后的产品不用排水处理，对于排水困难的产品尤为适用，但试验的危险性比水压试验大。进行试验时，必须遵守相应的安全技术措施，以防试验过程中发生事故。

5. 焊接试验板的力学性能试验

非损坏性检验可以发现焊缝内在的缺陷，但不能说明焊缝热影响区的金属的机械性能如何，因此有时对焊接接头要做拉力、冲击、弯曲等试验。这些试验均通过试验板完成。所用试验板最好与圆筒纵缝一起焊成，以保证施工条件一致。然后对试验板进行机械性能试验。实际生产中，一般只对新钢种的焊接接头进行这方面的试验。

7.5 自动焊接技术简介

自动焊接技术提升了传统焊接技术的效率，改变了传统焊接技术落后的工作方式，提升了焊接效率，缩减了人工、材料等成本，对促进工业机械的发展具有重要的意义。与传统焊接技术不同的是，自动焊接技术的工作程序主要依赖于自动化技术，而不是通过手动的方式利用电弧来完成焊接过程。自动焊接技术利用计算机实现对整个焊接过程的控制，一方面通过计算机对焊接技术进行精确的运算，提高了焊接的精准性，另一方面和自动化机械技术相结合，实现了自动化焊接，使焊接技术实现了数字化的自动控制。这一技术的出现改变了工业机械发展形势，尤其是在当前焊接工作强度大、工作环境差的情况下，很多焊接工作依靠人工完成不仅工作效率低，而且需要企业负担高额的人工成本。自动焊接技术的出现不仅解放了人工生产力，而且还有效地提高了焊接质量，为企业效益的提升创造了有利条件。

1. 焊接机器人

焊接机器人是应用最广泛的一类工业机器人，在各国机器人应用中占总数的40%～60%。采用机器人焊接是焊接自动化的革命性进步，它突破了传统的焊接刚性自动化方式，开拓了一种柔性自动化新方式。刚性自动化焊接设备一般都是专用的，通常用于中、大批量焊接产品的自动化生产，因而在中、小批量产品焊接生产中，焊条电弧焊仍是主要焊接方式。焊接机器人使小批量产品的自动化焊接生产成为可能。世界各国生产的焊接机器人基本上都属于关节型机器人，绝大部分有6个轴。目前应用比较普遍的焊接机器人主要有点焊机器人、弧焊机器人和激光焊接机器人三种，如图7-20所示。

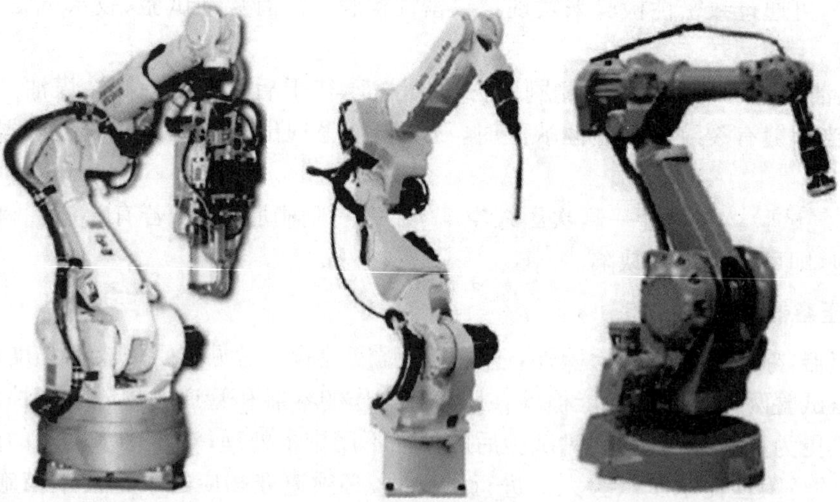

(a) 点焊机器人　(b) 弧焊机器人　(c) 激光焊接机器人

图7-20　焊接机器人

1）点焊机器人

点焊机器人(spot welding robot)是用于点焊自动作业的工业机器人。点焊系统硬件一般由机器人本体、点焊焊接系统等构成。其中，点焊焊接系统包括点焊焊机和点焊焊钳两个部分。点焊焊钳有很多种形式，如C形焊钳、X形焊钳等，一般根据具体工况选用。点焊焊接系统安全、可靠、灵活，点焊机器人可以通过程序来选择控制及利用通信网络进行机器人之间的信息交换和共享，因此点焊机器人被广泛应用于汽车行业，所占比例高达98%，在其他行业的应用极少甚至没有。

2）弧焊机器人

弧焊机器人(arc welding robot)是用于弧焊自动作业的工业机器人。弧焊机器人系统的基本硬件一般包括焊接机器人本体、焊接电源、送丝机、焊枪及辅助部分，如焊接烟尘处理、传感器等。弧焊机器人实现了工作的柔性化，对于不同的工作任务可利用编程的方式完成，与手工焊接相比具有可严格按照规定的参数进行焊接，控制精度高、焊接的成品质量较为稳定的优点。弧焊机器人多用于熔化极气体保护焊、钨极惰性气体保护焊和等离子弧焊。

3）激光焊接机器人

将激光器安装在焊接机器人上进行焊接，大大提高了焊接机器人的焊接质量，扩大了焊接机器人的适用范围。在船板、汽车生产线中，激光焊接机器人具有越来越重要的地位。激光焊接机器人的主要优势在于编程灵活、焊接能量集中、焊接速度快、焊缝成形美观且变形小等。

2. 自动焊接专机设备

自动焊接专机设备是为特定的工件和一定形状的焊接接头而专门设计的焊接自动化设备。相对于焊接机器人自动焊接而言，自动焊接专机设备自动焊接具有成本低、使用效率高的特点，既提高了工作效率，也提升了人工的有效监督，对提高焊接质量具有重要的意义。自动焊接专机设备焊接过程中能够保障焊件形态，对裂缝焊接的熔度较深，达到较好的焊接质量。此外，自动焊接专机设备使用方便，焊接工人通过简单的培训之后，就能进行焊接技术操作，所以自动焊接专机设备被广泛地应用到机械加工制造中。

机械手自动翻转自动焊接专机设备如图 7-21 所示。

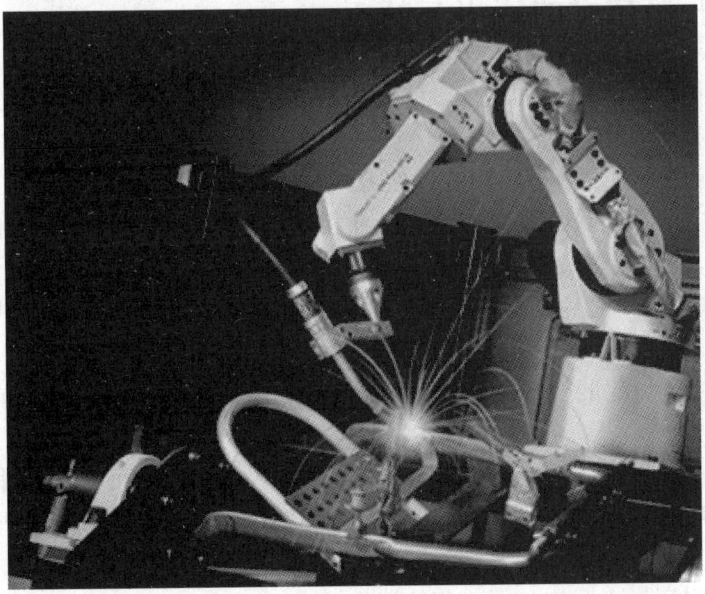

图 7-21　机械手自动翻转自动焊接专机设备

自动焊接技术适应了工业机械发展形势，摆脱了人工焊接的弊端，大大提高了焊接效率，在工业机械中主要通过焊接机器人、自动焊接专机设备、机械自动控制技术应用到工业机械生产、制造中。其中，焊接机器人程序复杂，投入成本高，使用难度大，应用较少，而自动焊接专机设备由于成本低、操作简单，应用范围较广。而这些依然很难满足工业机械未来的发展要求，因此，在未来，自动焊接技术将朝着智能化、精密化、高效化、网络化、柔性化方向发展。

7.6 胶接技术概述

胶接是利用在连接面上产生的机械结合力、物理吸附力和化学键合力而使两个胶接件连接起来的工艺方法。胶接工艺简便，不需要复杂的工艺设备，在各个领域都要很重要的应用。

7.6.1 胶接技术的历史

中国早在战国时期就已经开始应用胶接技术。《周礼》中有用动物皮角熬制胶粘剂的记载，在许多出土文物中也发现有胶接的痕迹。至20世纪初，人类应用的胶粘剂只限于皮胶、骨胶、淀粉胶、松脂胶等天然产物。天然胶粘剂由于胶接强度低和耐热、耐水、耐老化性能差，不能满足现代工业技术的要求。20世纪30年代出现了以合成高分子化合物（合成树脂、合成橡胶）为基料的合成胶粘剂，胶接性能大大提高。第二次世界大战期间，英国首先在战斗机上采用了金属胶接结构。1955—1956年，第一座跨度约为56米的全胶接钢结构的步行桥在德国建成。20世纪60年代初期，中国制造了全胶接金属旋翼的直升机。

7.6.2 胶接技术的应用与特点

独特的胶粘技术具有非凡的功能。它能实现多重目的，与传统的铆接、焊接、螺接、键接等诸多连接方式相比，具有许多突出的优点。在未来机械设备制造及其相关产业中的结构连接中，胶粘无疑是最有发展与应用的连接方式。胶接技术具有以下特点：

(1) 可以连接材质、形状、厚度、大小、尺寸相同或不同的各种材料，特别适宜连接异质、薄壁、复杂、微小、硬脆或热敏制件。

(2) 不削弱结构，并避免了因铆钉孔、螺钉孔和焊点周围的热应力集中所引起的疲劳龟裂。

(3) 没有焊接所引起的变形翘曲、金相组织改变、硬度降低、残余应力或热冲击、涂层破坏等不足。

(4) 胶接的面积大，应力分布均匀，可避免局部应力集中，从而延长零件的使用寿命。

(5) 可大大简化工艺，它不要求那么高的加工精度，对复杂件可以分开加工，再胶粘组装，减少焊接后的处理。

(6) 胶接的强度较高，具有相同面积的接头，胶接相比铆接和焊接剪切强度可提高40%～100%，抗疲劳强度可提高5～6倍。

(7) 胶粘不同的金属，没有电化学腐蚀的危险。

(8) 具有连接、密封、绝缘、防腐、防潮、减振、隔热、消声等各种功能。

(9) 胶接表面光滑，外表美观。

(10) 不需特殊设备，施工与操作比较容易。

(11) 能进行特殊条件下的连接，如水下胶粘，化工设备高温高压之下不停车堵漏，石油管线的带压粘接、堵漏，易燃介质容器的修补。

(12) 可大大降低成本，一般铆、焊需要经过多道工序，而胶粘可一次完成，且不需精加工后处理。

(13) 可节省能源，缩短施工周期，解决一些关键性的技术问题，减少费用，提高效率和经济性。

但胶接技术也有一些不足，如胶接强度最高只有 90 MPa，允许的工作温度较低（不超过 350 ℃），长期工作后接头会发生老化等。

目前胶接技术已在造船、航空航天、机械制造、电子、电气、水利和建筑工业上获得了广泛的应用。

7.6.3 胶粘剂

1. 胶粘剂的组成和作用

胶粘剂是以基料为主成分，加入固化剂和各种添加剂组成的混合物。基料是具有黏性或弹性的高分子材料；固化剂又称硬化剂，在一定条件下，可使胶粘剂固化；加入的添加剂包括填充剂、增韧剂、稀释剂、防老化剂等。

胶粘剂在胶接时能起到以下作用：

(1) 机械作用。胶接时，胶粘剂能渗入被胶接物表面微观空隙中，固化后产生机械“镶嵌”结合作用。

(2) 扩散作用。在胶接高分子材料时，胶粘剂与被胶接物表面存在分子间互相扩散运动，形成“交织”结合。

(3) 吸附作用。胶粘剂与被胶接物表面分子或原子间存在范德瓦耳斯力和氢键结合作用。

(4) 化学作用。在某些材料胶接时，胶粘剂与被胶接物之间能形成牢固的化学键。

2. 胶粘剂的分类

胶粘剂的种类繁多，性能各异。胶粘剂通常可按化学组成、固化方式及用途分类。

1) 按胶粘剂的化学组成分

胶粘剂按化学组成可分为无机胶粘剂和有机胶粘剂两大类，如表 7-4 所示。其中，有机胶粘剂又可分为天然和合成两类。

表 7-4 胶粘剂按化学组成分类

<table>
<tr><th>胶粘剂</th><th colspan="4">举例</th></tr>
<tr><td>无机胶粘剂</td><td colspan="4">硅酸盐类、磷酸盐类、硫酸盐类、金属氧化物凝胶</td></tr>
<tr><td rowspan="6">有机胶粘剂</td><td rowspan="2">天然胶</td><td>植物胶</td><td colspan="2">淀粉、糊精、松香</td></tr>
<tr><td>动物胶</td><td colspan="2">虫胶、皮胶、骨胶</td></tr>
<tr><td rowspan="4">合成胶</td><td rowspan="2">树脂型</td><td>热固性树脂</td><td>环氧胶、酚醛胶、脲醛胶、聚异氰酸酯胶</td></tr>
<tr><td>热塑性树脂</td><td>尼龙胶、纤维素胶、聚砜胶、聚醋酸乙烯酯胶</td></tr>
<tr><td>橡胶型</td><td colspan="2">丁腈橡胶、聚硫橡胶、有机硅橡胶、氯丁橡胶</td></tr>
<tr><td>混合型</td><td colspan="2">氯丁酚醛胶、丁腈-环氧胶、尼龙-环氧胶、酚醛-环氧胶</td></tr>
</table>

2）按胶粘剂的用途分

①结构胶粘剂。它能承受很大的载荷，耐疲劳、耐候性良好，主要用于受力构件的胶接。结构胶粘剂主要品种有环氧-丁腈胶、酚醛-丁腈胶、酚醛-缩醛-有机硅等。

②修补胶粘剂。它主要用于各种工程构件、机械零件和电器设备修复。修补胶粘剂主要品种是环氧丁腈-酸酐。

③密封胶粘剂。它主要用于各种设备接头的密封，防止泄漏。密封胶粘剂常用的品种有厌氧密封胶、尼龙密封胶、聚醚聚氨酯密封胶等。

④软质材料用胶粘剂。它主要用于塑料、橡胶和纤维组织物等软质材料的胶接，常用品种有有机硅玻璃胶、聚氯乙烯胶和氯丁橡胶等。

⑤特种胶粘剂。这类胶粘剂具有某些特殊性能和用途，如导电、导磁、耐高温、耐超低温和适于点焊后胶接。常用的品种有酚醛树脂型导电胶、有机硅-填料高温胶、环氧-丁腈-胺点焊胶。

胶粘剂还可以按形成接头的特点分为化学反应固化胶、热熔胶、热塑性树脂溶液胶和压敏胶等。

7.6.4 胶接工艺

胶接工艺过程包括胶接件表面处理、胶粘剂的配制、涂胶、接头装配（即合拢）和固化。

(1) 胶接件表面处理。表面处理可使胶接件表面清洁、无油污，且具有一定的粗糙度，形成有利于增加界面作用力的表面层。常用的表面处理方法有机械处理和化学处理等。

(2) 配制胶粘剂。配制胶粘剂时要严格按各组分的比例，均匀混合，避免混入空气产生气泡。

(3) 涂胶。根据胶粘剂形态，即是液态、糊状还是固态，选择相应的涂布方法。原则上，胶接接头经表面处理后，应立即涂胶。

(4) 合拢。如果使用的是无溶剂胶粘剂，在涂胶后可立即合拢；使用含溶剂的胶粘剂时，须待溶剂挥发干净后才能进行合拢。

(5) 固化。在规定的固化条件（如一定温度、压力、时间等）下，对胶接件进行固化，形成良好的胶接接头。

焊接实习工作页

任务单	
学习情境	压力容器焊接
任务布置	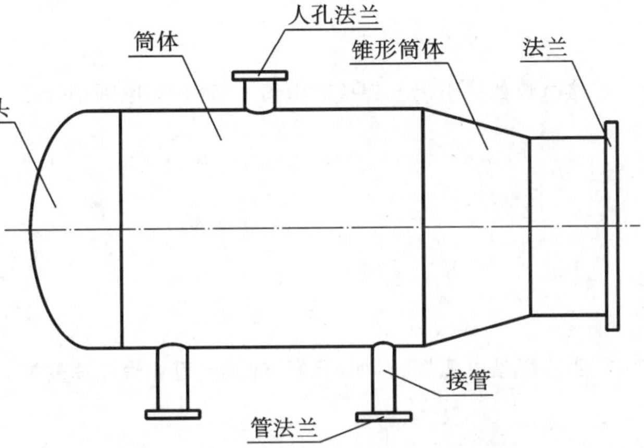 对照焊接图纸，根据提供的焊接件完成压力容器焊接，对工件进行测量，使达到该图纸的要求。
学习目标	通过焊接实习教学环节： 1. 了解焊接方法的特点、分类和应用； 2. 掌握手工电弧焊方法、特点与手工电弧焊设备的构造，掌握手工电弧焊焊接工艺与操作方法； 3. 了解气焊原理、特点、应用方法、所用设备及材料； 4. 了解其他焊接方法及其特点； 5. 了解现代焊接方式、焊接实际知识和新工艺、新技术、新设备在焊接中的应用； 6. 提高实践动手能力，培养劳动观，强化遵守劳动纪律、遵守安全技术规则。
实习要求	1. 遵守焊接安全操作规程； 2. 加工时必须做到安全文明生产； 3. 要相互协作，以小组的形式进行学习、讨论、操作、总结； 4. 遵守实训基地各项管理规章制度，不迟到、不早退，不允许在车间内打闹； 5. 选择正确的焊接方法和工艺参数进行焊接； 6. 本学习情境完成后需要上交压力容器零件一个； 7. 对自己加工的零件能够进行独立分析，完成简单的口试作答。

咨询单	
咨询方式	查阅书籍、观察实物、利用多媒体资源学习。
咨询问题	1. 焊条由哪几部分组成？各部分的作用是什么？ 2. 焊接电弧如何引燃？焊接时电弧不易引燃，原因是什么？怎么解决？ 3. 在实施焊条电弧焊时，如何确定焊接电流和焊接速度的大小？ 4. 焊条电弧焊的焊接电源是否可以用一般电力电源代替？为什么？ 5. 常见的焊接缺陷有哪些？有哪些方法可以检验焊缝内部缺陷？

续表

咨询问题	6. 焊接下列零件宜采用什么焊接方法？ (1) 液化气筒体(成批生产)。 (2) 硬质合金车刀。 (3) 不锈钢压力容器。 (4) 汽车油箱。 (5) 水轮机轴。 7. 焊条电弧焊的焊件厚度达到多少时才开坡口？坡口的作用是什么？ 8. 试比较焊条电弧焊、埋弧焊、CO_2 气体保护焊、氩弧焊、电渣焊及气焊在热源、焊缝保护、焊接材料、特点和应用范围上的区别。 9. 焊接电弧的静特性指的是什么？为什么焊接电弧具有这样的静特性？ 10. 胶接和焊接相比较有何优缺点？

决策单			
决策方式	由小组讨论制定完成本小组的加工方案及实施计划。		
加工方案			
实施计划			
小组成员（签字）		小组长（签字）	

工具清单						
项目	序号	名称	作用	数量	规格	备注
设备清单						
刀具清单	序号	名称	作用	数量	规格	备注
工具清单	序号	名称	作用	数量	规格	备注
量具清单	序号	名称	作用	数量	规格	备注

<table>
<tr><td colspan="6">实施单(工序单)</td></tr>
<tr><td>实施方式</td><td colspan="5">按小组讨论的加工方案和实施计划,小组成员单独实施,填写此单。</td></tr>
<tr><td>序号</td><td colspan="2">实施步骤(工序过程)</td><td colspan="2">使用资源</td><td>完成时间</td></tr>
<tr><td>1</td><td colspan="2"></td><td colspan="2"></td><td></td></tr>
<tr><td>2</td><td colspan="2"></td><td colspan="2"></td><td></td></tr>
<tr><td>3</td><td colspan="2"></td><td colspan="2"></td><td></td></tr>
<tr><td>4</td><td colspan="2"></td><td colspan="2"></td><td></td></tr>
<tr><td>5</td><td colspan="2"></td><td colspan="2"></td><td></td></tr>
<tr><td>6</td><td colspan="2"></td><td colspan="2"></td><td></td></tr>
<tr><td>7</td><td colspan="2"></td><td colspan="2"></td><td></td></tr>
<tr><td>8</td><td colspan="2"></td><td colspan="2"></td><td></td></tr>
<tr><td>实施说明</td><td colspan="5"></td></tr>
<tr><td rowspan="2">学生自评</td><td>得分</td><td>学生签名</td><td rowspan="2">小组互评</td><td>得分</td><td>组长签名</td></tr>
<tr><td></td><td></td><td></td><td></td></tr>
</table>

实施过程记录	
原图照片	
加工过程 照片 重要步骤	
完成效果 照片	

检查单				
检查项目	序号	检查内容	学生自检	备注
符合图纸性检测				
工具、设备的使用与维护	1	正确、规范使用工具、量具、焊机，合理保养与维护工具、量具、焊机		
	2	正确、规范使用设备，合理保养与维护设备		
	3	操作姿势正确，动作规范		
安全及其他	1	安全文明生产，按国家颁布的有关法规或企业自定的有关规定执行		
	2	操作方法及工艺规程正确		

实习报告
写一篇800字左右的实习报告(内容含:分析问题和解决问题以及创新的能力,对焊接实习安排的要求和对老师的教学方法建议,焊接实习的心得体会等)

评价单					
评价类别	项目	内容	个人评价	小组互评	教师评价
专业能力（70%）	咨询（5%）	搜集信息（3%）			
		引导问题回答（2%）			
	计划（5%）	计划可执行度（3%）			
		材料工具安排（2%）			
	实施（50%）	工作步骤执行（5%）			
		功能实现（10%）			
		使用工具规范性（10%）			
		操作过程规范性（10%）			
		文明生产（6%）			
		安全保护（6%）			
		环境保护（3%）			
	检查（10%）	全面性、准确性（3%）			
		异常情况排除（2%）			
		结果质量（5%）			
社会能力（20%）	组织能力（6%）	组织协调表现（6%）			
	团结协作（6%）	合作配合状况（6%）			
	敬业精神（8%）	持之以恒、吃苦耐劳（8%）			
方法能力（5%）	计划决策（5%）	/			
实训报告（5%）	/	/			
评价评语	最终成绩（平均分）	得分			
		签字栏			
	教师评语： ____年____月____日				

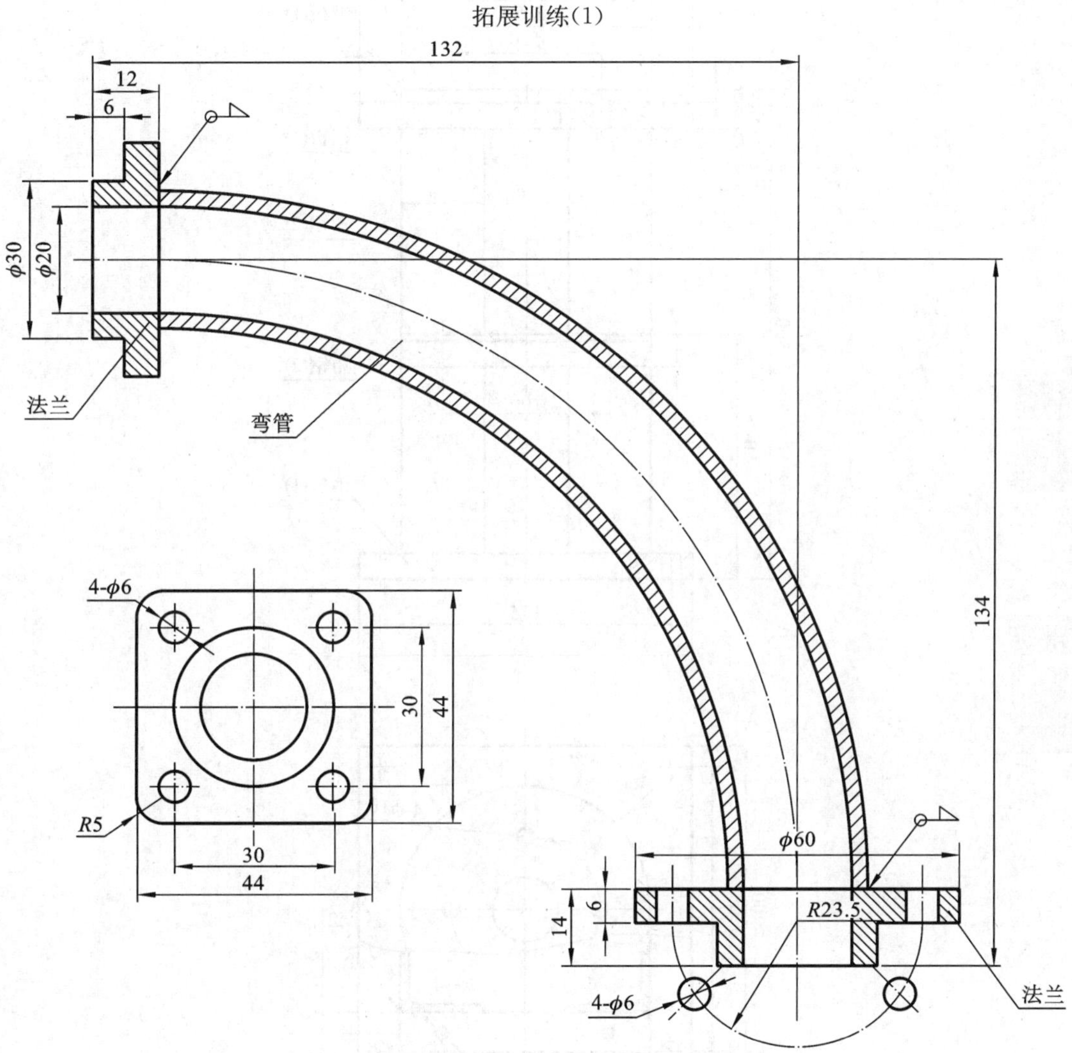
拓展训练(1)
132
12
6
$\phi30$
$\phi20$
法兰
弯管
134
4-$\phi6$
30
44
$R5$
30
44
$\phi60$
6
14
$R23.5$
4-$\phi6$
法兰

续表

拓展训练(2)

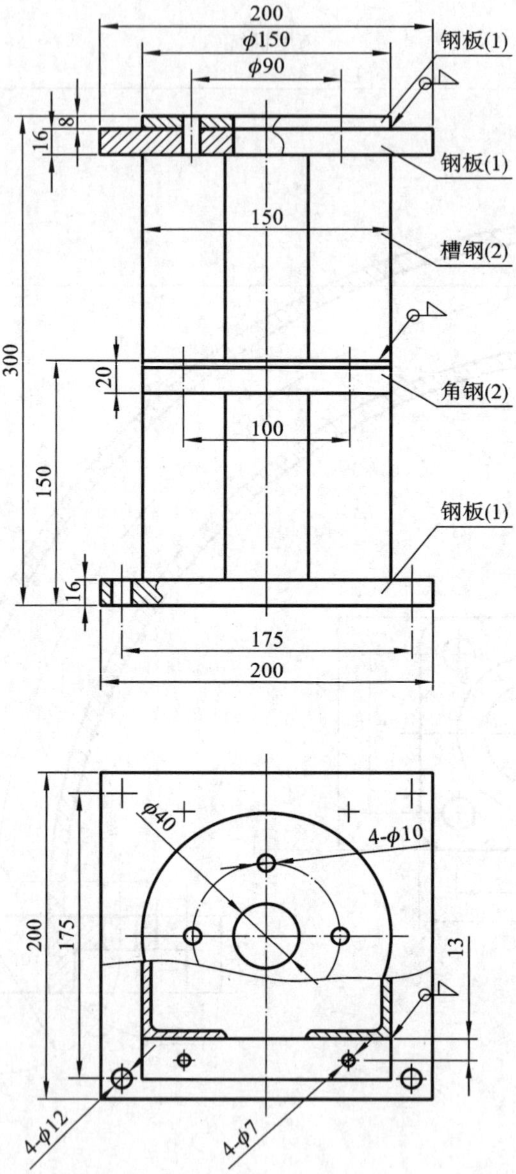
200
ϕ150
ϕ90
钢板(1)
8
16
钢板(1)
150
槽钢(2)
300
20
角钢(2)
100
150
钢板(1)
16
175
200
ϕ40
4-ϕ10
200
175
13
4-ϕ12
4-ϕ7

第 8 章

数控加工实习

8.1 数控加工概述

数控(numerical control)技术是指用数字化的信息实现加工自动化的控制技术。控制对象不仅可以是位移、角度、速度等机械量,也可以是温度、压力、流量等物理量。这些量的大小不仅是可以测量的,而且可以经 A/D 转换,用数字信号来表示。数控技术是近代发展起来的一种自动控制技术,是机械加工现代化的重要基础与关键技术。

8.1.1 数控加工的概念及特点

数控加工是指采用数字信息对零件加工过程进行定义,并控制机床自动运行的一种自动化加工方法。数控加工技术是 20 世纪 40 年代后期为适应加工复杂外形零件而发展起来的一种高效能的自动加工技术。

与普通机床加工相比,数控加工具有以下一些优点:

(1) 加工精度高,产品质量稳定性好;

(2) 自动化程度高,生产率高;

(3) 适应性强,适合加工单件或小批量复杂工件,便于新产品研制和改型;

(4) 有利于实现生产管理现代化;

(5) 减轻劳动强度,改善劳动条件。

任何事物都有两重性,数控加工也有缺点,主要体现在以下两方面:

(1) 数控机床价格昂贵,初始投资较大。数控机床装备有高性能的数控系统、伺服系统和非常复杂的辅助控制装置,数控机床的价格一般比普通机床高一倍以上,因而制约了数控机床的大量使用。

(2) 对操作人员和维修人员的要求较高。数控机床操作人员不仅应具有一定的工艺知识,还应在数控机床的结构、工作原理及程序编制方面进行过专门的技术理论培训和操作训练,掌握操作和编程技能。数控机床维修人员应有较丰富的理论知识和精湛的维修技术,并掌握相应的机、电、液专业知识。

综上所述,单件或中小批量生产,形状比较复杂、精度要求较高的零件加工,以及产品更新频繁、生产周期要求短的加工,大都采用数控机床。这样可以提高生产质量,降低生产成本,满足用户要求,获得很好的经济效益。

8.1.2 数控加工的应用范围

根据数控加工的优、缺点及国内外大量应用实践,一般可按适应程度将零件数控加工分为下列三类。

1. 最适应类

对于下述零件,首先应考虑能不能把它们加工出来,即要着重考虑可能性问题。只要有可能,那么可先不过多地去考虑生产效率与经济上是否合理,把对其进行数控加工作为优选方案。

(1) 形状复杂,加工精度要求高,用通用机床无法加工或虽然能加工但很难保证产品质量的零件。

(2) 用数学模型描述的复杂曲线或曲面轮廓零件。

(3) 具有难测量、难控制进给、难控制尺寸的不开敞内腔的壳体或盒形零件。

(4) 必须在一次装夹中合并完成铣、镗、锪、铰或攻丝等多工序的零件。

2. 较适应类

对于零件,在分析其可加工性以后,还要在提高生产率及经济效益方面做全面衡量,一般可把它们作为数控加工的主要选择对象。

(1) 在通用机床上加工时极易受人为因素(如情绪波动、体力强弱、技术水平高低等)干扰,零件价值又高,一旦质量失控便造成重大经济损失的零件。

(2) 在通用机床上加工时必须制造复杂专用工装的零件。

(3) 需要多次更改设计后才能定型的零件。

(4) 在通用机床上加工需要做长时间调整的零件。

(5) 用通用机床上加工时,生产效率很低或体力劳动强度很大的零件。

3. 不适应类

数控机床的技术含量高、成本高,使用与维修都有一定的难度。若从最经济角度考虑,零件采用数控加工后,在生产效率与经济性方面一般无明显改善,还可能弄巧成拙或得不偿失,则此零件一般不应作为数控加工的选择对象。

下述零件一般不应作为数控加工的选择对象。

(1) 装夹困难或完全靠找正定位来保证加工精度的零件。

(2) 加工余量很不稳定,且数控机床上无在线检测系统、无法自动调整零件坐标位置的零件。

(3) 生产批量大的零件(当然不排除其中个别工序用数控机床加工)。

(4) 必须用特定的工艺装备协调加工的零件。

8.1.3 数控加工安全注意事项

为了保证机床的安全生产和操作人员的安全,特制定了以下几点实习规则:

(1) 操作人员必须熟悉机床使用说明书等有关资料,如主要技术参数、传动原理、主要结构、润滑部位及维护保养等一般知识。

(2) 开机前应对机床进行全面细致的检查,确认无误后方可操作。

(3) 机床通电后,检查各开关、按钮和按键是否正常、灵活,机床有无异常现象。

(4) 检查电压、油压是否正常,有手动润滑的部位先要进行手动润滑。

(5) 开机后,要及时使各坐标轴手动回零(机械原点)。

(6) 程序输入后，应仔细核对代码、地址、数值、正负号、小数点及语法。

(7) 正确测量和计算工件坐标系，并对所得结果进行检查。

(8) 输入工件坐标系，并对坐标、坐标值、正负号及小数点进行认真核对。

(9) 未装工件前，空运行一次程序，看程序能否顺利运行、刀具和夹具安装是否合理、有无超程现象。

(10) 无论是首次加工的工件，还是重复加工的工件，首件都必须对照图样、工艺规程、加工程序进行试切。

(11) 安装工件要牢靠，卡盘扳手要及时从卡盘上取下。试切时，快速进给倍率开关必须打到较低挡位。

(12) 每把刀具首次使用时，必须先验证它的实际长度与所给刀补值是否相符。

(13) 试切进刀时，在刀具运行至离工件表面 30～50 mm 处，必须在进给保持下验证 X 轴和 Z 轴坐标剩余值与加工程序是否一致。

(14) 试切和加工中，刃磨刀具和更换刀具后，要重新测量刀具位置并修改刀补值和刀补号。

(15) 程序修改后，对修改部分要仔细核对。

(16) 手动进给连续操作时，必须检查各种开关所选择的位置是否正确、运动方向是否正确，然后再进行操作。

(17) 必须在确认工件夹紧后才能启动机床，严禁工件转动时测量、触摸工件及擦拭机床。

(18) 操作中出现工件跳动、异常声音、夹具松动等异常情况时必须立即停机处理。

(19) 做好劳动保护。正确穿戴工作服、工作帽及防护眼镜，严禁戴手套操作。机床运转时要关好防护门，禁止 2 人以上同时操作机床。

8.2 数控机床

1949 年，美国空军为了能在短时间内制造出经常变更设计的火箭零件，与帕森斯公司和麻省理工学院(MIT)伺服机构研究所合作，并于 1952 年研制成功世界上第一台数控机床——三坐标立式铣床。该机床可控制铣刀进行连续空间曲面的加工，揭开了数控加工技术的序幕。

8.2.1 数控机床的组成

数控机床一般由程序载体、数控装置、伺服驱动系统、机床本体、检测反馈装置及辅助装置等组成。数控机床的组成与加工过程如图 8-1 所示。

(1) 程序载体。程序载体是存储数控加工所需要的全部动作和刀具相对于工件位置等信息的信息载体，记载着零件的加工工序。数控机床中，常用的控制介质有穿孔纸带、穿孔卡片、磁带和磁盘及其他可存储代码的载体，至于采用哪一种，取决于数控装置的类型。早期使用的控制介质是 8 单位(8 孔)穿孔纸带，并规定了标准信息代码 ISO(国际标准化组织制定)和 EIA(美国电子工业协会制定)两种代码。

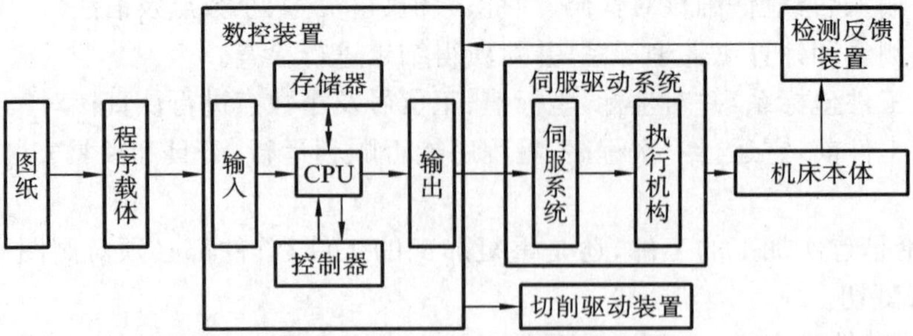

图 8-1　数控机床的组成与加工过程

(2) 数控装置。数控装置是数控机床的核心。它的功能是接收输入装置输入的数控加工程序中的加工信息，经过自身的系统软件或逻辑电路进行译码、运算和逻辑处理后，发出相应的脉冲并送给伺服驱动系统，使伺服驱动系统带动机床的各个运动部件按数控加工程序预定要求动作。数控装置一般由输入/输出装置、控制器、运算器、各种接口电路、CRT 显示器等硬件以及相应的软件组成。数控装置作为数控机床的"指挥系统"，能完成信息的输入、存储、变换、插补运算以及实现各种控制功能。

(3) 伺服驱动系统。伺服驱动系统由伺服驱动电动机和伺服驱动装置组成，是数控系统的执行部分。驱动机床执行机构运动的驱动部件，包括主轴驱动单元（主要是速度控制）、进给驱动单元（主要有速度控制和位置控制）、主轴电动机和进给电动机等。一般来说，数控机床的伺服驱动系统，要求有好的快速响应性能，以及能灵敏且准确地跟踪指令功能。数控机床的伺服驱动系统有步进电动机伺服驱动系统、直流伺服驱动系统和交流伺服驱动系统，现在常用的是后两者。它们二者都带有感应同步器、编码器等位置检测元件，且交流伺服驱动系统正在取代直流伺服驱动系统。

(4) 机床本体。数控机床中的机床本体，在开始阶段沿用普通机床本体，只是在自动变速、刀架或工作台自动转位和手柄等方面做些改变。随着数控技术的发展，对机床结构的技术性能要求更高，如今数控机床在总体布局、外观造型、传动系统结构、刀具系统以及操作性能方面都已经发生很大的变化。

(5) 检测反馈装置。检测反馈装置是闭环（半闭环）控制数控机床的检测环节。该装置可以包括在伺服驱动系统中。它由检测元件和相应的电路组成，作用是检测数控机床坐标轴的实际移动速度和位移，并将信息反馈到数控装置或伺服驱动系统中，构成闭环控制系统。检测反馈装置的安装、检测信号反馈的位置，取决于数控系统的结构形式。无检测反馈装置的控制系统称为开环控制系统。

(6) 辅助装置。辅助装置是保证充分发挥数控机床功能所必需的配套装置。常用的辅助装置包括气动、液压装置，排屑装置，冷却、润滑装置，回转工作台和数控分度头，防护和照明装置等。

8.2.2　数控机床分类

目前，数控机床品种已经基本齐全，规格繁多。据不完全统计，数控机床已有 400 多个品种规格。数控机床可以按照多种原则进行分类，但归纳起来，常见的是以下面 3 种方法来分类。

1. 按工艺用途分类

(1) 一般数控机床。这类机床和传统的通用机床种类一样，有数控的车床、铣床、镗床、钻床、磨床等，而且每一种又有很多品种。例如，数控铣床中就有立铣、卧铣、工具铣、龙门铣等。这类机床的工艺性能和通用机床相似，所不同的是它能加工复杂形状的零件。

(2) 数控加工中心机床。这类机床是在一般数控机床的基础上发展起来的。它是在一般数控机床上加装一个刀库（可容纳10～100把刀具）和自动换刀装置而构成的一种带自动换刀装置的数控机床，又称多工序数控机床或镗铣类加工中心，习惯上简称为加工中心(machining center)。数控加工中心机床使数控机床进一步向自动化和高效化方向发展。

(3) 特种数控机床。特种数控机床是通过特殊的数控装置自动进行特种加工的机床。特种加工主要是指加工手段特殊、零件的加工部位特殊、加工的工艺性能要求特殊等。常见的特种数控机床有数控线切割机床、数控激光加工机床、数控火焰切割机床及数控弯管机床等。

2. 按数控机床的运动轨迹分类

按照能够控制的刀具与工件间相对运动的轨迹，如图8-2所示，可将数控机床分为点位控制数控机床、点位直线控制数控机床、轮廓控制数控机床等。现分述如下：

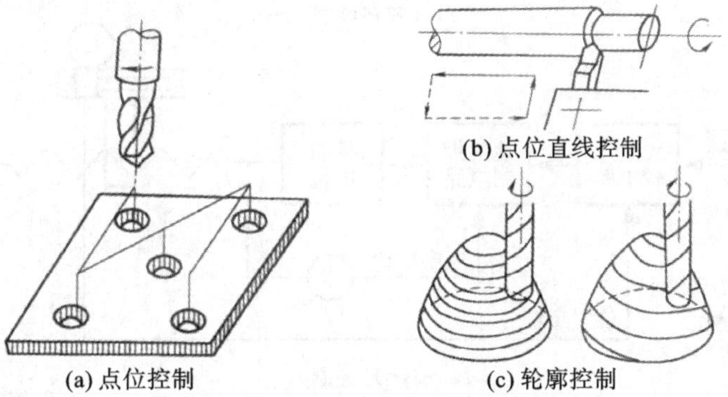

图8-2　刀具与工件间运动轨迹的控制

(1) 点位控制数控机床。这类机床的数控装置只能控制机床移动部件从一个位置（点）精确地移动到另一个位置（点），仅控制行程最终点的坐标值，在移动过程中不进行任何切削加工，至于两相关点之间的移动速度及路线，则取决于生产率。为了在精确定位的基础上有尽可能高的生产率，机床移动部件在两相关点之间移动时，先快速移动到接近定位点的位置，然后降速1～3级，慢速趋近定位点，以保证定位精度。

这类机床主要有数控坐标镗床、数控钻床、数控冲床和数控测量机等，数控装置相应称为点位控制装置。

(2) 点位直线控制数控机床。这类机床工作时，不仅要控制两相关点之间的位置（即距离），还要控制两相关点之间的移动速度和路线（即轨迹）。移动路线一般都由与各轴线平行的直线段组成。它和点位控制数控机床的区别在于：当机床的移动部件移动时，可以沿一个坐标轴的方向进行切削加工（一般也可以沿45°斜线进行切削，但不能沿任意斜率的直线切削）；辅助功能比点位控制数控机床多，如具有主轴转速控制、循环进给加工、刀具选择等辅助功能。

这类机床主要有简易数控车床、数控镗铣床和数控加工中心机床等,数控装置相应称为点位直线控制装置。

(3) 轮廓控制数控机床。这类机床的数控装置能够同时对两个或两个以上的坐标轴进行连续控制。轮廓控制数控机床加工时不仅要控制起点和终点,还要控制整个加工过程中每点的速度和位置,以加工出符合图纸要求的复杂形状的零件。它的辅助功能也比较齐全。

这类机床主要有数控车床、数控铣床、数控磨床和电加工机床等,数控装置相应称为轮廓控制装置(或连续控制装置)。

3. 按伺服驱动系统的控制方式分类

数控机床按照对被控制量有无检测反馈装置可以分为开环控制和闭环控制两种。闭环控制数控机床根据检测反馈装置安放的位置又可以分为全闭环控制和半闭环控制两种。在开环控制数控机床的基础上,还发展了一种开环补偿型数控机床。

按伺服驱动系统的控制方式分类如图 8-3 所示。

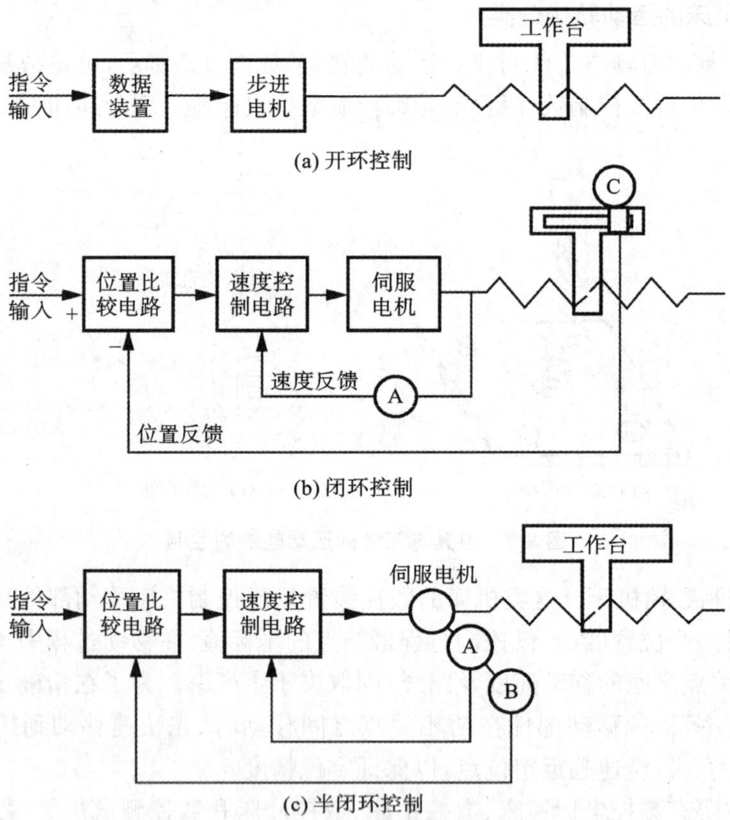

图 8-3 按伺服驱动系统的控制方式分类

(1) 开环控制数控机床。开环控制数控机床没有检测反馈装置,如图 8-3(a)所示。

数控装置发出信号的流程是单向的,所以不存在系统稳定性问题。也正是由于信号的单向流程,对机床移动部件的实际位置不做检验,因此开环控制数控机床加工精度不高(加工精度主要取决于伺服驱动系统的性能)。它的工作过程是:输入的数据经过数控装置运算后,发出指令脉冲,通过伺服机构(伺服元件常为步进电机)使被控工作台移动。

这种机床工作比较稳定、反应迅速、调试方便、维修简单，但控制精度受到限制。开环控制系统适用于一般要求的中、小型数控机床。

(2) 闭环控制数控机床。由于开环控制精度达不到精密机床和大型机床的要求，因此必须检测机床移动部件的实际工作位置，为此，在开环控制数控机床上增加检测反馈装置，在加工中时刻检测机床移动部件的位置，使之和数控装置所要求的位置相符合，以期达到很高的加工精度。闭环控制系统框图如图 8-3(b)所示。图中 A 为速度检测元件，C 为位置检测元件。当指令值发送到位置比较电路时，此时若工作台没有移动，则没有反馈量，指令值使得伺服电机转动，通过 A 将速度反馈信号送到速度控制电路，通过 C 将工作台实际位移量反馈回去，在位置比较电路中与指令值进行比较，用比较的差值进行控制，直到差值消除时为止，最终实现工作台的精确定位。这类机床精度高、速度快，但是调试和维修比较复杂。这类机床的关键是系统的稳定性，所以在设计时必须对稳定性给予足够的重视。

(3) 半闭环控制数控机床。半闭环控制系统的组成如图 8-3(c)所示。

半闭环控制方式对工作台的实际位置不进行检测，而是通过与伺服电机有联系的检测元件，如测速发电机 A 和光电编码盘 B(或旋转变压器)等间接检测出伺服电机的转角，推算出工作台的实际位移量，用此值与指令值进行比较，用差值来实现控制。由于工作台没有完全包括在控制回路内，因而称之为半闭环控制。这种控制方式介于开环控制与闭环控制之间，精度没有闭环控制高，但调试比闭环控制方便。

8.3 数控加工编程基础

8.3.1 程序编制的基本步骤

数控编程就是将工件的工艺过程、工艺参数、刀具位移量与方向以及其他辅助动作，如换刀、冷却等，按运动顺序和所使用数控机床规定的指定代码及程序格式(数控机床的控制系统种类、规格很多，程序格式也不尽相同，所以需按照各机床使用手册的规定格式编写)编制加工程序，制作控制介质，输入数控装置(也可不通过控制介质直接将程序输入并存储于数控装置上)，从而控制数控机床进行加工。程序编制的一般过程如图 8-4 所示。

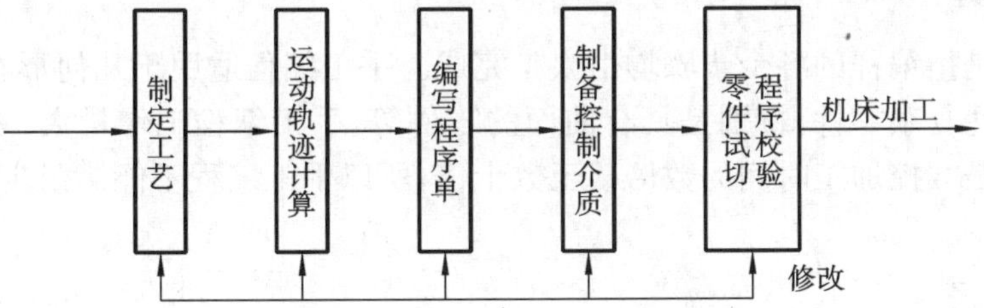

图 8-4　程序编制的一般过程

1) 确定工艺过程

选择适合数控加工的工件和合理的加工工艺是提高数控加工技术经济效果的首要因素。在制定零件加工工艺时，应根据图样对工件的形状、技术条件、毛坯及工艺方案等进行详细分析，从而确定加工方法、定位夹紧方法及工步顺序，并合理选用机床设备、刀具及切削条件等。

2）运动轨迹的坐标值计算

根据零件图样的几何尺寸、进给路线以及坐标系计算粗加工和精加工时各个运动轨迹的坐标值，如运动轨迹的起点和终点、圆弧的圆心等坐标尺寸。对圆形刀具，还要注意计算刀心运动轨迹的坐标；对非圆曲线，必须计算逼近线段的交点坐标值，并限制在允许误差范围以内。

3）编写加工程序单

根据计算出的运动轨迹坐标值和已确定的加工顺序、刀号、切割参数以及辅助动作，按照数控装置规定使用的功能指令代码及程序格式，逐段编写加工程序单。在程序段之前加上程序的顺序号，在程序段之后加上程序段结束符号。此外，还应附上必要的加工示意图、刀具布置图、机床调整卡、工序卡以及必要说明（如零件名称与图号、零件程序号、机床型号以及日期等）。

4）制备控制介质

程序单只是程序设计完成后的文字记录，还必须将程序单的内容制成穿孔纸带或磁盘等，作为数控装置的输入信息。

5）程序校验和首件试切

程序单和所制备的控制介质必须经过校验和试切削后才能正式使用。一般的方法是将控制介质上的内容输入数控装置进行机床的空转检查，在有 CRT 显示器的数控机床上用图形模拟刀具相对工件的运动更为方便。为了确保加工零件的质量，必要时要用首件试切的方法进行实际切削检查。

根据零件几何形状的复杂程度、程序的长短以及编程精度要求的不同，可采用不同的编程方法。编程方法主要有手工编程和计算机辅助编程两种。手工编程是指整个编程过程均由人工完成；而计算机辅助编程是利用计算机来编制数控加工程序，自动地输出零件加工程序单及自动地制作控制介质，所以也称自动编程。

8.3.2 数控加工编程方式

程序编制可分为手工编程和自动编程。

1. 手工编程

手工编程是指编程的各个步骤均由人工完成。手工编程适用于几何形状不复杂的简单零件。对于一些复杂零件，特别是具有曲面的零件等，手工编程工作量大、易出错。手工编程所需的时间是数控加工时间的数倍甚至数十倍，所以手工编程不能满足生产要求，常需采用自动编程。

2. 自动编程

自动编程也称计算机辅助编程，是编程人员根据加工图样，利用自动编程专用软件编制数控加工程序的过程。

自动编程时，交点、切点坐标或刀具位置等数据的计算，加工程序的编制等工作，均由计算机自动完成。自动编程系统还附有典型零件的加工程序供调用，这些都大大减轻了编程人员的劳动强度，缩短了编程时间，使效率提高了几十甚至上百倍，也提高了编程精度。同时，自动编程系统还可显示刀具中心轨迹，仿真模拟机床加工，检验数控加工程序的正确性。

目前，自动编程主要采用图形交互自动编程，它的主要特点是以图形要素为输入方式，通过菜单驱动图形交互来完成整个过程，而不需要数控语言。常用的自动编程软件有MasterCAM、Pro/E、UG、SolidWorks、Delcam、CATIA、Cimatron 和国产软件 CAXA 等。

8.3.3 数控机床的坐标系

统一规定数控机床坐标轴名称及其运动的正负方向，是为了使所编程序对同类型机床有互换性，同时也使程序编制简便。目前，国际标准化组织已经统一了标准的坐标系。我国也颁布了标准《工业自动化系统与集成　机床数值控制　坐标系和运动命名》(GB/T 19660—2005)。

1）坐标轴的命名

标准的坐标系(又称基本坐标系)采用右手直角笛卡儿坐标系，如图 8-5 所示。

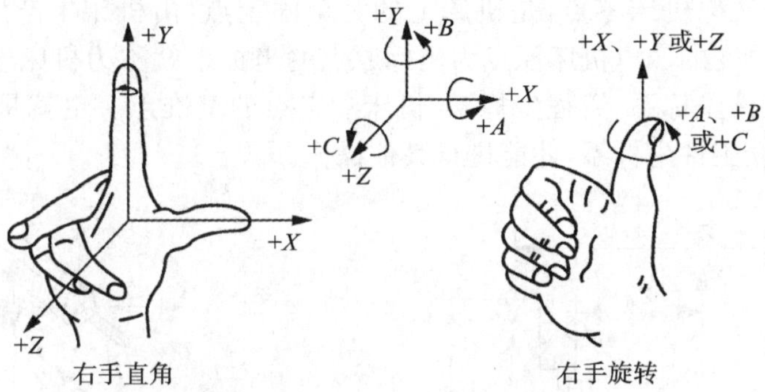

图 8-5　右手直角笛卡儿坐标系

这个坐标系的各个坐标轴与机床的主要导轨相平行。直角坐标 X、Y、Z 三者的关系及其正方向用右手定则判定，围绕 X、Y、Z 各轴(或与 X、Y、Z 各轴相平行的直线)回转的运动及其正方向 $+A$、$+B+C$ 分别用右手螺旋定则确定。

通常在坐标命名或编程时，不论机床在加工中是刀具移动还是被加工工件移动，都一律假定被加工工件相对静止不动，而刀具在移动，并同时规定刀具远离工件的方向为坐标的正方向。

在坐标轴命名时，如果把刀具看作相对静止不动，工件运动，那么在坐标轴的符号上应加注标记“′”，如 X'、Y'、Z'、A'、B'、C' 等。

2）机床坐标轴的确定

确定机床坐标轴时，一般是先确定 Z 轴，再确定 X 轴和 Y 轴。

①Z 轴。对于有主轴的机床，如卧式车床、立式升降台铣床等，以主轴轴线方向作为 Z 轴方向。对于没有主轴的机床，如龙门铣床等，以与装夹工件的工作台台面相垂直的直线方向作为 Z 轴方向。如果机床有几根主轴，则选择其中一个与工作台台面相垂直的主轴为主要主轴，并以它来确定 Z 轴方向(如龙门铣床)。同时，标准规定，刀具远离工件的方向为 Z 轴的正方向。

②X 轴。X 轴一般位于与工件安装面相平行的水平面内。对于由主轴带动工件旋转的

机床，如车床、磨床等，在水平面选定垂直于工件旋转轴线的方向为 X 轴，且刀具远离主轴轴线的方向为 X 轴正方向。

对于由主轴带动刀具旋转的机床，若主轴是水平的，如卧式升降台铣床等，由主要刀具主轴向工件看，选定主轴右侧方向为 X 轴正方向；若主轴是竖直的，如立式铣床、立式钻床等，由主要刀具主轴向立柱看，选定主轴右侧方向为 X 轴正方向。对于无主轴的机床，选定主要切削方向为 X 轴正方向。

③Y 轴。Y 轴方向可根据已选定的 Z、X 轴按右手直角笛卡尔坐标系来确定。

④附加坐标轴。如果机床除有 X、Y、Z 主要坐标轴以外，还有平行于它们的坐标轴，可分别指定为 U、V、W。如果还有第三组运动，则分别指定为 P、Q、R。

⑤旋转运动。A、B、C 相应表示围绕 X、Y、Z 三轴轴线的旋转运动，它们的正方向分别按 X、Y、Z 轴右手螺旋法则判定。

⑥主轴回转运动方向。主轴顺时针回转运动的方向是按右螺旋进入工件的方向。

3）机床原点与机床坐标系

机床原点（M）又称机床零点，是机床上的一个固定点，由机床生产厂在设计机床时确定，原则上是不可改变的。以机床原点为坐标原点的坐标系就称为机床坐标系，如图 8-6 所示。机床原点是工件坐标系、编程坐标系、机床参考点的基准点。也就是说，只有确定了机床坐标系，才能建立工件坐标系，才能进行其他操作。

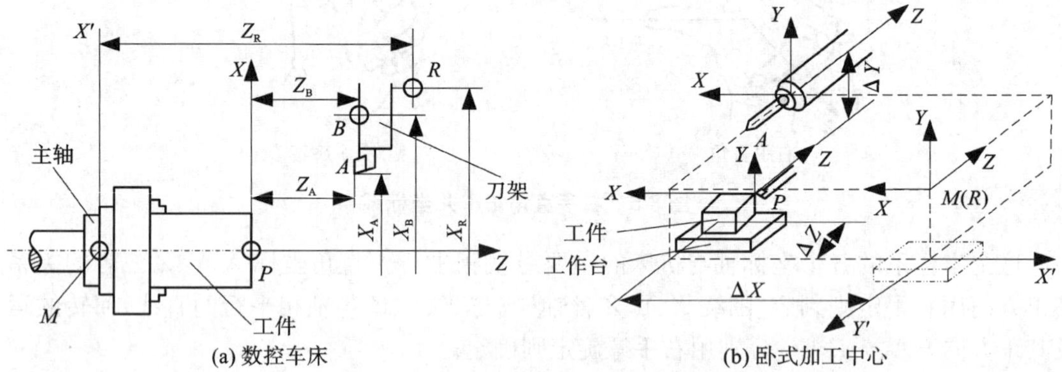

图 8-6　数控机床坐标系

4）机床参考点

机床参考点（R）是机床坐标系中一个固定不变的位置点，是由机床制造厂人为定义的点，是用于对机床工作台、滑板与刀具之间相对运动的测量系统进行标定和控制的点。机床参考点相对于机床原点的坐标是一个已知定值。数控机床通电后，在准备进行加工之前，要进行返回参考点的操作，使刀具或工作台退回到机床参考点。此时，机床显示器上将显示出机床参考点在机床坐标系中的坐标值，就相当于在数控系统内部建立了一个以机床原点为坐标原点的机床坐标系。

5）工件原点与工件坐标系

数控编程时，首先应该确定工件坐标系和工件原点。编程人员以工件图样上的某一点为原点建立工件坐标系，编程尺寸就按工件坐标系中的尺寸来确定。工件随夹具安装在机床上后，这时测得的工件原点与机床原点间的距离称为工件原点偏置，操作人员要把测得的工件原点偏置量存储到数控系统中。加工时，工件原点偏置量自动加到工件坐标系上。因此，编程人员可以不考虑工件在机床上的安装位置，直接按图样尺寸进行编程。

6）编程原点

编程原点是程序中人为采用的原点。一般取工件坐标系原点为编程原点。对于形状复杂的零件，有时需要编制几个程序或子程序，为了编程方便，编程原点就不一定设在工件原点上了。如图 8-7 所示，M 为机床原点，W 为工件原点，P 为编程原点。

7）刀位点、对刀点和换刀点

数控机床中使用的刀具类型很多，为了更准确地描述刀具运动，需要引入刀位点的概念。对于立铣刀来说，刀位点是刀具的轴线与刀具底平面的交点；对球头铣刀来说，刀位点是球头部分的球心；对车刀来说，刀位点是刀尖；对钻头来说，刀位点是钻尖。对刀点是数控加工时刀具（刀位点）运动的起点。对刀点确定后，刀具相对编程原点的位置就确定了。

为了提高工件的加工精度，对刀点应尽量选在工件的设计基准或工艺基准上。同时，对刀点找正的准确度直接影响到工件的加工精度。当用夹具时常用与工件零点有固定联系尺寸的圆柱销等进行对刀，则用对刀点作为起刀点。如图 8-8 所示，对刀元件在夹具上，X_1、Y_1 为固定尺寸，X_0、Y_0 为零点偏置，可用 MDI 方式以对刀点相对于机床零点间的显示值确定偏置值并予以记忆，以补偿号调用。

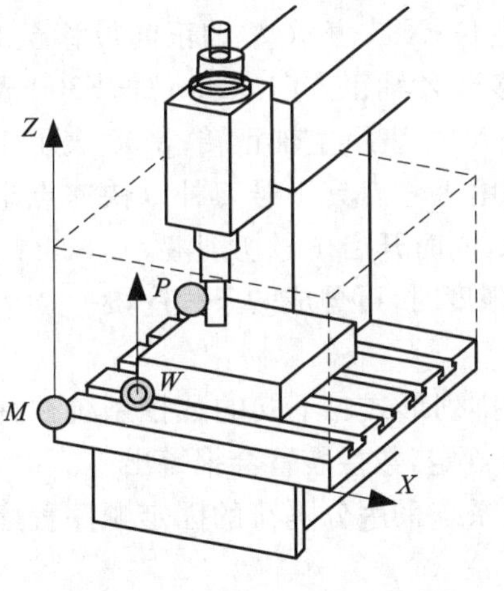

图 8-7 数控机床的原点偏置

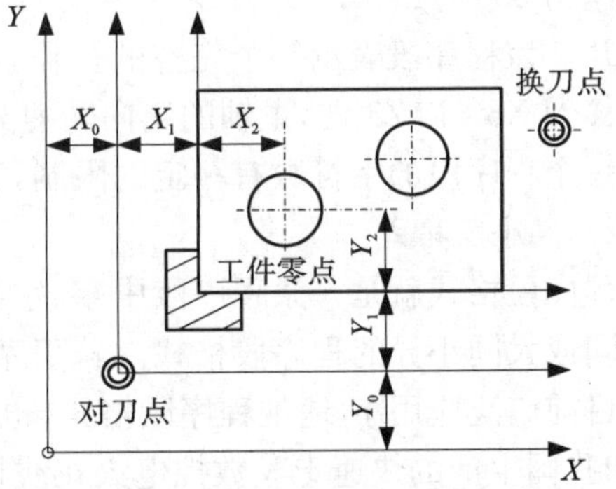

图 8-8 夹具上的对刀点

换刀点是在为数控车床、数控钻镗床、加工中心等多刀加工的机床编制程序时设定的，用以实现在加工中途换刀。换刀点的位置应根据工序内容和数控机床的要求而定。为了防止换刀时刀具碰伤工件或夹具等，换刀点常常设在被加工工件的外面，并要远离工件。

8.3.4 数控加工程序的结构与格式

1）程序结构

一个完整的数控加工程序由程序号、若干程序段及程序结束指令组成。

程序号又称程序名，置于程序的开头，用作一个具体加工程序存储、调用的标记。程序号一般由字母 O、P 或符号“%”“:”后加 2～4 位数组成，也有机床用零件名称、零件号、工序号等内容表示，具体情况视数控系统而定。

程序段由一个或若干个字组成，每个字又由字母和它后面的数字数据组成（有时还包括代数符号），每个字母、数字、符号都称为字符。

例如，加工程序：

```
O0020                                          程序名
N010  G92  X200  Z200;
N020  G00  X80  Z3  S300  T0101  M03  M08;
N030  G01  Z-60  F0.2;                         程序体
N040  X100;
N550  G00  X200  Z200  T0100  M09;
N560  M02;                                     程序结束
```

这表示一个完整的加工程序，由 6 条程序段按操作顺序排列而成。整个程序的开始用 O0020，它表示从数控装置的存储器中调出程序编号为“0020”的加工程序。以 M02（或 M30）作为该加工程序的结束。每个程序段用“N”开头，结束用分号“;”（或星号“*”，或根据具体机床选用；纸带穿孔时，ISO 标准用 LF 或 NL 作为结束符，EIA 标准用 CR 作为结束符）。

每条程序段表示一种操作过程，除程序段结束字符“;”外，一般都由 8 个字组成。例如，N020 表示运行的第 2 条程序段；G00 定义为快速点定位；X80 表示 X 轴正向位移至 80（此处为 80 mm，也有用脉冲数表示的）；Z3 表示刀具位移至 Z 轴正方向 3 mm 处；S300 表示主轴转速为 300 r/mim；T0101 为 1 号刀具用 1 号刀补；M03 表示主轴正转；M08 表示 1 号切削液开。该程序段表示一个完整的操作，即命令机床用 1 号刀具 1 号刀补以快速点定位方式位移到 X80 和 Z3 处，主轴的正向转速为 300 r/min，同时开启 1 号切削液。

一个程序段的字符数有一定的限制，字符数大于限度时，可分成两条程序段。

2）程序段格式

程序段格式就是一条程序段中字、字符及数据的排列形式。不同的数控系统往往有截然不同或大同小异的程序段格式。若程序段格式不合规定，数控装置会报警出错。

目前广泛应用字-地址程序段格式，也有少数数控系统采用分隔符的固定顺序程序段格式（如我国生产的快速走丝数控电火花线切割机床）。

字-地址程序段格式如上例所示：每个字前有地址（G，X，Z，F，…）；各字的先后排列并不严格；数据的位数可多可少，但不得大于规定的最大允许位数；不需要的字以及与上一程序段相同的续效字可以不写。如上例 N040 程序段中，G01、Z－60、F0. 2、S300、T0101、M03、M08 这些续效字继续有效。现在的数控系统绝大多数对程序段中各类字的排列不要求有固定的顺序，即在同一程序段中各个指令字的位置可以任意排列。上例 N020 程序段也可以写成：

```
N020  M08  M03  T0101  S300  Z3  X08  G00;
```

当然还有很多排列形式，它们对数控系统是等效的。在大多数场合，为了书写、输入、检查和校对的方便，程序字在程序段中习惯按一定的顺序排列：

```
N  G  X  Y  Z  R  F  S  T  M
```

这种程序段格式因具有程序简短、直观、不易出错的优点，故应用广泛。国际标准化组织对这种可变程序段字-地址程序段格式制定了 ISO 6983-1：1982 标准，这为数控系统的设计，特别是程序编制带来很大方便。

分隔符固定顺序程序段格式的特点是：所有字的地址用分隔符“HT”或“B”表示，但各字的顺序固定，不可打乱；不需要的或与上一程序段相同的续效字可以省略，但必须补上分隔符。这种程序段格式不需要判别地址的电路、系统简化，主要用于功能不多且较固定的数控系统，但程序不直观，易错。

3）主程序与子程序

在一个加工过程中，如果有几个一连串的程序段完全相同（如一个零件中有几何形状和尺寸相同），为缩短程序，可将这些重复的程序段单独抽出，按规定的程序段格式编成子程序，并事先存储在子程序存储器中。子程序以外的程序为主程序，主程序在执行过程中如需要执行该子程序即可调用，并可多次重复调用，从而可大大简化编程工作。

主程序与子程序的内容各有不同，但两者的程序段格式应该相同。编程应按具体机床的规定进行。主程序调用子程序及子程序调用另一子程序分别如图 8-9、图 8-10 所示。

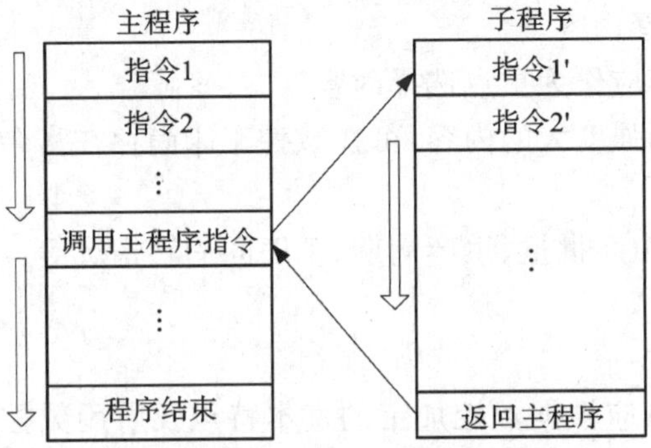

图 8-9　零件加工程序的执行

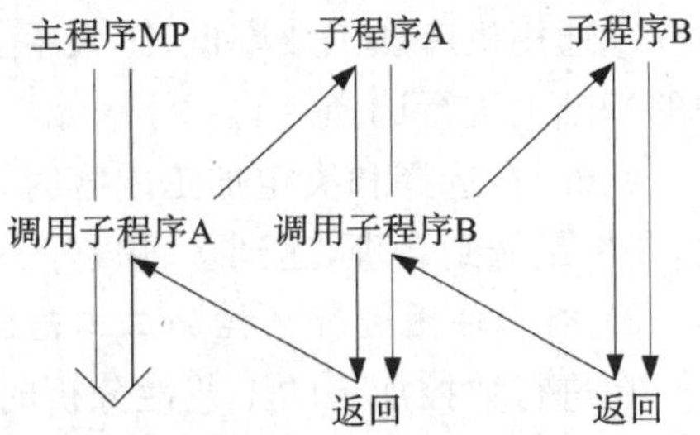

图 8-10　子程序的嵌套

8.4　数控车床编程与加工

8.4.1　数控车削加工工艺基础

1. 数控加工工艺设计内容

工艺设计是对工件进行数控加工的前期准备工作，必须在程序编制工作之前完成。因为只有在工艺设计方案确定以后，编程才有依据。否则，由于工艺方面的考虑不周，将可能造成数控加工的错误。工艺设计搞不好，往往要成倍增加工作量，有时甚至推倒重来。因此，编程人员一定要先把工艺设计搞好，不要先急于考虑编程。

根据实际与运用中的经验，数控加工工艺设计主要包括下列内容：

（1）选择并决定零件的数控加工内容。

（2）分析零件的数控加工性。

（3）设计数控加工的工艺路线。

（4）设计数控加工程序。

（5）编写数控加工专用技术文件。

2. 数控加工工艺设计基础

制定加工工艺是数控车削加工的前期准备工作，工艺制定得合理与否，对程序的编制、机床的加工效率和零件的加工精度都有重要的影响。数控加工工艺设计的主要内容包括：分析零件图样，确定工件在机床上的装夹方式、各表面的加工顺序、进给路线，刀具和切削用量的选择等。

1）选择并决定数控加工内容

选择并决定对某个零件进行数控加工，并不等于要把它所有的加工内容都包下来，而可能只是对其中的一部分进行数控加工。这时，必须对图样进行仔细的工艺分析，选择出那些最适合、最需要进行数控加工的内容和工序。在选择并做出决定时，应结合实际，立足于解决难题、攻克关键和提高生产效率，充分发挥数控加工的优势。在选择数控加工内容时，一般可按下列顺序考虑：

①通用机床无法加工的内容应作为优先选择内容。

②通用机床难加工、质量也难以保证的内容应作为重点选择内容。

③通用机床加工效率低、工人手工操作劳动强度大的内容，可在数控车床尚存在富余能力的基础上进行选择。

此外，在选择和决定加工内容时，也要考虑生产批量、生产周期、工序间周转情况等。总之，要尽量做到合理，达到多、快、好、省的目的。

2）对零件图进行数控加工工艺性分析

在进行数控加工的工艺性分析时，编程人员应根据数控加工的基本特点及所用数控机床的功能和实际工作经验，力求把这一前期准备工作做得更仔细、更扎实，以减少失误和返工。数控加工的工艺性问题涉及面广，这里仅从数控加工的可能性与方便性两个方面提出一些必须分析和审查的主要内容。

①审查和分析构成零件轮廓的几何元素。

在数控加工手工编程时，要计算每个基点坐标；在数控加工自动编程时，要对构成零件轮廓的所有几何元素进行定义。因此，在分析零件图时应注意：

a. 零件图上是否漏掉某尺寸，使零件的几何条件不充分，影响到零件轮廓的构成；

b. 零件图上的图线位置是否模糊或尺寸标注不清，使编程无法下手；

c. 零件图上给定的几何条件是否不合理，造成数学处理困难，如图 8-11 所示；

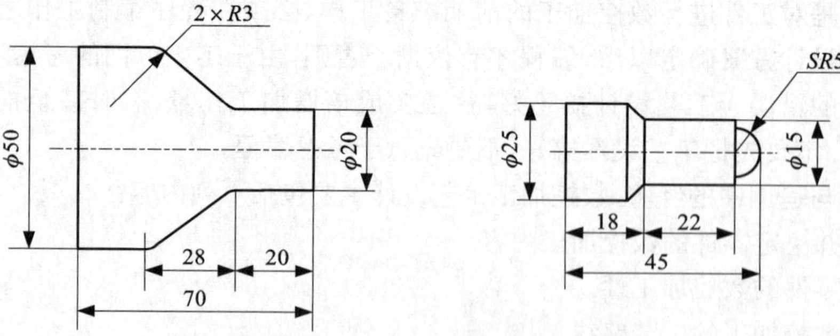

图 8-11　几何要素缺陷

d. 零件图上尺寸标注方法应适应数控车床加工的特点，如图 8-12 所示。应以同一基准标注尺寸或直接给出坐标尺寸。这种标注方法既便于编程，又有利于设计基准、工艺基准、测量基准和编程原点的统一。

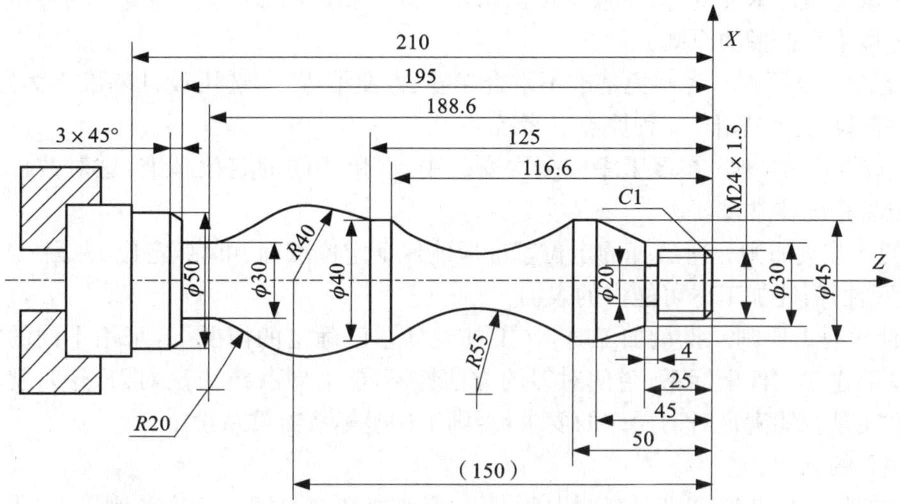

图 8-12 零件尺寸标注分析

②审查和分析零件所要求的尺寸精度、几何公差及表面粗糙度。

分析零件图样的尺寸精度、几何公差及表面粗糙度要求，判断能否利用数控加工工艺达到，并确定控制尺寸精度、几何公差及表面粗糙度的工艺方法。例如：进行一些技术性处理，以便有效地控制零件的形状和位置精度；合理选择数控机床、刀具及确定切削用量的依据，保证质量。

尽管数控机床比普通机床加工精度高，但数控加工仍与普通加工一样，在加工过程中会遇到受力变形的困扰。因此，对薄壁件、刚性差的零件的加工，要注意防止变形的产生。

③审查和分析定位基准的可靠性。

数控加工工艺特别强调定位加工，以同一基准定位十分必要，否则很难保证两次定位安装加工后两个轮廓位置及尺寸协调。

④审查和分析材料与热处理要求。

零件图样上给定的材料与热处理要求，是选择刀具、确定切削用量和加工工艺顺序的依据。

精度及技术要求分析的主要内容有四个方面：一是分析精度及各项技术要求是否齐全、是否合理；二是分析本工序的数控车削加工精度能否达到图样要求，若达不到，须采取其他措施弥补，则应给后续工序留有一定的余量；三是找图样上有位置精度要求的表面，这些表面应在一次装夹下完成；四是对表面粗糙度要求较高的表面，应确定用恒线速度切削。

⑤审查和分析毛坯的工艺性。

在对零件图进行分析后，还应结合数控加工特点，对所用毛坯进行工艺性分析，主要包括：一是分析毛坯加工余量是否充分，批量生产时的毛坯余量是否稳定；二是分析毛坯安装定位方面的适应性；三是分析毛坯的加工余量大小及均匀性。

3）工件装夹方式的确定

数控加工零件安装方法与普通加工一样，要尽量选用已有的通用夹具装夹，且应注意减少装夹次数，尽量做到在一次装夹中能把零件上所有要加工的表面都加工出来。零件定位基准应尽量与设计基准重合，以减少定位误差对尺寸精度的影响。

①定位基准选择的原则。

a. 基准重合原则。为避免基准不重合误差、方便编程，应选用设计基准作为定位基准，并使工序基准、定位基准、编程原点三者统一。

b. 基准统一原则。在多工序或多次安装中，选用相同的定位基准，这对数控加工保证零件的位置精度非常重要。

c. 便于装夹原则。所选择的定位基准应能保证定位准确、可靠，定位、夹紧机构简单、易操作，敞开性好，能加工尽可能多的表面。

d. 便于对刀原则。批量加工时，在工件坐标系已确定的情况下，采用不同的定位基准为对刀基准建立工件坐标系，会使对刀的方便性不同，有时甚至无法对刀，这时就要分析此种定位方案是否能满足对刀操作的要求，否则工件坐标系需重新设定。

②夹具的选择。

对数控加工用的夹具主要有两大要求：一是夹具要有足够的精度和刚度；二是夹具要有可靠的定位基准。除此之外，还要考虑以下几点：

a. 尽量选用可调夹具、组合夹具及其他通用夹具。

b. 在批量生产时，才考虑采用专用夹具，并力求结构简单。

c. 装卸工件要迅速方便，以减少机床的停机时间。

d. 夹具在机床上安装要准确可靠，以保证工件在正确的位置上加工。

③数控车床夹具的类型。

数控车床上的夹具主要有两类：一类用于盘类或短轴类零件，工件毛坯装夹在可调卡爪的卡盘中；另一类用于轴类零件，毛坯装在主轴顶尖和尾架顶尖间，工件由主轴上的拨动卡盘传动旋转。

4）加工顺序的确定

在分析了零件图样和确定了工件的装夹方式后，要确定零件的加工顺序。由于加工对象复杂多样，特别是轮廓曲线的形状及位置千变万化，加上材料不同、批量不同等多方面因素的影响，在对具体零件确定加工顺序时，应该进行具体分析和区别对待，灵活处理。

安排零件车削加工顺序时一般应遵循以下原则：

①基面先行原则：用作基准的表面应优先加工出来，因为定位基准的表面越精确，装夹误差就越小。例如轴类零件加工时，总是先加工中心孔，再以中心孔为基准加工外圆表面和端面。

②先粗后精原则：按照粗加工—半精加工—精加工的顺序进行。为了提高生产效率并保证零件的加工质量，在切削加工时，应先安排粗加工工序，在较短的时间内，将精加工前大量的加工余量去掉，同时尽量满足精加工的余量均匀性要求。粗加工工序完成后，应接着安排换刀进行半精加工和精加工。在安排可以一刀或多刀进行的精加工工序时，零件的最终轮廓应由最后一刀连续加工而成。这时，加工刀具的进退刀位置要考虑妥当，尽量不要在连续的轮廓中安排切入、切出或换刀、停顿，以免因切削力突然变化而造成弹性变形，致使光滑

连接轮廓上产生表面划伤、形状突变或滞留刀痕等缺陷。

③先近后远的原则:所说的远与近,是按加工部位相对于对刀点的距离大小而言的。在一般情况下,离对刀点远的部位后加工,以缩短刀具的移动距离,减少空行程时间。对于数控车削来说,先近后远还有利于保持毛坯件或半成品的刚性,改善切削条件。

④内外交叉的原则:对既有内表面需要加工,又有外表面需要加工的零件,安排加工顺序时,应先进行内、外表面粗加工,后进行内、外表面精加工,切不可将零件上一部分表面(外表面或内表面)加工完毕后,再加工其他表面。

上述原则应在实践中灵活运用,以不断提高解决实际工艺问题的能力。

5) 加工工序的划分

数控加工工序划分一般可按下列方法进行:

①刀具集中分序法:按所用刀具划分工序,用同一把刀具加工完零件上所有可以完成的部位,再换另一把刀具来加工其他部位。这样可以减少换刀次数,压缩空程时间,减少不必要的定位误差。

②以加工部位分序法:对于加工内容很多的零件,可按零件的结构特点将加工部位分成几个部分。一般先加工简单的几何形状,再加工复杂的几何形状;先加工精度要求较低的部位,再加工精度要求较高的部位。

③以粗加工、精加工分序法:为减少加工变形对零件形状、位置精度、尺寸精度和表面粗糙度的影响,应将粗加工、精加工分开进行。

6) 加工路线的确定

加工路线是刀具在整个加工工序中相对于工件的运动轨迹。它不但包括了工步的内容,而且也反映出工步的顺序。进给路线也是编程的依据之一。

加工路线的确定首先必须保持被加工零件的尺寸精度和表面质量,其次要考虑数值计算简单、走刀路线尽量短、效率较高等。由于精加工的进给路线基本上都是沿零件轮廓顺序确定的,因此确定加工路线的工作重点是确定粗加工及空行程的进给路线。

①刀具的切入、切出。

在数控机床上进行加工时,要安排好刀具的切入、切出路线,尽量使刀具沿轮廓的切线方向切入、切出。尤其是车螺纹时,必须设置升速段 δ_1 和降速段 δ_2,如图 8-13 所示,这样可避免因主轴升降速而影响螺距的稳定。

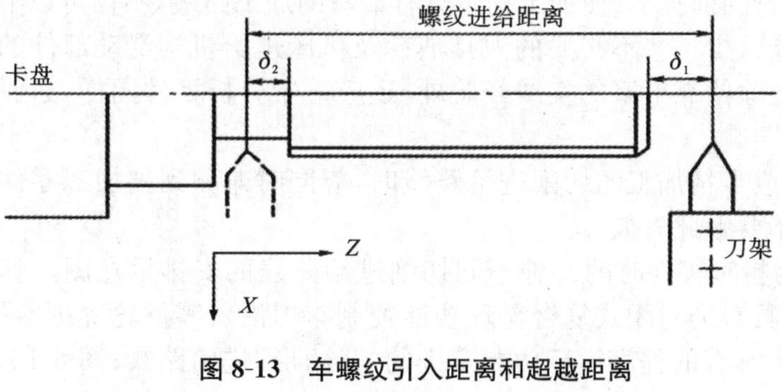

图 8-13 车螺纹引入距离和超越距离

②确定最短的空行程路线。

a. 确定加工的起刀点。

图 8-14(a)所示为采用矩形循环方式进行粗车的一般情况对于对刀点的设定，考虑到精车等加工过程中需方便地换刀，将对刀点设置在离坯件较远的位置处，同时将起刀点与对刀点重合在一起。按三刀粗车的走刀路线安排如下：

第一刀：$A \to B \to C \to D \to A$。

第二刀：$A \to E \to F \to G \to A$。

第三刀：$A \to H \to I \to J \to A$。

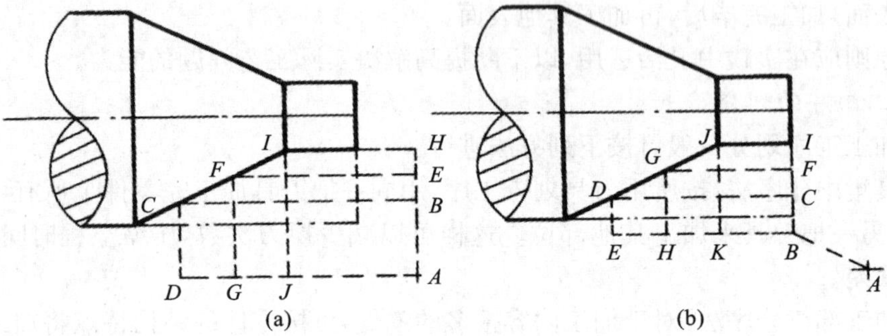

图 8-14　巧用起刀点

图 8-14(b)所示为起刀点与对刀点分离，并设于图示 B 点位置，仍按相同的切削用量进行切削进给路线安排。走刀路线安排如下：

起刀点与对刀点分离的空行程：$A \to B$。

第一刀：$B \to C \to D \to E \to B$。

第二刀：$B \to F \to G \to H \to B$。

第三刀：$B \to I \to J \to K \to B$。

显然，图 8-14(b)所示的进给路线要比图 8-14(a)所示的进给路线短。此方法也可用在其他循环车削的加工中。

b. 确定换刀点。

为了考虑换刀的方便和安全，有时将换刀点设置在离坯件较远的位置处(图 8-14(a)中的 A 点)，那么，换第二把刀后，进行精车时的空行程路线必然较长；如果将第二把刀的换刀点设置在图 8-14(b)中的 B 点位置上(因工件已去掉一定的余量)，则可缩短空行程距离。

③确定最短的切削进给路线。

在保证加工质量的前提下，使加工程序具有最短的加工路线，不仅可以节省整个加工过程的执行时间，还能减少一些不必要的刀具消耗及机床进给机构滑动部件的磨损等。要实现最短的进给路线，除依靠丰富的实践经验外，还应善于分析零件图样，必要时辅以一些简单计算。

在安排粗加工或半精加工的切削进给路线时，应同时兼顾到被加工零件的刚性及加工的工艺性等要求，不要顾此失彼。

图 8-15 所示为粗车零件时的几种不同切削进给路线的安排示意图。其中：图 8-15(a)表示利用数控系统具有的封闭式复合循环功能控制车刀沿着零件轮廓进给的路线；图 8-15(b)为利用数控系统具有的程序循环功能安排的“三角形”进给路线；图 8-15(c)为利用数控系统具有的矩形循环功能安排的“矩形”进给路线。

对这三种切削进给路线进行分析和判断后可知，矩形进给路线的长度总和最短。因此，在同等条件下，采用该路线切削所需时间(不含空行程)最短，刀具的损耗最小。

图 8-15 粗车进给路线

④精加工切削进给路线。

在安排一刀或多刀进行的精加工进给路线时，零件的完工轮廓应由最后一刀连续加工而成，并且加工刀具的进、退刀位置要考虑妥当，尽量不要在连续的轮廓中安排切入、切出或换刀、停顿，以免因切削力突然变化而造成零件表面材料的弹性变形，致使光滑连续轮廓上产生表面划伤、形状突变或滞留刀痕等缺陷。

7）切削用量的选择

数控编程时，编程人员必须确定每道工序的切削用量，并以指令的形式写入程序中。切削用量包括主轴转速、背吃刀量及进给速度等。对于不同的加工方法，需要选用不同的切削用量。

切削用量的选择原则是：保证零件加工精度和表面粗糙度，充分发挥刀具的切削性能，保证合理的刀具耐用度；充分发挥机床的性能，最大限度地提高生产率、降低成本。

①主轴转速 n 的确定。

车削加工时应根据零件上被加工部位的直径、零件和刀具的材料及加工性质等条件来确定切削速度。切削速度除了计算和查表选取外，还可根据实践经验确定。需要注意的是交流变频调速数控车床输出力矩小，因而切削速度不能太低。切削速度确定后，用下式计算主轴转速：

$$n=\frac{1\,000v}{\pi d}$$

式中：n——主轴转速，r/min；

v——切削速度，m/min，表 8-1 所示为切削速度的参考值；

d——工件直径或刀具直径，mm。

表 8-1 硬质合金外圆车刀切削速度的参考值

工件材料	热处理状态	$a_p=0.3\sim2$ mm	$a_p=2\sim6$ mm	$a_p=6\sim10$ mm
		$f=0.08\sim0.3$ mm/r	$f=0.3\sim0.6$ mm/r	$f=0.6\sim1$ mm/r
		v_c/(m/min)	v_c/(m/min)	v_c/(m/min)
低碳钢	热轧	140～180	100～120	70～90
中碳钢	热轧	130～160	90～110	60～80
	调质	100～130	70～90	50～70
合金结构钢	热轧	100～130	70～90	50～70
	调质	80～110	50～70	40～60
工具钢	退火	90～120	60～80	50～70
铜及铜合金		200～250	120～180	90～120
铝及铝合金		300～600	200～400	150～200

续表

工件材料	热处理状态	a_p=0.3～2 mm	a_p=2～6 mm	a_p=6～10 mm
		f=0.08～0.3 mm/r	f=0.3～0.6 mm/r	f=0.6～1 mm/r
		v_c/(m/min)	v_c/(m/min)	v_c/(m/min)
灰铸铁	<190 HBS	90～120	60～80	50～70
	190～225 HBS	80～110	50～70	40～60

在车削螺纹时，车床的主轴转速将受到螺纹的螺距(或导程)大小、驱动电动机的升降频特性及螺纹插补运算速度等多种因素的影响，对于不同的数控系统，推荐不同的主轴转速选择范围。例如，大多数普通型车床数控系统推荐车螺纹时主轴转速如下：

$$n \leqslant \frac{1200}{P-k}$$

式中：P——被加工螺纹螺距，mm；

k——保险系数，一般为80。

②进给速度 f 的确定。

进给速度是指在单位时间内，刀具沿进给方向移动的距离(单位为mm/min)。数控车床规定选用进给量 f(单位为mm/r)表示进给速度。进给速度主要根据零件的加工精度和表面粗糙度要求以及刀具、工件的材料性质选取。最大进给速度受刀具的刚度和进给系统性能的限制。

进给速度的选择可参考表8-2。

表8-2 硬质合金外圆车刀粗车外圆及端面的进给量

工件材料	刀杆截面 $B \times H$	工件直径	背吃刀量 a_p/mm			
			≤3	>3～5	>5～8	>8～12
			进给量 f/(mm/r)			
碳素结构钢、合金工具钢、耐热钢	16×25	20	0.3～0.4			
		40	0.4～0.5	0.3～0.4		
		60	0.5～0.7	0.4～0.6	0.3～0.5	
		100	0.6～0.9	0.5～0.7	0.5～0.6	0.4～0.5
	20×30 25×25	20	0.3～0.4			
		40	0.4～0.5	0.3～0.4		
		60	0.5～0.7	0.5～0.7	0.4～0.6	
		100	0.8～1.0	0.7～0.9	0.5～0.7	0.4～0.7
铸铁及铜合金	16×25	40	0.4～0.5			
		60	0.5～0.8	0.5～0.8	0.4～0.6	
		100	0.8～1.2	0.7～1.0	0.6～0.8	0.5～0.7
	20×30 25×25	40	0.4～0.5			
		60	0.5～0.9	0.5～0.8	0.4～0.7	
		100	0.9～1.3	0.8～1.2	0.7～1.0	0.5～0.8

③背吃刀量 a_p 的确定。

背吃刀量根据机床、工件和刀具的刚度来确定。在刚度允许的条件下，应尽可能使背吃刀量等于工件的加工余量，这样可以减少走刀次数，提高生产效率。为保证加工表面质量，可留少许精加工余量，一般为 0.2～0.5 mm。

以按照上述方法确定的切削用量进行加工，工件表面的加工质量未必十分理想。因此，切削用量的具体数值还应根据机床性能、相关的手册并结合实际经验用试切加工的方法确定，使主轴转速、背吃刀量及进给速度三者能相互适应，以形成最佳切削用量。

8）加工余量的确定

数控车削加工的加工余量（工序间的 a_p）可通过查阅相关工艺人员手册来确定，表 8-3 给出了 45＃轧制圆棒料毛坯用于加工轴类零件的余量。

表 8-3 45＃轧制圆棒料数控车削加工工序余量

名义直径/mm	加工方法	直径余量（按轴长取）/mm				
		＜120	120～260	260～500	500～800	800～1 250
＜30	粗车	1.10～1.30	1.70	—	—	—
	半精车	0.45	0.50	—	—	—
	精车	0.20～0.25	0.25	—	—	—
	细车	0.12～0.13	0.15	—	—	—
＞30～50	粗车	1.10～1.30	1.80	2.20	—	—
	半精车	0.45	0.45	0.50	—	—
	精车	0.20～0.25	0.25	0.30	—	—
	细车	0.12～0.13	0.13～0.14	0.16	—	—
＞50～80	粗车	1.10～1.50	1.80～1.90	2.20～2.30	2.30～2.60	—
	半精车	0.45	0.45～0.50	0.50	0.50	—
	精车	0.20～0.25	0.25	0.25～0.30	0.30	—
	细车	0.12～0.13	0.13～0.15	0.14～0.16	0.17～0.18	—
＞80～120	粗车	1.20～1.70	1.90～2.0	2.20～2.30	2.70	3.40
	半精车	0.45～0.50	0.45～0.50	0.50	0.55	0.55
	精车	0.25	0.25～0.30	0.30	0.35	0.35
	细车	0.12～0.15	0.13～0.16	0.16～0.18	0.20	0.20

9）数控加工工艺文件的编制

编写数控加工专用技术文件是数控加工工艺设计的内容之一。这些专用技术文件既是数控加工、产品验收的依据，也是需要操作者遵守、执行的规程；有的则是加工程序的具体说明或附加说明，目的是让操作者更加明确程序的内容、定位装夹方式、各个加工部位所选用的刀具、切削用量及其他问题。

下面介绍几种常用数控加工专用技术文件，供参考。

①数控加工工序卡。

在工序加工内容不十分复杂的情况下，用数控加工工序卡的形式较好，可以把零件加工图、尺寸、技术要求、工序内容及程序要说明的问题集中反映在一张卡片上，一目了然。

②数控加工程序说明卡。

对一些长期批量生产的零件，还需填写数控加工程序说明卡，进行补充说明。数控加工程序说明卡主要就以下内容进行说明：

a. 所用数控设备型号及控制机型号。

b. 程序原点、对刀点及允许的对刀误差。

c. 工件相对于机床的坐标方向及位置。

d. 镜像加工使用的对称轴。

e. 所用刀具的规格、图号及在程序中对应的刀具号（如 D03 或 T0101 等），必须按实际刀具半径或长度加大或缩小补偿值的特殊要求，更换该刀具的程序段号等。

f. 整个程序加工内容的顺序安排（相当于工步内容说明与工步顺序），使操作者明白先干什么、后干什么。

g. 子程序说明，对程序中编入的子程序应说明其内容，使操作者明白子程序的功用。

h. 其他需要作特殊说明的问题，如需要在加工中更换夹紧点，计划停车程序段的段号、中间测量用的计划停车程序段的段号、允许的最大刀具半径和长度补偿值等。

③数控加工刀具卡。

数控加工刀具卡内容包括与工步相对应的刀具号、刀具名称、刀具型号、刀片型号和牌号、刀尖半径等。

8.4.2 数控车床编程

不同的数控系统略有差别，下面以 FANUC Oi 数控系统为例介绍基本功能和编程指令。

1. 数控车床的基本功能

1）准备功能 G 指令

指令格式：

```
G_
```

它是指定数控系统准备好某种运动和工作方式的一种命令，由地址码 G 和后面的 2 位数字组成，从 G00 至 G99 约有 100 种。G 指令有非模态代码和模态代码之分。非模态代码只在所规定的程序段中有效；模态代码一旦被执行，就一直有效，直到同一组的 G 代码出现或被取消为止。模态代码可以在其后的程序段中省略不写。不同组 G 代码可以放在同一程序段中，且与顺序无关。一个程序段中指定了两个或两个以上属于同一组的 G 指令时，只有最后那个 G 指令有效。

常用 G 指令见表 8-4。

2）辅助功能 M 指令

指令格式：

```
M_
```

它主要用来表示机床操作时的各种辅助动作及其状态，由 M 及其后面的两位数字组成，从 M00 至 M99 可定义 100 个 M 指令。常用 M 指令见表 8-5。

表 8-4　FANUC Oi 数控系统的常用 G 指令

代码	组别	功能	代码	组别	功能
G00	01	快速点定位	G65	00	宏程序调用
G01		直线插补	G70		精加工复合循环
G02		顺圆弧插补	G71		内(外)径粗车循环
G03		逆圆弧插补	G72		端面粗车循环
G32		螺纹切削	G73		固定形状粗加工循环
G04	00	暂停延时	G74		端面钻孔复合循环
G20	06	英制单位	G75		外圆切槽复合循环
G21		公制单位	G76		螺纹车削复合循环
G27	00	参考点返回检测	G90	01	外圆切削循环
G28		参考点返回	G92		螺纹切削循环
G40	07	刀具半径补偿取消	G94		端面切削循环
G41		刀具半径左补偿	G96	02	主轴恒线速度控制
G42		刀具半径右补偿	G97		主轴恒转速度控制
G50	00	坐标系建立、主轴最大速度限定	G98	03	每分钟进给方式
G54～G59	11	零点偏置	G99		每转进给方式

注：表中代码 00 组为非模态代码；其余各组均为模态代码。

表 8-5　FANUC Oi 数控系统的常用 M 指令

代码	功能	用途
M00*	程序停止	无条件暂停，可用数控启动命令(CYCLE START)使程序继续运行
M01*	选择停止	选择性暂停，与 M00 作用相似，但 M01 可以用机床“选择停止”按钮选择是否有效
M02*	程序结束	程序停止，表示主程序运行结束，主轴停转，切削液关，机床处于复位状态
M03	主轴正转	主轴顺时针旋转
M04	主轴反转	主轴逆时针旋转
M05	主轴停止	主轴旋转停止
M07	高压切削液开	用于切削液开
M08	低压切削液开	用于切削液开
M09	切削液关	用于切削液关
M30*	程序结束且复位	程序停止，程序复位到起始位置，准备下一个工件的加工
M98*	子程序调用	用于调用子程序
M99*	子程序结束返回	用于子程序的结束及返回

注：带“ * ”表示为特别指令，其余由设备启动连接决定。

3）刀具功能 T 指令

指令格式：

T_

该功能主要用于选择刀具和刀具补偿号。执行该指令可实现换刀和调用刀具补偿值。它由 T 及其后的四位数字组成，前两位数字是刀号，后两位数字是刀具补偿号。每一刀具加工结束后必须取消相应的刀具补偿。

例如，T0101 表示 1 号刀的 1 号刀补，T0102 表示 1 号刀的 2 号刀补，T0100 则表示取消 1 号刀的刀补。

4）主轴转速功能 S 指令

指令格式：

S_

它由地址码 S 及其后的若干数字组成，单位为 r/min，用于设定主轴的转速。例如，"S320"表示主轴以 320 r/min 的速度旋转。

①主轴恒线速度控制指令 G96 指令。

当数控车床的主轴为伺服主轴时，可以通过指令 G96 来设定主轴恒线速度控制。系统执行 G96 指令后，便认为用 S 指定的数值表示切削速度。例如，"G96 S150"表示切削速度为 150 m/min。G96 为模态 G 代码，指定后一直有效，直到被 G97 取消。

②主轴恒转速控制指令 G97 指令。

G97 指令是取消主轴恒线速度控制指令，程序中出现 G97 指令以后，S 指定的数值表示主轴每分钟的转速，单位由 G96 指令的 m/min 变回 G97 指令的 r/min。

③主轴最高转速限制指令 G50 指令。

G50 指令除有工件坐标系设定功能外，还有主轴最高转速限制功能。例如，"G50 S2000"表示主轴最高转速设定为 2 000 r/min，用于限制在使用 G96 恒线速度切削时，避免刀具在靠近轴线时主轴转速会无限增大而出现飞车事故。

5）进给功能 F 指令

指令格式：

F_

进给功能 F 指令指定数控车削中刀具在进给方向上的移动速度。由地址码 F 及其后的若干数字组成。F 指令用于设定直线（G01）和圆弧（G02、G03）插补时的进给速度。一般情况下，数控车床进给方式有以下两种。

①分进给。

分进给用 G98 指令，进给单位为 mm/min，即按每分钟前进的距离来设定进给速度，进给速度仅跟时间有关。例如，"G98 F100"表示进给速度设定为 100 mm/min。

②转进给。

转进给用 G99 指令，进给单位为 mm/r，即按主轴旋转一周刀具沿进给方向前进的距离来设定进给速度，进给速度与主轴转速建立了联系。例如，"G99 F0.2"表示进给速度为 0.2 mm/r。

2. 数控车床基本编程

1）绝对坐标编程和相对坐标编程

绝对坐标编程是指程序段中的坐标值均是相对于工件坐标系的坐标原点来计量的，用地址字 X、Z 来表示。相对坐标编程是指程序段中的坐标值均是相对于起点来计量的，用地址字 U、W 来表示。例如，图 8-16 所示的由 *B* 点到 *A* 点的移动，分别用绝对坐标编程和相对坐标编程，程序如下。

绝对坐标编程：

```
X35.0 Z40.0;
```

相对坐标编程：

```
U20.0 W-60.0;
```

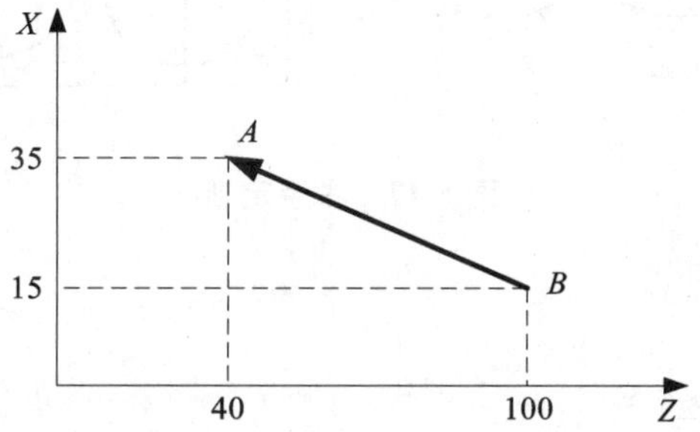

图 8-16 绝对坐标编程与相对坐标编程示例

2）快速定位(G00)

该功能使刀具以机床规定的快速进给速度移动到目标点，也称为点定位。

指令格式：

```
G00 X(U)_Z(W)_;
```

说明：X_Z_为绝对坐标编程时刀具移动的终点坐标值；U_W_为相对坐标编程时刀具移动的终点相对于始点的相对位移量。

执行该指令时，机床以由系统快进速度决定的最大进给量移向指定位置。它只是快速定位，而无运动轨迹要求，不需规定进给速度。

3）直线插补(G01)

该指令用于直线或斜线运动，可使数控车床沿 *X*、*Z* 方向执行单轴运动，也可以沿 *XZ* 平面内任意斜率的直线运动。

指令格式：

```
G01 X(U)_Z(W)_F_;
```

说明：X_Z_为绝对坐标编程时刀具移动终点位置的坐标值；U_W_为相对坐标编程时刀具的位移量；F_为刀具的进给速度。

刀具用 F 指令指定的进给速度沿直线移动到被指令的点，即进给速度由 F 指令决定。F 指令也是模态指令，它可以用 G00 指令取消。

4）圆弧插补(G02，G03)

G02 用于顺时针圆弧插补，G03 用于逆时针圆弧插补。该指令使刀具从圆弧起点，沿圆弧移动到圆弧终点。圆弧顺、逆方向的判断符合直角坐标系的右手定则，如图 8-17 所示。沿 *XZ* 平面的垂直坐标轴的负方向(−*Y*)看去，顺时针方向为 G02，逆时针方向为 G03。

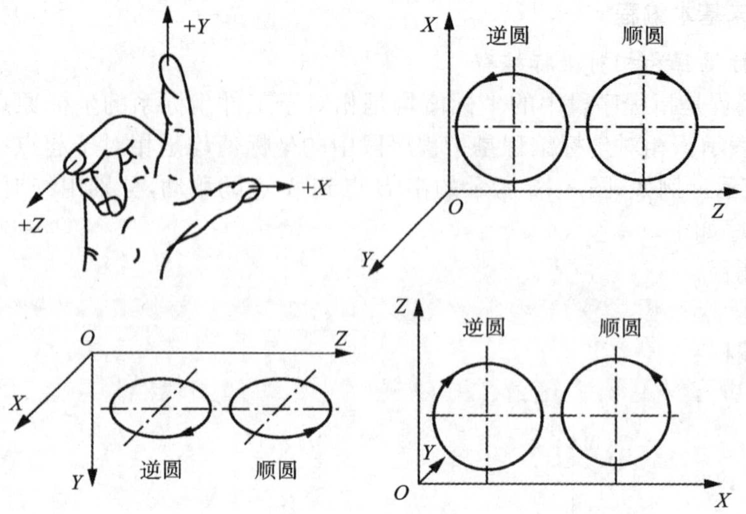

图 8-17　右手定则

①指定圆心的圆弧插补。

指令格式：

```
C02/G03 X(U)_Z(W)_I_K_F_;
```

说明：X_Z_为圆弧终点坐标；U_W_为圆弧终点相对圆弧起点的距离；L_K_为圆心坐标。

I、K 的数值是从圆弧始点向圆弧中心看的矢量，用增量值指定。请注意，I、K 会因起点相对圆心的方位不同而带有正、负号。

②指定半径的圆弧插补。

指令格式：

```
G02/G03 X(U)_Z(W)_R_F_;
```

说明：X_Z_为圆弧终点坐标；U_W_为圆弧终点相对圆弧起点的距离；R_为圆弧半径。

5) 返回参考点(G28)

在 FANUC 数控系统中使指令轴经过中间点自动地返回参考点或经过中间点移动到被指定的位置的移动，称为返回参考点，如图 8-18 所示。返回参考点结束后指示灯亮。

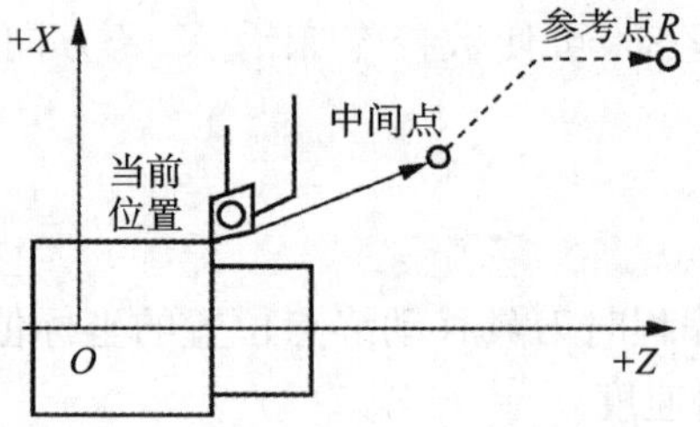

图 8-18　返回参考点

指令格式：

```
G28 X(U)_Z(W)_;
```

说明：X(U)_Z(W)_为中间点的位置指令。

注意：使用 G28 指令时，须预先取消刀具补偿量(T0000)，否则会发生不正确的动作。

6）程序延时(G04)

所谓程序延时，就是程序暂停。用程序延时指令，经过被指令时间的暂停之后，再执行下一个程序段。

指令格式：

```
G04 X_;
G04 U_;
G04 P_;
```

说明：X_为暂停时间，单位为 s(可使用小数点)；U_为暂停时间，单位为 s(可使用小数点)；P_为暂停时间，单位为 ms(不能使用小数点)。

7）刀具补偿

①刀具几何补偿与磨损补偿(又称为刀具位置补偿或刀具偏移补偿)。

在数控系统换刀时，采用刀具补偿功能。刀具补偿功能由程序中指定的 T 代码来实现，T 代码后的 4 位数码中，前两位为刀具号，后两位为刀具补偿号。刀具补偿号实际上是刀具补偿寄存器的地址号，该寄存器中放有刀具的几何偏置量和磨损偏置量。刀具补偿号可以是 00～32 中的任一个数，刀具补偿号为 00 时，表示不进行刀具补偿或取消刀具补偿。刀具补偿需要注意以下两点：

a. 刀具补偿程序段内必须有 G00 或 G01 功能才有效；而且偏移量补偿必须在一个程序的执行过程中完成，这个过程是不能省略的。例如 G00 X30.0 Z15.0 T0202 表示调用 2 号刀具，且有刀具补偿，补偿量在 02 号寄存器中。

b. 在调用刀具时，必须在取消刀具补偿状态下调用刀具。

②刀尖半径补偿。

根据刀具轨迹的左右补偿，刀尖半径补偿的指令有如下几种。

a. 刀尖半径左补偿。顺着刀具运动方向看，刀具在零件的左侧，称为刀尖半径左补偿，用 G41 代码编程。

b. 刀尖半径右补偿。顺着刀具运动方向看，刀具在零件的右侧，称为刀尖半径右补偿，用 G42 代码编程。

c. 取消刀尖左右补偿。如需要取消刀尖半径左右补偿，可编入 C40 代码。这时，假想刀尖轨迹与编程轨迹重合。

指令格式：

```
G41/G42/G40 G01/G00 X(U)_Z(W)_;
```

说明：X(U)_Z(W)_为建立或取消刀具补偿段中刀具移动的终点坐标；G41 为激活刀具半径左补偿；G42 为激活刀具半径右补偿。

8）循环指令

①螺纹切削循环指令 G92。

螺纹切削循环指令 G92 为简单螺纹循环指令，作用为简化编程。

该指令用于对圆锥或圆柱螺纹的切削循环。

指令格式：

```
G92 X(U)_Z(W)_I_F_;
```

说明：X_Z_为螺纹终点的坐标值；U_W_为螺纹终点坐标相对于循环起点的增量坐标；I_为圆锥螺纹起点和终点的半径差，加工圆柱螺纹时 I 为零，可省略；F_为导程(单头螺纹螺距等于导程)。

②内(外)径粗车复合循环指令 G71。

运用复合循环指令,只需指定精加工路线和粗加工的背吃刀量,系统会自动计算粗加工路线和走刀次数。

指令格式:

```
G71 U(Δd)  R(e);
G71 P(ns)  Q(nf)  U(ΔU)  W(ΔW)  F(f)  S(s)  T(t)
```

其中:Δd 指定背吃刀量(每次切削深度),指定时不加符号;e 指定每次退刀量;ns 指定精加工路线第一程序段的顺序号;nf 指定精加工路线最后程序段的顺序号;ΔU 指定 *X* 方向精加工余量的距离和方向(由直径指定);ΔW 指定 *Z* 方向精加工余量的距离和方向;f、s、t 表示粗加工时 G71 中编程的 F、S、T 功能有效,而精加工时处于 ns 到 nf 程序段之间的 F、S、T 功能无效。

该指令执行如图 8-19 所示的粗加工和精加工路线,图中 *C* 为粗车循环的起点,*A* 为毛坯外径与端面轮廓的交点。假定在某一程序段中指定了由 $A \to A' \to B$ 的精加工路线,只要用 G71 指令,就可以实现背吃刀量为 Δd、精加工余量为 $\Delta U/2$ 和 ΔW 的粗加工循环。刀具首先以切削深度 Δd 在和 *Z* 轴平行的部分进行直线加工,最后执行锥线加工指令完成锥面加工。

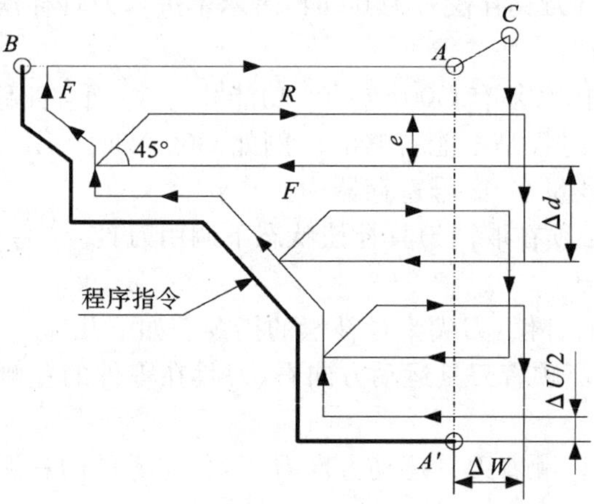

图 8-19 G71 **指令粗加工循环**

G71 用于工件内径轮廓加工时,就自动实现内径粗车循环,此时径向精车余量 ΔU 应指定为负值。

③固定形状粗加工循环 G73。

该指令用来加工具有固定形状的零件,适用于切削经铸造、锻造已基本成形的零件或已粗车成形的零件。

指令格式:

```
G73 U(Δi)  W(Δk)  R(d);
G73 P(ns)  Q(nf)  U(ΔU)  W(ΔW)  F(f)  S(s)  T(t)
```

其中:ns 指定精加工路线第一程序段的顺序号;nf 指定精加工路线最后程序段的顺序号;Δi 指定 *X* 方向退刀量的距离和方向(由半径指定);Δk 指定 *Z* 方向退刀量的距离和方向;d 指定分割数,即重复粗加工次数;ΔU 指定 *X* 方向精加工余量的距离和方向(直径指定);ΔW 指定 *Z* 方向精加工余量的距离和方向;f、s、t 表示粗加工时 G73 中编程的 F、S、T 功能有效,而精加工时处于 ns 到 nf 程序段之间的 F、S、T 功能无效。

在运用 G73 指令时,应注意四种不同进刀方式下 ΔU、ΔW、Δi、Δk 的符号不同。固定形状粗加工循环如图 8-20 所示。加工循环结束时,刀具返回 A 点。

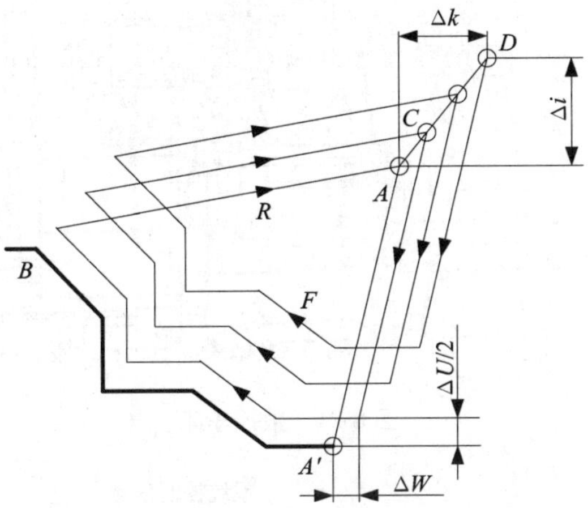

图 8-20 固定形状粗加工循环

④精加工复合循环 G70。

用 G71、G73 粗加工完成后,用 G70 指令实现精加工复合循环,切除粗加工留下的余量。

指令格式:

```
G70 P(ns)  Q(nf);
```

其中:ns 指定精加工程序第一程序段顺序号;nf 指定精加工程序最后程序段顺序号。

在精加工复合循环 G70 状态下,G71、G73 程序段中指定的 F、S、T 功能无效,但在执行 G70 时顺序号"ns"和"nf"之间程序段中指定的 F、S、T 功能有效。当 G70 循环加工结束时,刀具返回到循环起始点并读入下一个程序段。在 G70 到 G73 中 ns 至 nf 之间的程序段不能调用子程序。

8.4.3 数控车床的操作

1. 数控车床使用范围及功能特点

数控车床是应用最广泛的一种数控机床,主要用于加工轴类、盘类等回转体工件。它能够通过程序控制自动完成内外圆柱面、内外圆锥面、圆弧特形面、螺纹等工序的切削加工,并能进行切槽、钻孔、扩孔和铰孔等工作。它的主要特点是:加工精度稳定性好、加工灵活、通用性强,能适应多品种、小批生产自动化的要求,特别适合用于形状复杂的轴类或盘类工件的加工。

数控车床如图 8-21 所示。它的刀架及滚珠丝杠直接由电动机驱动,取消了普通车床的进给箱、溜板箱、交换齿轮架等,因而结构紧凑、操作简单、定位精度高;主轴采用变频调速,实现了开机状态下的无级变速。随着电动机调速技术的发展,将逐步取消变速齿轮箱。同时,与控制系统的高精度控制相匹配,数控车床具有较高的刚性,以适应加工高精度工件的要求。

2. FANUC Oi 数控系统的操作面板

FANUC Oi 数控系统的操作面板由显示屏、系统控制区域和系统操作区域组成,如图 8-22所示。系统控制区域主要按钮及其作用见表 8-6。系统操作区域开关按钮、指示灯及其作用见表 8-7。

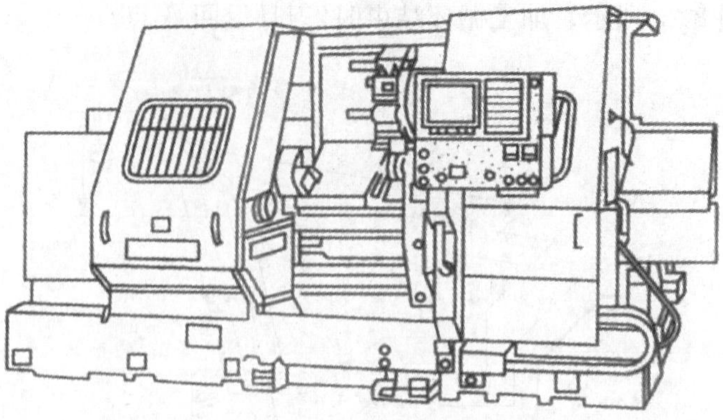

图 8-21　数控车床

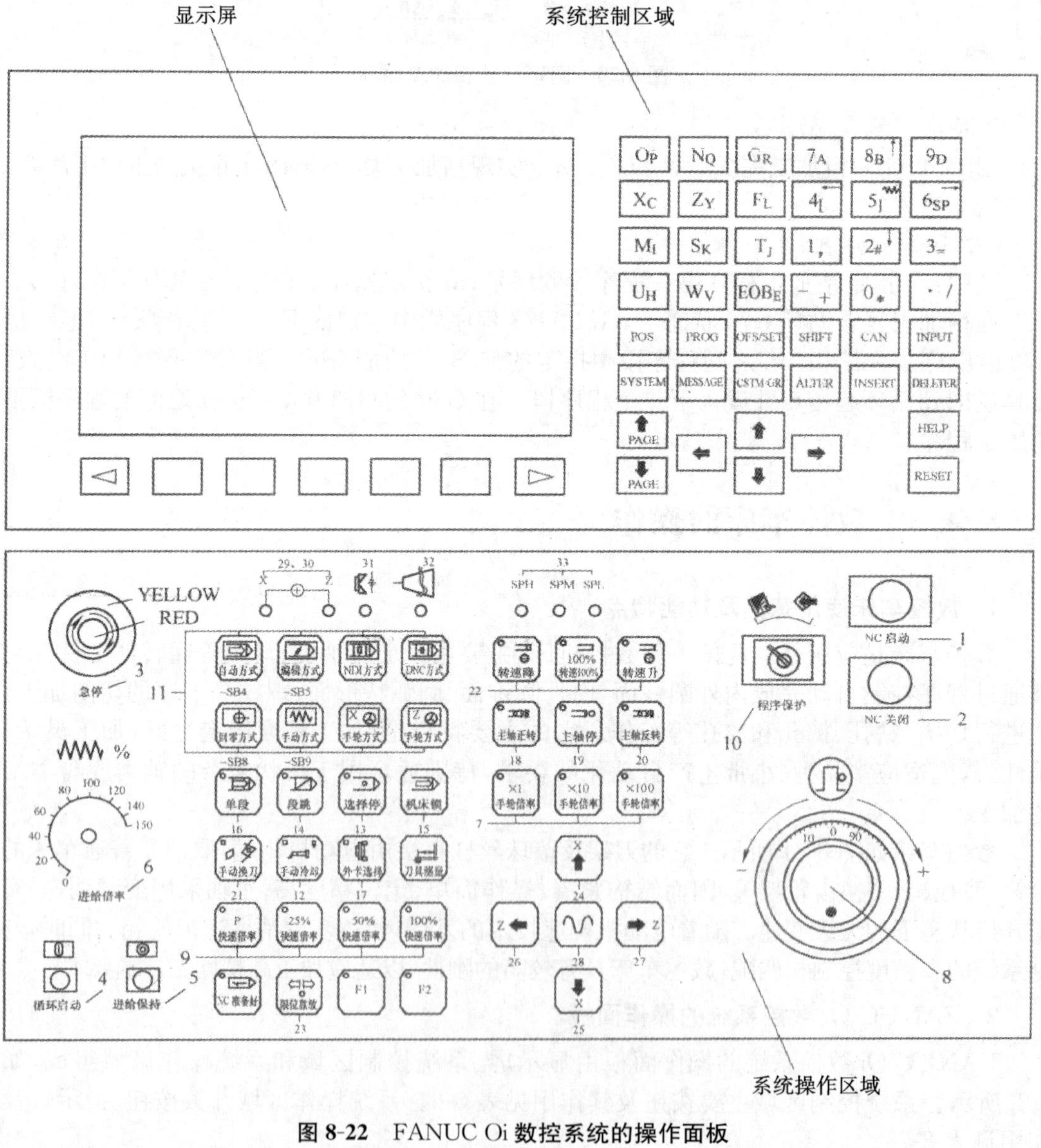

图 8-22　FANUC Oi 数控系统的操作面板

表 8-6 系统控制区域主要按钮及其作用

序号	名称	按钮开关	作用
1	POS	位置显示键	显示位置屏幕
2	PROG	程序键	在编辑方式下,编辑和显示内存中程序; 在 MDI 方式下,输入和显示 MDI 数据
3	OFS/SET	参数设置键	按第一次进入坐标设置页面,按第二次进入刀具补偿参数页面
4	SYSTEM	系统信息键	显示系统参数页面
5	MESSAGE	信息键	显示信息页面
6	CSTM/GR	图像键	显示图形参数设置页面
7	HELP	帮助键	显示系统帮助页面
8	RESET	复位键	可使数控系统复位或解除报警
9	ALTER	替代键	用输入的数据替代光标所在处的数据
10	DELETE	删除键	删除光标所在处数据,也可删除数控加工程序
11	INSERT	插入键	把输入域中的数据插入当前光标之后的位置
12	CAN	修改键	消除输入域的数据
13	EOB	回车换行键	结束一行程序的输入并换行
14	SHIFT	上档键	键盘上有些键有两个功能,按此键可在两个功能间切换
15	PAGE	翻页键	上下翻页
16	↑	光标移动键	光标上移
17	↓	光标移动键	光标下移
18	←	光标移动键	光标左移
19	→	光标移动键	光标右移
20	INPUT	输入键	把输入域内数据输入参数页面或输入一个外部的数控加工程序

表 8-7 系统操作区域主要开关按钮、指示灯及其作用

序号	开关名称	功能	备注
1	NC 启动按钮	在电柜右侧空气开关闭合后,按下此按钮就可启动数控系统电源	
2	NC 关闭按钮	机床停止工作,此按钮按下就可关闭数控系统电源	
3	急停按钮	机床在手动或自动操作方式下时,一旦发生紧急情况,按下此按钮,机床立即停止运转。急停按钮在停止状态下锁住。要使急停复位,必须按下并顺时针旋转急停按钮。此按钮只有在需要紧急停车时才使用,一般不要使用	(1) 急停按钮按下后所有电动机断电。 (2) 控制单元保持复位状态。 (3) 故障排除后释放急停按钮
4	循环启动按钮	在自动运行或 MDI 方式下,按下此按钮,按钮灯亮,开始执行程序	

续表

序号	开关名称	功能	备注
5	进给保持按钮	在自动运行或 MDI 方式下，按下此按钮，按钮灯亮，机床停止移动。当再一次按循环启动按钮时，进给保持被解除，按钮灯灭，程序继续执行。但对螺纹指令无效，执行完才停	
6	进给倍率开关	手动或自动运行期间的指定进给量，与此开关所选倍率相乘。倍率变化间隔10%，可以从 0%～150%，共 16 挡	
7	手摇调倍率按钮	用手摇脉冲发生器可进行微进给。方式选择开关旋转到手轮位置，手摇进给时，手轮旋转一格，相应轴移动 1 μm、10 μm 或 100 μm	(1) 输入系统移动量/脉冲：0.001 mm(米制)，0.000 1 in(英制)。 (2) 直径编程时，实际移动量为 0.000 5 mm 或 0.000 05 in。 (3) 如果以大于 5 r/s 的转速转动手柄，会出现机床移动量和手柄转动量不同步的现象
8	手摇脉冲发生器	在手轮 X(或手轮 Z)方式下，可沿 X 轴(或 Z 轴)移动坐标轴	
9	快速倍率按钮	调节 X、Z 轴移动速度	
10	程序保护开关	自动运行过程中，此开关可用来保护程序不丢失。当此开关位于左边位置时，程序不能输入也不能改变	
11	方式选择按钮	任一方式按钮被按下后，其上的指示灯亮，该方式选通一直有效，直到其他方式选择按钮被选通	
12	手动冷却按钮	(1) 置方式选择开关于任意位置。 (2) 按下此按钮，其上的指示灯亮，冷却泵开始运转。 (3) 如果再一次按下此按钮就是关闭冷却泵，同时指示灯熄灭。 (4) 如果是 MDI 或自动运行方式，就要用辅助代码 M 操作。 M08，切削液开；M09，切削液关	
13	选择停按钮	在自动运行或 MDI 方式下，按下此按钮，指示灯亮。若程序中有 M01，数控系统执行 M01 后停止。若要继续执行下面的程序，按下循环启动按钮	

续表

序号	开关名称	功能	备注
14	段跳按钮	在自动运行方式下，按下此按钮，指示灯亮。程序执行到有斜杠“/”的程序段时，数控系统自动跳过该段而执行下一个没有斜杠的程序	(1) 跳过的信息(字或程序段)不存入寄存器。但是当整个程序段被跳转时，此程序段就存入寄存器。 (2) 此功能在自动运行方式下使用
15	机床锁按钮	按下此按钮，指示灯亮，机床停止移动，但坐标显示继续随着程序或手动的执行而变化。此功能用来检查程序	此功能仅对移动命令有效，而对 M、S、T 命令无效
16	单段按钮	在自动运行方式下，按下此按钮，指示灯亮，正在执行的程序段结束后，程序停止执行。 当需要继续执行下一段程序时，按下循环启动按钮(每按一次，程序就自动往下执行一段)。若放开单段按钮，程序就自动连续执行	当实现 G32 或 G92 螺纹切削时，即使单段按钮被按下，进给也不能在当前位置停止。如果停止，主轴还继续旋转，致使部分螺扣和刀尖相碰。因此，当螺纹切削完毕、下一个非螺纹切削程序段指令执行时，进给才停止
17	外卡选择按钮	选择液压卡盘内卡/外卡方式。指示灯亮，表示采用内卡方式	仅当选液压卡盘时有效
18	主轴正转按钮	在手动回零方式下，按主轴正转按钮，按钮灯亮，主轴正转。在 MDI 方式下，手动输入 M03S_。S_用于指定主轴转速，然后按循环启动按钮使主轴正转	
19	主轴停按钮	在手动回零方式下，按主轴停按钮，按钮灯亮，主轴停止。在 MDI 方式下，手动输入 M05，然后按循环启动按钮使主轴停止	
20	主轴反转按钮	在手动回零方式下，按主轴反转按钮，按钮灯亮，主轴停止。在 MDI 方式下，手动输入 M04S_。S_是指定主轴转速，然后按程序循环启动按钮使主轴反转	
21	手动换刀按钮	通过手动方式换刀： (1) 设置方式选择开关到手动、手轮、回零位置； (2) 按一下手动换刀按钮，刀架自动换到下一个刀位； (3) 一直按住手动换刀按钮不放，刀架将连续转动，放开手动换刀按钮后，刀架将换到当前刀位	

续表

序号	开关名称	功能	备注
22	主轴倍率控制按钮	按下转速100%按钮后，指示灯亮时，主轴以给定转速运行。每按一下转速升按钮，主轴转速递增10%，最高升到120%；每按一下转速降按钮，主轴转速递减10%最低降到50%	仅当HK/SK/TK/CBK有效
23	限位靠放开关按钮	机床移动中，发生超程报警时，即硬限位开关动作时，CRT显示“NOT READY”。这时可以在手动方式下，按住这个按钮不放，同时按住反方向按钮，将机床移动到行程极限内，机床退出限位，使系统报警解除	
24	*X*轴正向点的按钮	手动方式下，用于*X*轴的正向移动	手动操作方式下，一次只能控制一个轴
25	*X*轴负向点的按钮	手动方式下，用于*X*轴的负向移动	
26	*Z*轴正向点的按钮	手动方式下，用于*Z*轴的正向移动	
27	*Z*轴负向点的按钮	手动方式下，用于*Z*轴的负向移动	
28	快速移动按钮	同时按住快速移动按钮及所要移动的轴的方向按钮，机床将向所选的方向快速移动	
29	*X*轴回零指示灯	执行*X*轴返回参考点命令，完成后停在机床的*X*轴的参考点位置，此时指示灯亮	
30	*Z*轴回零指示灯	执行*Z*轴返回参考点命令，完成后停在机床的*Z*轴的参考点位置，此时指示灯亮	
31	卡盘夹紧指示灯	卡盘夹紧后指示灯亮	
32	润滑液位低报警灯	润滑油液位低于正常状态，润滑液位低报警灯亮	仅当配置自动润滑泵有效
33	主轴高、中、低挡灯	执行M41、M42、M43时相应的指示灯亮	仅当HK/SK/TK/CBK有效

3. FANUC Oi 数控系统的操作

1）开机、关机步骤

（1）开机操作：

①检查机床准备情况。

②将旋转开关置于“|”位，接通控制线路的电源。

③按下数控系统接通按钮，系统启动。

④电源接通后，检查位置画面的显示是否正常。

⑤检查风扇电机是否运转。

（2）关机操作：

①检查操作面板上循环启动的指示灯 LED，看循环启动是否处于停止状态。

②检查数控系统控制的所有可移动部件是否都处于停止状态。

③关闭外部已连接到数控系统的输入/输出设备。

④机床停止运动以后，按数控系统断开按钮，电源钥匙开关置“O”位，拔下钥匙。

⑤切断机床电气柜上的空气开关，切断总电源。

2）回参考点操作

用机床操作面板上各轴返回参考点用的按钮使刀具沿参数指定的方向移动。刀具首先以快速移动速度移动到减速点上，然后按手动进给速率移动到参考点。快速移动和手动进给速率由参数设定。快速移动速度有四挡倍率可供选择（0%、25%、50%、100%）。刀具返回到参考点后，返回参考点灯亮。

操作步骤：

①将方式选择开关置于“返回参考点”位置，并在进行回原点之前，在手轮操作模式或快速进给模式下，将各轴位置移离各轴原点位置 100 mm 以上。

②按住“+X”或“−X”按键，*X* 轴会向机械原点方向移动。此时 *X* 轴指示灯闪烁，直到 *X* 轴移到机械原点时停止闪烁，此时 *X* 轴机械坐标为 0，*X* 轴指示灯亮。

③*Z* 轴操作方式与 *X* 轴操作方式相同。

④为了减小或增大移动速度，可调节“快速移动倍率”开关。

3）手动连续进给(JOG 进给)

操作步骤：

①将方式选择开关置于“手动连续进给”位置(注：为了使 JOG 进给有效，必须先进入 JOG 进给方式，然后再按进给轴和方向选择开关，否则 JOG 进给无效)。

②按进给轴和方向选择按钮，机床沿相应轴的相应方向移动。在按钮被按下期间，机床按参数设定的进给速度移动。按钮一释放，机床就停止移动。

③手动连续进给速度可由“手动连续进给速度”旋转开关来调整。

④若在按进给轴和方向选择按钮期间按了快速移动按钮，则在快速移动按钮被按下期间，机床按快速移动速度移动。在快速移动期间，JOG 进给速度刻度盘无效，快速移动倍率有效。

4）手轮进给

在手轮方式下，可用旋转机床操作面板上手摇脉冲发生器实现刀具连续移动。手摇脉冲发生器旋转一个刻度，刀具移动的最小距离为最小输入增量单位。手轮进给移动倍率通过“手轮倍率”旋转开关来调整。

操作步骤：

①将方式选择开关置于“手轮进给”方式位置。

②用手轮进给轴选择旋转开关选择一个要移动的轴。

③将“手轮倍率”旋转开关置于合适位置，选择好机床移动的倍率。

④旋转手轮，机床沿选择轴移动。手轮旋转 360°，机床移动距离等于 100 个刻度的距离。

8.4.4 数控车削编程实例

图 8-23 为一复杂阶梯轴的零件图，已知它的材料为 45＃钢，毛坯为 ϕ105×250 的棒料，试编写数控加工程序并完成加工。

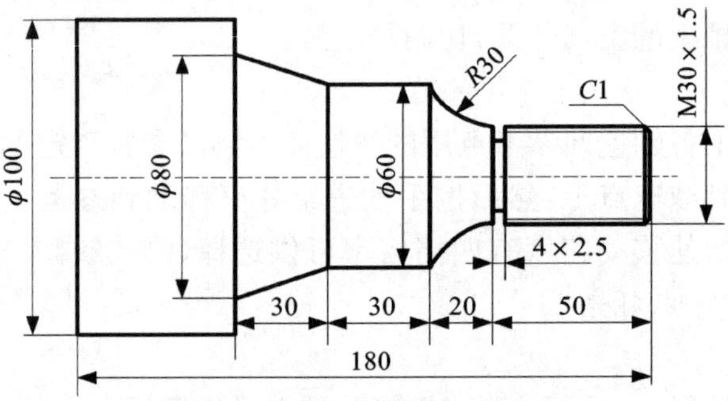

图 8-23　复杂阶梯轴的零件图

1. 加工工艺分析与设计

1) 工艺分析及工序安排

该零件毛坯是直径为 105 mm 的棒料，加工表面类型有端面、外圆、圆锥、螺纹和径向槽，采用通用三爪卡盘夹持外圆表面方法安装，加工路线安排为粗车外圆—精车外圆—切径向槽—车螺纹。

2) 刀具选择

本工序选择 3 把刀具：T01——外圆车刀；T02——切槽刀；T03——螺纹车刀。

3) 切削用量选择

根据该零件的加工条件和要求选择外圆等表面粗加工的切削深度为 3 mm，进给量为 0.25 mm/r，再查表得切削速度 800 r/min；选择外圆等表面精加工的切削深度为 0.5 mm，进给量为 0.15 mm/r，再查表得切削速度 1 200 r/min；选择径向槽加工的进给量为 0.1 mm/r，切削速度为 600 r/min；选择螺纹加工的进给量为 1.5 mm/r，切削速度为 400 r/min。

2. 建立工件坐标系及相关数值计算

以工件右端面中心为原点建立工件坐标系，不难计算出各基点坐标值。编程时起刀点与换刀点设在(200,200)处。

3. 编写加工程序

```
O0001;
T0101;                                   选 1 号刀
M03 S800;                                设定主轴转速，主轴正转
G00 X106 Z5 M08;                         接近工件
G71 U1.5 R0.5;                           外圆粗切复合循环
G71 P10 Q20 U0.5 W0.5 F0.25;
N10 G00 X28;
G01 Z0 F0.1;
G01 X30 Z-1;                             倒角
    Z-50;                                车 ϕ30 外圆
G02 X60 Z-70 R30;                        车 R30 圆弧
G01 Z-100;                               车 ϕ60 外圆
    X80 Z-130;                           车锥面
X100;                                    车大端面
Z-180;                                   车 ϕ100 外圆
N20 X106
G70 P10 Q20 S1200;                       外圆精切复合循环
G00 X200 Z200 M09;                       回换刀点
T0202;                                   换 2 号刀
M03 S600;
G00 X32 Z-50 M08;                        接近工件
G01 X25 F0.05;                           切槽
G04 X1                                   延时
G01 X32;                                 退刀
G00 X200 Z200 M09;                       回换刀点
T0303;                                   换 3 号刀
S400 M03;                                选主轴转速
G00 X32 Z10 M08;                         接近工件
G76 P40060 Q0.02 R0.3;                   螺纹切削
G76 X28.05 Z-48 R0 P0.975 Q0.3 F1.5;
G00 X200 Z200 M09;                       撤刀，关冷却液
M05 T0100;                               主轴停转，换 1 号刀撤刀补
M30;                                     程序结束
```

4. 零件的仿真加工

(1) 进入数控车削仿真软件；
(2) 选择机床、数控系统并开机；
(3) 机床各轴回参考点；
(4) 定义毛坯并安装工件；
(5) 安装刀具并对刀；
(6) 输入加工程序，并检查修改；
(7) 手动移动刀具，使其退到距离工件较远处；

(8) 进行程序校验和修改；

(9) 自动加工；

(10) 测量工件，优化程序。

5. 零件的实操加工

(1) 机床开机并正确选择安装刀具；

(2) 机床各轴回参考点；

(3) 安装工件；

(4) 完成对刀操作；

(5) 输入加工程序，并注意检查正误；

(6) 观察刀具位置并手动移动刀具，使其退到距离工件较远处；

(7) 选自动运行方式，并按下“机床锁定”键、“空运行”键，再按下“循环启动”键，检测、调试程序；

(8) 若出现报警，查找原因，修改程序；

(9) 自动加工，注意紧急情况下及时按下“急停”按钮；

(10) 测量工件。

8.5 数控铣床编程与加工

数控铣床通常用来加工工件的平面和内外轮廓、钻镗孔、攻丝等。数控铣床通过数控装置存储器内预先编制好的程序，发出相应的指令，控制自身动作，实现自动加工，通常称存储器运转。键盘现场输入的屏幕程序运行称 MDI 运转；由外部计算机发指令，通过数控装置控制数控铣床动作，通常称 DNC 运转。数控铣床还可以通过操作面板按键手工单步控制。数控铣床的加工精度高且生产率高，劳动强度低，既适合用于大批量生产，也适合用于小批量生产。

8.5.1 数控铣削加工工艺基础

1. 工序和装夹方法的确定

1) 工序的划分

在数控铣床上加工零件，工序比较集中，一般只需一次装卡即可完成全部工序的加工。根据数控铣床的特点，为了提高数控铣床的使用寿命，保持数控铣床的精度、降低零件的加工成本，通常是把零件的粗加工，特别是零件的基准面、定位面在普通机床上加工。加工工序的划分参照工序划分原则，经常使用以下几种方法：

①刀具集中分序法。

这种方法就是按所用刀具来划分工序，用同一把刀具加工完成所有可以加工的部位，然后再换刀。这种方法可以减少换刀次数，缩短辅助时间，减少不必要的定位误差。

②粗、精加工分序法。

根据零件的形状、尺寸精度等因素，按粗、精加工分开的原则，先粗加工，再半精加工，最后精加工。

③加工部位分序法。

这种方法就是先加工平面、定位面，再加工孔；先加工形状简单的部位，再加工形状复杂的部位；先加工精度比较低的部位，再加工精度比较高的部位。

2）工件的装夹和夹具的选择

装夹方法和夹具的设计、选用要能准确和迅速地定位并夹紧工件。零件的定位基准应尽量与设计基准及测量基准重合，以减少定位误差。在数控铣床上工件的装夹方法与普通铣床一样，所使用的夹具往往并不很复杂，只要有简单的定位、夹紧机构就行。

(1) 为了不影响进给和切削加工，在装夹工件时一定要将加工部位敞开。

(2) 选择夹具时应尽量做到在一次装夹中将零件要求加工的表面都加工出来。

2. 加工顺序的安排和铣削用量的选择

1）加工顺序的安排

在确定了某个工序的加工内容后，要进行详细的工步设计，即安排这些工序内容的加工顺序，同时考虑程序编制时刀具运动轨迹的设计。一般将一个工步编制为一个加工程序，因此，工步顺序实际上也就是加工程序的执行顺序。

通常按照从简单到复杂的原则，先加工平面、沟槽、孔，再加工内腔、外形，最后加工曲面；先加工精度要求低的表面，再加工精度要求高的部位等。在安排数控铣削加工的顺序时，还应注意以下问题：

①上道工序的加工不能影响下道工序的定位与夹紧，中间穿插有通用机床加工工序的也要综合考虑；

②一般先进行内腔加工工序，后进行外形加工工序；

③以相同定位、夹紧方式或同一把刀具加工的工序，最好连续进行，以减少重复定位次数与换刀次数；

④在同一次安装中进行的多道工序，应先安排对工件刚性破坏较小的工序。

总之，加工顺序的安排应根据零件的结构和毛坯状况，以及定位安装与夹紧的需要综合考虑。

2）铣削用量的选择

铣削用量的选择原则参考前文相关内容。为保证刀具的耐用度，铣削用量的选择方法是：先选取背吃刀量或侧吃刀量，其次确定进给速度，最后确定切削速度。

(1) 背吃刀量（端铣）或侧吃刀量（圆周铣）的选择。

背吃刀量 a_p 为平行于铣刀轴线测量的切削层尺寸，单位为 mm。端铣时，a_p 为切削层深度；而圆周铣削时，a_p 为加工表面的宽度。

侧吃刀量 a_e 为垂直于铣刀轴线测量的切削层尺寸，单位为 mm。端铣时，a_e 为加工表面的宽度；而圆周铣削时，a_e 为切削层的深度。

背吃刀量或侧吃刀量主要根据加工余量和对表面质量的要求决定。

①工件表面粗糙度值要求为 $Ra = 25 \sim 12.5\ \mu m$ 时，如果圆周铣削的加工余量小于 5 mm，端铣的加工余量小于 6 mm，则粗铣一次进给就可以达到要求。但当余量较大、工艺系统刚性较差或机床动力不足时，可分两次进给完成。

②工件表面粗糙度值要求为 $Ra=12.5\sim3.2\ \mu m$ 时，可分粗铣和半精铣两步进行。粗铣时背吃刀量或侧吃刀量选取同前。粗铣后留 0.5～1.0 mm 余量，在半精铣时切除。

③工件表面粗糙度值要求为 $Ra=3.2\sim1.6\ \mu m$ 时，可分为粗铣、半精铣、精铣三步进行，半精铣时背吃刀量或侧吃刀量取 1.5～2 mm；精铣时圆周铣侧吃刀量取 0.3～0.5 mm，面铣背吃刀量取 0.5～1 mm。

(2) 进给量 f(mm/r)与进给速度 v_f(mm/min)的选择。

铣削加工的进给量是指刀具转一周，工件与刀具沿进给运动方向的相对位移量(mm/r)；进给速度是单位时间内工件与铣刀沿进给方向的相对位移量(mm/min)。

进给量与进给速度是数控铣床加工切削用量中的重要参数，铣削的进给速度与铣刀的转速 n、铣刀齿数 z 及每齿进给量 f_z 有关，它们的关系为：

$$v_f=f_z\times z\times n$$

每齿进给量的选取主要取决于工件的表面粗糙度和加工精度要求、刀具和工件材料等因素。

工件材料的强度和硬度越高，f_z 就越小；工件表面质量要求越高，f_z 就越小。

硬质合金铣刀的每齿进给量高于同类高速钢铣刀，每齿进给量可参考表 8-8 选取。工件刚性差或刀具强度低时，应取小值。

表 8-8　每齿进给量的选择

工件材料	每齿进给量/(mm/z)			
	粗铣		精铣	
	高速钢铣刀	硬质合金铣刀	高速钢铣刀	硬质合金铣刀
钢	0.10～0.15	0.10～0.25	0.02～0.05	0.10～0.15
铸铁	0.12～0.20	0.15～0.30		

(3) 切削速度 v_c 的选择。

根据已经选定的背吃刀量、进给量及刀具耐用度选择切削速度。切削速度可用经验公式计算，也可根据生产实践经验，在机床说明书允许的切削速度范围内查阅有关切削用量手册或参考表 8-9 选取。

表 8-9　切削速度的选择

工件材料	硬度/HBS	切削速度 v_c/(m/min)	
		高速钢铣刀	硬质合金铣刀
钢	225	18～42	66～150
	225～325	12～36	54～120
	325～425	6～21	36～75
铝镁合金	95～100	180～300	360～600
铸铁	190	21～36	66～150
	190～260	9～18	45～90
	260～320	4.5～10	21～30

8.5.2 数控铣床编程基础

1. 坐标系和坐标原点

参考原点是基本坐标系的参考点，是机械回归的固定点。机械坐标原点是机床上的固定坐标系原点，一般设在刀具交换处。工件坐标系是程序编写时使用的坐标系。多工件坐标系用于多工件加工。局部坐标系提供了工件局部加工要素程序编写的方便。图 8-24 所示为铣削加工坐标系关系示意图。

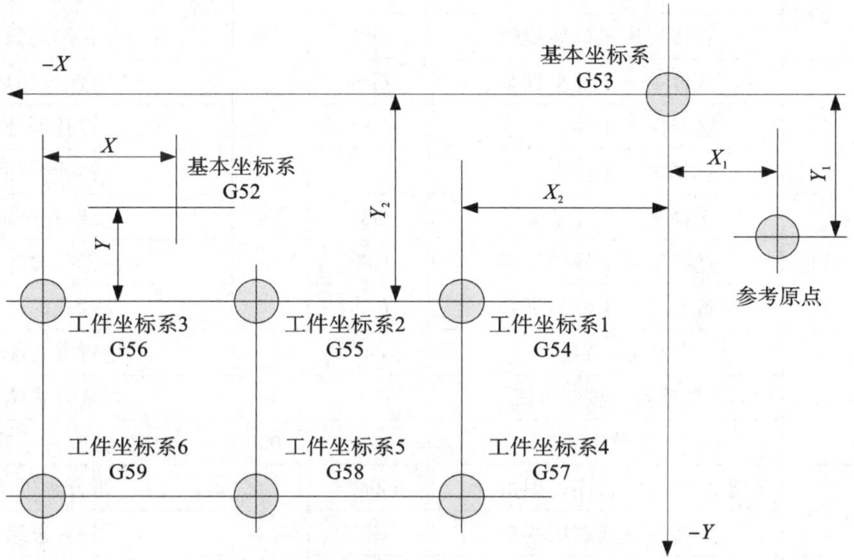

图 8-24 铣削加工坐标系关系示意图

2. 数控铣常用 G 代码及 M 代码

以华中世纪星(HNC-21/22M)数控系统为例，介绍常用的 G 代码及 M 代码，见表 8-10 和表 8-11。

表 8-10 常用 G 代码表

G 代码	组别	功能	G 代码	组别	功能
G00	01	快速点定位	G20	08	用英制尺寸输入
G01*		直线插补(进给速度)	G21*		用公制尺寸输入
G02		圆弧/螺旋线插补(顺圆)	G22		用脉冲当量输入
G03		圆弧/螺旋线插补(逆圆)	G24	03	镜像开
G04	00	暂停	G25		镜像关
G07	16	虚轴指定	G28	00	返回参考点
G09	00	准停校验	G29		从参考点返回
G17*	02	选择 *XY* 平面	G40*	09	刀具半径补偿撤销
G18		选择 *ZX* 平面	G41		刀具半径左补偿
G19		选择 *YZ* 平面	G42		刀具半径右补偿

续表

G代码	组别	功能	G代码	组别	功能
G43	10	刀具长度正补偿	G73	06	深孔钻削循环
G44		刀具长度负补偿	G74		反攻螺纹循环
G49*		刀具长度补偿撤销	G76		精镗循环
G50*	04	比例功能撤销	G80*		撤销固定循环
G51		比例功能	G81		定心钻循环
G52	00	局部坐标系设定	G82		钻孔循环
G53		直接机床坐标系编辑	G83		深孔钻削循环
G54*	11	选择第一工件坐标系	G84		攻螺纹循环
G55		选择第二工件坐标系	G85		镗孔循环
G56		选择第三工件坐标系	G86		镗孔循环
G57	11	选择第四工件坐标系	G87		反镗孔循环
G58		选择第五工件坐标系	G88		镗孔循环
G59		选择第六工件坐标系	G89		镗孔循环
G60	12	单方向定位	G90*	13	绝对方式编程
G61*		精确停止校验方式	G91		增量方式编程
G64		连续方式	G92	00	工件坐标系设定
G65	06	宏程序及宏程序调用指令	G94*	14	每分钟进给
G67		宏程序模式调用取消	G95		每转进给
G68	13	坐标旋转指令	G98*		孔加工固定循环返回起始点
G69		坐标旋转撤销	G99		孔加工固定循环返回 R 点

注:00组中的G代码是非模态的,其他组的代码是模态的;标“*”者为默认。

表8-11　辅助功能常用M代码

M指令	模态	功能	M指令	模态	功能
M00	非模态	程序暂停	M07	模态	切削液开
M02	非模态	主程序结束	M09	模态	切削液关
M03	模态	主轴正转启动	M30	非模态	主程序结束返回程序起点
M04	模态	主轴反转启动	M98	非模态	调用子程序
M05	模态	主轴停转	M99	非模态	子程序调用结束
M06	非模态	换刀			

8.5.3　数控铣编程实例

已知泵体零件如图8-25所示,工件材料为45钢,该零件上、下表面均已加工过,现要求用数控铣床加工出其余表面。

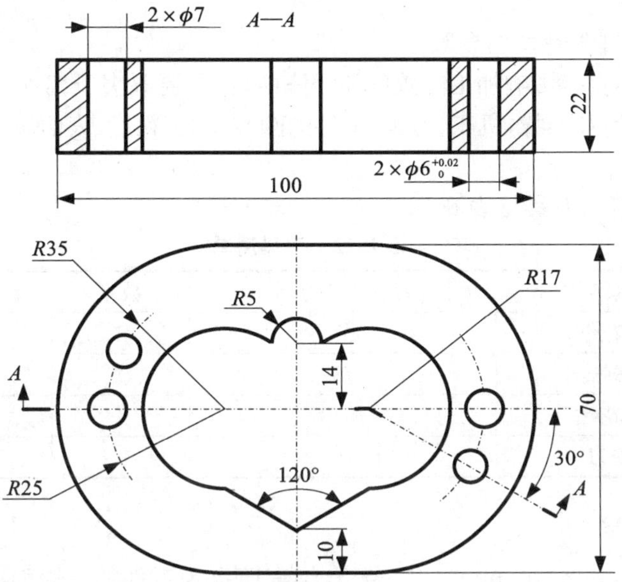

图 8-25 泵体

1. 加工工艺分析与设计

1）零件图工艺分析

在进行工艺分析时，主要从精度、效率两个方面考虑。理论上的加工工艺必须达到图纸要求，且能充分合理地发挥机床功能。

(1) 图纸分析。

图纸分析主要包括零件轮廓形状、尺寸精度、技术要求和定位基准等。

从零件图可以看出，零件轮廓形状与凸轮相似。图中尺寸精度和表面粗糙度要求较高的是两个定位孔，在加工过程中应重点保证。

(2) 确定定位基准。

在铣床上加工工件时，工件的定位仍遵守六点定位原则。在选择定位基准时，要全面考虑各个工件的加工情况，保证工件定位准确、装卸方便，能迅速地完成工件的定位和夹紧，保证各项加工的精度，应尽量选择工件上的设计基准作为定位基准。根据以上原则和图纸分析，首先以上面为定位基准加工底面，然后，以底面和外圆定位，一次装夹，将所有表面和轮廓全部加工完成，这样就可以保证图纸要求的尺寸精度。

2）工件的装夹

铣床采用工序集中的原则加工工件，工件在一次装夹中，可连续地对几个待加工表面自动完成铣、钻、扩、镗、攻丝等粗精加工。对于批量生产和特殊的加工应设计专用夹具，一般工件使用通用夹具装夹。压板装夹工件时，夹紧点要尽量接近支承点，避免把夹紧力加在无支承的区域内；平口虎钳装夹工件时，应首先找正虎钳固定钳口，注意工件应安装在钳口中间部位，工件被加工部位要高出钳口，避免刀具与钳口发生干涉，夹紧工件时注意工件上浮。现加工的汞体零件外形简单，采用平口虎钳装夹。

3）确定编程原点、编程坐标系、对刀位置及对刀方法

根据工艺分析，工件坐标点 X0、Y0 设在基准上的面的中心，Z0 点设在上表面。编程原点确定后，编程坐标、对刀位置与工件坐标原点重合，对刀方法可根据机床选择，这里选择手

动对刀。

4）确定加工所用各种工艺参数

切削条件的好坏直接影响加工的效率和经济性，这主要取决于编程人员的经验，工件的材料及性质，刀具的材料及形状，机床、刀具、工件的刚性，加工精度、表面质量要求，冷却系统等。

5）刀具的选择

加工此零件所需的刀具见表 8-12。

表 8-12　刀具清单

编号	刀具名称	刀具规格/mm	数量	用途
1	麻花钻	$\phi7$	1	钻孔
2	键槽铣刀	$\phi8$	1	铣内轮廓
3	麻花钻	$\phi5.8$	1	钻孔
4	铰刀	$\phi6$	1	铰孔

2. 编写加工程序

毛坯材料（102 mm×102 mm×25 mm），编程原点为零件的上表面中心位置。加工程序如下：

主程序：

```
O1101;(钻 ϕ7 孔)
G80 G90 G40 G49;
G54 G00 X0 Y0;
Z100;
M03 S600;
G99 G83 X-40 Y0 Z-23 R5 Q3 F40;
X40 Y0;
G80 G00 X0 Y0 Z100 M05;
M30;

O1102;(铣内轮廓)
G80 G90 G40 G49;
G55 G00 X0 Y0;
Z100;
M03 S800;
G00 Z5;
G01 Z0 F40;
M98 P1201  L3;
G01 Z5 F40;
G00 Z100;
M30;
```

子程序：

```
O1201;
G91 G01 Z-2 F40;
G90 G42 G01 X-5 Y13.75 D01 F120;
G02 X5 Y13.75 R5;
```

```
X15 Y-17 R-17;
G01 X0 Y-25.66;
X-15 Y-17;
G02 X-5 Y13.75 R-17;
G01 G40 X0 Y0;
M99;

O1103;(钻ϕ6孔至ϕ5.8)
G80 G90 G40 G49;
G56 G00 X0 Y0;
Z100;
M03 S600;
G99 G83 X-36.65 Y12.5 Z-23 R5 Q3 F40;
X36.65 Y-12.5;
G80 G00 X0 Y0 Z100 M05;
M30;

O1104;(铰孔至ϕ6)
G80 G90 G40 G49;
G57 G00 X0 Y0;
Z100;
M03 S600;
G99 G81 X-36.65 Y12.5 Z-23 R5 F40;
X36.65 Y-12.5;
G80 G00 X0 Y0 Z100 M05;
M30;
```

3. 零件的仿真加工

(1) 进入数控铣削仿真软件;
(2) 选择机床、数控系统并开机;
(3) 机床各轴回参考点;
(4) 定义毛坯并安装工件;
(5) 安装刀具并对刀;
(6) 输入加工程序,并检查调试;
(7) 手动移动刀具,使其退到距离工件较远处;
(8) 进行程序校验和修改;
(9) 自动加工;
(10) 测量工件,优化程序。

4. 零件的实操加工

(1) 机床开机并正确选择安装刀具;
(2) 机床各轴回参考点;
(3) 安装工件;
(4) 完成对刀操作;
(5) 输入加工程序,并注意检查正误。

8.6 自动编程技术简介

自动编程是指在计算机及相应的软件系统的支持下，自动生成数控加工程序的过程。除分析零件图样和制定工艺方案由人工进行外，其余均由计算机自动完成，故自动编程又称计算机辅助编程，它充分利用了计算机快速运算和存储的功能。

自动编程流程如图 8-26 所示。编程人员将零件形状、几何尺寸、刀具路线、工艺参数、机床特征等，按一定的格式和方法输入计算机内，再由自动编程软件对这些输入信息进行编译、计算等处理，生成刀具路径文件和机床的数控加工程序，通过通信接口将数控加工程序送入机床数控系统以备加工用。对形状复杂，比如具有非圆曲线轮廓、三维曲面等零件编写数控加工程序时，采用自动编程方法效率高，可靠性好。

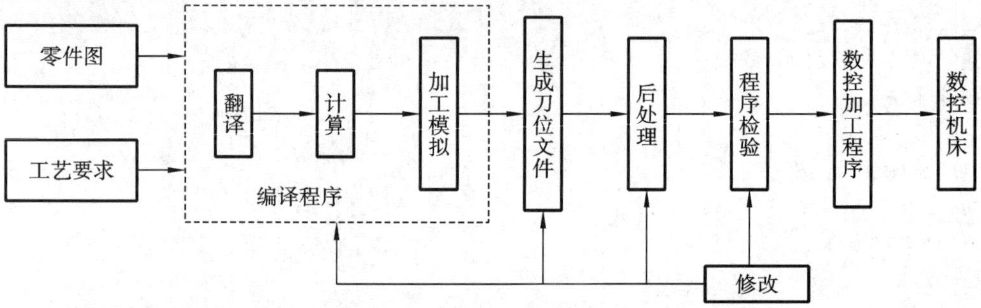

图 8-26 自动编程流程图

8.6.1 自动编程的发展和特点

1. 自动编程的发展

随着微电子技术和 CAD 技术的发展，为降低编程难度、提高效率、减少和避免程序错误，自动编程技术不断发展，大约经历了以下几个阶段：

(1) 20 世纪 50 年代，美国麻省理工学院(MIT)开发 APT 语言；

(2) 20 世纪 60 年代，MIT 组织美国各大飞机公司共同开发 APTⅡ、APTⅢ；

(3) 20 世纪 70 年代，出现基于 APTⅢ的 APT-Ⅳ、APT-AC；

(4) APT 衍生出其他语言，如 ADAPT、EXAPT、HAPT、FAPT、IFAPT 等；

(5) 20 世纪 80 年代以后，各种不同的 CAD/CAM 集成数控编程系统发展起来。

自动编程是借助计算机和 CAD/CAM 自动编程系统软件进行的数控加工编程方法。在进行自动编程时，大部分编程工作由计算机完成，这不但提高了编程效率，也解决了手工编程无法解决的复杂零件加工编程问题。自动编程系统的功能对编程的质量和效率来说是至关重要的。自动编程系统技术水平的提高是数控技术发展的重要方面。

2. 自动编程的特点

使用计算机(或编程机)进行数控加工程序编制工作，即由计算机(或编程机)自动地进行数值计算，编写零件加工程序单，自动地打印输出加工程序单，并将程序记录到控制介质上。数控机床的程序编制工作的大部分或全部由计算机(或编程机)完成的过程，即为自动程序编制。

自动编程是通过数控自动程序编制系统实现的。自动编程系统由硬件及软件两个部分组成。硬件主要有计算机、绘图机、打印机及其他一些外围设备;软件即计算机编程系统,又称编译软件。

与手工编程相比,自动编程具有如下特点。

(1) 数学处理能力强。对轮廓形状不是由简单的直线、圆弧组成的复杂零件,特别是异形轮廓零件,以及几何要素虽不复杂,但数控加工程序量很大的零件,计算相当烦琐,采用手工程序编制是难以完成的。

(2) 能快速、自动生成数控加工程序。自动编程在完成计算刀具运动轨迹之后,后置处理程序能在极短的时间内自动生成数控加工程序,且该数控加工程序不会出现语法错误。当然,自动生成程序的速度还取决于计算机硬件的档次,档次越高,速度越快。

(3) 后置处理程序灵活多变。自动生成适用于不同数控机床的数控加工程序,灵活多变,可以适应不同的数控机床。

(4) 程序自检、纠错能力强。自动编程能够借助计算机在屏幕上对数控加工程序进行动态模拟,连续、逼真地显示刀具加工轨迹和零件加工轮廓,发现问题并及时修改,快速又方便。

(5) 便于实现与数控机床系统的通信。自动编程可以把自动生成的数控加工程序经通信接口直接输入数控系统,控制数控机床加工。可以做到边输入边加工,不必忧虑数控系统内存不够大,免除了将数控加工程序分段。

8.6.2 自动编程的步骤

1. 分析加工零件

(1) 根据被加工零件的图样和数控加工工艺要求,分析待加工表面,确定所需的机床设备及零件的加工方法、装夹方法和工夹量具。

(2) 确定编程原点及编程坐标系。一般根据零件的基准位置以及待加工表面的几何形态,在零件毛坯上选择一个合适的编程原点及编程坐标系,设置加工零件毛坯尺寸,确定对刀点和刀具原点位置。

2. 几何造型

利用 CAD/CAM 软件的曲线造型、曲面造型、实体造型等功能绘制零件加工图形,与此同时,在计算机内自动生成零件的图形文件,作为下一步刀具轨迹设计的依据。

3. 确定刀具和加工参数

确定所需刀具数量、刀具种类,设置刀具参数和走刀路线;设置不同加工种类的特性参数。

4. 生成刀具轨迹并做适当编辑与修改

根据所选择的刀具和加工参数,系统自动生成刀具轨迹,对于刀具轨迹不合适的地方,要用人机交互方式进行编辑和修改。刀具轨迹计算的结果存放在刀位源文件之中。

5. 刀具轨迹模拟与验证

利用 CAD/CAM 软件的刀具轨迹验证功能,可以对可能过切、干涉与碰撞的刀位点进行检验。

6. 后置处理

运行数控编程系统提供的后置处理程序,生成加工程序单。

8.6.3 数控系统编程介绍

1. CAD/CAM 系统的功能

在进行自动编程的时候，一个典型的 CAD/CAM 集成系统具备以下几项功能：

(1) 造型设计功能，包括二维草图、曲面、实体和特征的设计。对于型腔模具 CAD/CAM 集成数控编程系统来说，型腔和型芯自动生成具有重要意义。

(2) 在三维几何造型设计的基础上，自动生成二维工程图的功能。对于单一功能的数控编程系统，二维工程图功能不一定是必需的。

(3) 数控加工编程、刀具轨迹生成、刀具轨迹编辑、刀具轨迹验证和通用后置处理等功能。

2. CAXA 数控车自动编程的基本步骤

1) CAXA 系统的编程基本步骤

①理解图纸；

②建立加工图形或通过数据接口读入加工图形；

③确定加工工艺(夹具、刀具等)；

④生成刀具轨迹；

⑤后期处理生成 NC 代码；

⑥输出加工代码。

2) 零件加工程序的评价

一个零件的加工程序绝不是唯一的，诸多程序(方案)中，肯定有最优的。对零件加工程序可从以下方面评价：

①程序是正确的，零件加工质量稳定。

②程序方便调试和修改，程序的可读性好。

③程序的稳定性好。

④充分发挥系统功能，程序最短。

⑤程序的通用性好。若有系列零件，则只需编一种，其余只要修改关键尺寸，程序即可使用。

⑥编程成本低。为编出某一程序，所花的人工费用和机器费用要低。当然，人工成本与编程人员的熟练程度有关，不便量化。但是只需一个计算器和一台计算机辅助编程系统，成本是可比的，具体的零件要根据实际情况决定。在实际编程中要有优化意识，尤其是用 CAXA 编制的零件加工程序，由于 CAXA 的后置处理功能比较弱，更应该进行优化。

3) CAXA 编制的零件加工程序的优化

由于 CAXA 具有很强的图形数学处理功能，免去了手工编程中烦琐的数学计算。由于数控系统及机床各异，CAXA 的后置处理尽管有专用后置或万能后置，但与机床数控系统功能相比，仍有相当大的差距。在实际使用中，若要既充分发挥 CAXA 的优点，又避免 CAXA 不足，充分发挥数控系统的功能和利用操作者的实践经验，就需要对用 CAXA 编制的零件加工程序进行优化，编出高水准的零件加工程序。

4) 加工代码输出(通信)

生成数控指令之后，可通过计算机的标准接口与机床直接连通。CAXA 数控车可以提供我们自己开发的通信软件，完成通过计算机的串口或并口与机床连接，将数控加工代码传输到数控机床，控制机床各坐标的伺服驱动系统，驱动机床。

数控加工实习工作页

<table>
<tr><td colspan="2">任务单</td></tr>
<tr><td>学习情境</td><td>螺帽加工</td></tr>
<tr><td>任务布置</td><td>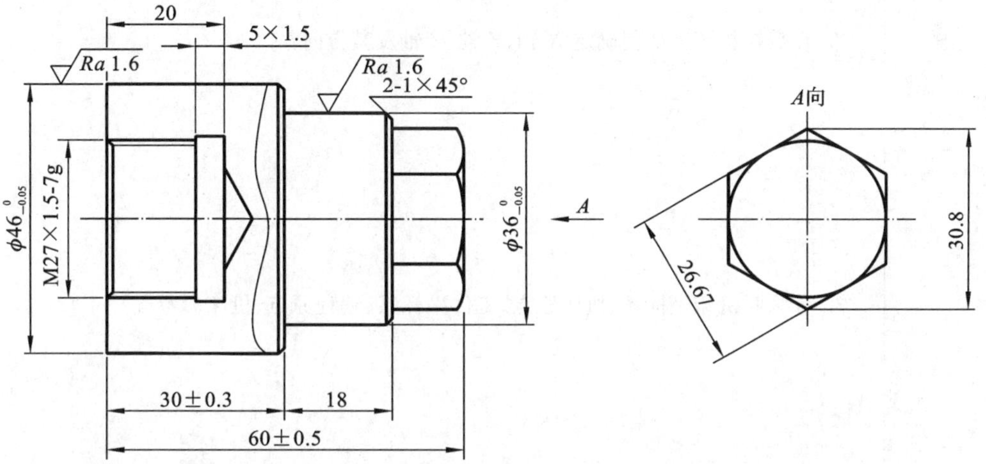

对照零件图纸，选择合适的毛坯完成螺帽加工，对工件进行测量，使达到该图纸的要求。</td></tr>
<tr><td>学习目标</td><td>通过数控加工实习教学环节：
1. 了解数控车床、数控铣床的组成及功能，掌握数控机床工作原理、坐标系统；
2. 熟悉数控编程基础，理解 G、F、T、M 代码的功能；
3. 掌握数控车床和数控铣床操作面板上各个功能键的功能；
4. 掌握数控车床和数控铣床对刀操作方法；
5. 能独立完成简单零件的手动编程、操作数控机床，完成零件加工；
6. 强化遵守劳动纪律，培养工匠精神和团队精神，提高动手能力；
7. 加深对数控技术的理解，熟悉数控的基本加工工艺过程，以便在今后产品开发和制造过程中应用数控技术。</td></tr>
<tr><td>实习要求</td><td>1. 遵守数控加工安全操作规程；
2. 加工时必须做到安全文明生产；
3. 要相互协作，以小组的形式进行学习、讨论、操作、总结；
4. 遵守实训基地各项管理规章制度，不迟到、不早退，不允许在车间内打闹；
5. 独立完成零件分析、工艺分析和程序编写，在指导老师的监督下方可加工；
6. 本学习情境完成后需要上交加工零件一个；
7. 对自己加工的零件能够进行独立分析，完成简单的口试作答。</td></tr>
</table>

咨询单	
咨询方式	查阅书籍、观察实物、利用多媒体资源学习。
咨询问题	1. 数控机床加工的特点是什么？与普通机床加工有何不同？ 2. 在数控机床上如何确定 X 轴、Y 轴、Z 轴及其方向？ 3. 什么叫机床坐标系、机床原点、工件坐标系、编程原点、机床参考点？ 4. G 指令、F 指令、M 指令、T 指令、S 指令的基本功能各是什么？ 5. 简述数控加工的一般操作步骤。

续表

咨询问题	6. 数控铣床一般由哪几部分组成？ 7. 什么是刀具半径补偿？ 8. 说明 G00、G01、G02、G03、G54、G71、G73、G33、G91 指令的含义。 9. 什么是换刀点？设置换刀点时要注意什么？ 10. 数控加工为什么要对刀？对刀点设置的原则是什么？如何对刀？

决策单			
决策方式	由小组讨论制定完成本小组的加工方案及实施计划。		
加工方案			
实施计划			
小组成员（签字）		小组长（签字）	

<table>
<tr><td colspan="7">工具清单</td></tr>
<tr><td>项目</td><td>序号</td><td>名称</td><td>作用</td><td>数量</td><td>规格</td><td>备注</td></tr>
<tr><td rowspan="8">设备清单</td><td></td><td></td><td></td><td></td><td></td><td></td></tr>
<tr><td></td><td></td><td></td><td></td><td></td><td></td></tr>
<tr><td></td><td></td><td></td><td></td><td></td><td></td></tr>
<tr><td></td><td></td><td></td><td></td><td></td><td></td></tr>
<tr><td></td><td></td><td></td><td></td><td></td><td></td></tr>
<tr><td></td><td></td><td></td><td></td><td></td><td></td></tr>
<tr><td></td><td></td><td></td><td></td><td></td><td></td></tr>
<tr><td></td><td></td><td></td><td></td><td></td><td></td></tr>
<tr><td rowspan="8">刀具清单</td><td>序号</td><td>名称</td><td>作用</td><td>数量</td><td>规格</td><td>备注</td></tr>
<tr><td></td><td></td><td></td><td></td><td></td><td></td></tr>
<tr><td></td><td></td><td></td><td></td><td></td><td></td></tr>
<tr><td></td><td></td><td></td><td></td><td></td><td></td></tr>
<tr><td></td><td></td><td></td><td></td><td></td><td></td></tr>
<tr><td></td><td></td><td></td><td></td><td></td><td></td></tr>
<tr><td></td><td></td><td></td><td></td><td></td><td></td></tr>
<tr><td></td><td></td><td></td><td></td><td></td><td></td></tr>
<tr><td rowspan="8">工具清单</td><td>序号</td><td>名称</td><td>作用</td><td>数量</td><td>规格</td><td>备注</td></tr>
<tr><td></td><td></td><td></td><td></td><td></td><td></td></tr>
<tr><td></td><td></td><td></td><td></td><td></td><td></td></tr>
<tr><td></td><td></td><td></td><td></td><td></td><td></td></tr>
<tr><td></td><td></td><td></td><td></td><td></td><td></td></tr>
<tr><td></td><td></td><td></td><td></td><td></td><td></td></tr>
<tr><td></td><td></td><td></td><td></td><td></td><td></td></tr>
<tr><td></td><td></td><td></td><td></td><td></td><td></td></tr>
<tr><td rowspan="8">量具清单</td><td>序号</td><td>名称</td><td>作用</td><td>数量</td><td>规格</td><td>备注</td></tr>
<tr><td></td><td></td><td></td><td></td><td></td><td></td></tr>
<tr><td></td><td></td><td></td><td></td><td></td><td></td></tr>
<tr><td></td><td></td><td></td><td></td><td></td><td></td></tr>
<tr><td></td><td></td><td></td><td></td><td></td><td></td></tr>
<tr><td></td><td></td><td></td><td></td><td></td><td></td></tr>
<tr><td></td><td></td><td></td><td></td><td></td><td></td></tr>
<tr><td></td><td></td><td></td><td></td><td></td><td></td></tr>
</table>

程序卡			
程序号		编制日期	
序号	程序内容	程序说明	

程序卡			
程序号		编制日期	
序号	程序内容	程序说明	

程序卡			
程序号		编制日期	
序号	程序内容	程序说明	

<table>
<tr><td colspan="6">实施单(工序单)</td></tr>
<tr><td>实施方式</td><td colspan="5">按小组讨论的加工方案和实施计划,小组成员单独实施,填写此单。</td></tr>
<tr><td>序号</td><td colspan="3">实施步骤(工序过程)</td><td>使用资源</td><td>完成时间</td></tr>
<tr><td>1</td><td colspan="3"></td><td></td><td></td></tr>
<tr><td>2</td><td colspan="3"></td><td></td><td></td></tr>
<tr><td>3</td><td colspan="3"></td><td></td><td></td></tr>
<tr><td>4</td><td colspan="3"></td><td></td><td></td></tr>
<tr><td>5</td><td colspan="3"></td><td></td><td></td></tr>
<tr><td>6</td><td colspan="3"></td><td></td><td></td></tr>
<tr><td>7</td><td colspan="3"></td><td></td><td></td></tr>
<tr><td>8</td><td colspan="3"></td><td></td><td></td></tr>
<tr><td>实施说明</td><td colspan="5"></td></tr>
<tr><td rowspan="2">学生自评</td><td>得分</td><td>学生签名</td><td rowspan="2">小组互评</td><td>得分</td><td>组长签名</td></tr>
<tr><td></td><td></td><td></td><td></td></tr>
</table>

实施过程记录	
原图照片	
加工过程照片 重要步骤	
完成效果照片	

检查单				
检查项目	序号	检查内容	学生自检	备注
符合图纸性检测				
工具、设备的使用与维护	1	正确、规范使用工具、量具、刃具，合理保养与维护工具、量具、刃具		
	2	正确、规范使用设备，合理保养与维护设备		
	3	操作姿势正确，动作规范		
安全及其他	1	安全文明生产，按国家颁布的有关法规或企业自定的有关规定执行		
	2	操作方法及工艺规程正确		

实习报告
写一篇 800 字左右的实习报告(内容含:分析问题和解决问题以及创新的能力,对数控加工实习安排的要求和对老师的教学方法建议,数控加工实习的心得体会等)

<table>
<tr><th colspan="6">评价单</th></tr>
<tr><th>评价类别</th><th>项目</th><th>内容</th><th>个人评价</th><th>小组互评</th><th>教师评价</th></tr>
<tr><td rowspan="14">专业能力
(70%)</td><td rowspan="2">咨询(5%)</td><td>搜集信息(3%)</td><td></td><td></td><td rowspan="2"></td></tr>
<tr><td>引导问题回答(2%)</td><td></td><td></td></tr>
<tr><td rowspan="2">计划(5%)</td><td>计划可执行度(3%)</td><td></td><td></td><td rowspan="2"></td></tr>
<tr><td>材料工具安排(2%)</td><td></td><td></td></tr>
<tr><td rowspan="7">实施(50%)</td><td>工作步骤执行(5%)</td><td></td><td></td><td rowspan="7"></td></tr>
<tr><td>功能实现(10%)</td><td></td><td></td></tr>
<tr><td>使用工具规范性(10%)</td><td></td><td></td></tr>
<tr><td>操作过程规范性(10%)</td><td></td><td></td></tr>
<tr><td>文明生产(6%)</td><td></td><td></td></tr>
<tr><td>安全保护(6%)</td><td></td><td></td></tr>
<tr><td>环境保护(3%)</td><td></td><td></td></tr>
<tr><td rowspan="3">检查(10%)</td><td>全面性、准确性(3%)</td><td></td><td></td><td rowspan="3"></td></tr>
<tr><td>异常情况排除(2%)</td><td></td><td></td></tr>
<tr><td>结果质量(5%)</td><td></td><td></td></tr>
<tr><td rowspan="3">社会能力
(20%)</td><td>组织能力(6%)</td><td>组织协调表现(6%)</td><td></td><td></td><td rowspan="3"></td></tr>
<tr><td>团结协作(6%)</td><td>合作配合状况(6%)</td><td></td><td></td></tr>
<tr><td>敬业精神(8%)</td><td>持之以恒、吃苦耐劳(8%)</td><td></td><td></td></tr>
<tr><td>方法能力
(5%)</td><td>计划决策(5%)</td><td>/</td><td></td><td></td><td rowspan="2"></td></tr>
<tr><td>实训报告
(5%)</td><td>/</td><td>/</td><td></td><td></td></tr>
<tr><td rowspan="3">评价评语</td><td rowspan="2">最终成绩
(平均分)</td><td rowspan="2"></td><td>得分</td><td></td><td></td></tr>
<tr><td>签字栏</td><td></td><td></td></tr>
<tr><td colspan="5">教师评语：

____年____月____日</td></tr>
</table>

拓展训练(1)

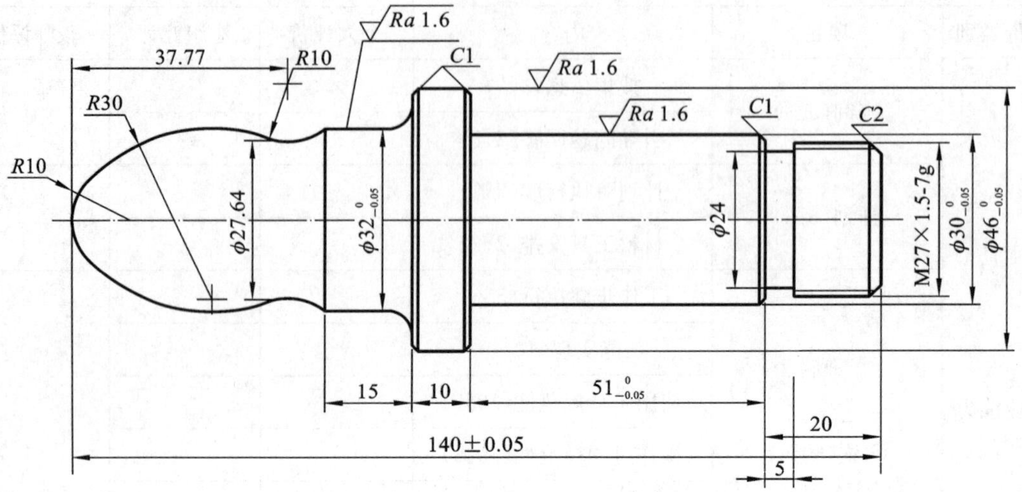

37.77
R10
R30
R10
Ra 1.6
C1
Ra 1.6
Ra 1.6
C1
C2
φ27.64
φ32 0 -0.05
φ24
M27×1.5-7g
φ30 0 -0.05
φ46 0 -0.05
15
10
51 0 -0.05
20
140±0.05
5

拓展训练(2)

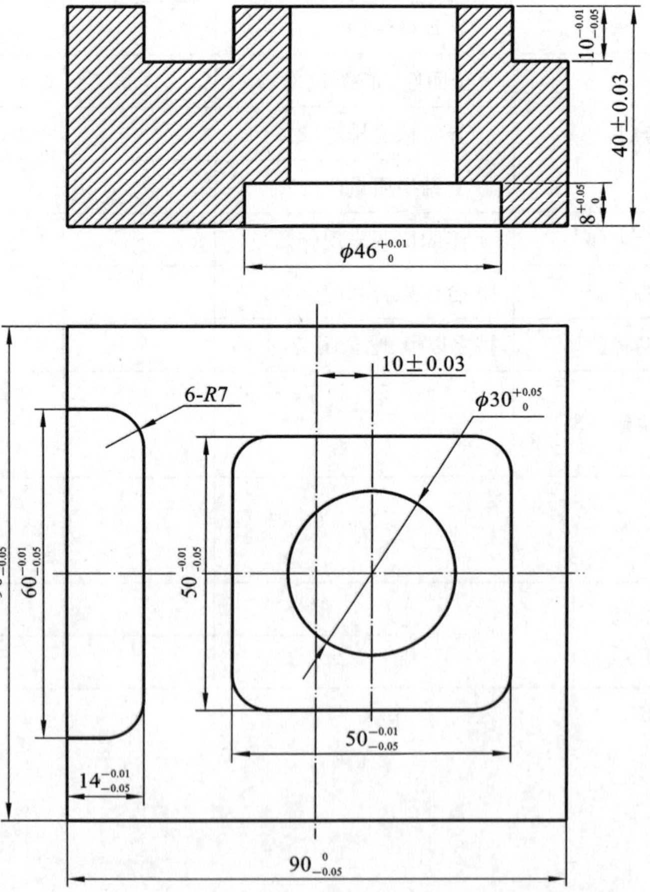

10 -0.01 -0.05
40±0.03
8 +0.05 0
φ46 +0.01 0
10±0.03
6-R7
φ30 +0.05 0
90 0 -0.05
60 -0.01 -0.05
50 -0.01 -0.05
50 -0.01 -0.05
14 -0.01 -0.05
90 0 -0.05

续表

拓展训练(3)

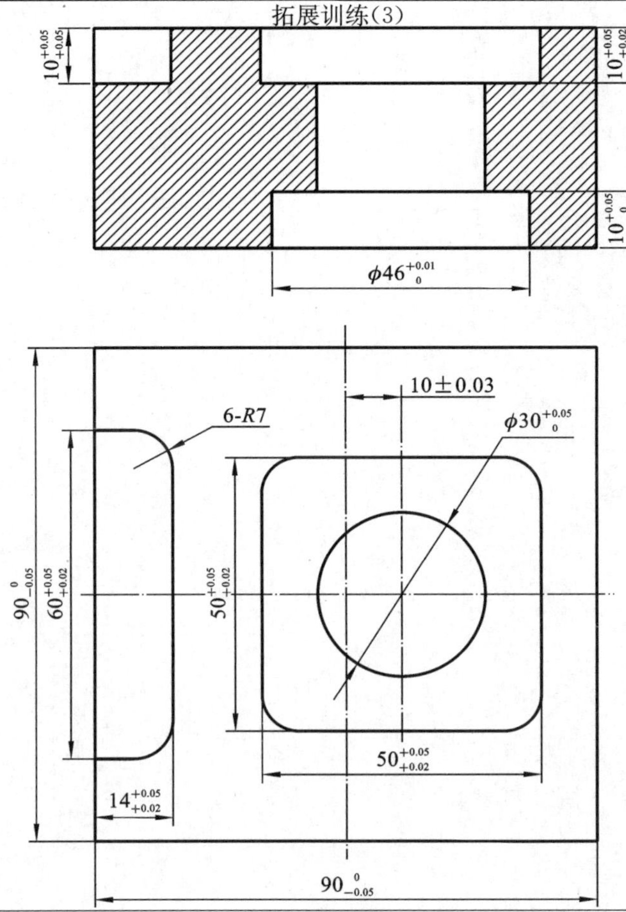
10+0.05 +0.05
10+0.05 +0.02
40±0.03
10+0.05 0
φ46+0.01 0
10±0.03
6-R7
φ30+0.05 0
90 0 −0.05
60+0.05 +0.02
50+0.05 +0.02
50+0.05 +0.02
14+0.05 +0.02
90 0 −0.05

装配图

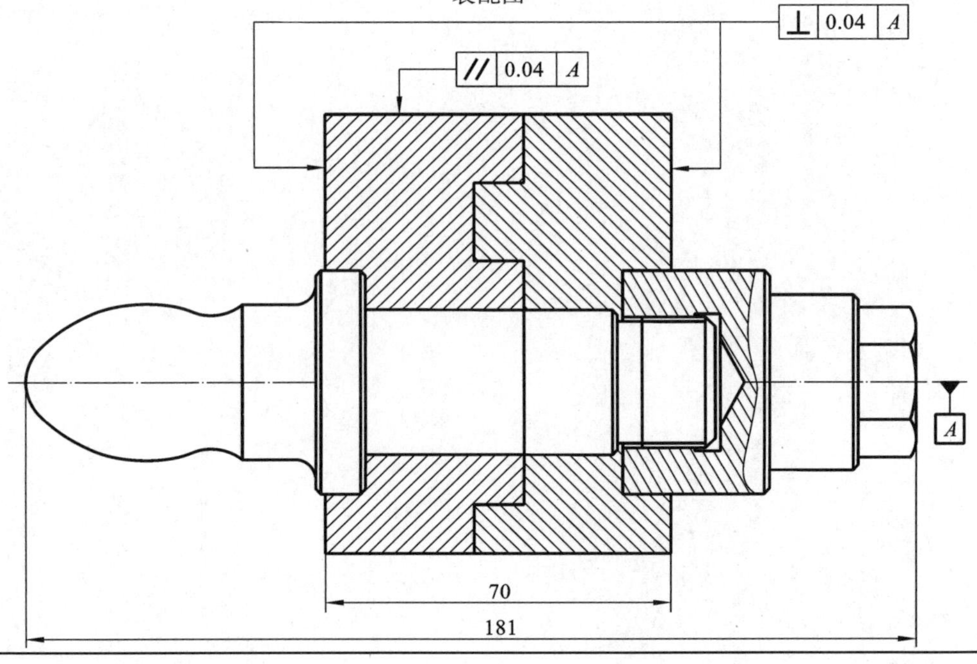
⊥ 0.04 A
// 0.04 A
A
70
181

第 9 章

电火花加工实习

9.1 电火花加工技术概述

9.1.1 电火花加工概念

电火花加工是一种在具有一定绝缘性能的液体介质(如煤油、机械油)中,通过工具电极和工件之间的脉冲放电的电蚀作用,对工件进行加工的方法。电火花加工可以加工用普通机械加工方法难以加工或无法加工的高硬度导电材料,加工精度高,很适合用于模具加工。加工时,工具电极与工件不直接接触,没有机械切削力,因此电火花加工适用于低刚度工件和细微加工。此外,电火花加工还可以用于加工零件小孔、窄缝等机械加工难以实现的工序。因此,电火花加工已广泛应用于精密机械、汽车、拖拉机、仪器仪表、电机电器等机械制造行业。按加工过程中工具电极与工件相对运动的方式和用途的不同,电火花加工方法可分为电火花穿孔成形加工、电火花线切割、共轭回转式电火花加工、电火花磨削、电火花表面强化和刻字五大类。前四类属电火花成形尺寸的加工方法;后者属表面的加工方法,用于改善或改变零件表面的性质。其中,以电火花穿孔成形加工机床和电火花线切割机床应用最为广泛,占电火花机床总数的 90%左右。

9.1.2 电火花加工安全操作规程

(1) 操作者必须熟悉机床的操作技术,开机前应按设备润滑要求,对机床有关部位注油润滑(润滑油必须符合机床说明书的要求)。操作者必须熟悉线切割加工工艺,恰当地选取加工参数,按操作顺序操作,防止造成断丝等故障。

(2) 装卸电极丝时,注意防止电极丝扎手。换下来的废丝要注意放好,防止混入电路和走丝系统中造成电气短路、触电和断丝等事故。注意防止因储丝筒惯性造成断丝及传动件碰撞。为此,停机时,要在储丝筒刚换向后尽快按下停止按钮。

(3) 装夹、测量工件以及装调储丝筒时要停机进行,使用机床前必须先检查电源连接线、控制线及电源电压,检查 X、Y、U、V 各轴是否在行程范围内。正式加工工件之前,应确认工件位置已安装正确,防止碰撞线架和因超程撞坏丝杠、螺母等传动部件。

(4) 参加实习的学生必须在指导老师指导下使用机床,任何人使用机床时必须遵守安全操作规程,且机床使用完毕后,要做好记录并签名。

(5) 用计算机时,不能编入与实习或使用机床无关的程序,不允许改变机器内部命令程序,不允许违反上机操作规则,不得随意改动控制系统、编程系统的技术参数。

(6) 机床附近不得放置易燃、易爆物品,防止因工作液一时供应不足产生的放电火花引起事故。

（7）在检修机床、机床元件、脉冲电源、控制系统时，应注意适当地切断电源，防止触电和损坏电路元件。尽量消除工件的残余应力，防止切割过程中工件爆炸伤人。加工之前应安装好防护罩。

（8）定期检查机床的保护接地是否可靠，注意各部件是否漏电，尽量采用触电开关。不可用手或手持导电工具同时接触脉冲的两输出端（床身与工件），以防触电。

（9）禁止用湿手按开关或接触电气部分。防止工作液等导电物进入电气部分，一旦发生故障，应首先切断电源，并立即报告现场指导老师，勿带故障操作和擅自处理，现场指导老师应做好相关记录。

（10）在机床实操时，只允许一名学员单独操作，其余学员等候轮流上机，同组同学要注意工作场所的环境，互相关照，互相提醒，不要打闹嬉戏，防止发生人员和设备的安全事故。

（11）工作结束后，关掉总电源，任何人在使用设备后都应把工具、夹具、量具、材料整理好，并做好设备的清洁和日常设备维护工作。

（12）要保持工作环境的卫生清洁，每天下班前，要清理工作场所，以及做好每天必须要做的防火、防盗工作。

9.2 电火花成形加工

9.2.1 电火花成形加工的基本原理

图 9-1 所示为电火花成形加工原理及设备组成。工件和工具电极分别与脉冲电源的输出端相连接。自动进给调节装置（此处为液压缸）使工具电极和工件之间始终保持一定的放电间隙（0.01～0.2 mm）。脉冲电压加到两极之间，便在当时条件下在间隙最小处或绝缘强度最低处击穿工作介质，在该局部产生火花放电，瞬时高温（10 000～12 000 ℃）使工件形成一个小凹坑，如图 9-2(a)所示。脉冲放电结束后，经过一段时间间隔（即脉冲间隔），使工件液恢复绝缘后，第二个脉冲电压又加到两极上，又会在间隙最小处击穿放电，电蚀出一个小凹坑，这样随着高的频率连续不断地重复放电，工具电极不断地向工件进给，就可将工具电极的形状复制到工件上，加工出所需要的工件，整个加工表面由无数个极细微的小凹坑组成，如图 9-2(b)所示。

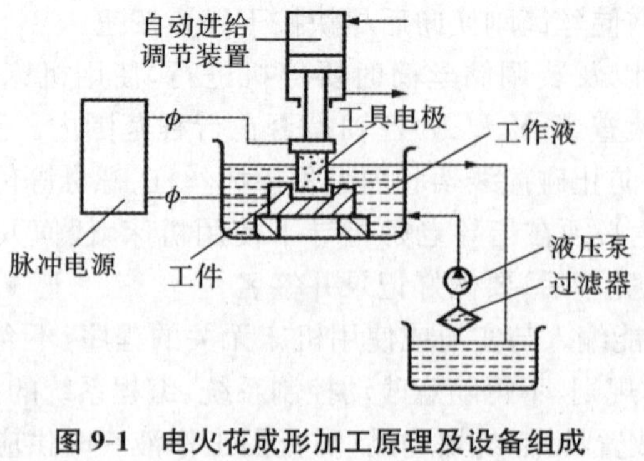

图 9-1　电火花成形加工原理及设备组成

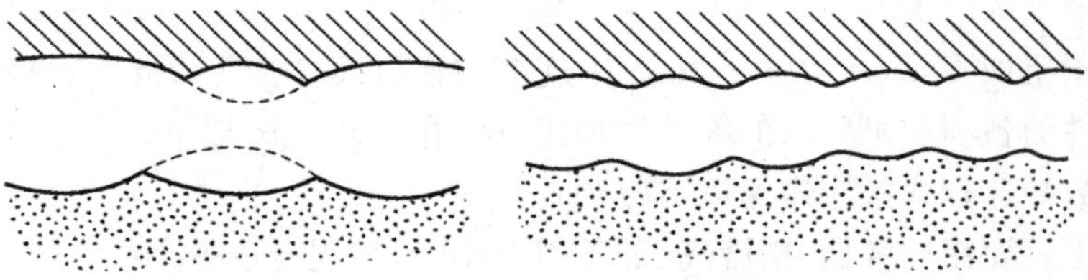

图 9-2　电火花成形加工局部放大示意图

一次放电过程可大致分为以下 4 个阶段。

(1) 电离。两表面间距离最近的两点间电场强度最大，使其间的绝缘介质首先电离。

(2) 放电与热膨胀。在电场力的作用下，电子高速奔向阳极，正离子奔向阴极，在极短的时间内形成电流通道。通道电流迅速上升(密度高达 $10^5 \sim 10^6$ A/cm^2)，使通道温度迅速上升(高达 10 000～12 000 ℃)，工件和工具电极表面层金属会很快熔化、汽化。

(3) 抛出电蚀物。

(4) 消电离。

9.2.2　电火花成形加工的特点

(1) 可用软工具电极来加工任何硬度的导电性工件材料，如淬火钢、不锈钢、耐热合金和硬质合金等。

(2) 加工过程中无显著的切削力，因而可加工小孔、深孔、窄缝和薄壁弹性件，可以不致因工具或工件刚度太低而无法加工。各种复杂的型孔、型腔和立体曲面，都可以采用成形电极一次加工成形，不会因为加工面积过大而引起切削变形。

(3) 脉冲参数可以任意调节。加工中只要更换工具电极，就可以在同一台机床上通过改变电规准(电压、电流、脉冲宽度、脉冲间隔等电参数)连续进行粗、半精和精加工等。精加工尺寸精度可达 0.01 mm，表面粗糙度值 Ra 为 0.8 μm；微细加工尺寸精度可达 0.002 mm，表面粗糙度值 Ra 为 0.1～0.05 μm。

9.2.3　电火花成形加工的工艺因素

1. 放电间隙

放电间隙一般为 0.01～0.2 mm。粗加工放电间隙较大，精加工放电间隙较小；脉冲宽度及脉冲能量越大，放电间隙越大，反之越小。

2. 加工斜度

加工斜度的大小主要取决于二次放电的次数及单个脉冲能量的大小。二次放电次数越多，单个脉冲能量越大，则加工斜度越大。

3. 电规准参数

电规准参数指电火花成形加工时选用的电加工用量，主要有脉冲宽度、脉冲间隔、峰值电压和峰值电流等。电规准参数决定着电极损耗及工件加工的尺寸精度、表面粗糙度和加工生产率。

粗规准用于粗加工，Ra=10～5 μm。中规准用于过渡性加工，Ra=5～1.25 μm。精规准用于保证工件的各项技术要求的终结性加工，Ra 在 0.63 μm 以下。

电规准参数的选择通常应遵循以下原则。

①型孔要求表面粗糙度低、精度高、加工斜度小时，精规准选得小些。

②型孔复杂且有尖角部分时，粗规准应选得小些，有时可用中规准来代替。

③型孔截面积较大时，粗规准可选得大些，规准挡数多些。

④预孔余量大时，中规准可选得大些。

⑤采用阶梯电极时，粗规准可选得大些，规准挡数可少些。

4. 电极损耗

电极损耗越少越好。

要保证小的电极损耗，就要正确地选择电极材料、电规准参数、加工面积、冲油方式、电极的结构形式，同时必须很好地利用电火花成形加工过程中的各种效应，包括极性效应、吸附效应、传热效应等。

5. 极性效应

当正极蚀除速度大于负极时，通常将工件接脉冲电源的正极，称为正极性加工；反之，将工件接脉冲电源的负极，称为负极性加工。

当采用窄脉冲进行加工时，采用正极性加工。当采用宽脉冲进行加工时，采用负极性加工。

9.2.4 电火花成形加工机床

电火花成形加工机床主要由主机、脉冲电源、自动进给调节系统、工作液过滤循环系统几部分组成。电火花成形加工机床如图 9-3 所示，主要由机床总体、液压油箱、工作液箱、电源箱等部分组成。机床总体部分包括床身、立柱、主轴头、工作台及工作液槽等。

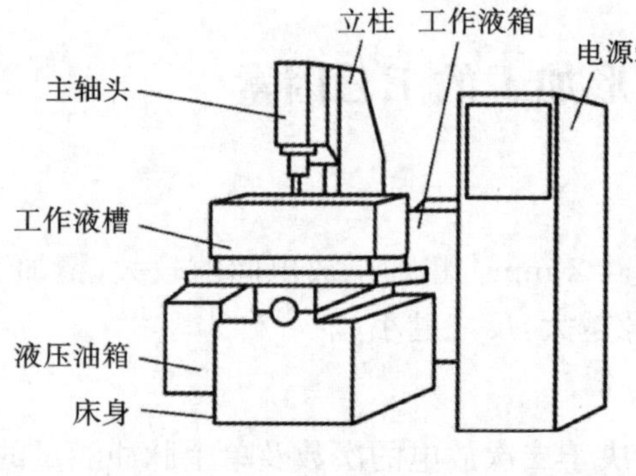

图 9-3 电火花成形加工机床示意图

脉冲电源是电火花成形加工机床的心脏，它的作用是将交流电流转换成具有一定频率的单相脉冲电流，以提供电极间放电所需要的能量。脉冲电源对电火花成形加工的生产率、表面质量、加工精度、加工稳定性和工具电极损耗等技术经济指标有很大的影响。常用的脉冲电源有 RC 线路脉冲电源、RLC 线路脉冲电源、晶体管式脉冲电源等。

自动进给调节系统的作用是使工具电极与工件之间保持一定的放电间隙。主轴头作为自动进给调节系统的执行机构，是电火花成形加工中最关键的部件，对加工工艺指标的影响很大。它带动工具电极向工件进给。我国目前生产的电火花成形加工机床大多采用液压主轴头。

工作液过滤循环系统一般采用强迫循环，使电蚀产物从间隙中及时排除，并使工作液经过过滤后循环使用，以保证工作液的清洁，防止引起短路或非正常电弧放电。

由于工艺水平的提高及数控技术的发展，已生产出有 3～5 坐标数控电火花成形加工机床。这类机床带有工具电极库，可自动更换电极。

9.2.5 电火花成形加工的应用

1. 型腔加工和曲面加工

电火花型腔及曲面加工包括锻模、压铸模、挤压模、塑料模等型腔的加工以及整体式叶轮、叶片等曲面零件的加工，示例如图 9-4、图 9-5 所示。

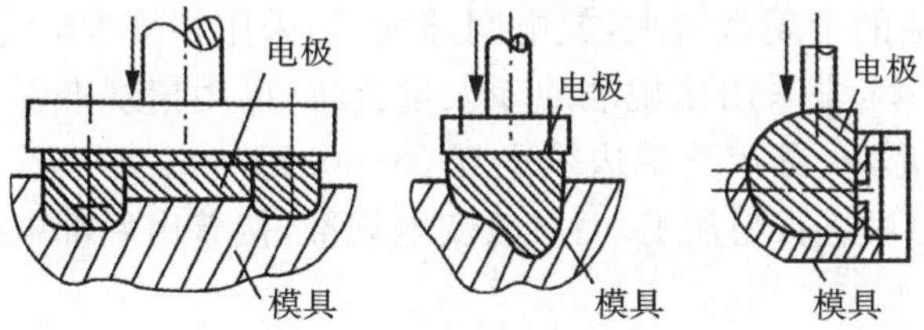

图 9-4 电火花加工模具

图 9-5 加工的油壶吹塑模具

电火花加工型腔比穿孔难得多，原因是：型腔属盲孔，所需蚀除的金属多，工作液难以有效循环，以致电蚀产物排除不净而影响加工的稳定性；型腔各处深浅不一、圆角半径不等、加工面积多变，使工具电极各处损耗不一，电极损耗大且影响尺寸仿形的精度；型腔不能用阶梯电极来实现粗、精规准的转换加工，影响生产率的提高。

电火花型腔加工方法主要有单电极平动法和多电极更换法。单电极平动法采用一个电极完成型腔的粗、精加工，利用平动头，使电极作圆周平面运动，加工时按粗、精加工顺序逐级改变电规准，同时依次加大电极的平动量，以补偿更换电规准时的放电间隙之差，完成整个型腔的加工。多电极更换法采用多个电极加工同一型腔，依次更换电极进行粗、精加工，加工精度高，尖角清晰，但要求多个电极一致性好，重复定位要求高，一般只用于精密型腔加工。

用电火花加工型腔时，为了有效地排除电蚀产物，通常在工具电极上开有冲油孔，用压力油将电蚀产物强迫排出。为了减少工具电极损耗、提高加工精度，首先要选择耐蚀性高的电极材料，如铜钨合金、银钨合金及石墨等。铜钨合金、银钨合金成本高，机械加工困难，故应用较少。常用的电极材料为紫铜和石墨，石墨电极损耗少，易加工成形，但易塌角，广泛用于各种型腔加工；紫铜的电加工稳定性好，精加工时电极损耗少，不易塌角，主要用于精度要求高的型腔加工。

2. 穿孔加工

电火花穿孔加工是应用最广的一种电火花成形加工方法，常用来加工冲模、拉丝模和喷嘴上的各种小孔，如图 9-6 所示。

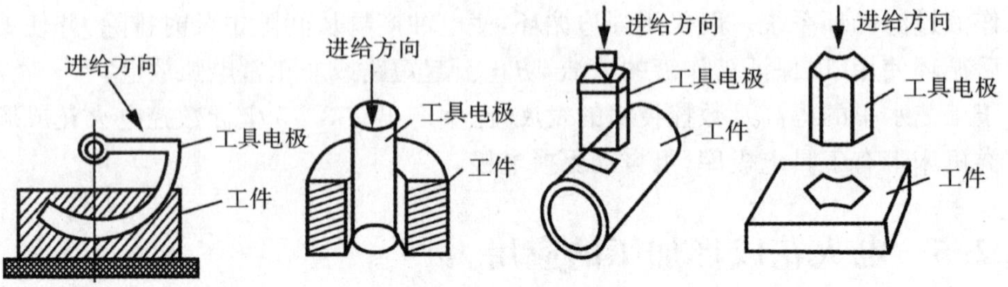

图 9-6　电火花加工孔

电火花穿孔加工的精度取决于工具电极的尺寸和放电间隙。工具电极的横截面形状应与待加工型孔的横截面形状相一致，轮廓尺寸相比型孔尺寸均匀内缩一个值，即单边放电间隙值。影响放电间隙大小的因素主要是加工中采用的电规准。当采用单个脉冲能量大(脉冲峰值电流与电压大)的粗规准时，被蚀除的金属微粒大，放电间隙大；当采用精规准时，放电间隙小。电火花加工时，为了提高生产率，常采用粗规准蚀除大量金属，再用精规准保证加工质量。为此，可将穿孔电极制成阶梯形，头部尺寸单边缩小 0.08～0.12 mm，缩小部分长度为型孔长度的 1.2～2 倍，先由头部电极进行粗加工，而后改变电规准，接着由后部电极进行精加工。

穿孔电极常用的材料有钢、铸铁、紫铜、黄铜、石墨及铜钨合金、银钨合金等。钢和铸铁切削加工性能好，价格便宜，但电加工稳定性差；紫铜和黄铜的电加工稳定性好，但电极损耗较大；石墨电极的损耗较小，电加工稳定性较好，但电极的磨削加工困难；铜钨合金、银钨合金的电加工稳定性好，电极稳定性好，电极损耗小，但价格贵，多用于硬质合金穿孔及深孔加工等。

用电火花加工较大的孔时，应先粗加工孔，留适当的加工余量，一般单边余量为 0.5～1 mm。加工余量太大，生产效率低；加工余量太小，电火花加工时电极定位困难。

9.3 电火花线切割加工

线切割也是电火花加工，只不过工具电极采用线电极而已。工具电极不用自己制造，购买即可，但加工原理更复杂一些。

数控线切割，尤其是高速走丝线切割发展迅速，设备造价低廉，使用方便，应用特别广泛。数控线切割技术在我国推广较早，具有中国特色，这对普及与推广特种加工起到了非常重要的作用，但工艺水平一般。

目前，线切割机床已占电加工机床数量的 60%以上。

9.3.1 电火花线切割的基本原理

被切割的工件作为工件电极，接脉冲电源正极；电极丝作为工具电极，接脉冲电源负极。电火花线切割原理如图 9-7 所示，脉冲电源一极接工件，另一极接电极丝（钼丝）。电极丝穿过工件上预先加工出的小孔，经导轨由储丝筒带动作正、反向往复交替移动。电极丝与工件始终保持在 0.01 mm 左右的放电间隙，其间注入工作液。工作台带动工件在水平面的 *X*、*Y* 两个坐标方向各自作进给运动，以加工工件。

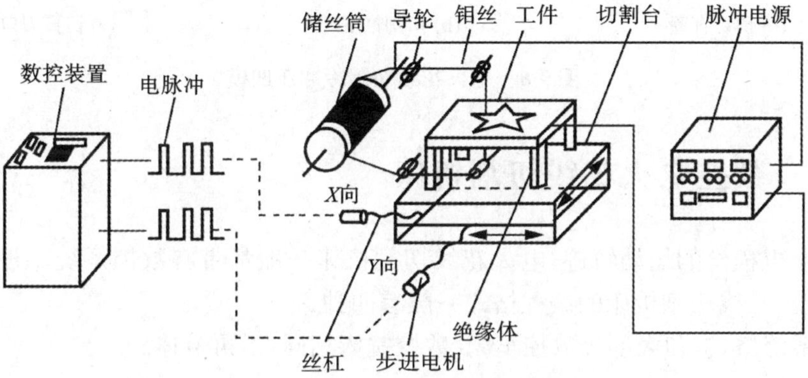

图 9-7 电火花线切割原理

当脉冲电源发出一个电脉冲时，在电极丝和工件之间产生一次火花放电，放电通道中的温度可达 5 000 ℃以上。瞬时高温可以使金属局部熔化甚至汽化。这些汽化后的工作液和金属蒸气迅速热膨胀，并具有微爆炸的特性。当电极丝向前移动时，形成切割痕迹。

9.3.2 电火花线切割的主要特点

电火花线切割的主要特点有如下几个：

①加工时不需要制造成形电极，从市场上买来电极丝即可。

②电极丝的直径微细，一般为 0.06～0.18 mm，可加工微细的工件。

③能加工各种冲模、凸轮、样板等复杂精密零件，表面粗糙度达 1.6 μm 或者更小；可切割带锥度的模具或工件；主轴带 *U*-*V* 轴的机床，可以加工空间曲面。

④切缝很窄，可以节省材料，特别是贵重金属。

⑤可以加工任何导电的材料。

⑥自动化程度高，操作方便，劳动强度低。

⑦加工周期短，成本低。

⑧维修需要较高的综合技术。

9.3.3 电火花线切割的适用范围

经电火花线切割加工的零件精度较高，尺寸精度可达到 0.02～0.01 mm，表面粗糙度值

Ra 可达到 1.6 μm 或者更小。电火花线切割加工主要应用于模具型孔、型面和窄缝的加工。电火花线切割冷冲压凹模见图 9-8。

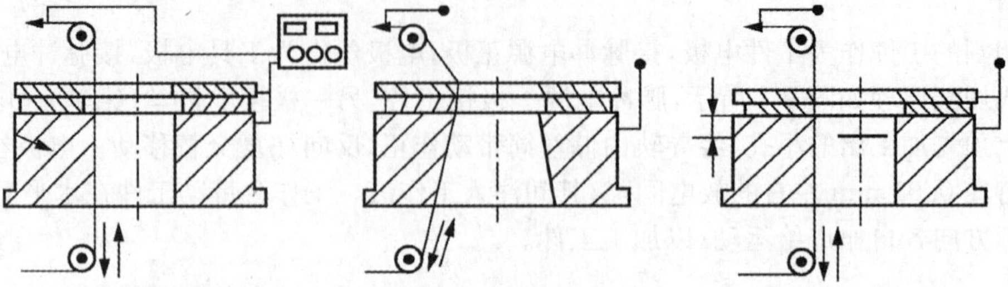

(c) 预切直壁　　(b) 切割锥度　　(c) 切直刃口

图 9-8　电火花线切割冷冲压凹模

9.3.4　数控电火花线切割机床

为了控制电极丝的运动轨迹，电火花线切割机床一般都带有数控系统。根据不同数控系统，数控电火花线切割机床的编程格式一般有四种：

①ISO 系统格式，和大部分数控车床、数控铣床相同，不再赘述。

②3B 格式。

③4B 格式。

④EIA(美国电子工业协会)格式，一部分数控机床如数控铣床等也采用。

9.4　数控电火花线切割加工

9.4.1　手工编程

CNC 系统可以通过 CAD/CAM 系统将 CAD 图直接转为程序代码执行加工，也可以通过键盘输入手工编程。下面介绍 3B 代码的手工编程。

在目前实践中，利用计算机可选择 3B 语言编程，或者用 *XOY* 语言自动编程后，通过计算机自动转换为 3B 语言。3B 格式见表 9-1。

表 9-1　3B 格式

符号	N	B	X	B	Y	B	J	G	Z
意义	序号	分隔符	*X* 坐标值	分隔符	*Y* 坐标值	分隔符	计数长度	计数方向	加工指令

1. 分隔符号

式中的三个 B 叫分隔符，在程序单上起把 *X*、*Y* 和 *J* 数值分隔开的作用。

2. *X*、*Y* 坐标值

X、*Y* 坐标值是指被加工线上某一特征点的坐标值。当加工直线段时，*X*、*Y* 值一般情况

下是指被加工直线段终点相对其起点的坐标值，但在编程中直线的 X、Y 值允许把它们同时放大或缩小相同的倍数，只要其比值保持不变即可。当加工圆或圆弧时，X、Y 值必须是指圆或圆弧起点相对其圆心的坐标值。

3. 加工指令

“Z”加工指令用来指令加工线的种类。Z 是指加工指令的总称。

1）直线

直线段的加工指令用 L 表示，L 后面的数字表示该直线段所在的象限，如图 9-9 所示。当直线段与坐标轴重合时，规定在 X 轴正半轴上为 L1，在 Y 轴正半轴上为 L2，在 X 轴负半轴上为 L3，在 Y 轴负半轴上为 L4，如图 9-10 所示。

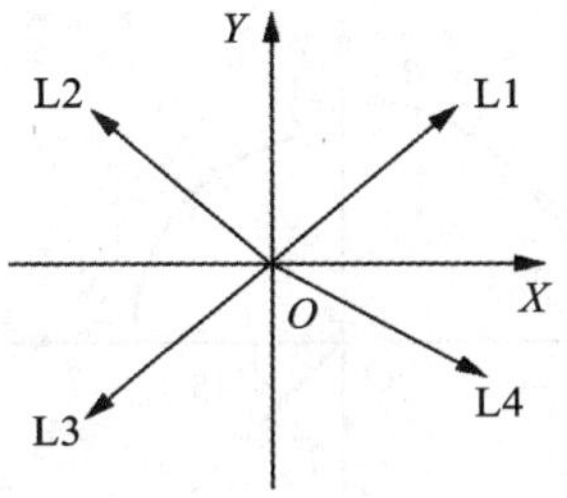

图 9-9　直线指令按象限表示法

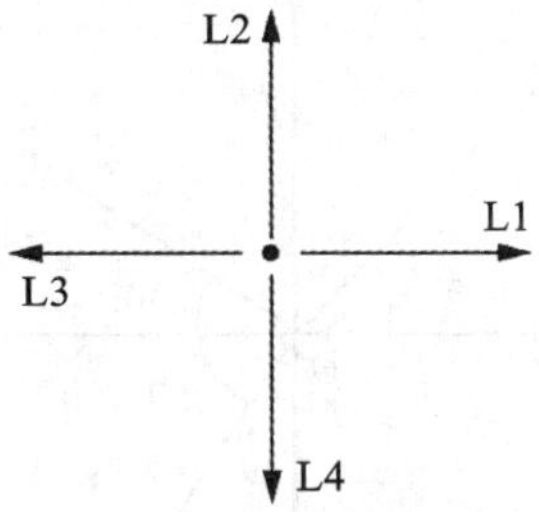

图 9-10　坐标轴上直线指令表示法

2）圆或圆弧

当加工圆或圆弧时，人们习惯把它们分成两类：顺圆或顺圆弧用 SR 表示；逆圆或逆圆弧用 NR 表示。SR 或 NR 后面的数字表示圆或圆弧起点所在的坐标象限，如图 9-11 所示。当圆或圆弧起点与坐标轴重合时，圆或圆弧起点所属象限应取该起点的切线方向所指的象限。

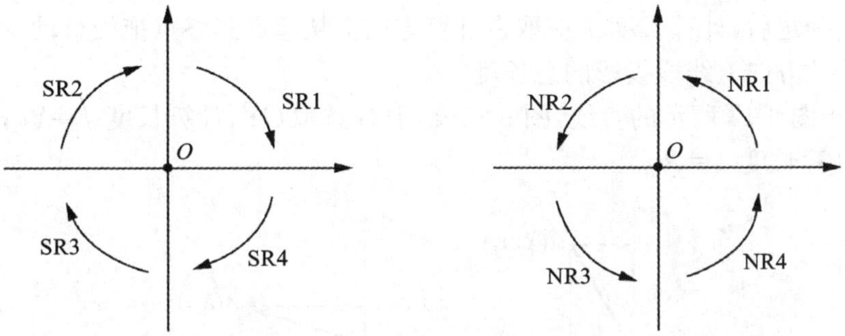

图 9-11　圆或圆弧指令按象限表示法

4. 计算方向 G 和计算长度 J

为了保证所加工的线能按要求的长度加工出来，电火花线切割机床一般控制从起点到终点某个拖板进给的总长度。因此，在计算机中设立一个计算器 J 来进行计算，即把加工该线段的拖板进给总长度 J 的值预先置入计算器 J 中。加工时，被确定为计算长度坐标的拖板每进给一步，计算器 J 的数值就减小 1。当计算器 J 里的数值减为零时，表示该线段已加工到终点。当起点在 X 或 Y 坐标轴上时，用哪个坐标来作计算长度呢？这个选择称为计算方向 G 的选择，依图形的特点而定。

1) 计算方向 GX 或 GY 的选择

加工直线段时，必须把进给距离较远的一个方向用作进给长度控制的方向，即加工直线段时应选择靠近的坐标轴为计算方向，当被加工直线段终点到两坐标轴距离相等时，一般情况下可任选一坐标轴为计算方向，但从理论上分析，选最后一步进给的坐标轴为计算方向。从这个观点考虑，Ⅰ、Ⅱ象限应选取 GY，而Ⅲ、Ⅳ象限选取 GX，才能保证到达终点。加工圆或圆弧时，计算方向的选择从理论上分析也应是当加工圆或圆弧到达终点时，选最后一步进给的坐标轴为计算方向，所以，加工圆或圆弧时应选终点远离的坐标轴为计算方向，当圆或圆弧终点到两坐标轴距离相等时，因不易准确分析到达终点时是哪一个坐标，所以可按习惯任选取一坐标轴为计算方向。计数方向命令确定方法见图 9-12。

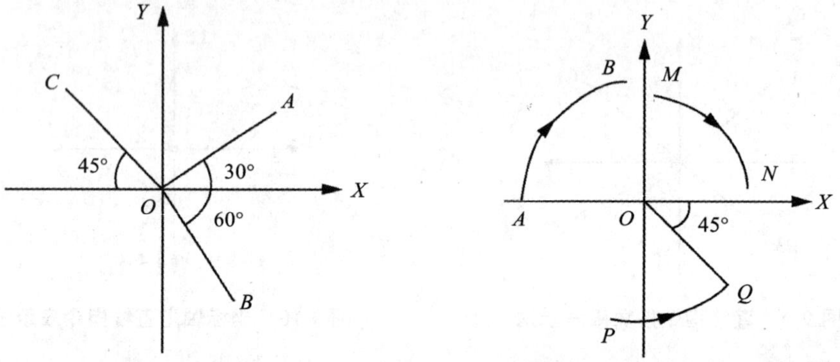

加工直线 OA，取 X 轴，记作 GX
加工直线 OB，取 Y 轴，记作 GY
加工直线 OC，取 X 轴或 Y 轴，记作 GX 或 GY

加工圆弧 AB，取 X 轴，记作 GX
加工圆弧 MN，取 Y 轴，记作 GY
加工圆弧 PQ，取 X 轴或 Y 轴，记作 GX 或 GY

图 9-12　计数方向命令确定方法

2) 计算长度的计算

计算方向确定后，计算长度 J 应取在计算方向上从起点到终点拖板移动的总距离，也就是取圆弧在计数方向上线段投影的总长度。

例如，对于图 9-13 所示的直线，图 9-13(a)中 G 选取 GY，计算长度 $J=Y_E$；图 9-13(b)中 G 选取 GX，计算长度 $J=X_E$。

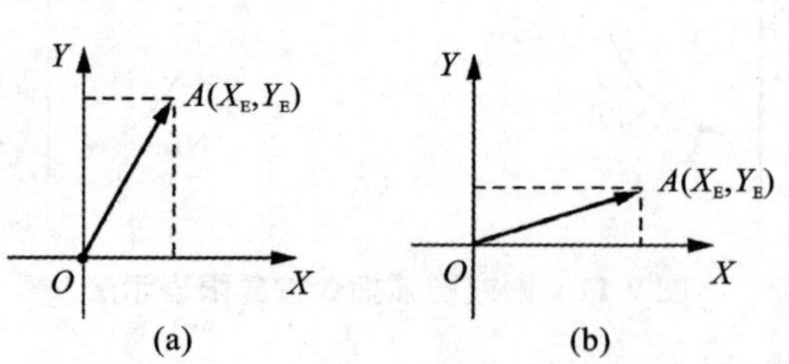

图 9-13　直线加工计算长度的确定

对于图 9-14 所示的圆弧，图 9-14(a)计算方向应先取 GX，计算长度 $J=J_{X1}+J_{X2}$；图 9-14(b)中计算方向 G 应先取 GY，计算长度 $J=J_{Y1}+J_{Y2}+J_{Y3}$。

至于 X、Y 和 J 数值的单位，由于拖板每移动一步，工作台就进给 1 μm，所以 X、Y 和 J 的单位为 μm。当 X、Y 和 J 不够 6 位数值时，应用 0 在高位补足 6 位数。但用微机控制的机床，X、Y 和 J 不足 6 位数时，不必补足 6 位数。当直线与坐标轴重合时，X、Y 值可不给出。

9.4.2 电火花线切割考核件手工编程实例

编程时,应将加工图形分解成各圆弧与各直线段,然后按加工顺序编写程序。如图 9-15 所示,它由 3 段直线和 3 段圆弧组成,所以分成如下 6 段来编程序。

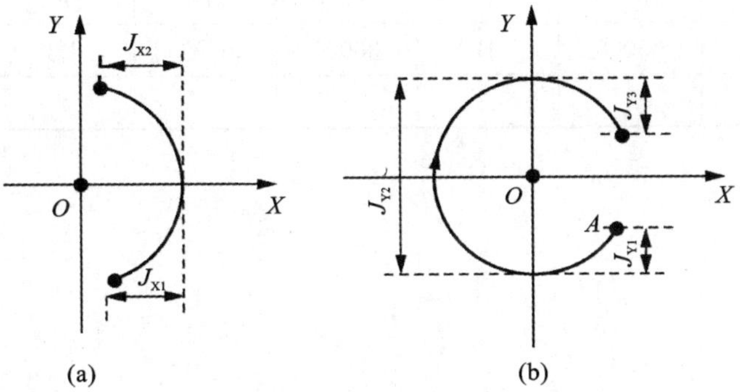

图 9-14 电火花线切割圆弧计算长度的确定

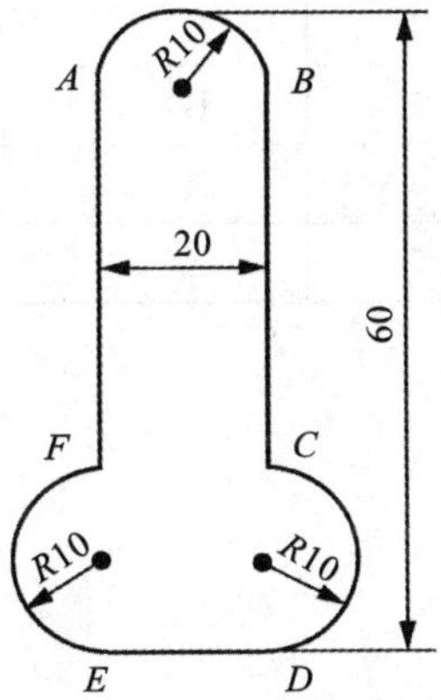

图 9-15 电火花线切割工件

(1) 加工圆弧 *AB*:以该圆弧圆心为坐标原点,经计算圆弧起点 *A* 的坐标为 $X=-10$,$Y=0$。

程序为:

```
B10000B0B20000GYSR2
```

(2) 加工直线段 *BC*:以起点为坐标原点,*AB* 与 *Y* 轴负轴重合。

程序为:

```
B0B30000B30000GYL4
```

(3) 加工圆弧 *CD*:以该圆弧圆心为坐标原点,经计算圆弧起点 *C* 点坐标为 $X=0$,$Y=10$。

程序为:

```
B0B10000B20000GXSR1
```

(4) 加工直线段 *DE*:以起点 *D* 为坐标原点,*DE* 与 *X* 轴负轴重合。

程序为:

```
B20000B0B20000GXL3
```

(5) 加工圆弧 *EF*:以该圆弧圆心为坐标原点,经计算圆弧起点相对圆心的坐标为 $X=0$,$Y=-10$。

程序为:

```
B0B10000B20000GXSR3
```

(6) 加工直线段 *FA*:以起点 *F* 为坐标原点,*FA* 与 *Y* 轴正轴重合。

程序为:

```
B0B30000B30000GYL2
```

加工程序单整理如表 9-2 所示。

表 9-2　电火花线切割考核件手工编程实例加工程序单

序号	B	X	B	Y	B	J	G	Z
1	B	10000	B	0	B	20000	GY	SR2
2	B	0	B	30000	B	30000	GY	L4
3	B	0	B	10000	B	20000	GX	SR1
4	B	20000	B	0	B	20000	GX	L3
5	B	0	B	10000	B	20000	GX	SR3
6	B	0	B	30000	B	30000	GY	L2
7	E							

线切割实习工作页

<table>
<tr><th colspan="2">任务单</th></tr>
<tr><td>学习情境</td><td>五角星加工</td></tr>
<tr><td>任务布置</td><td>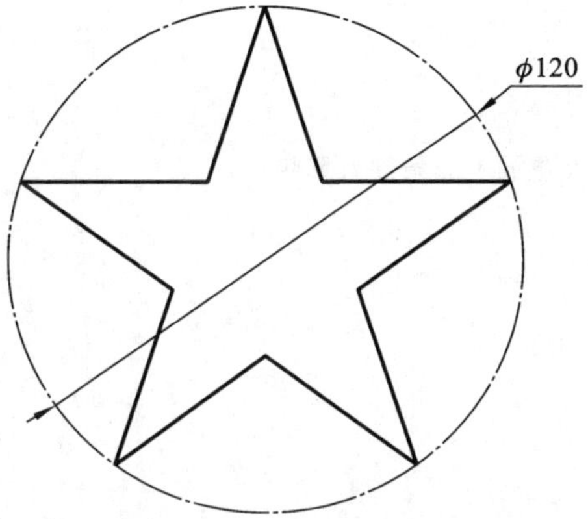
对照图纸，根据提供的工件完成五角星加工，使达到该图纸的要求。</td></tr>
<tr><td>学习目标</td><td>通过线切割实习教学环节：
1. 掌握线切割加工原理、特点及应用范围；
2. 了解线切割机床的系统组成及各部分功能；
3. 掌握线切割机床的编程方法；
4. 独立完成图形绘制与线切割机床操作；
5. 了解线切割机床日常维护，并能进行基本的故障排除；
6. 强化遵守劳动纪律，培养工匠精神和团队精神；
7. 了解企业 6S 生产管理。</td></tr>
<tr><td>实习要求</td><td>1. 遵守线切割安全操作规程；
2. 加工时必须做到安全文明生产；
3. 要相互协作，以小组的形式进行学习、讨论、操作、总结；
4. 遵守实训基地各项管理规章制度，不迟到、不早退，不允许在实习场地打闹；
5. 独立完成零件分析、工艺分析和程序编写，在指导老师的监督下方可加工；
6. 本学习情境完成后需要上交加工零件一个；
7. 对自己加工的零件能够进行独立分析，完成简单的口试作答。</td></tr>
</table>

咨询单	
咨询方式	查阅书籍、观察实物、利用多媒体资源学习。
咨询问题	1. 论述数控线切割的原理和应用。 2. 实现电火花加工的条件有哪些? 3. 线切割加工参数脉冲宽度、峰值电流和进给速度对加工质量有哪些影响? 4. 电火花成形加工常用的方法有哪些?

<table>
<tr><td colspan="4">决策单</td></tr>
<tr><td>决策方式</td><td colspan="3">由小组讨论制定完成本小组的加工方案及实施计划。</td></tr>
<tr><td>加工方案</td><td colspan="3"></td></tr>
<tr><td>实施计划</td><td colspan="3"></td></tr>
<tr><td>小组成员
（签字）</td><td></td><td>小组长
（签字）</td><td></td></tr>
</table>

工具清单						
项目	序号	名称	作用	数量	规格	备注
设备清单						
刀具清单	序号	名称	作用	数量	规格	备注
工具清单	序号	名称	作用	数量	规格	备注
量具清单	序号	名称	作用	数量	规格	备注

程序卡			
程序号		编制日期	
序号	程序内容	程序说明	

程序卡			
程序号		编制日期	
序号	程序内容	程序说明	

<table>
<tr><td colspan="6">实施单(工序单)</td></tr>
<tr><td>实施方式</td><td colspan="5">按小组讨论的加工方案和实施计划,小组成员单独实施,填写此单。</td></tr>
<tr><td>序号</td><td colspan="2">实施步骤(工序过程)</td><td colspan="2">使用资源</td><td>完成时间</td></tr>
<tr><td>1</td><td colspan="2"></td><td colspan="2"></td><td></td></tr>
<tr><td>2</td><td colspan="2"></td><td colspan="2"></td><td></td></tr>
<tr><td>3</td><td colspan="2"></td><td colspan="2"></td><td></td></tr>
<tr><td>4</td><td colspan="2"></td><td colspan="2"></td><td></td></tr>
<tr><td>5</td><td colspan="2"></td><td colspan="2"></td><td></td></tr>
<tr><td>6</td><td colspan="2"></td><td colspan="2"></td><td></td></tr>
<tr><td>7</td><td colspan="2"></td><td colspan="2"></td><td></td></tr>
<tr><td>8</td><td colspan="2"></td><td colspan="2"></td><td></td></tr>
<tr><td>实施说明</td><td colspan="5"></td></tr>
<tr><td rowspan="2">学生自评</td><td>得分</td><td>学生签名</td><td rowspan="2">小组互评</td><td>得分</td><td>组长签名</td></tr>
<tr><td></td><td></td><td></td><td></td></tr>
</table>

实施过程记录	
原图照片	
加工过程照片 重要步骤	
完成效果照片	

检查单				
检查项目	序号	检查内容	学生自检	备注
符合图纸性检测				
工具、设备的使用与维护	1	正确、规范使用工具、量具、刃具，合理保养与维护工具、量具、刃具		
	2	正确、规范使用设备，合理保养与维护设备		
	3	操作姿势正确，动作规范		
安全及其他	1	安全文明生产，按国家颁布的有关法规或企业自定的有关规定执行		
	2	操作方法及工艺规程正确		

实习报告
写一篇 800 字左右的实习报告(内容含:分析问题和解决问题以及创新的能力,对线切割实习安排的要求和对老师的教学方法建议,线切割实习的心得体会等)

<table>
<tr><th colspan="6">评价单</th></tr>
<tr><th>评价类别</th><th>项目</th><th>内容</th><th>个人评价</th><th>小组互评</th><th>教师评价</th></tr>
<tr><td rowspan="15">专业能力（70%）</td><td rowspan="2">咨询（5%）</td><td>搜集信息（3%）</td><td></td><td></td><td rowspan="2"></td></tr>
<tr><td>引导问题回答（2%）</td><td></td><td></td></tr>
<tr><td rowspan="2">计划（5%）</td><td>计划可执行度（3%）</td><td></td><td></td><td rowspan="2"></td></tr>
<tr><td>材料工具安排（2%）</td><td></td><td></td></tr>
<tr><td rowspan="7">实施（50%）</td><td>工作步骤执行（5%）</td><td></td><td></td><td rowspan="7"></td></tr>
<tr><td>功能实现（10%）</td><td></td><td></td></tr>
<tr><td>使用工具规范性（10%）</td><td></td><td></td></tr>
<tr><td>操作过程规范性（10%）</td><td></td><td></td></tr>
<tr><td>文明生产（6%）</td><td></td><td></td></tr>
<tr><td>安全保护（6%）</td><td></td><td></td></tr>
<tr><td>环境保护（3%）</td><td></td><td></td></tr>
<tr><td rowspan="3">检查（10%）</td><td>全面性、准确性（3%）</td><td></td><td></td><td rowspan="3"></td></tr>
<tr><td>异常情况排除（2%）</td><td></td><td></td></tr>
<tr><td>结果质量（5%）</td><td></td><td></td></tr>
<tr style="display:none"></tr>
<tr><td rowspan="3">社会能力（20%）</td><td>组织能力（6%）</td><td>组织协调表现（6%）</td><td></td><td></td><td rowspan="3"></td></tr>
<tr><td>团结协作（6%）</td><td>合作配合状况（6%）</td><td></td><td></td></tr>
<tr><td>敬业精神（8%）</td><td>持之以恒、吃苦耐劳（8%）</td><td></td><td></td></tr>
<tr><td>方法能力（5%）</td><td>计划决策（5%）</td><td>/</td><td></td><td></td><td></td></tr>
<tr><td>实训报告（5%）</td><td>/</td><td>/</td><td></td><td></td><td></td></tr>
<tr><td rowspan="3">评价评语</td><td rowspan="2">最终成绩（平均分）</td><td>得分</td><td></td><td></td><td></td></tr>
<tr><td>签字栏</td><td></td><td></td><td></td></tr>
<tr><td colspan="5">教师评语：

____年____月____日</td></tr>
</table>

拓展训练(1)

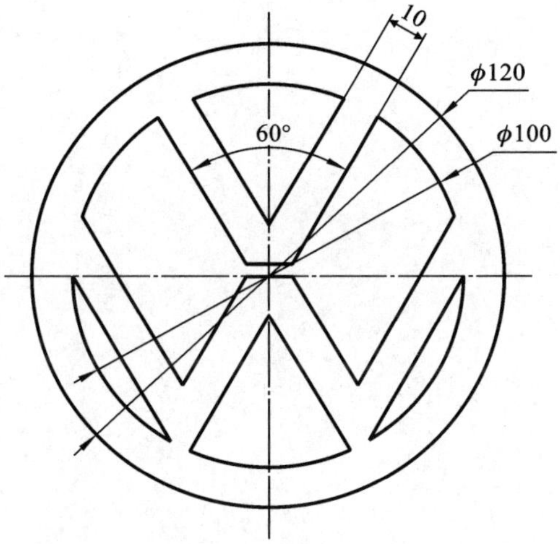

拓展训练(2)

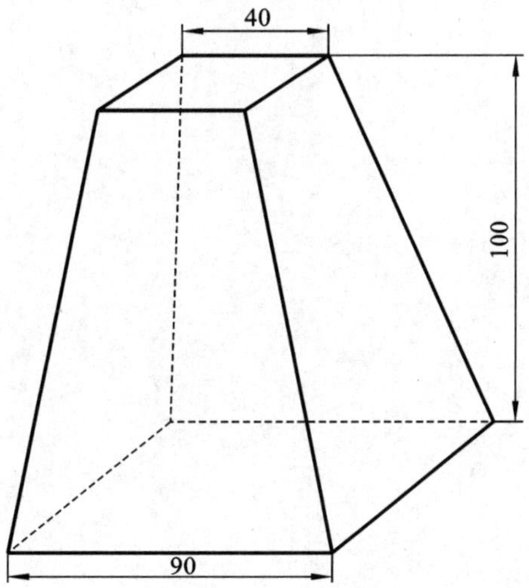

第 10 章

逆向工程与 3D 打印实习

10.1 逆向工程概述

10.1.1 逆向工程定义

逆向工程(reverse engineering,RE)也称反向工程或反求工程,是将实物转变为CAD模型相关的数字化技术、几何模型重建技术和产品制造技术的总称。它不是简单意义上的仿制,而是一个对已有产品进行解剖、深化和再创造的过程。它的最初思想来源于油泥模型到实物产品的设计过程,可直到20世纪90年代,逆向工程才引起世界各国的高度重视。在产品造型日益多元化的今天,逆向工程技术也成为现代产品设计开发中不可或缺的一环,在模具行业、航空航天、艺术品仿制、医学、服装及机械制造业有着广泛的应用。图10-1为逆向工程工作流程,一般分为实物原型的数字化、测量数据几何特征的提取、CAD模型重构及实物成型四个阶段。

图 10-1 逆向工程工作流程

10.1.2 逆向工程设备

1. 数据采集

数据采集是逆向工程的第一步,是指用一定的设备对实物进行测量来获取实物表面数据(有时也包括内部数据)。数据采集方法很多,根据数据采集方式不同可分为接触式测量和非接触式测量两大类,如图10-2所示。

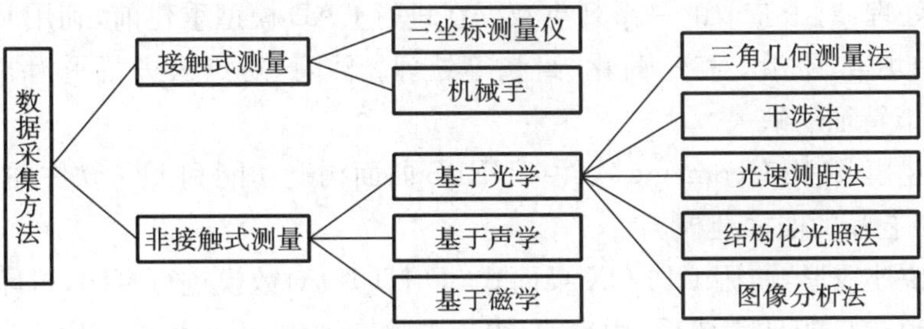

图 10-2 数据采集方法

接触式测量方法通过测量探针与样件的接触而记录样件表面点的坐标位置，根据测量探针的工作方式又可分为触发式测量和连续式测量。三坐标测量机如图 10-3(a)所示，是最常见的接触式测量设备。非接触式测量主要是基于光学、声学、磁学等领域中的基本原理，将一定的物理模拟量通过适当的算法转换为样件表面的坐标点，其中较为成熟的是光学测量方法，有激光扫描、结构光、莫尔条纹、数字图像处理等方法，根据实体的数字化，得到逆向工程所需要的点云数据。激光扫描仪是最常见的非接触式测量设备，如图 10-3(b)所示。

(a) 三坐标测量机　　　　(b) 手持式激光扫描仪

图 10-3　数据采集设备

2. 数据处理

在数据采集阶段，几乎所有的采集方法在测量过程中都不可避免地存在误差。对于大型或复杂零件不得不进行多次扫描，这样就需要对采集后的数据进行拼接处理。由光学方法得到的极为密集的测量数据称为“点云”。对于点云，要做必要的精简处理，如去除杂点噪声、数据拼合、数据简化等。常用的点云处理软件有 Geomagic、Cloudform、Imageware 等。

10.1.3　逆向工程应用案例

以小熊工艺品为例说明产品逆向设计的基本流程，如图 10-4 所示。

(1) 3D 点数据采集：使用 HandyScan300 扫描仪进行实体点云扫描，扫描时注意标定、显像剂喷涂、标志点粘贴、拼接、扫描次数等。

(2) 点云处理：对于获取的一系列点数据在进行 CAD 模型重建前，利用 Geomagic 软件进行噪声滤除、填充、平滑、对齐、简化、封装等处理。注意，对点云进行平滑、精简处理时不要导致数据细节特征的缺失。

(3) 逆向建模：利用 Geomagic 软件 NURBS 曲面构造功能和 UG 软件曲面修补缝合功能，完成小熊工艺品的曲面建模。

(4) 样件快速成形：使用 UPBOX 桌面式 3D 打印机对数模进行打印，打印材料为 PLA，打印温度为 220 ℃。打印完成后，用小刀、镊子去除支承丝，不平滑处可用小锉刀修整，最后得到与小熊工艺品一样的 3D 打印样件。

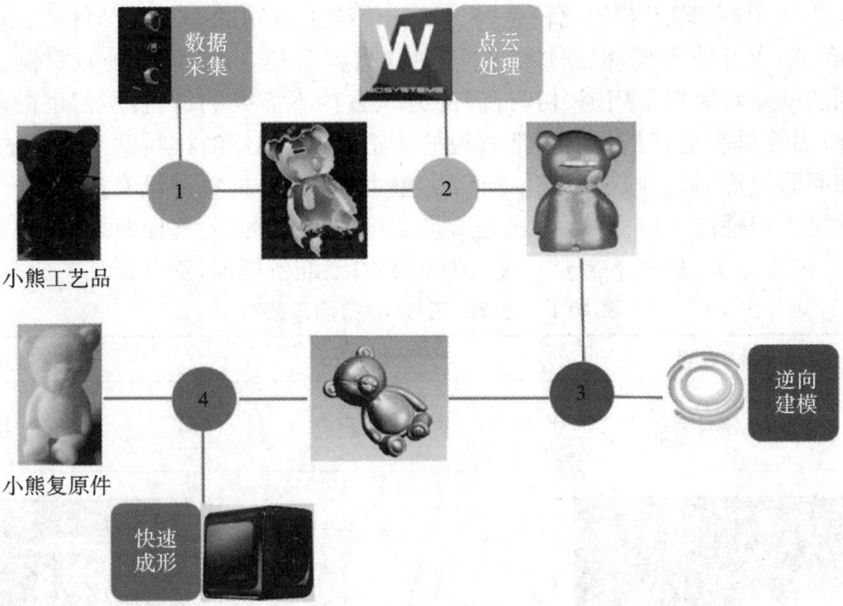

图 10-4　产品逆向设计基本流程

10.2　3D 打印概述

10.2.1　3D 打印技术原理

3D 打印(3D printing)是一种以三维数字模型为基础，运用光敏树脂、粉末状金属、工程塑料或陶瓷等材料，通过逐层堆垒的方式来构造物体的技术，又称增材制造(additive manufacturing,AM)，被称为引领“第三次工业革命”的关键技术之一，广泛应用于航空航天、工业设计、军事武器、教育教学、医疗、建筑、娱乐等诸多领域。3D 打印工作原理和喷墨打印机类似，如图 10-5 所示。打印机内装有液体或粉末等“打印材料”，与计算机连接后，采用自下而上、分层加工、叠加成形的方式来造型，将 CAD 实体模型分为若干层，每次用原材料生成一个薄层，一层一层叠加堆积起来，最终将计算机上的蓝图变为零件实体。

图 10-5　3D 打印技术原理

传统工艺与3D打印工艺的比较见表10-1。传统工业制造一个零部件的工艺主要就是车、铣、刨、磨、钻或者是铸造，根据加工过程中的材料变化，一般可分为减材制造和等材制造。减材制造就是对原料采用削、切、打磨的方式去掉不需要的材料，所留下的就是我们所需要的零件；而等材制造就是我们通常所说的铸造，即把融化的材料倒入做好的模具中，等到材料冷却凝固成形后，去除模具，获得产品，整个过程中，材料是没有损失的。3D打印是通过材料逐层堆积叠加形成实体，也就是所说的增材制造，工艺流程短，所需模具、工装、卡具、刀具等工艺资源少（甚至不需要），极大缩短了加工准备周期，降低了工艺成本。

表10-1　传统工艺与3D打印工艺对比

	减材制造	等材制造	增材制造
制造工艺	车、铣、刨、磨等	铸造等	3D打印
工艺原理		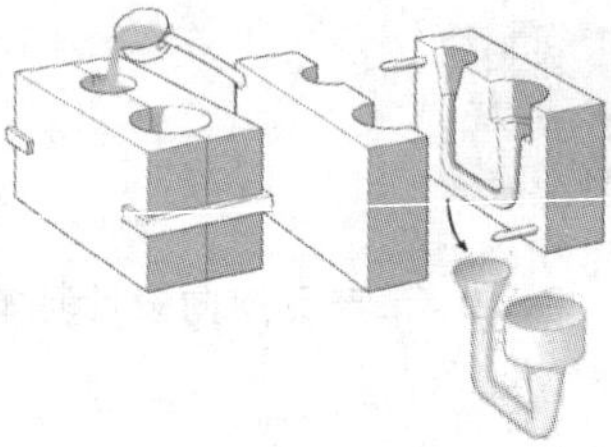	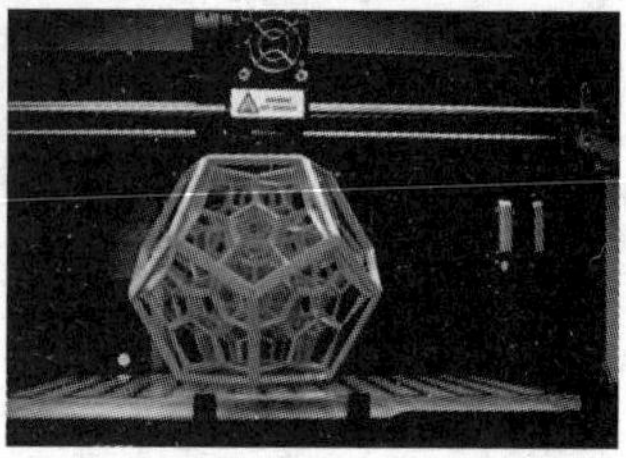

10.2.2　3D打印技术特点

（1）应用广泛。3D打印理论上可以应用于任何行业，只要这些行业需要模型和原型。

（2）设计无约束。制造成本对设计的复杂性不敏感，3D打印让设计直接走向生产，任意复杂结构都可以快速制造出来，即“所想即所得”，又被称为快速成形（rapid prototype，RP）技术。

（3）工序简化。3D打印不需要切削机床，无需模具，易于实现小批量个性化产品的制造，又被称为无形制造（freeform fabrication，FF）技术。

（4）制造周期短。3D打印直接从三维数字模型得到实物，不需要复杂的工序，生产周期大大缩短。

（5）绿色环保。3D打印能耗低，节约材料，污染物排放少。

10.2.3　3D打印设备

（1）3D打印设备按大小可分为桌面级和工业级。桌面级3D打印机一般比较小，就像普通的打印机一样可以直接放置在桌面上打印物体。这种打印机基本上采用的都是FDM工艺，更多地应用于日常生活之中。桌面级3D打印机因具有简单轻便的优势很受设计师的欢迎，很多设计师会购置桌面级3D打印机来印证自己的设计是否可行。工业级3D打印机一般较大，可以打印的物体也是偏大的，一般用于工艺产品的制造。

（2）3D打印设备按成形原理可分为FDM、SLA、LOM等。具体查阅10.3节。

(3) 3D 打印设备按打印样件颜色可分为单色、双色和全彩。有些打印机只能支持一种颜色的物体的打印，而有的可以支持很多种颜色的物体的打印。只有一种颜色的打印机称为单色打印机，支持两种颜色的打印机称为双色打印机，支持彩色打印的打印机称为全彩打印机。目前只有支持 3DP 技术的打印机支持全彩打印。

(4) 3D 打印设备按打印喷头数量可分为单头、双头和多头。这是相对于 FDM 工艺来进行分类的，目前单头 3D 打印机比较多。

(5) 3D 打印设备按材料薄层结合方式分为喷墨式 3D 打印机、粉剂 3D 打印机和生物 3D 打印机。

(6) 3D 打印设备按结构分为三角洲型、龙门吊型和封闭机型。三角洲型属于并联臂式打印机，采用柱坐标计算法，计算速度较快，可获得较快的打印速度。该打印机结构简单，重量较轻，整体机身稳定性好，打印精度也较高。龙门吊型的机器成形尺寸小、打印精度不高，同时结构也是最不稳定的，易出现失步、漏丝等问题。封闭机型是最为常见的桌面机型，这类打印机体形较小且简单，对于打印一些工艺品和小型部件来说都可以满足使用要求，且看起来也没有三角洲型和龙门吊型那种过于“原汁原味”的杂乱感，相反，良好的外形给人一种优秀、成熟的设计感。

10.2.4 3D 打印技术用途

(1) 概念建模。

(2) 3D 打印能迅速将设计创意转变为实物，便于设计师与客户和企业进行有效沟通，有助于早期产品设计验证。

(3) 原型测试。

(4) 利用 3D 打印技术快速制作产品或零部件原型并进行匹配度、功能性测试，能够缩短研发周期，加速产品上市时间。

(5) 直接数字制造。

(6) 直接打印制造最终产品，包括制造产品原型、生产工具或最终零部件等。

10.3 3D 打印工艺介绍

目前，3D 打印主要有粘合喷射、立体印刷、叠层实体制造、熔融沉积造型、选择性激光烧结五种代表性工艺，如表 10-2 所示。

表 10-2 3D 打印五种代表性工艺

工艺名称	打印成本	打印精度	打印效率	原材料
粘合喷射(3DP)	中	差	中	粉末
立体印刷(SLA)	高	好	高	液体树脂
叠层实体制造(LOM)	高	好	高	纸/塑料膜
熔融沉积造型(FDM)	低	中	中	树脂丝
选择性激光烧结(SLS)	高	差	低	粉末

1. 粘合喷射(3DP)

3DP(three-dimensional printing)即三维打印快速成形技术，与传统二维喷墨打印相似，从喷头喷出黏结剂(彩色黏结剂可打印彩色制件)，将平台上的粉末黏结成形，通常采用石膏粉作为成形材料。3DP 工艺原理如图 10-6 所示。喷头在计算机的控制下，按照截面轮廓信息，在已铺好的一层粉末材料上，有选择性地喷射黏结剂，使部分粉末黏结，形成截面层，一层完成后，工作台下降一个层厚，铺粉、喷黏结剂，再进行后一层的黏结，如此循环形成三维制件。黏结得到的制件需置于加热炉中，做进一步的固化或烧结，以提高黏结强度。

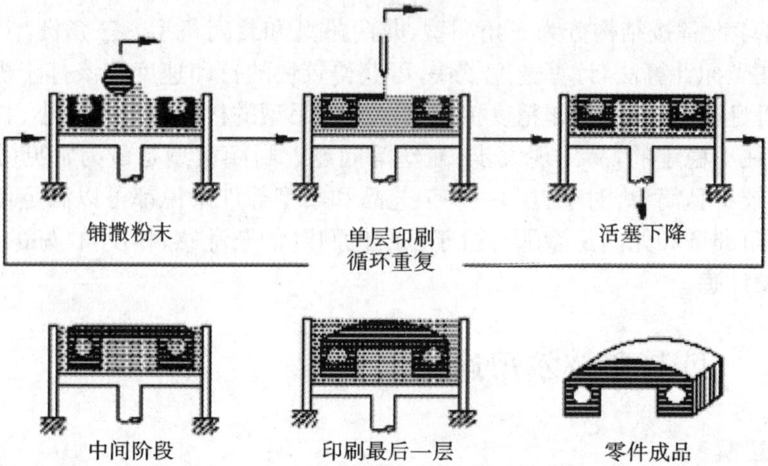

图 10-6 3DP 工艺原理

2. 立体印刷(SLA)

SLA(stereo lithography appearance)即光固化立体成形技术，利用紫外光照射液态光敏树脂使其凝固的原理进行工作。它的工艺原理如图 10-7 所示。由计算机控制激光束以模型各分层截面轮廓为轨迹逐点扫描，使被扫描区内的树脂薄层产生光聚合反应后固化，形成

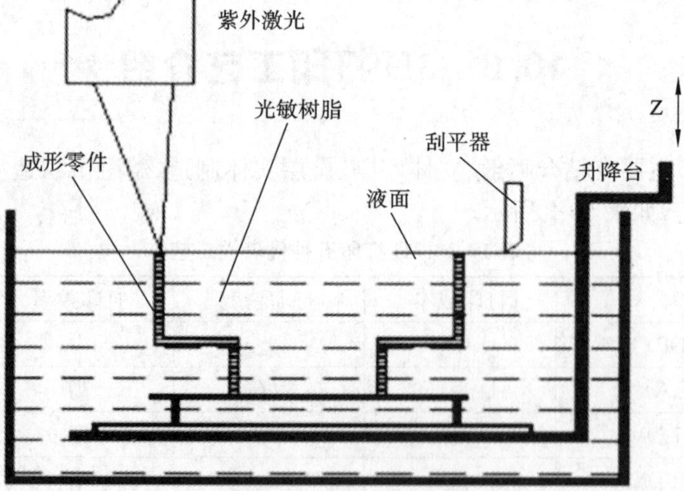

图 10-7 SLA 工艺原理

制件的一个薄层截面。每固化一层，工作台下降一精确距离(层高)，并在刚固化的树脂表面布放一层新的树脂，直至完成。SLA 制备的工件尺度精度高，是最早商业化的 3D 打印技术。

3. 叠层实体制造(LOM)

LOM(laminated object manufacturing)即分层实体制造技术，利用背面带有粘胶的箔材或纸材通过相互黏结成形。如图 10-8 所示，激光切割系统按照计算机提取的横截面轮廓线数据，将背面涂有热熔胶的纸用激光切割出工件的内外轮廓。切割完一层后，送料机构将新的一层纸叠加上去，利用热粘压装置将已切割层粘合在一起，然后再进行切割。这样一层层地切割、粘合，最终成为三维工件。

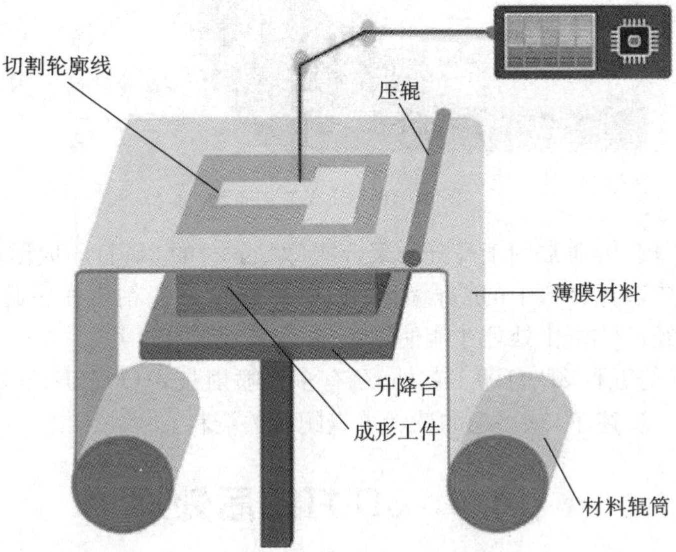

图 10-8　LOM 工艺原理

4. 熔融沉积造型(FDM)

FDM(fused deposition modeling)即熔融沉积技术，指把丝状热塑性材料(PLA、ABS、蜡、尼龙等)加热熔融，通过喷头挤出，熔融的材料沉积在工作台上指定的位置后凝固成形，与前一层已经成形的材料黏结，层层堆积最终形成产品模型。每一个层片都在上一层上堆积而成，上一层对当前层起到定位和支承作用。喷头沿 X、Y 方向运动，工作台可沿 Z 向运动，熔融沉积制造的工作原理如图 10-9 所示。FDM 是最简单也是最常见的 3D 打印，通常应用于桌面级 3D 打印设备。

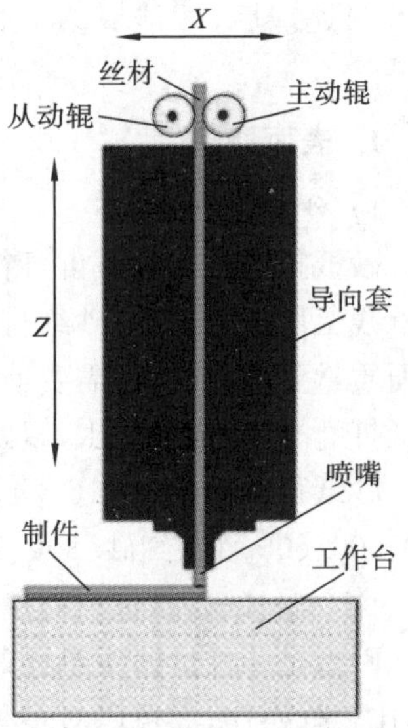

图 10-9　FDM 工艺原理

5. 选择性激光烧结(SLS)

SLS(selective laser sintering)即选区激光烧结成形技术，指利用粉末材料在高强度 CO_2 激光器照射下高温烧结，也就是通过计算机控制光源定位装置实现精确定位，然后逐层烧结粘合，最后层层堆积实现成形，如图 10-10 所示。

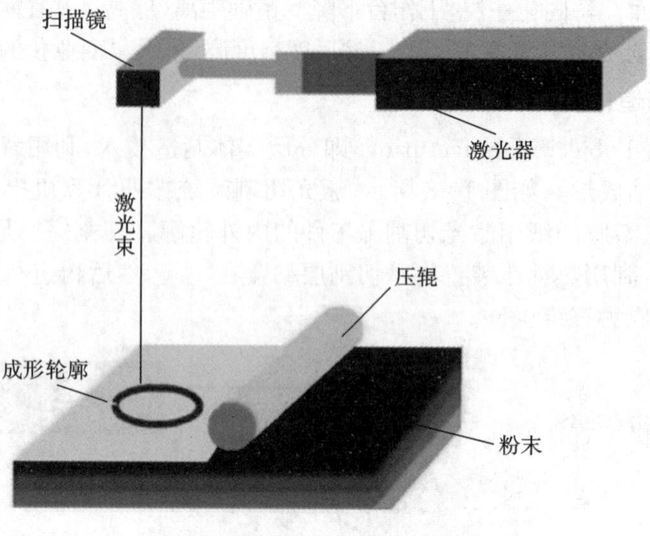

图 10-10　SLS 工艺原理

SLS 打印激光功率较低，通常用于高分子聚合物（如尼龙）的 3D 打印成形。用于制造金属或陶瓷零件时，是将掺杂在材料中的粘合剂融化，使金属或陶瓷粘接在一起，所得到的制件致密度低，后期需要经过致密化处理才能使用。

除了上述常见的五种 3D 打印工艺外，还有多头喷射技术（PolyJet）、数字光处理（DLP）等，这里就不再一一赘述了，感兴趣的读者可查阅相关资料。

10.4　3D 打印后处理

3D 打印出来的模型表面质量一直是大家比较介意的问题，其实很多时候 3D 打印制品经后期处理后，才能算真正的成品。常见的基本后处理方式主要有表面处理、拼接及上色等。

1. 表面处理

1）砂纸打磨

砂纸打磨是一种廉价且行之有效的方法。锉刀和砂纸是最常用的打磨工具，一般大的支承残留用锉刀去除，砂纸打磨小的颗粒和表面纹路。使用砂纸时，从低目数往高目打磨。表面质量要求高时，还需要使用专用的抛光工具和研磨膏进行抛光和精磨。使用比较细的砂纸打磨时，一定要沾水，以防止材料过热起毛以及打磨过程中的粉末污染。

砂纸种类有粗砂（16、24、36、40、50、60 目）、常用（80、100、120、150、180、220、280、320、400、500、600 目）、细砂（800、100、1 200、1 500、2 000、2 500 目）三种。通常情况下选择 120、400、1 500 目的砂纸进行打磨。

砂纸是一种价格实惠还好用的工具，被广泛使用。砂纸打磨的主要优点有：①上手门槛低，比较好操作；②可以对多种类型的模型进行打磨；③价格便宜。缺点是：①手工打磨的效率比较低，对于体积较大的模型，使用砂纸手工打磨就不太合适了；②对于一些结构特别复杂的模型，打磨有可能会破坏其原始结构；③使用砂纸打磨过程中或多或少都会出现粉尘颗粒。

2）表面喷砂

将打印制品放到喷砂机中，喷枪会喷出颗粒状的料，对模型表面进行高速的冲击。喷砂可以有效去除模型表面的纹理和瑕疵，使模型表面呈现磨砂质感，同时会让表面形成一定的粗糙度，增加了它与涂层之间的附着力，有利于后期上色喷涂等操作。

表面喷砂的优点是：①比手工打磨效率要高很多；②表面处理效果比较均匀，不会像砂纸打磨一样，不同地方的打磨效果有差别；③整体为磨砂质感。缺点是：①喷砂机价格昂贵，不太适合小范围使用；②操作过程中会产生灰尘污染，工作人员需做好上身保护、呼吸保护等；③不适合用于一些过于精细的结构，容易导致结构被喷砂破坏。

3）化学处理

丙酮可以溶解 ABS 材料，在通风处将模型和丙酮置于封闭的环境中（如玻璃罩）煮沸，丙酮蒸气会慢慢腐蚀表面，使模型变光滑。丙酮在常温下为具有特殊芳香气味的易挥发性无色透明液体，易燃烧。丙酮蒸气与空气混合能形成爆炸性混合物，遇明火或高热会引起燃烧。因此，使用丙酮时一定要做好防护，同时并保证在通风和没有火源的环境下使用。注意，PLA 材料不可用丙酮抛光，需使用专用抛光油抛光。

丙酮处理的优点是：①只要时间控制好，蒸馏出的模型表面效果好，有光泽感；②丙酮价格相对便宜（五金店有售）；③操作熟练后，效率会比较高。缺点是：①只对 ABS 材料有效；②丙酮是一种有毒化学物质，操作时对使用经验和防护、环境都有着一定的要求；③如果没有丰富的使用经验，经常会因为蒸馏时间没控制好导致蒸馏过度，导致模型变形。

2. 拼接

对于大尺寸或多部件的模型，需要使用粘合剂拼接组装。塑料类材料常用的粘合剂有 502 胶水、AB 胶、热熔胶、TPU 塑料胶水、亚克力胶水、UV 胶等。502 胶水可以说是最常用的粘合剂，不管是在工业上还是在生活中，用得很广泛，因此也被称为万能胶。502 胶水可以对模型组件进行快速的粘合，但是碰撞时会导致已经凝固的粘合部分断开。AB 胶韧性好、耐油、耐水，具有绝缘性良好、抗压、收缩率低等电气及物理特性，广泛应用于各种高档陶瓷、玻璃、金属数码科技等产品的制造与修复。它的用法是将两种胶水混合在一起，搅拌均匀后涂抹在需要粘合的切面上，然后粘合、静置。不同类型的 AB 胶需要放置的时间也不同，基本上是在 2～12 小时内。热熔胶是在制作手工制品时常用到的一种胶，在一定温度范围内，它的物理状态随温度改变而改变。热熔胶无毒无味，属环保型化学产品，通过热熔胶枪加热融化后涂抹至切面，进行粘合。亚克力胶水，顾名思义，专门用于有机玻璃（PMMA）和亚克力硬塑料的粘接，有着粘合凝固后不会发白的特点。UV 胶是一种中等黏度的紫外光固化树脂胶，是一种耐久度较高、防水和低收缩的树脂，使用时涂抹在需要粘合的部位，然后使用紫外光照射，使其固化。

3. 上色

3D 打印完成后的产品通常都是单色的，所以即使表面质量处理得再好，产品的外观效果也并不能让人满意。为弥补这一技术缺陷，就需要人为地对 3D 打印模型进行后期的上色。上色可以使打印的模型达到最佳的表现效果。常用的上色方法有手工上色、喷漆、浸染、电镀、纳米喷镀等。手工上色是最简单易学、易操作的方法，成本较低，但人工熟练程度直接影响表面色彩效果；喷漆是当前 3D 打印产品主要上色工艺之一，主要用于较大范围的着色，造价成本适中且适用范围广；浸染适用于尼龙材料的上色，制作周期较短，造价成本上高于手工上色和喷漆；电镀只适用于金属和 ABS 塑料，在颜色上主要有铬色、镍色、金色三种，造价成本高，但产品外观效果极好；纳米喷镀适用于各种材料，可选择多种颜色，且不受体积和形状的限制，色彩过渡自然，同等产品的成本低且效果极佳。

3D 打印实习工作页

任务单	
学习情境	六角亭造型卧室小夜灯设计与制造
任务布置	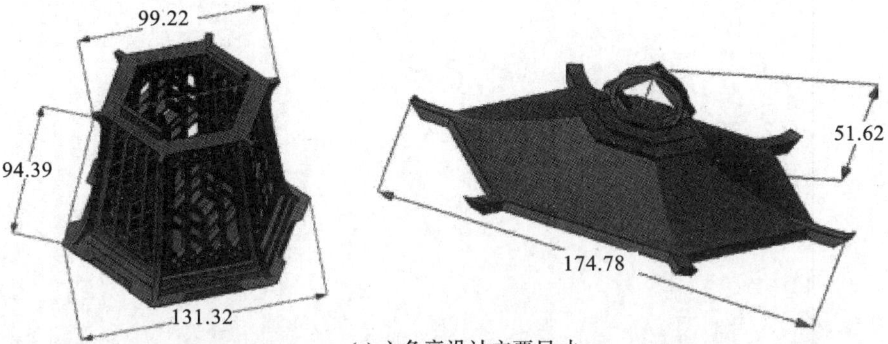 (a) 六角亭设计主要尺寸 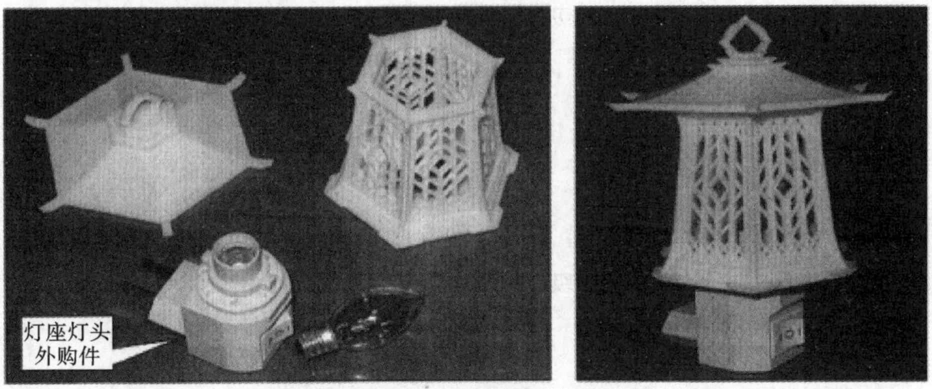 (b) 六角亭小夜灯的组装 参考上图，根据提供的灯座灯头外购件尺寸，自行设计六角亭造型卧室小夜灯结构，选择合适的材料和打印工艺完成打印并进行后处理。
学习目标	通过 3D 打印实习教学环节： 1. 了解 3D 打印机原理； 2. 理解 3D 打印与传统加工的区别； 3. 能操作 3D 打印机打印模型； 4. 了解打印机日常维护，并能进行基本的故障排除； 5. 遵守劳动纪律，培养团队精神； 6. 掌握常见 3D 打印后处理方法； 7. 培养创新意识和创新能力。
实习要求	1. 遵守 3D 打印安全操作规程； 2. 加工时必须做到安全文明生产； 3. 要相互协作，以小组的形式进行学习、讨论、操作、总结； 4. 遵守实训基地各项管理规章制度，不迟到、不早退，不允许在实习场地打闹； 5. 对自己加工的零件能够进行独立分析，完成简单的口试作答。

咨询单	
咨询方式	查阅书籍、观察实物、利用多媒体资源学习。
咨询问题	1. 简述3D打印的原理和应用。 2. 3D打印的工艺一般包括哪些? 3. 指出UPBOX桌面级打印机的主要结构。 4. 叙述UPBOX桌面级打印机操作的一般流程。 5. UPBOX桌面级打印机打印容易发生翘边,是什么原因引起的?如何避免?

决策单			
决策方式	由小组讨论制定完成本小组的设计、打印方案及实施计划。		
加工方案			
实施计划			
小组成员（签字）		小组长（签字）	

工具清单						
项目	序号	名称	作用	数量	规格	备注
设备清单						
刀具清单	序号	名称	作用	数量	规格	备注
工具清单	序号	名称	作用	数量	规格	备注
量具清单	序号	名称	作用	数量	规格	备注

<table>
<tr><td colspan="6">实施单(工序单)</td></tr>
<tr><td>实施方式</td><td colspan="5">按小组讨论的加工方案和实施计划,小组成员单独实施,填写此单。</td></tr>
<tr><td>序号</td><td colspan="2">实施步骤(工序过程)</td><td colspan="2">使用资源</td><td>完成时间</td></tr>
<tr><td>1</td><td colspan="2"></td><td colspan="2"></td><td></td></tr>
<tr><td>2</td><td colspan="2"></td><td colspan="2"></td><td></td></tr>
<tr><td>3</td><td colspan="2"></td><td colspan="2"></td><td></td></tr>
<tr><td>4</td><td colspan="2"></td><td colspan="2"></td><td></td></tr>
<tr><td>5</td><td colspan="2"></td><td colspan="2"></td><td></td></tr>
<tr><td>6</td><td colspan="2"></td><td colspan="2"></td><td></td></tr>
<tr><td>7</td><td colspan="2"></td><td colspan="2"></td><td></td></tr>
<tr><td>8</td><td colspan="2"></td><td colspan="2"></td><td></td></tr>
<tr><td>实施说明</td><td colspan="5"></td></tr>
<tr><td rowspan="2">学生自评</td><td>得分</td><td>学生签名</td><td rowspan="2">小组互评</td><td>得分</td><td>组长签名</td></tr>
<tr><td></td><td></td><td></td><td></td></tr>
</table>

实施过程记录	
原图照片	
加工过程照片 重要步骤	
完成效果照片	

实习报告
写一篇 800 字左右的实习报告(内容含:分析问题和解决问题以及创新的能力,对 3D 打印实习安排的要求和对老师的教学方法建议,3D 打印实习心得体会等)

评价单					
评价类别	项目	内容	个人评价	小组互评	教师评价
专业能力（70%）	咨询(5%)	搜集信息(3%)			
		引导问题回答(2%)			
	计划(5%)	计划可执行度(3%)			
		材料工具安排(2%)			
	实施(50%)	工作步骤执行(5%)			
		功能实现(10%)			
		使用工具规范性(10%)			
		操作过程规范性(10%)			
		文明生产(6%)			
		安全保护(6%)			
		环境保护(3%)			
	检查(10%)	全面性、准确性(3%)			
		异常情况排除(2%)			
		结果质量(5%)			
社会能力（20%）	组织能力(6%)	组织协调表现(6%)			
	团结协作(6%)	合作配合状况(6%)			
	敬业精神(8%)	持之以恒、吃苦耐劳(8%)			
方法能力（5%）	计划决策(5%)	/			
实训报告（5%）	/	/			
评价评语	最终成绩（平均分）		得分		
			签字栏		
	教师评语： ____年____月____日				

拓展训练(1)

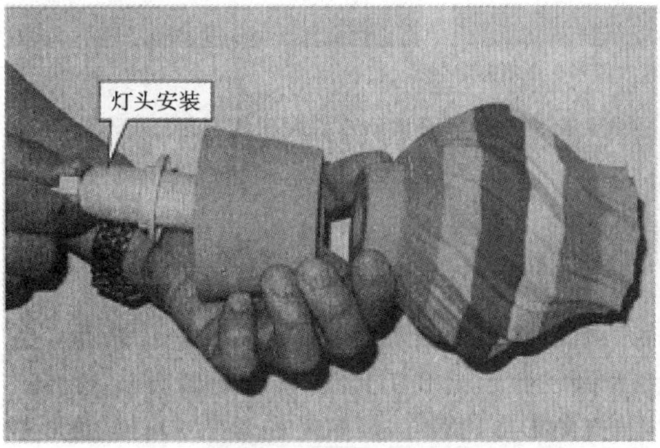

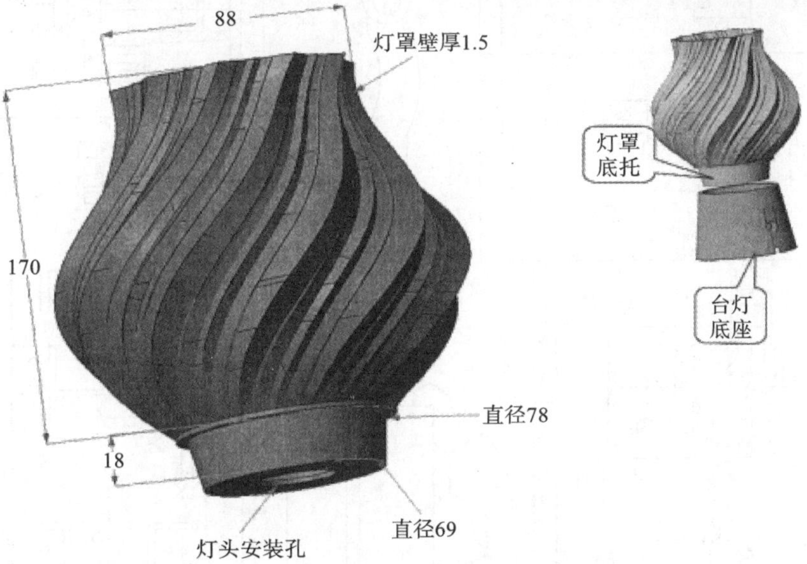

(a) 灯罩、底托参考尺寸

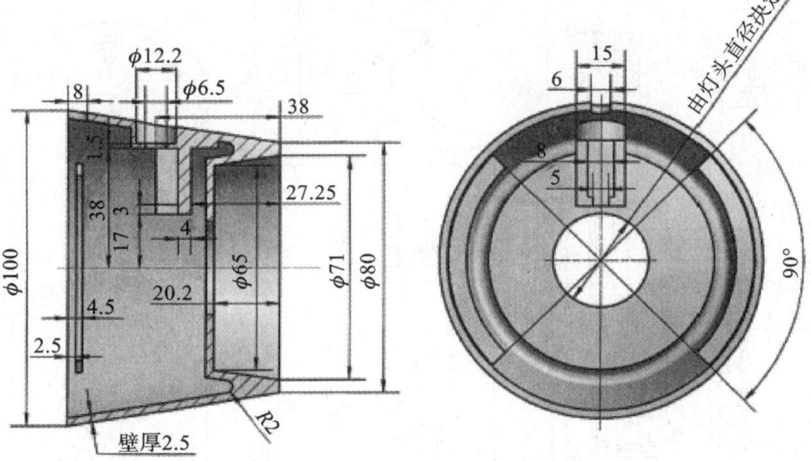

(b) 灯座设计图(尺寸供参考)

续表

拓展训练(2)

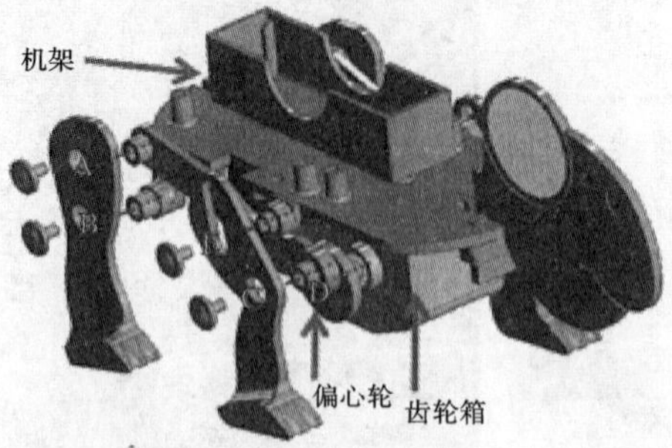
机架
偏心轮
齿轮箱

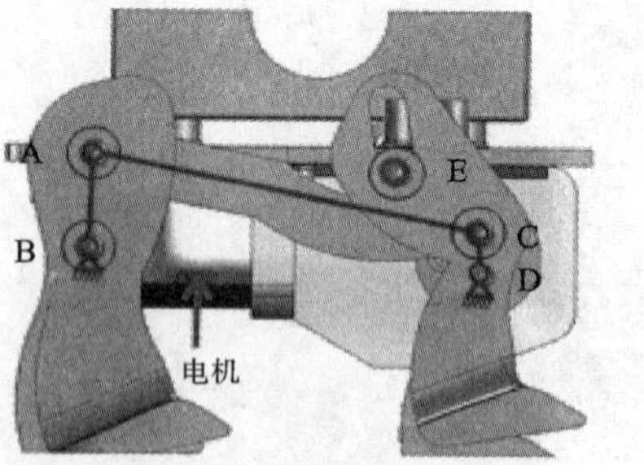
A
B
E
C
D
电机

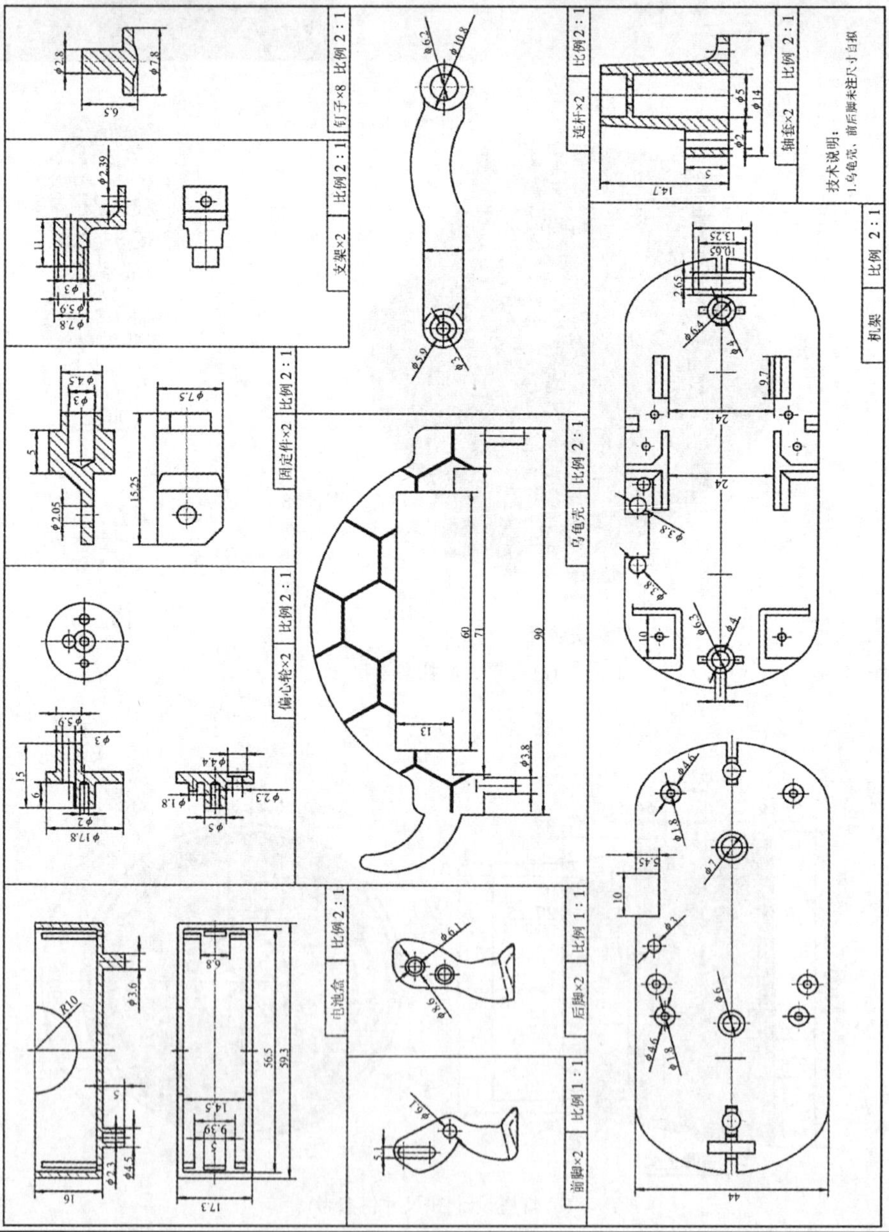
钉子×8 比例 2:1
支架×2 比例 2:1
固定件×2 比例 2:1
偏心轮×2 比例 2:1
连杆×2 比例 2:1
龟壳 比例 2:1
轴套×2 比例 2:1
技术说明：
1.与龟壳、前后脚未注尺寸自拟
机架 比例 2:1
电池盒 比例 2:1
后脚×2 比例 1:1
前脚×2 比例 1:1

第 11 章

智能制造实习

11.1 概　　述

11.1.1 智能制造概念

1. 智能制造定义

智能制造(intelligent manufacturing,IM)系统是一种由智能设备和人类专家共同组成的人机一体化智能系统,能在制造过程中执行智能活动,如分析、推理、判断、构思和决策等,通过人与智能设备的合作,去扩大、延伸智能活动范围,部分取代人类专家在制造过程中的脑力劳动。它把制造自动化的概念更新,扩展到柔性化、智能化和高度集成化。

从国家层面理解,《智能制造发展规划(2016—2020 年)》(工信部联规〔2016〕349 号)指出,智能制造将新一代信息通信技术与先进制造技术深度融合,是贯穿于设计、生产、管理、服务等制造活动的各个环节,具有自感知、自学习、自决策、自执行、自适应等功能的新型生产方式。

从生产层面理解,智能制造是借助物联网设备辅助机器人设备,完成物料周转到产品入库的整个生命周期的工作。

2. 智能制造的特点

智能制造具有状态感知、实时分析、精准执行、自主决策、自我适应等特点。

3. 智能制造主要解决的问题

(1) 全面改变设计与制造的关系,让设计与制造之间"互认互联",实现在线设计与在线制造的"无缝对接"。

(2) 减少制造成本,缩短生产周期。

(3) 提供快速、有效、批量个性化的产品和服务。

4. 智能制造关键技术

智能制造是利用智能科学的理论、技术、方法和云计算、物联网、移动互联、大数据、自动化、智能化等技术手段,实现工业产品研发设计、生产制造过程与机械装备、经营管理、决策和服务等全流程、全生命周期的网络化、智能化、绿色化,通过各种工业资源与信息资源整合和优化利用,实现信息流、资金流、物流、业务工作流的高度集成与融合的现代工业体系。

在智能制造发展过程中,主要有以下几种关键技术:工业物联网、工业机器人、先进制造技术、RFID 射频技术、云计算与大数据、虚拟现实与人工智能技术等。

11.1.2 智能制造实习安全注意事项

(1) 操作人员必须是经过培训,熟练掌握相关设备的专业老师。

(2) 智能制造系统工作时,操作人员需要实时监视各个工作站及电力系统运行情况。

(3) 观察智能制造系统工作时必须站在规定区域内,不得进入系统工作区域。

(4) 智能制造系统内 ABB 机械臂工作范围、AGV 小车行驶路线上严禁站人、设置障碍物,避免机械臂、小车与人或物发生碰撞事故。

(5) 智能制造系统内高压设备均需要安全接地,各机械臂的控制电路板额定电压均为 380 V,严禁非专业人员带电作业。

(6) 智能制造系统内各工作站、辅助设备均需要进行日常点检与定期维护。

(7) 各设备出现故障时,需要联系专业人员进行检修,并做好故障记录。

(8) 智能制造系统内数控机床运行前应检查液压系统、润滑系统是否正常;结束工作后,应清除切屑、擦拭机床,使机床与环境保持清洁状态。

(9) 激光焊接工作站运行前检查水冷系统是否正常,保持循环水洁净,及时更换滤芯与循环水;校准工装夹具的定位,避免机械臂抓取出现偏差。

(10) 智能制造系统内的机器人组装工作站运行时,应避免出现"*X-Y-Z* 轴"机械爪夹伤、气动元件压伤;传送带需要定期校准,以保证运料准确无偏差。

(11) 智能制造系统内的激光打标与视觉检测工作站运行时,避免眼睛直视激光或用身体触碰激光;保持视觉检测用摄影头洁净,不能用手直接擦拭摄像头。

(12) 智能制造系统内的立体仓库堆垛机器人工作站运行时,应防止"*X-Y-Z* 轴"机械爪夹伤;仓位保持整洁,保证传感器正常工作。

(13) 实验室应保持洁净少尘,环境温度为 0～40 ℃,相对湿度为 10%～70%。

(14) 智能制造系统实验室内严禁存放易燃、易爆物品。

11.2 智能制造实训平台认知

11.2.1 平台介绍

1. 平台组成

如图 11-1 所示,该平台以汽车行业的轮毂为加工对象,以模块化设计为原则,实现了仓库取料、制造加工、打磨抛光、检测识别、分拣入位等生产工艺环节,每个单元间安装在可自由移动的独立台架上。每个单元的四边均可以与其他单元进行拼接,根据工序顺序,自由组合成适合不用功能要求的布局形式,体现出系统集成设计过程中空间规划内容。

2. 控制逻辑结构

该平台通过工业以太网完成数据的快速交换和流程控制,采用 PLC 实现灵活的现场控制结构和总控设计逻辑,利用 MES 系统采集所有设备的运行信息和工作状态,融合大数据实现工艺过程的实施调配和智能控制,借助云网络体现系统运行状态的远程监控。

该平台的核心点是利用工业以太网将原有设备层、现场层、应用层的控制结构扁平化,实现一网到底,控制与设备间的直接通信,支持多类型设备间的信息兼容、系统间的大数据交换,同时在总控端融入云网络,实现数据远程监控和流程控制。控制逻辑结构如图 11-2 所示。

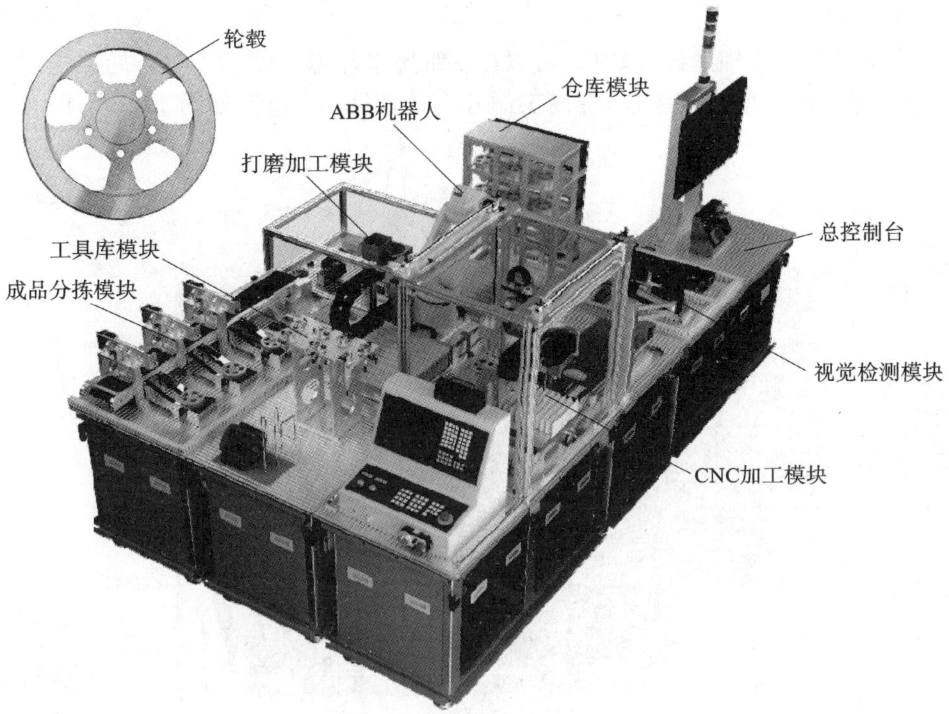

图 11-1 智能制造实训平台

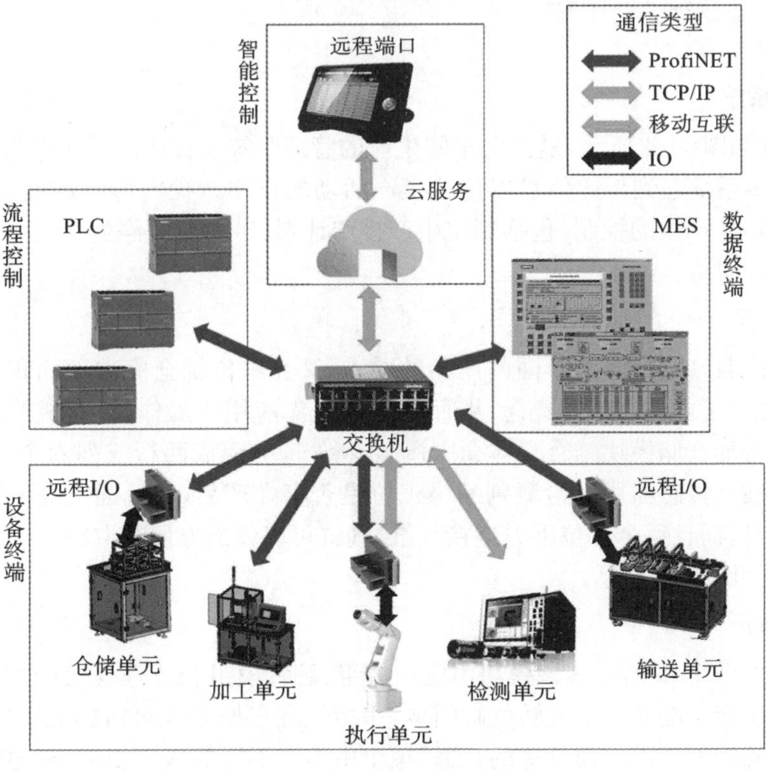

图 11-2 控制逻辑结构图

3. 虚拟仿真

该平台借助计算机辅助设计软件，可以在三维虚拟环境中模拟搭建布局结构，仿真动作过程，验证各单元间的配合相关度，提高工作效率，体现智能设计，如图 11-3 所示。

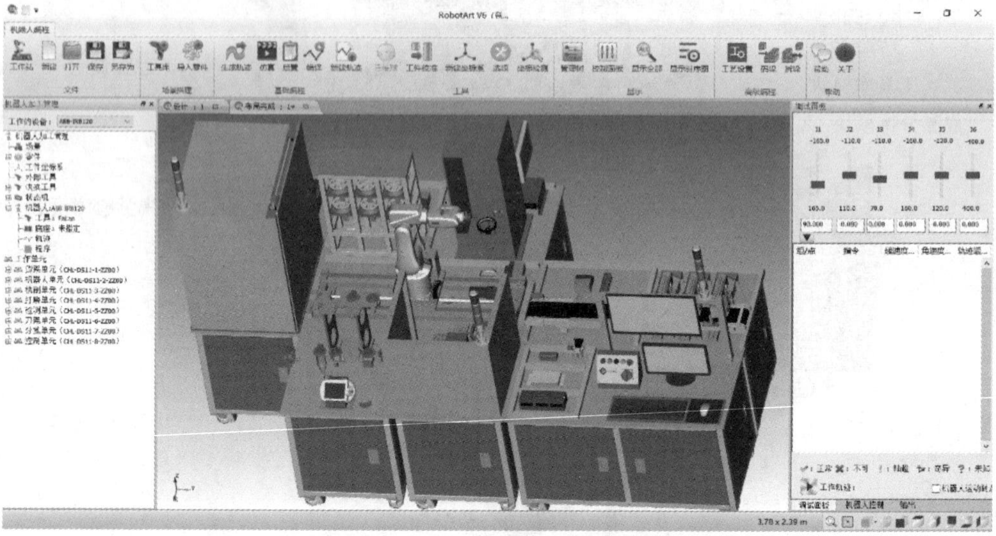

图 11-3　计算机虚拟仿真

11.2.2　分模块介绍

1. MES 系统

MES 系统如图 11-4 所示，是面向车间生产的管理系统。在产品从工单发出到成品完工的过程中，MES 系统起到传递信息以优化生产活动的作用。我们可以通过 MES 系统实现对整个智能制造生产线的控制，包括制定生产排产计划、启动与暂停生产线、控制生产节拍、查阅生产即时信息等。

2. 仓储单元

为了既适应自动存放多个不同的产品的要求，又克服传统仓库占地面积大且存放东西杂乱的缺点，提出了立体仓库的概念，继而将立体仓库应用于工作站中，成为工作站中不可或缺的模块。智能仓储模块结合立体仓库概念，将仓库分隔成两行三列六个存储位置，每个存储位置具有独立传感器用以检测判断该工位是否存在产品，并且通过亮起不同颜色的指示灯来提示人员，而且每个工位下方连接气缸，气缸可以弹出方便存取料。

仓储单元如图 11-5 所示。

3. 打磨单元

打磨单元如图 11-6 所示。该模块由定位模组、翻转模组和清理模组三大部分组成。定位模组由多个手指气缸和一个旋转气缸组成，手指气缸在加工时起到固定作用，而旋转气缸是为了保证不同的加工需求而设置的；翻转模组由多个不同的气缸组成，通过合理地分配可以起到代替人工翻转加工工件的作用；清理模组由一个封闭的容器和清理枪组成，完成工件

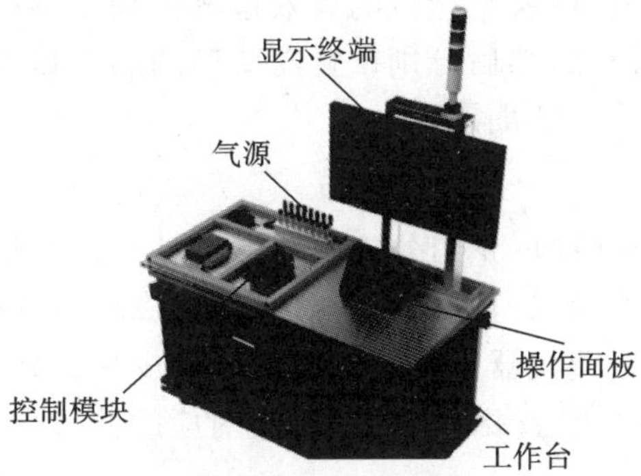

图 11-4 MES 系统

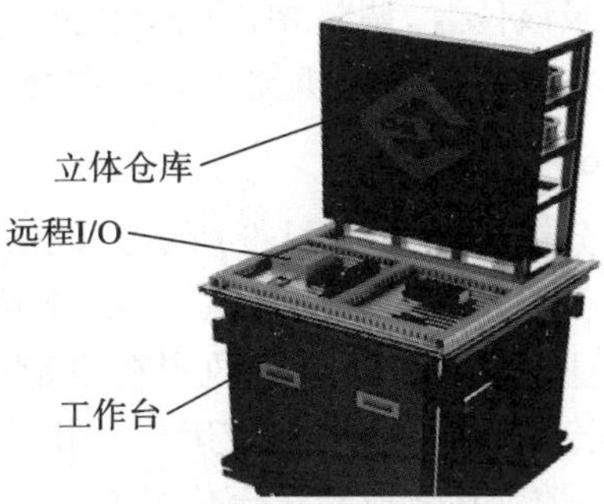

图 11-5 仓储单元

碎屑的清理工作。机器人将加工好的工件放置在一号定位模组中定位，进行打磨加工处理，处理完成后由翻转模组翻转并放置在二号定位模组中定位，继续进行打磨加工处理，处理完成后，由工业机器人搬运至清理模组中进行碎屑清理。

4. 加工单元

加工单元如图 11-7 所示。该模块基于 SINUMERIK 828D 紧凑型数控系统，支持车、铣工艺应用。SINUMERIK 828D 由 CNC、PLC、操作面板、轴控制器及伺服电机组成，可自动识别，无需额外配置，高档的数控功能和丰富、灵活的工件编程方法使它可以自如地应用于各种加工场所。

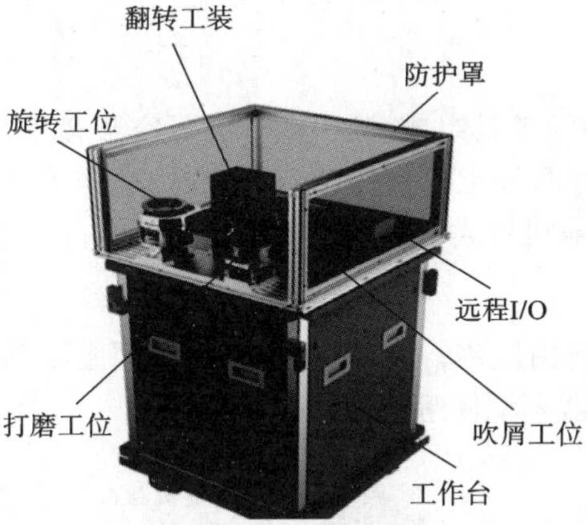

图 11-6 打磨单元

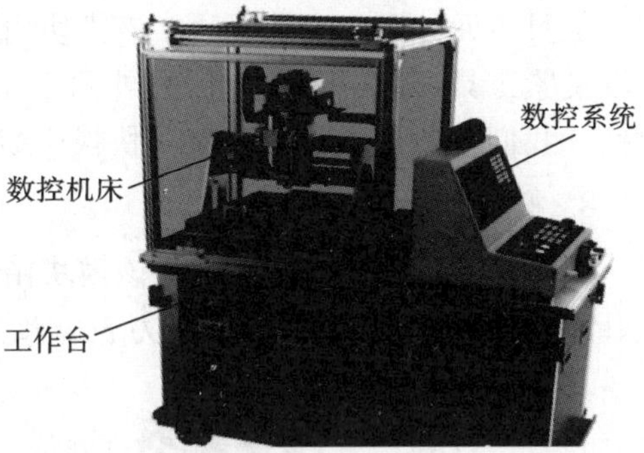

图 11-7 加工单元

该模块结合 SINUMERIK 828D 数控系统，完成数控系统编程后，待工业机器人取到加工工件后告知数控加工系统，数控加工系统打开安全门，待机器人将工件放置在加工平台后，推至安全区告知数控加工系统进行加工，数控加工系统按照既定的轨迹进行加工，加工完成后由工业机器人取走加工工件，继续等待下一次加工请求。

5. 检测单元

检测单元如图 11-8 所示。该模块主要由欧姆龙 L440 高速处理控制器、欧姆龙 FS 系列 CCD 相机、变焦镜头、光源系统和 12 寸高清显示屏组成。视觉检测模块主要实现对加工工件进行颜色和二维码等功能检测，得到我们需要的数据，进行工件分类。如果想要得到准确的数据，我们需要对视觉系统进行正确操作，先将工件移至相机的有效检测范围，工业机器人记录该位置，调整相机焦距和光圈使相机成像清晰，然后分别设置需要检测的项目参数，视觉控制器与工业机器人的数据交互参数，完成视觉相机配置。

6. 分拣单元

分拣单元如图 11-9 所示。该模块由皮带传动模组、龙门分拣模组和成品分拣仓组成，采用变频技术启动皮带电机，实现成品根据现场的要求自动进行分拣处理。成品分拣模块待工业机器人搬运成品放置在皮带传送起始位，工业机器人到达安全区域且皮带起始位传感器检测有料，启动皮带运行，同时龙门分拣模组根据上级反馈的结果在对应的分拣仓位置进行截停，并将成品送至成品仓。

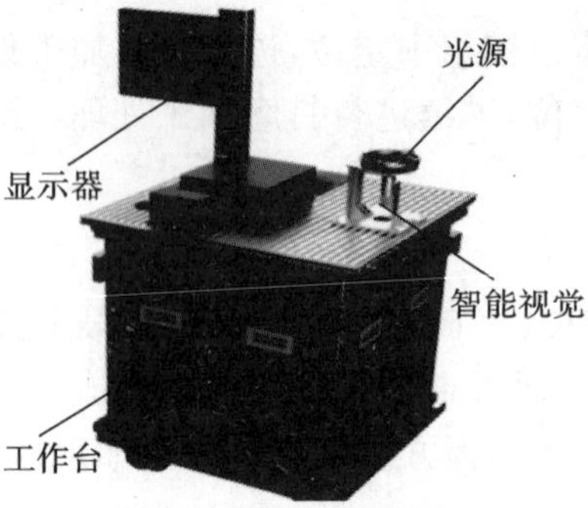

图 11-8　检测单元

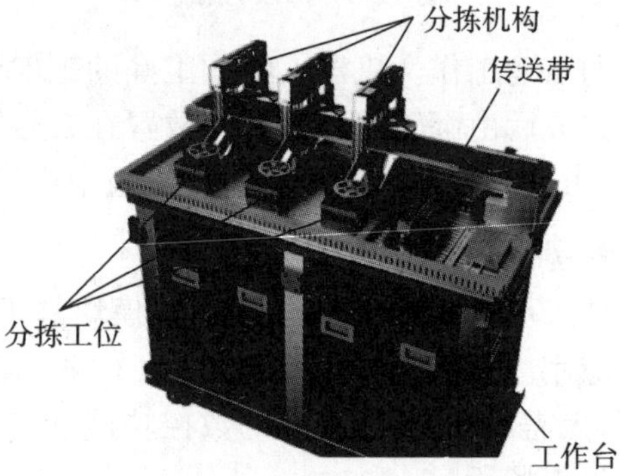

图 11-9　分拣单元

7. 工具单元

工具单元如图 11-10 所示。该模块由六个不同的工具组成，其中四个为真空吸盘工具、气缸夹紧工具、气缸扩充工具，另外两个工具用于打磨加工，可以根据不同的打磨需求进行更换。我们在每个工具上安装了快换工装，六轴工业机器人可以实现工具自动更换。

8. 搬运单元

搬运单元如图 11-11 所示。该模块由 ABB 六自由度串行关节工业机器人、伺服运动模组、PLC、远程 I/O 模块、真空压力表以及真空发生器等配件组成。

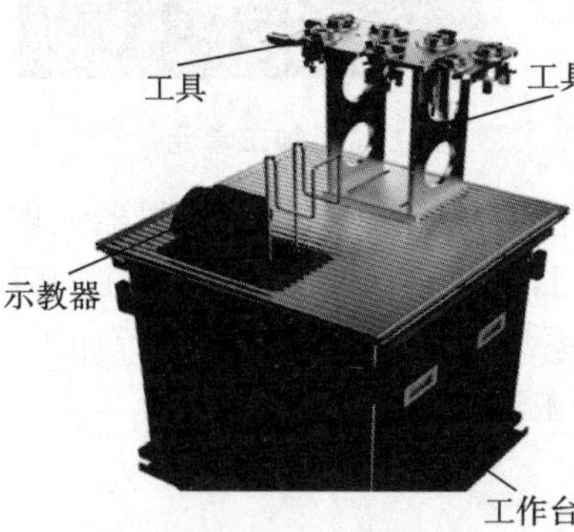

图 11-10　工具单元

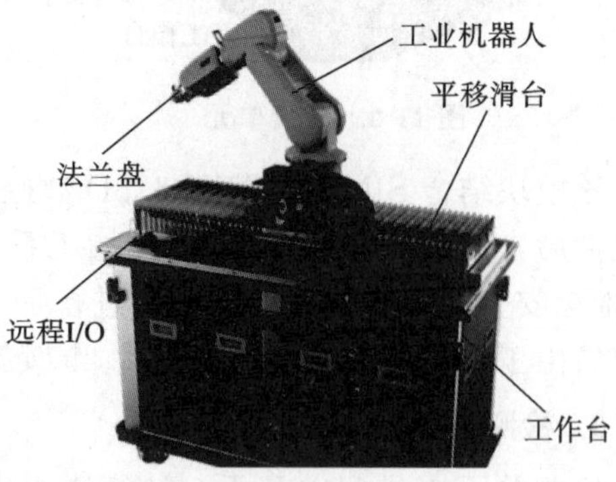

图 11-11　搬运单元

滑台运动模块是工作站的主要执行模块。工业机器人臂长有限，为了满足工作台运行需求，我们单独为该模块增加了 PLC 和伺服模组，将工业机器人安装在伺服模组的滑台上，通过伺服滑台的移动来弥补工业机器人臂长的缺陷。

为了方便记录滑台运动的位置，我们在工作台上装配了刻度尺，还简化了滑台运动方式。在本工作站中主要由工业机器人控制滑台的运动，当需要运动滑台时，工业机器人只需要告知 PLC 滑台运动的距离和速度，滑台即可以指定的速度运动到指定位置，到位后需将速度清零，避免出现意外。

11.3 智能制造实训平台启动

1. 系统上电

首先，在电控箱内依次打开智能生产线总电源、数控加工中心总电源、控制工作站总电源、空压机总电源；接着，在总控台上依次按下两排显示各工作站状况的绿色上电按钮（按下后可观察到对应工作站指示灯亮起，表示各工作组已上电）；最后，按下总控台上的“复位”按钮，观察到各工作站指示灯黄灯闪烁后，再按下“启动”按钮，可观察到各工作站指示灯绿灯常亮，表示系统已成功上电开机，处于待命状态。

2. 设备待机

1）数控加工中心待机准备

①机床开机：按下启动按钮 NC ON。

②取消报警：等待，机床启动完成后旋起“急停”旋钮，按下 RESET 按钮取消报警。

③主程序载入：单击 EDIT 按键，进入编辑模式，单击 PROG 按键。在编辑栏中输入主程序名，按“检索”软键进入编辑页面，设置成功。

④参数设置或检查：“主轴倍率”设置为 100%，“进给/快移倍率”设置为 100%。

⑤启动主程序：单击“AUTO”按键，在自动模式下单击 CYCLE START 完成待机准备。

2）ABB 机械人待机准备

①机械臂开机：按下“启动”按钮。

②取消急停：等待，机械臂示教器显示开机后旋起控制台上的“急停”旋钮。

③主程序载入：旋转模式调节按钮，调整至“自动”模式，示教器上将自动弹出主程序载入窗口，单击“确定”完成主程序载入。

④主程序启动：等待示教器上显示主程序，单击屏幕下方的“PP 移至 MAIN”按钮，使得主程序加载至第一步，完成待机准备。

3）打磨机构待机准备

①设备开机：按下“启动”按钮。

②取消急停：等待机床启动完成后旋起“急停”旋钮。

③复位报警：单击“复位”按钮取消报警。

④设备启动：电脑开机后，设备完成待机准备。

4）视觉检测待机准备

①设备开机：打开配套电脑。

②启动软件：等待电脑开机后，打开桌面 Revision 软件。

③加载配置文件：进入 Revision 软件后载入已设置好的配置文件“ceshi”，完成待机准备。

3. 系统启动

将原材料放在立体仓库，各种工具按标号复位。在 MES 系统按下“产线启动”按钮，整个智能生产线开始工作。

金工实习学生工作页

学　　院 ______________________

专　　业 ______________________

班　　级 ______________________

姓　　名 ______________________

实习项目 ______________________

指导教师 ______________________

日　　期 ______________________

安全责任承诺书

本人__________，__________学院________________专业__________班。

根据实践教学安排，本人于_____年_____月_____日至_____年_____月_____日进行_________________________实习。

为确保实习安全，杜绝安全事故发生，圆满完成实习任务，本人已参加实习安全教育。内容记录如下：

人熟知并将全面遵守各项管理制度及安全操作规程；如违反规程制度，所造成的后果失(包括人身伤害事故、设备安全事故等)，均由本人承担全部责任。特此承诺。

名：　　　　　　　　　　联系电话：

____年____月____日

参考文献 CANKAOWENXIAN

[1] 王英杰，韩世忠. 金工实习指导[M]. 北京：中国铁道出版社，2000.
[2] 王瑞芳. 金工实习[M]. 北京：机械工业出版社，2001.
[3] 栾振涛. 金工实习[M]. 北京：机械工业出版社，2001.
[4] 郁兆昌. 金属工艺学实习[M]. 北京：高等教育出版社，2001.
[5] 陈宏钧. 钳工实用技术[M]. 北京：机械工业出版社，2002.
[6] 魏峥. 金工实习教程[M]. 北京：清华大学出版社，2004.
[7] 陈文. 磨工操作技术要领图解[M]. 济南：山东科学技术出版社，2005.
[8] 孙召瑞. 铣工操作技术要领图解[M]. 济南：山东科学技术出版社，2005.
[9] 徐永礼，田佩林. 金工实训[M]. 广州：华南理工大学出版社，2006.
[10] 王俊勃. 金工实习教程[M]. 北京：科学出版社，2007.
[11] 逯萍. 钳工工艺学[M]. 北京：机械工业出版社，2008.
[12] 朱流. 金工实习[M]. 北京：机械工业出版社，2013.
[13] 黄祥. 金工实习[M]. 上海：上海交通大学出版社，2002.
[14] 黄金水. 金工实习[M]. 北京：中国商用出版社，2019.
[15] 胡慧，彭文静. 金工实习指导[M]. 北京：清华大学出版社，2021.